トラ技Jr.教科書

JN104810

絵解きと計算と実験
アナログ回路の教科書

①電圧と電流をイメージ ②信号の変化を予測 ③アンプやフィルタを製作して実証

瀬川 毅, 宮崎 仁 著

CQ出版社

抵抗とキャパシタ現る

皆さんこんにちは!

今回ご紹介するのは,「LEDが光る回路」のおもちゃです!

ハイテク!わからん!何それ!

なんじゃ〜

ごらんあそばせ!

LEDっていうのは,照明とかで使われている光る電子部品なんだ

光るわよ,

省エネよ,

でも今回紹介したい電子部品はLEDじゃないんだな

違うの!?

マジか!?

おっすどもー!ちゃ〜お!

抵抗とキャパシタだよ

抵抗っていうと「人に抵抗する」とか,あらがう感じがする

ほう,抵抗する気か!?おとなしくアイスをよこせ!!

抵抗するのはやめなさい!!

それ以上近づいたらアイス食べちゃうぞ〜

ア,アイスは渡さん!

抵抗器

そのとおり!

言葉のままの意味なんだ

まてー!そのアイスはオレのだ〜

いや〜ん

最後〜!?なんだよ!?

3

まえがき

　この本は，初めて電気を勉強しようとする人たちに向けて，勉強というより，アナログ回路にできるだけ親しんでもらおうとの主旨で書きました．

　回路に親しむには，熱心に本（本書も含む）を読むだけでなく，電子部品を買ってきてはんだ付けをして組み立てて実験する，そして思いどおりに動いた時は「ヤッタ」と喜びを感じる，そんな体験も大切にしてほしいと思っています．

　筆者は，馬鹿が付くほどアナログ回路が好きです．それでも一生懸命に専門書を読んでいて分からないと嫌になったり，時には眠くなったりもします．いや，実際に会社の机の上で居眠りをしたこともあります．しかし実験をしていると眠気も忘れます．本を読むのが嫌になったら実験する，つまり理論と実践の両方をやりながら，アナログ回路について理解を深めてもらうことが本書の狙いです．

　孔子さまの言葉に「これを知る者はこれを好む者に如かず．これを好む者はこれを楽しむ者に如かず」(注)があります．筆者は文中の「これ」を回路に置き換えて，回路を知っている人より好きな人，好きな人より楽しんでいる人が一番優れていると解釈しています．

　そんな思いがあるので，読者の皆さまには存分にアナログ回路を楽しんでほしいと望みます．そのため，本書で使用する電子部品は通販でも入手できるものを選び，筆者が組み立てた写真まで掲載しています．

　ぜひ部品を集めて実験し，回路の面白さを堪能し，楽しんでいただければと思います．そして明日の日本で大いに活躍するエンジニアになってほしいと願っています．

　最後に，月刊「トランジスタ技術」連載中も含め，いろいろな難題に悩んで取り組み，時には写真モデルまで務めていただいたCQ出版の加藤みどりさんに感謝とお礼を申しあげます．

2020 年 3 月　瀬川　毅

注：金谷 治訳注(1999). 論語, 岩波文庫

目　次

第4章 OPアンプの基礎
227

第5章 フィルタ回路の作り方
279

▶本書は「トランジスタ技術」に掲載された記事を加筆・再編集したものです．初出は巻末に一覧としてまとめてあります．

本書掲載のコラム一覧

電流の量を調節する「抵抗器」

宮崎 仁

1時間目　電圧と電流と抵抗

今日から「電気」を教えるよ

専門用語が出てくるけど，イラストにして説明するからね

電気
風船にいっぱいの水

電線
ホース

電圧
重さ

抵抗
ひも

これは水がいっぱい入ってて，ホースの付いてる風船だよ

押してみて

水が出る

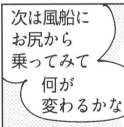

次は風船にお尻から乗ってみて何が変わるかな

や，すごい電圧だね

じゃあホースの元の部分をひもで縛って，ちょっと細くしてみるよ．乗ってみて

ひもで元のほうを縛る

ちょろちょろ水が出る

これが抵抗だよ. 水が流れすぎないように抑えているのさ

水道の蛇口みたいだ！

まとめ
● 電圧をかけると, 電線に電流が流れる
● 抵抗がないと, 一気にどばっと流れてしまう
● 抵抗があると, 電流を調節できる

2時間目 オームの法則

じゃあ, さっきの風船に今度は2人で乗ってみて

しぼみ方も水の出方もさっきより速い

さっきと同じ強さでひもを縛っている

抵抗は同じでも, 電圧が大きければ, 電流はたくさん流れるんだ！

電圧が1（1人）のときと比べて, 電圧が2倍（2人）になれば電流は2倍, 電圧が100倍（100人）になれば電流は100倍だね！

電圧が1

電圧が2

電圧が100

どぴゅ

じゃあ今度は抵抗を変えてみよう.

電圧は1（1人）でも, 抵抗が1/2になれば電流は2倍, 抵抗が1/3になれば電流は3倍になるよ

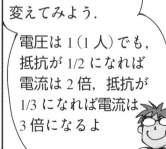

電圧が1でも抵抗は1/2

さっきよりゆるめ

電圧が1でも抵抗は1/3

かなりゆるめ

電気の世界では, この比例関係が成り立つんだ

電流は電圧に比例する

昔ドイツのオームさんが実験して発見したんだよ. だからオームの法則

オーム！

ちが〜う！

抵抗の単位Ω（オーム）はオームさん, 電圧の単位V（ボルト）はイタリアのボルタさん, 電流の単位A（アンペア）はフランスのアンペールさんの名前から付けられたんだ

$$E = I R$$
電圧　電流　抵抗

電気現象の基本は, 圧力をかけて, 電線の中に電気を流すことなんだ

電圧

電流

へぇ〜

3時間目　電圧と仕事

電圧をかけると電流が流れるのはわかったよ

でも, 電気ってもっと役に立つでしょ？

ブォー

そのとおり！

LEDはボタン電池をはさむと光るよ

電球に電流を流すと光るよね. 光, 熱, 力などのエネルギーを出せるんだ

ひとまとめに「仕事をする」っていうよ

電熱器（ニクロム線）に電流を流すと熱くなる

あちっ！

鉄芯を入れたコイルに電流を流すと電磁石になる

シュッ　シュッ

ブィーン

モータに電流を流すと回る

4時間目　電気と回路

これは電池っていうんだ

内側から電圧がかかっていて, 電線をつなぐと電流を流してくれるんだ

パワーアップ！

アガルレル…

シビビル

今度はホースじゃなくて電線に電球をつないでみるよ

電池

電球

電線

あれれ

光らない

13

こっちの線もつながないとだめなんじゃない?

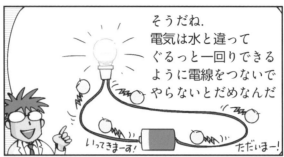

そうだね. 電気は水と違ってぐるっと一回りできるように電線をつないでやらないとだめなんだ

いってきまーす! ただいまー!

つないだ

ついた!

ホースの中を水が流れているよね. これを途中で切ってみても, 水は出続ける

水が流れているホース

切ってみる

水は出続ける

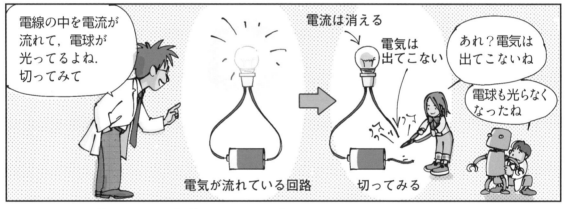

電線の中を電流が流れて, 電球が光ってるよね. 切ってみて

電流は消える

電気は出てこない

あれ?電気は出てこないね

電球も光らなくなったね

電気が流れている回路

切ってみる

電気は水と違って電線(金属, 導体)の中しか流れられないんだよ. 空気とか木とかプラスチックは, 電気を流さない絶縁体というんだ

電気

出られないよ〜

絶縁体

木　プラスチックなど

電気は, 電流がぐるぐる回り続けるように通り道を作ってやらないと流れない. 電気「回路」っていうのはそのためさ

回路は英語ではサーキット!

電気

14

5時間目　電圧とLED

抵抗付けるのを忘れているみたいだけど，電流は流れすぎないの？

そう来るか

やるな！

どこにも抵抗はない

電球は抵抗の性質ももっていてね，自分で電流を調節しているんだ

どう,おどろいた？抵抗の性質だって持ってるのよ

電流だって自分で調整できちゃうんだから。

電圧を2倍にすると，

電流が大きくなって明るくなる

電圧を2倍

電圧を上げすぎると,切れちゃうけどね

電圧を1/2にすると，

電流が小さくなって暗くなる

しょぼんぬ

電圧を1/2

それに比べるとLEDは抵抗の性質がほとんどないから，

私,抵抗の性質とかないですから、超素直とゆ〜か〜

電圧をかけすぎると思い切り光って，

うわっ!自分。あつっ!

ピッカー

爆発する

ドッカーン

消えた?ぷ。

抵抗を入れ忘れると，LEDは（最悪）燃えちゃうこともあるんだ

爆発はしないけどね

だ,誰だ！花火しかけたやつ!!

ホッ

なんだ〜。

6時間目 抵抗は電圧を下げる働きをする

抵抗には，電流を抑える（調節する）働きもあるけど，電圧を下げる（調節する）働きもあるんだよ. 抵抗が電流を抑えているから，抵抗を通った先では電圧が下がるんだ

またく

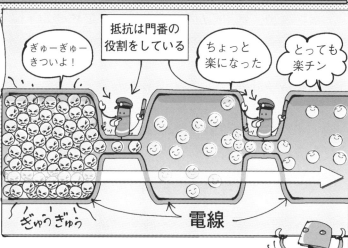

ぎゅーぎゅーきついよ！

抵抗は門番の役割をしている

ちょっと楽になった

とっても楽チン

ぎゅうぎゅう

電線

コラム　カラーコードの覚え方

　抵抗器は，色帯（カラーコード）で抵抗値を表示してあるのが一般的です．これが読めるようになれば，1本の抵抗を見せられても「これは●Ωの抵抗だね」とすぐにわかります．

　読み方のルール自体はそんなに難しくないのですが，色と数値の対応は直接の関連がないので，覚えるのに苦労する人が多いようです．そのため，いろいろな覚え方が工夫されているので，その一例を紹介します．

　このほかにも覚え方はいろいろあるので，探してみるといいでしょう．

表A　カラーコードの覚え方

色		数	覚え方
	黒	0	黒い礼（0）服
	茶	1	茶を1杯
	赤	2	赤いに（2）んじん
	橙	3	み（3）かんは橙
	黄	4	四季（4黄）の色
	緑	5	緑はGO（5）
	青	6	青二才のろく（6）でなし
	紫	7	紫式（7）部
	灰	8	ハイヤー（灰8）
	白	9	ホワイト（白） ク（9）リスマス

欲しいときにすぐくれる電子部品　まるでお財布
電気をためたり出したりする「キャパシタ」
宮崎 仁

1時間目　電気をためるキャパシタ

これは透明なドラム缶. 外から水の量が見えるんだ

どこどこ?

さっそく水を入れてみよう. 水面の高さに注目してね

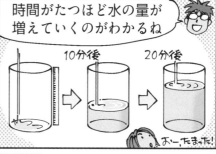

時間がたつほど水の量が増えていくのがわかるね

10分後　20分後

おー、たまった!

じゃ, 今度は水を減らしていこうか

これで穴をあけて

時間がたつほど, 水の量は減っていくよね

砂時計に似てるね

落ちたらなくなる, 時間がたつとたまる

ホントだ!

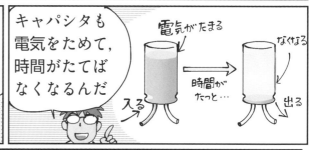

キャパシタも電気をためて, 時間がたてばなくなるんだ

電気がたまる　なくなる

入る　時間がたつと…　出る

2時間目　キャパシタにためたり出したり

これはキャパシタだよ!バケツのように電気をためることができるんだ

どこにも水がたまるところがないけど…

やめ〜! サビる!!　やってみよっ!　本当はサビないけど…

電気の高さは目に見えないよね. モノサシでは測れないから, これを使おう

電圧計!　が現れた

タララッタラ〜

電圧計を使えば, いろんなものの電圧が測れるよ

電池の電圧はほら

1.5V

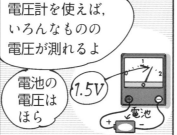

まず, からっぽのキャパシタを測ってみようか

こうやって測るんだよ　今は0V

しっかりあてる

17

キャパシタに電気を
ためるには電源が
いるんだよ．
ここでは電池を使おう

電池さんどうぞ～！

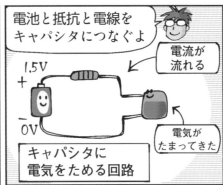

電池と抵抗と電線を
キャパシタにつなぐよ

電流が流れる

1.5V

0V

電気がたまってきた

キャパシタに電気をためる回路

なぜ抵抗を使うかわかる？

電流が流れすぎないように？

そうそう！

覚えててくれてありがとう

針の動きに注目してね．
流れ込んだ電流によってキャパシタの中に
電気がたまっていくんだ！

電圧が上がっていくのがわかるね

1.5V

| 電圧計の針の動き | START | 電池をつないだら動き出した！ | ゆっくり1.5Vに！ 1.5V |
| キャパシタの電気のたまり方 | | 電池をつないだらたまりだした！ | ゆっくり1.5Vに！ ↑電圧1.5V |

キャパシタに電気がたまった

じゃあキャパシタに
たまった電気を
流してみようか

がってんだ！

電気がたまってまんぱんなはず

ダメ～!!

穴をあけても電気は
出てこないからね

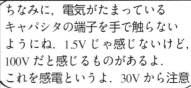

ちなみに，電気がたまっている
キャパシタの端子を手で触らない
ようにね．1.5Vじゃ感じないけど，
100Vだと感じるものがあるよ．
これを感電というよ．30Vから注意

OK　NG

キャパシタにためた電気を出すに
は，やっぱり電線とつなげないと
ダメなんだ

電圧が下がっていく
のがわかるよね

＠抵抗もお忘れなく

電池をはずした

Myハンドをしっかりあてるぜっ！

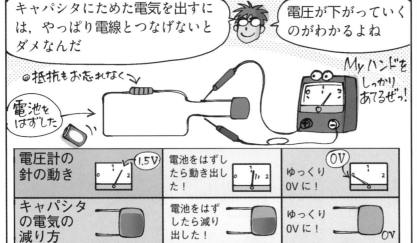

| 電圧計の針の動き | 1.5V | 電池をはずしたら動き出した！ | ゆっくり0Vに！ 0V |
| キャパシタの電気の減り方 | | 電池をはずしたら減り出した！ | ゆっくり0Vに！ 0V |

世の中には時間が
たつにつれて電圧が
下がっていく現象を
利用するタイマ回路
という回路があるよ

3時間目 キャパシタにためる時間と流れる時間を変えるには？

ここで問題！
バケツに水を
早くためるには
どうする？

蛇口を大きく開けて
もっと水を出す！

そうだね
たまった水を流し出す
ときも同じ！穴を大き
くすればいいんだ

これで！
蛇口！

じゃあキャパシタに
早く電気をためたけ
ればどうする？

抵抗を小さくすれば
電流が大きくなるから
早く電気がたまる！

電圧計の針が
あっという間に
動く

$I=\dfrac{V}{R}$

正解！

たまった電気を
出すときも同じ
だね

ちなみに，抵抗なしで直接キャパシタの
端子を電線でつなぐと，一瞬でたまって
いた電気は流れてしまうんだ

これを短絡
というよ

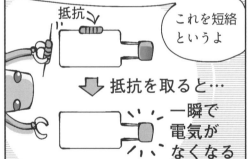

抵抗

抵抗を取ると…

一瞬で
電気が
なくなる

キャパシタにたまって
いる電気がたくさんだと，
火花とかが散って危険
だから注意してね

大きい
キャパシタ

電線

水槽の底がいきなりなく
なって，魚さんが出ちゃう
ような感じだね

電池や電源の短
絡はもっと危な
いからやめてね

4時間目　キャパシタの容量

キャパシタは透明じゃない
から，どれだけ電気が入って
いるかわからないです！

はい？

その質問
まってました！

ご褒美
として，

ジュースを
あげよう

りんご
ジュースが
いい！

みかん
ジュースに
しよう！

ん？
同じくらい
飲んだのに
損している
気がする…

気づ
いたか

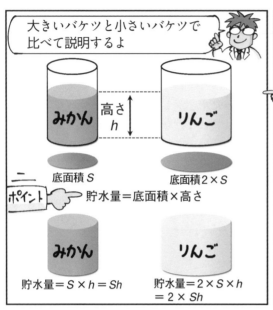

大きいバケツと小さいバケツで
比べて説明するよ

高さ
h

みかん　りんご

底面積 S　　底面積 $2 \times S$

ポイント　貯水量＝底面積×高さ

みかん　りんご

貯水量＝$S \times h = Sh$　　貯水量＝$2 \times S \times h$
　　　　　　　　　　　　　　　＝$2 \times Sh$

同じ高さまで水が入っていても,
バケツの底面積が2倍なら
貯水量も2倍になるね

やっぱ
損してるじゃん

ガーン

キャパシタにたまった電気の量,
すなわち電気量も同じように計算
できるんだ.

キャパシタは見た目の大きさでは
区別しにくいから, ちゃんと
容量（C）が書いてあるよ

これが
容量 C

1000μF　2200μF

※キャパシタの中には＋と
　－の極性があるものがあ
　るから注意しよう！

キャパシタの容量はバケツの底面積（S）に, キャパシタ
の端子の電圧が水面の高さ（h）に相当するんだ. なので,
今コンデンサにたまっている電気量は,

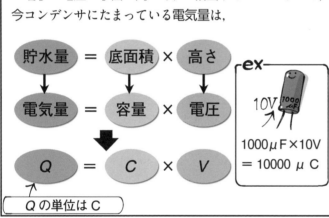

貯水量 ＝ 底面積 × 高さ

電気量 ＝ 容量 × 電圧

Q ＝ C × V

Q の単位は C

ex

10V　1000μF

$1000 \mu F \times 10V$
$= 10000 \mu C$

電気の量, すなわち電気量は！？

電気量＝容量×電圧！

つまり $Q = CV$ ！

柿 Q は C
V
とかね～

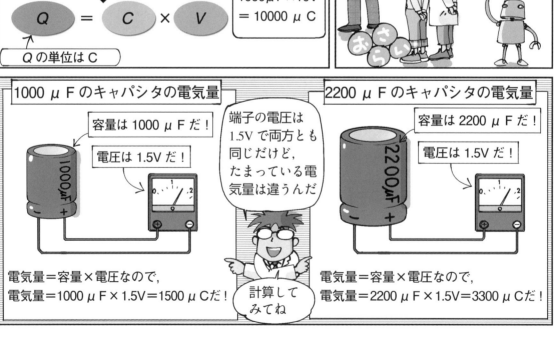

1000μFのキャパシタの電気量

容量は 1000μF だ！

電圧は 1.5V だ！

1000μF

端子の電圧は
1.5Vで両方とも
同じだけど,
たまっている電
気量は違うんだ

計算して
みてね

電気量＝容量×電圧なので,
電気量＝$1000 \mu F \times 1.5V = 1500 \mu C$だ！

2200μFのキャパシタの電気量

容量は 2200μF だ！

電圧は 1.5V だ！

2200μF

電気量＝容量×電圧なので,
電気量＝$2200 \mu F \times 1.5V = 3300 \mu C$だ！

電気量の単位C（クーロン）は
フランス人のクーロンさん，
キャパシタの容量（正確には
静電容量っていう）の単位F
（ファラド）はイギリス人の
ファラデーさんの名前から
付けられたんだよ

電流が同じでも，バケツの底面積が違えば
水面が上昇する（または下降する）速さは
変わるよね

同じように，電流もキャパシタの
容量が違えば電圧が上昇する（また
は下降する）速さは変わるんだ

◎ 小さいバケツは，ちょっと水が増えるだけで
　水面が大きく変化するよね

◎ でも大きいバケツはちょっとぐらい水が
　増えても水面はあまり変わらないよ

◎ 電気でも同じことが言えるん
　だ．容量が小さいキャパシタは
　電圧が変わりやすいよ

◎ 容量が大きいキャパシタは
　電圧が変わりにくいので，
　電圧を安定させる用途に
　使われているよ

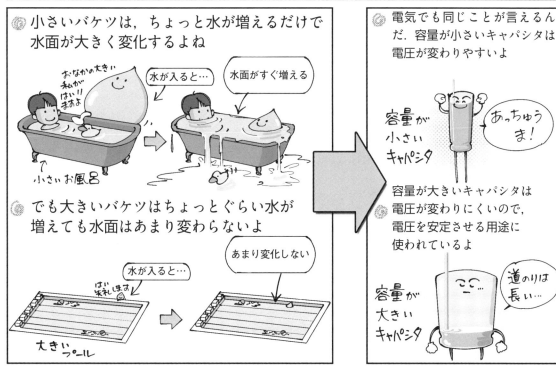

5時間目　多芸で多才なキャパシタ

電気をためて使う→電源 [電源回路その1]

電気を使えば電池くんと違って電圧は下がっていくけどね…

電池くんよりは速くなくなるけど、僕だって電源になれるんだよ！

たくわえた電気を使っている
キャパシタ　抵抗　LED

電池みたいに長い時間はもたないけどね．たくさん電流を流すと、どんどん電圧が下がっちゃうんだ．電気二重層キャパシタっていう、ものすごく大容量のキャパシタが作られているよ

ゆっくりためてドン！と使う→ストロボ [電源回路その2，解放回路]

満杯じゃ！

パシャ

燃えつきた…

キャパシタ　キャパシタ

すごく高い電圧を作って一気に放電して、キセノンガスを光らせるんだ．ストロボの充電が間に合わないと、カメラの撮影を待たされることがあるよ

ためる時間，流す時間を利用する→ 電子砂時計 [タイマ回路その1]

スタート！

ね

砂時計　キャパシタ　砂時計　キャパシタ

キャパシタに電気をためる時間，キャパシタにたまった電気を放電する時間は、電気量と充電・放電の電流で決まるんだよ．この時間をタイマとして利用できるんだ．キャパシタの容量と、抵抗の大きさで時間を設定することが多いね

ためる，流すを繰り返す→ 電子ししおどし [タイマ回路その2]

静寂 ⇒ カコーン！ ⇒ 静寂

ししおどしは知ってる？水をためて満杯になったら捨てて、またためる．電気にもキャパシタに電気をためたり、流したりを自動的に繰り返して一定のリズムを作り出すクロック回路がある！キャパシタの容量と抵抗の大きさでリズムを決めることが多いね

固有の振動数で，ためる流すを繰り返す→電子振り子 [発振回路]

バネに重りがついている　ひっぱる　振動する　はなす

ひもに重りがついている　持ちあげる　はなす　計画どおり！　振動する

バネに重りを付けて引っ張ってはなすと、振動するよね．ひもに重りを付けてひっぱってはなすと、振り子みたいに振動するよね．この振動数はバネ定数（とおもりの重さ）や振り子の長さ（と重力加速度）で固有に決まっていて、同じバネ、同じ振り子ならいつも同じ振動数になるんだ．電気の世界では、キャパシタとインダクタをつなぐと固有の振動数（共振周波数）が決まって、決まった振動数でためる、流すを繰り返すようになる．この性質を利用して一定のリズムを作り出すクロック回路があるよ

ためる，流すに対する応答を利用する→フィルタ回路

充放電時間が短い回路，固有振動数が高い回路は，入力として高速に変化する電圧を与えたとき，出力電圧も高速に応答するんだ．逆に，充放電時間が長い回路，固有振動数が低い回路は，出力電圧に変化が現れにくい．

これを利用して入力のゆっくりした変化（低周波成分って言うよ）は出力に出てくるけど，高速な変化（高周波成分って言うよ）は除去しちゃう回路が作れるんだ．必要な周波数だけ通して，いらない周波数を除去するからフィルタ回路っていうよ．コンデンサ，抵抗，インダクタを使えばいろいろなフィルタ回路が作れる！高周波だけ通して低周波を除去するフィルタとかも作れちゃうよ

ためて流して，電気を伝達する→バケツ・リレー［BBD, CCD, スイッチト・キャパシタ回路］

バケツ・リレーって知ってるかい？水道からある場所に水を運びたいとき，3通りがあると思う．

①人もバケツも動く

　人もバケツも動くときは，水道でバケツに水をくむ⇒運びたい場所までバケツをもって走る⇒運びたい場所でバケツの水を出す⇒水道までからのバケツをもって走る．これだと行きと帰りの走ってる時間ばかり長くて，効率が悪いよね．

②人は動かずにバケツだけ動く

　人は動かずバケツだけ動くときは，水道から運びたい場所まで人が一列に並んで，水道でバケツに水をくんで隣の人に渡す．隣の人はまた隣の人に渡す…を繰り返すと，バケツは運びたい場所まで行くよね．そこで水を出して同じようにしてからのバケツを水道に戻す．人は走らないから①よりは疲れないですみますよね．

③人もバケツも動かない

　人もバケツも動かないときは，最初から全員がバケツをもっていて，水道からバケツに水をくんで，その水を隣の人のバケツに移す．隣の人はまた隣の人のバケツに水を移す．…を繰り返すと，人もバケツも動かないのに，水だけが水道から運びたい場所に運ばれていくよね．そうすれば，からのバケツを運びたい場所から水道に戻す必要もないんだ．一番効率がいいよね．

　電気の世界では人の代わりにスイッチ，バケツの代わりにコンデンサを使って③の方法を自動的に実行して電気を伝達できるんだ．ただ電気を伝えたいだけなら，電線をつないで電流を流せば一番簡さ．でも「電気の量」を細かく制御しながら伝えたいときは，この方法が役に立つんだよ．デジカメで使われているCCDとか，あと専門的になっちゃうけど，スイッチト・キャパシタ回路っていうのはこの原理だよ

たまった電気で情報を記憶する→メモリ

キャパシタに電気をためて，その電気が漏れたりしなければ，電圧の値も保たれているよね．これを情報の記憶に使うこともできるんだ．ただ電気は水よりもずっと流れやすい性質をもっているので，微妙な電圧は少しずつ変わっていってしまうし，時間がたつと全部漏れてしまって空っぽになってしまう．だからごく短時間の一時的な記憶として使ったり，定期的に書き直して消えないようにする（これはリフレッシュといって DRAM で使われているよ）ことで，キャパシタをメモリに応用しているよ

いっぱいキャパシタがいて「1」か「0」を覚えている

たくさんためて，電圧を安定させる→ダムみたいな働き[平滑回路]

電気，ノイズ

ダム

一定になって出ている

収入が不定期だったり，急な支出があっても，ある程度貯金があれば安心だろ．電気回路でも電源を安定にするのにキャパシタが活躍しているよ．ノイズ（雑音）を防ぐこともできるね

電気回路（電子回路）で使われているキャパシタには，ほかにもいろいろな用途があるんだ．その用途に応じて，いろいろなキャパシタが作られているよ．回路図をぱっと見ただけでは，キャパシタがどんな用途に使われているか，わからないことも多いね．でも，ちゃんと勉強して，回路の動作が解析できるようになれば，何に使われているのかがわかるようになるよ

わかったかな

コラム 「コンデンサ」と「キャパシタ」は違うもの？

「コンデンサ」も「キャパシタ」も同じ意味だよ．ボルタさん（イタリア人だったね）が，「電気を濃縮する」っていう意味の Condensatore って名前を付けたんだ．ドイツ語でもフランス語でも日本語でも，この名前を使っているよ．なぜだか，英語では condenser（濃縮）っていうのをやめて，capacitor（容量）って呼ぶようになったんだ．この頃は，日本でもキャパシタっていう人もいるよ．

電気を濃縮する Condensatore と名付けよう

ボルタさん

イタリア

ドイツ では

Kondensator

Oh, コンデンサ!

え．同じものなのに?!

イギリスや アメリカ では

キャ，キャパシタ?

capacitor

24

第 1 章

電子回路超入門

1-1

はじめは「オームの法則」から

電気製品には抵抗やキャパシタ

　私たちの身の周りには，多くの電気製品があふれています．いくつか例を挙げましょう．テレビ，スマートフォン，パソコン，音楽プレーヤ，冷蔵庫，炊飯器など（図1）．こうした電気製品がないと私たちの生活はかなり不便なものになるでしょう．

　少し電気製品の内部を調べてみます．**写真1(a)**は筆者の家の蛍光灯です．蛍光灯をおおうカバーを外すと**写真1(b)**のように，丸い蛍光灯ランプが2本見えます．蛍光灯ランプも外してみましょう，**写真1(c)**です．さらに**写真1(d)**のように内部の金属のカバーも外すと，何やら**写真1(e)**のような細長い板が見えます．その細長い板を取り出してみました．

　これはインバータ方式の蛍光灯です．蛍光灯は，ずっと光っているように見えますが，気付かないほどの速さで点滅を繰り返しています．種類によって異なりますが，おおよそ1秒間に2万回から10万回ほど点滅します．点滅といっても8割ほど点灯，2割ほど消灯しており，それでも人は電灯がついて明るいと感じます．1秒間に2万回以上も点滅を繰り返すのは，人が感じる光のチラツキを抑えるため

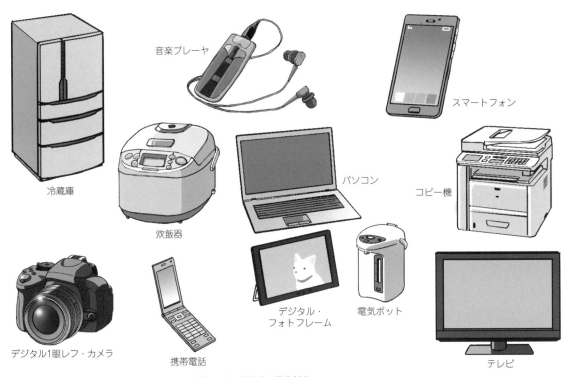

音楽プレーヤ

スマートフォン

冷蔵庫

炊飯器

パソコン

コピー機

デジタル1眼レフ・カメラ

携帯電話

デジタル・
フォトフレーム

電気ポット

テレビ

図1　今やこれらがないと不便でしかたない！電気の力で駆動する電化製品

（a）部屋を明るくする電気製品の中には…

筆者の家の天井に設置している蛍光灯

（b）シェードを外すと2本の蛍光灯ランプが見える

カバーを外した

（c）2本の蛍光灯も外す

蛍光灯ランプを外した

これが蛍光灯インバータの基板

内部の金属カバーも外した

（d）金属カバーも外すとインバータの基板が出てきた！

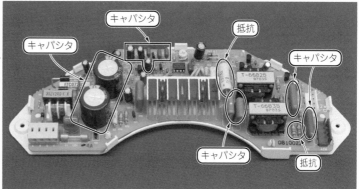

キャパシタ

キャパシタ

抵抗

キャパシタ

キャパシタ

抵抗

（e）電子部品でいっぱい！蛍光灯インバータの基板

写真1　筆者の寝室に設置している蛍光灯を分解した

です．このように蛍光灯を点灯させている**電気回路**が**写真1**（e）のインバータなのです．

写真1（e）をよく見てみましょう．茶色の板にさまざまな部品が載っています．**写真1**（e）には矢印で示した部品，**抵抗**（resistor）と**キャパシタ**（capacitor）[注1]がたくさん付いています．

電気回路は，回路図で考える

電気回路はどんなものか考えてみましょう．例として家庭用コンセント（AC100V）で消費電力が30Wの電球を点灯させてみました（**図2**）．

図2の実験装置の状況を，その場にいない第三者に伝えたいとき，どのように説明したらよいでしょうか．もちろん**図2**の写真を示すのも1つの方法です．でも，部品がもう少し多くなって複雑になると写真ではわかりにくくなります．

そこで生まれたのが電球やスイッチなどの電気回路を構成する部品を記号化する方法です．例えば**図2**の写真は左隣に示してある図のようになります．このように電気回路を構成する部品を記号化して組み合わせた図を，**回路図**（circuit diagram）と呼びます．別の見方をすると回路図は，部品と部品との接続を示した図とも言えます．以後，このような回路図で電気回路を考えます．

注1：キャパシタは，日本では一般にコンデンサ（condenser）と呼ばれています．英語圏でコンデンサというと熱交換により高温で気体になった物質を冷やして液体に戻す装置を指すことが多いです．日本で一般的にコンデンサと呼ばれる部品は，海外ではキャパシタと呼ばれています．そうした事情や未来の優秀なエンジニアである読者が海外で活躍する日に備えて，本書では英語のcapacitorのカタカナ表記のキャパシタとします

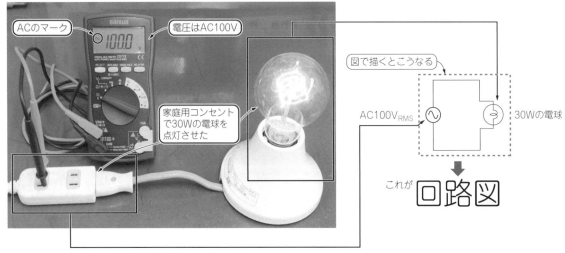

図2 電球を点灯する電気回路の実験…この接続状態や使用部品を第三者に伝えたいときは回路図の出番
家庭用のコンセントにテスタのプローブを挿して電圧を測定するとピッタリAC（交流）100Vだった

参照記号：抵抗は *R*，キャパシタは *C*

● **アルファベットの参照記号**

　抵抗やキャパシタは回路図を描いて説明することが一般的です．そこで回路図上での抵抗やキャパシタを示す記号を決めておきましょう．

　それぞれ名前の頭文字をとって，一般的に**抵抗が *R*，キャパシタは *C*** の文字を使います．こうした電子部品の種類を示すアルファベットの文字記号を**参照記号**（reference symbol）と呼びます．

● **部品を表す回路記号**

　今度は回路図上で抵抗 *R* やキャパシタ *C* などの電子部品を表す**回路図記号**（schematic symbol）を考えます．

　低抗 *R* やキャパシタ *C* の記号を使って回路図を描くときは，「各自，好き勝手な記号を使うのではなく，統一した記号を描こうね」というルールを日本工業規格 JIS（Japanese Industrial Standards）が提唱しています．

　JIS の規格で抵抗 *R* やキャパシタ *C* の回路図記号は，**表1**のように2通りあります．抵抗 *R* は旧式の規格 JIS C 0301 だと，「抵抗があると電気が通りにくくなるんだよ」とのイメージを伝えるギザギザの記号でした．しかし1995年ごろから，海外と同じようにしようとの流れで，抵抗 *R* を長方形の記号にする JIS C 0617 が策定されました．2019年現在で使われている回路図記号は，まだ JIS C 0301 の回路図記号が一般的です．

　本書では，旧式ですが JIS C 0301 の回路図記号で解説をします．読者が社会で活躍するころには，JIS C 0617 で示される回路図記号が広く普及しているかもしれません．

＊　　　＊　　　＊

　それでは抵抗やキャパシタの話の前に，少し電気回路の話を復習します．

表1
回路図で使われる抵抗と
キャパシタの記号
電気回路を図にするとき電
子部品は記号で表す

分　類	名　称	旧式だけど今も広く使われている回路図記号JIS C 0301	最新の回路図記号 JIS C 0617
抵抗器	抵抗器		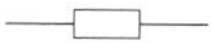
	可変抵抗器		
	しゅう動接点付き抵抗器		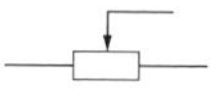
キャパシタ	キャパシタ	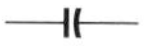	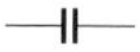
	可変キャパシタ	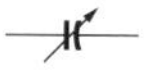	
	有極性キャパシタ（電解キャパシタ）	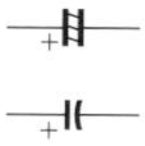	

水の流れでイメージしよう

　電気回路で最初に紹介したいことは，**オームの法則 (Ohm's Law)** です．オームの法則は式(1)です．回路は**図3**です．

オームの法則は，
$V = IR$
この例のように
- 水位の差→**電圧**
- 水量→**電流**
- 水の通りやすさ→**抵抗**
と考えるとわかりやすい

図3
基本中の基本！　電気回路が
従う物理法則「オームの法則」　**(a)** 水の流れでたとえると…　　　**(b)** 回路ではこうなる

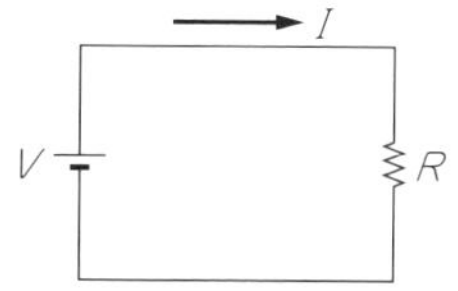

$$V = IR \quad \cdots\cdots (1)$$

　式(1)を言葉で表現すると，「抵抗 R の両端の電圧 V は，流れる電流 I と抵抗 R に比例する」です．

　文章で書くと何だか長くて，理屈っぽい感じですね．数式で $V = IR$ と書くと簡単でスッキリします．本書では，オームの法則と言えば式(1)を指すことにしましょう．

　オームの法則のイメージをイラストにしたものが**図4**です．川の水位→電圧 V，水量→電流 I，水路の幅→抵抗 R と置き換えて想像してみましょう．

　水路の幅が広い（抵抗 R が小さい）と水（電流 I）はたくさん流れ，水位が高いと（電圧 V が大きいと）水（電流 I）はやっぱりたくさん流れます．反対に水路が狭い（抵抗 R が大きい）と水（電流 I）はあまり流れない，と想像すると，式(1)のイメージがはっきりすると思います．

　オームの法則の式(1)は，水位（電圧 V）と水量（電流 I）と水路の広さ（抵抗 R）の関係を簡潔に示しているのです．

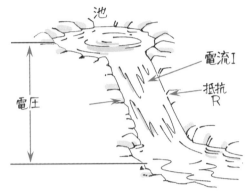

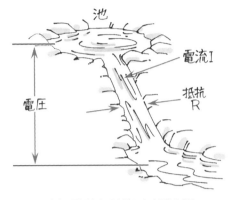

（a）通り道が広いと水量は大きい　　　　　　　　　（b）同じ高さでも狭いと水量は減る

図4　オームの法則を水位（電圧V），水路の幅（抵抗R），水量（電流I）でイメージしよう

電圧は，電気を流そうとする圧力

● 電圧とは

電圧（voltage）は，直観的には電気を流そうとする「圧力（pressure）」を想像しましょう．

図4では水位が高くなるほど水を流そうとする圧力が強くなります．電圧もこれと同じイメージです．電圧が高いほど電気を流そうとする圧力が強くなります．電気の圧力なので，「電圧」と記憶すればよいでしょう．

図5　ボルタの電池（voltaic cell）を発明したアレッサンドロ・ボルタ（Alessandro Volta）氏

● 電圧の単位はボルト

電圧の**単位記号**（unit symbol）（注2）は［V］で，**ボルト**（volt）と呼びます．ボルタの電池（voltaic cell）を発明したアレッサンドロ・ボルタ（Alessandro Volta）（**図5**）にちなんで命名されました．

電圧を表す変数は"V"が一般的には使われています．参照記号がEで書かれている文献も存在します．本書では電圧の変数はVとします．

電圧は参照記号と単位記号が同じ［V］なので，最初は戸惑うかもしれません．でも大丈夫です．慣れればすぐに参照記号と単位記号の区別が付くでしょう．

さらに参照記号Vを，大文字Vと小文字vを使って意味を区別して書かれている文献もあります．大文字にするか小文字にするかなどの厳密な決まりはなく，自由です．

注2：一般的に使われている単位には，一目でそれとわかる記号が用いられています．例えば，重さの単位は［kg］（キロ・グラム），長さの単位は［m］（メートル），時間の単位は［h］（アワー：時間），［min］（ミニッツ：分），［s］（セックまたはセコンド：秒），日本のお金の単位［円］は［¥］の記号ですし，アメリカのお金の単位［ドル］は［$］の記号が使われています．エレクトロニクスの世界でも電圧，電流，抵抗などに単位を表す記号が使われています．こうした単位を表す記号を，単位記号と呼びます．

電流は，移動する電子の量

● 流れる水の量をイメージ

今度は**電流**（current）について考えます．

その前に電気の正体を明かしましょう．実は，電気とは銅などの金属内部にある**自由電子**（free electron）の集まりです．金属の内部には，**図6**（a）のように原子核（atomic nucleus）などの影響を受けない電子，つまり自由電子が多数存在します．

電気が流れにくい物質（誘電体または不導体と呼ぶ）は，**図6**（b）のように自由電子がとても少ない状態です．金属中の自由電子が**図6**（c）のようにたくさん移動することを「電気が流れた」と言います．

先に図4で電流を水の流れにたとえました．水は科学的に考えると，化学式（chemical formula）で H_2O です．つまり2個の水素原子と酸素原子がくっついた分子（molecule）構造と表されます．

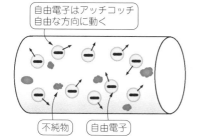
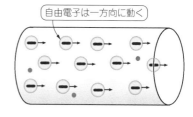

（a）電気が流れる導体の中（自由電子が多い，不純物もある）　（b）電気が流れにくい不導体の中（自由電子はとても少ない）　（c）電気が流れている状態の導体（自由電子は全部同じ方向に移動している）

図6　金属の内部には自由電子が多数存在する

ここで普段使っている生活の水，例えばコップの水［**図7**（a）］や水道から流れ出る水［**図7**（b）］を考えてみましょう．水道の水の一滴一滴をとても細かく見ると，H_2O が非常にたくさん集まっています．水が流れるとは，とてもたくさんの H_2O が移動することなのです．

とはいえ，普段，特別 H_2O の数を意識することはありません．水はとてもたくさんの H_2O の集まりですが，水の量は「H_2O 何億個」とは言わず，例えば料理などでは「何cc の水」として表現します．水は人間の生活には欠かせないもので，歴史とともに常にあります．例えば桶などで水の量を量った時代もありました．時代が進み，科学が進歩して水が H_2O の集まりであることがわかりました．わかった

（a）停滞している H_2O　　　　（b）動いている H_2O

図7　水（電流）は H_2O（自由電子）が大量に集まったもの

ことは素晴らしいことですが，水の量を H_2O 何億個などと表現することは一般生活では適切ではないので，水の量は何 cc，何リットル，コップ 1 杯などと表現されているのです．

● 電圧を加えると自由電子が動き出す，自由電子の動いた量が電流の量

　話を電気の世界に戻しましょう．水の中にたくさんの H_2O が存在するのと同じように，金属の中には数え切れないほどの自由電子が存在しています．自由電子が移動したとき，移動した自由電子の数を電流と呼んでいるのです．電流は，水の例と同じように自由電子の数ではなく，電流計で測定した量で表現します．もちろん，自由電子が移動する原因は，外部から電圧 V が加えられたからです．

　この自由電子はマイナスの**電荷** (electrical charge) を持っています．電荷は，電気の量を示します．物質の重さを「質量」と言うのに対して，電気の量は「電荷」と言います．

　物理学者の研究によって，1 個の電子の電荷は，

$$e = 1.6021766208 \times 10^{-19} \text{ C} \qquad \cdots\cdots\cdots\cdots\cdots\cdots\cdots\cdots\cdots (2)$$

と判明しています．

　式 (2) の単位記号 C は**クーロン** (coulomb) と呼びます．名前の由来は，フランスの物理学者シャルル - オーギュスタン・ド・クーロン (Charles-Augustin de Coulomb) (**図 8**) です．

図8　電子には電荷があると発見したフランスの物理学者シャルル-オーギュスタン・ド・クーロン (Charles-Augustin de Coulomb) 氏

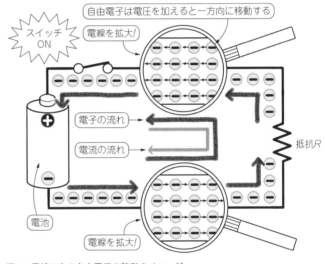

図9　電線の中の自由電子の移動のイメージ

　電線の中にある自由電子の移動に注目してみます (**図 9**)．外部から電圧 V が加わったとしましょう．今まで自由気ままに電線の中を動いていた自由電子は，電圧 V が加わると下記のような 2 つの動きをします．

・**動き 1**：マイナスの電荷を持つ自由電子は電圧 V のプラス側に引き付けられて移動する
・**動き 2**：同時に電圧 V のマイナス側から自由電子が出て，電線の中に移動する

　自由電子が，電圧 V のマイナス側からプラス側に移動することに注目してください．

　ところで電流はプラス側からマイナス側に流れると定義されています．自由電子の移動方向と逆ですね．これは，電流がプラスからマイナスに流れると考えられた後 100 年以上たってから，電流は自由電

子であることが発見されたためです．つまり最初に考えた電流の流れる方向が，後になって逆だったことがわかったのです．でもいまさら言い換えると混乱するので，現在も自由電子と電流の流れる向きは逆に表現されています．

このように科学や技術が進歩発展すると，いままで正しいと思われていたことが間違いだった，ということがしばしば起こります．読者の皆さんも，将来は技術の発展に尽くし，本書の内容が間違いであったという発見をしてほしいと筆者は希望します．

● 電流の単位はアンペア

電流の単位記号は［A］アンペア（ampere）と呼びます．アンペアの法則（Ampere's Law）を発見したアンドレ＝マリ・アンペール（André-Marie Ampère）(注3)（図10）にちなんで命名されています．電流の参照記号は，一般的に "I" または "i" が使われています．

図10　アンペアの法則を発見したアンドレ＝マリ・アンペール（André-Marie Ampère）氏

コラム1　1Aが1秒間流れたときの自由電子の数は想像がつかないほど多い

1Aの電流が1秒間電線を流れたときの自由電子の数を計算してみました．電荷Qと電流iの関係は，時間をtとすれば，

$$Q = it \quad \text{……………(A)}$$

です．ここで電子の数nを，流れた電流に対して考えると，

$$Q = ne \quad \text{……………(B)}$$

です．式(A)と式(B)から電子の数nは，

$$n = \frac{it}{e} \quad \text{……………(C)}$$

と求まります．

では1Aの電流が1秒間流れたときの自由電子の数nを計算してみましょう．1個の電子の電荷［C］は，

$$e = -1.6021766208 \times 10^{-19} \ C$$
$$\text{……………(D)}$$

です．1秒つまり1s（second：セコンドと呼びます）に1Aの電流を流すときの電子の数は，

$$n = \frac{it}{e}$$
$$= \frac{1 \times 1}{1.6021766208 \times 10^{-19}} \quad \text{………(E)}$$
$$\fallingdotseq 6.25 \times 10^{18} \quad \text{個}$$

となります．

電流も1Aとなると，電子の数は6.25×10の18乗個，日本語では625京個になります．簡単には想像がつかない数の電子が，電線の中を移動しているのですね．

電流を制限する「抵抗」

抵抗は電気の流れにくさ

　電気を流そうとする圧力が電圧でした．電圧が大きいとたくさんの自由電子の移動が生じます．つまり，大きな電流が流れます．ところが現実的には電流が流れる物質（銅線など）によって，同じ電圧が加わっても流れる電流の量が異なります．自由電子の移動のしにくさが物質によって異なるからです．この自由電子の移動のしにくさを**電気抵抗**（resistance），略して「**抵抗**」と呼んでいます．

　現在のエレクトロニクスの市場では，自由電子の移動のしにくさを意図的に変えるための部品，抵抗（**写真1**）が製造販売されています．

　抵抗の中を動いている電子のイメージは**図1**のようになります．

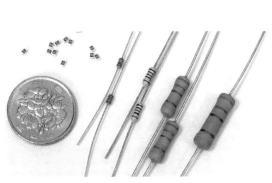

写真1　抵抗…用途に合った種類やサイズがある
サイズはさまざまだが小さいほど使える電力や電圧が小さく/低くなる

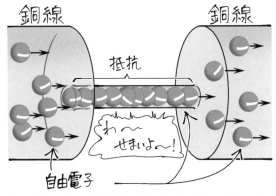

図1　抵抗の仕事は電流制限…電流がたくさん流れてギュウギュウに混むと熱くなる

　「なんでわざわざ電流を流れにくくする必要があるのだろう？」と疑問に思うかもしれません．少しイメージ（**図2**）してみましょう．都会の喧騒から離れた田園地帯．あなたは自分の水田に水を引こうとしています．水は多すぎてもよくないし，少なすぎてもよくないです．同じく部品に電流を流すときも，電流は多すぎてもよくないし，少なすぎてもよくないです．そのあんばいを調整するのが「抵抗」です．

　抵抗の参照記号はR，単位記号は［Ω］で**オーム**（ohm）と呼びます[注1]．オームの法則を発見したゲオルグ・ジーモン・オーム（Georg Simon Ohm）（**図3**）にちなんで付けられています．このときオームさんは，銅（copper，元素記号はCu）とビスマス（bismuth，元素記号はBi）を接触させた熱電対

注1：「Ω」は本来ギリシャ文字で，読み方は「オメガ」です．エレクトロニクスの世界では「オーム」と呼びます．これはオームの頭文字Oでは数字の0（ゼロ）と混同されやすいので，アルファベットのOとよく似たギリシャ文字のΩを抵抗の単位記号として採用したためです．
注2：異なる2種類の金属を接合すると，接合部に温度に応じた電圧が発生する［ゼーベック効果（Seebeck effect）と呼ぶ］現象を利用した温度測定用の端子です．
注3：＜参考文献＞直川一也，科学技術史，"電気電子技術の発展"，1998年，東京電気大学出版局

図2　水田（電気回路）には調整弁（抵抗）で調節したちょうどよい量の水（電流）を流そう

(thermocouple)[注2]に発生する電圧を測定してこの法則を発見しました[注3].

　電圧，電流，抵抗の関係を示すオームの法則は式(1)です．オームの法則が，なぜ式(1)のようになるのかと疑問が生じた人もいることでしょう．これは自然界の法則なので証明はできません．理由を聞かれても，ギブアップするしかありません．

$$V = I R \cdots\cdots\cdots (1)$$

図3　オームの法則を発見したゲオルグ・ジーモン・オーム（Georg Simon Ohm）氏

オームの法則を実験して確かめよう

　オームの法則が本当に成り立つのか実験してみましょう．実験回路は図4です．ではさっそくやってみます．

実験に使った道具
- ディジタル・マルチメータ×2台
- DC電圧電流発生器
- 抵抗（1 kΩ，2 kΩ，3 kΩ，10 kΩ）

■ 抵抗Rを固定して電流Iを変えてR両端の電圧を測る

● 実験1　1 mAを1 kΩに流す

　オームの法則が正しければ，抵抗$R = 1$ kΩに電流$I = 1$ mAを流すと，抵抗Rの両端電圧Vは，

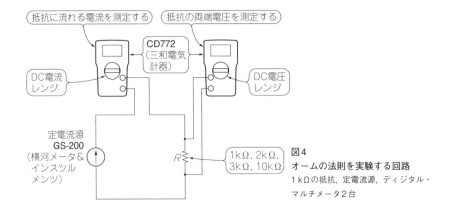

図4
オームの法則を実験する回路
1kΩの抵抗，定電流源，ディジタル・マルチメータ2台

$$V = IR = 1mA \times 1k\Omega = (1 \times 10^{-3}) \times (1 \times 10^{3}) = 1 \quad V \quad \cdots\cdots\cdots\cdots\cdots (2)$$

となるはずです．

　実験結果は**写真2**，**図5**です．通常，抵抗Rには誤差があるのでピッタリ1kΩではありません．誤差の分，電圧Vはズレるはずですが，**写真2**の実験結果は式(2)の計算結果と合っています．実験に使っ

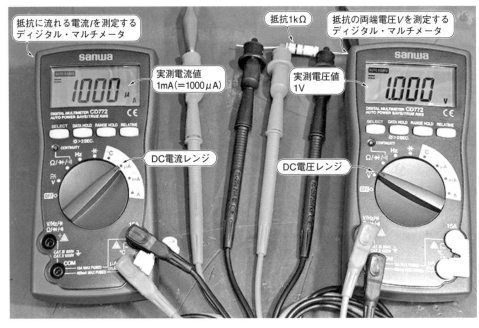

写真2
実験1の結果：抵抗1kΩに電流1mAを流したとき抵抗の両端電圧は1Vになった

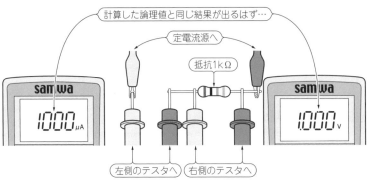

図5
テスタに表示される測定結果を見てみよう

た抵抗 R はとても $1\,\mathrm{k\Omega}$ に近い値(誤差が少ない)と言えます.

● **実験2　実験1の電流 I を2倍にしてみる**

実験1の電流 I を変えてみましょう. 実験1では $1\,\mathrm{mA}$ だった電流 I を $2\,\mathrm{mA}$ に増やします. オームの法則を表す式(1)から, 抵抗 R の両端電圧 V は,

$$V = IR = 2\,\mathrm{mA} \times 1\,\mathrm{k\Omega} = (2 \times 10^{-3}) \times (1 \times 10^{3}) = 2\quad\mathrm{V} \quad\cdots\cdots\cdots\cdots\cdots (3)$$

となるでしょう.

実験結果は**写真3**です. 抵抗 R の値が $1\,\mathrm{k\Omega}$ にとても近いので, 抵抗の両端電圧 V は, 式(3)の計算結果と合っています.

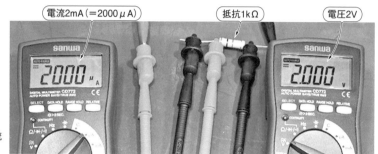

写真3
実験2の結果：抵抗 $1\,\mathrm{k\Omega}$ に電流 $2\,\mathrm{V}$ を流したとき抵抗の両端電圧は $2\,\mathrm{V}$ になった

● **実験3　実験1の電流 I を5倍にしてみる**

今度は電流 $I = 5\,\mathrm{mA}$ に増やしてみます. オームの法則を表す式(1)から抵抗 R の両端電圧 V を計算すると,

$$V = IR = 5\,\mathrm{mA} \times 1\,\mathrm{k\Omega} = (5 \times 10^{-3}) \times (1 \times 10^{3}) = 5\quad\mathrm{V} \quad\cdots\cdots\cdots\cdots\cdots (4)$$

となります.

実験結果を**写真4**に示します. 抵抗の両端電圧 V の測定値は $4.98\,\mathrm{V}$ で, 抵抗 R の誤差や測定に使ったディジタル・マルチメータのレンジによる環境の誤差の影響が少し現れました. オームの法則から得られた式(4)の計算結果と合っています.

写真4
実験3の結果：抵抗 $1\,\mathrm{k\Omega}$ に電流 $5\,\mathrm{mA}$ を流したとき抵抗の両端電圧は $4.98\,\mathrm{V}$ になった

● **実験4　実験1の電流 I を10倍にしてみる**

さらに電流 $I = 10\,\mathrm{mA}$ に増やしてみます. 何度も繰り返しますが, オームの法則を表す式(1)から抵抗 R の両端電圧 V を計算すると,

$$V = IR = 10mA \times 1k\Omega = (10 \times 10^{-3}) \times (1 \times 10^{3}) = 10 \quad V \quad \cdots\cdots\cdots\cdots\cdots\cdots\cdots (5)$$

となります．

　実験結果を**写真5**に示します．抵抗の両端電圧Vの測定値は9.96 Vで，抵抗Rの誤差や測定に使った
ディジタル・マルチメータのレンジによる環境の誤差の影響が少し現れました．オームの法則から得ら
れた式(5)の計算結果と合っています．

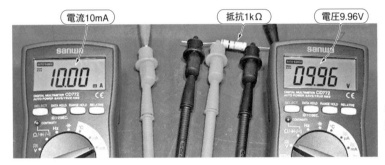

写真5
実験4の結果：抵抗1 kΩに電流10 mAを流
したとき抵抗の両端電圧は9.96 Vになっ
た

■ 電流Iを固定して抵抗Rを変えてR両端の電圧を測る

　実験2から実験4までは，実験1に対して電流Iを大きくする方向で変えてみました．いずれもオーム
の法則を示す式(1)が現実の結果と合っています．今度は抵抗Rを大きくする実験をしてみましょう．

● 実験5　2 kΩに1 mAを流す
　実験1の抵抗Rを2 kΩに大きくします．電流Iは1 mA．抵抗の両端電圧Vはオームの法則から，

$$V = IR = 1mA \times 2k\Omega = (1 \times 10^{-3}) \times (2 \times 10^{3}) = 2 \quad V \quad \cdots\cdots\cdots\cdots\cdots\cdots\cdots (6)$$

となるはずです．

　実験結果は**写真6**です．抵抗Rを2 kΩにすると両端電圧Vの測定値は1.983 Vとなり，この2 kΩの
抵抗Rの誤差は，実験1から実験4で使用した抵抗に比べて少し大きいようです．

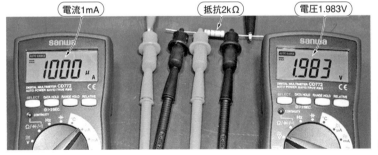

写真6
実験5の結果：抵抗2 kΩに電流1 mAを流
したとき抵抗の両端電圧は1.983 Vになっ
た

● 実験6　実験1の抵抗Rを3倍にしてみる
　実験1の抵抗Rを3 kΩに大きくしてみましょう[注4]．抵抗Rの両端電圧Vは，

注4：抵抗値はE24系列なので5 kΩが存在しません．

$$V = IR = 1mA \times 3k\Omega = (1 \times 10^{-3}) \times (3 \times 10^3) = 3 \ V \quad \cdots\cdots\cdots\cdots\cdots\cdots (7)$$

となるはずです.

　実験結果は**写真7**です. 抵抗の両端電圧Vの測定値は2.974 Vで, 抵抗Rの誤差の影響が少し現れましたが, ±5％以下の精度を考慮すると問題ない範囲です.

　抵抗Rを実験1に対して3倍の値にしても両端電圧Vはオームの法則から得られた式(7)の計算結果と合っています.

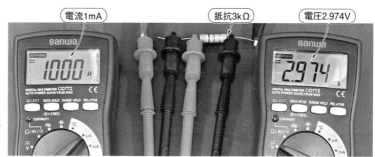

電流1mA　　抵抗3kΩ　　電圧2.974V

写真7
実験6の結果：抵抗3kΩに電流1mAを流したとき抵抗の両端電圧は2.974Vになった

● 実験7　実験1の抵抗Rを10倍にしてみる

　今度は抵抗Rを10kΩにします. 抵抗の両端電圧Vは,

$$V = IR = 1mA \times 10k\Omega = (1 \times 10^{-3}) \times (10 \times 10^3) = 10 \ V \quad \cdots\cdots\cdots\cdots\cdots\cdots (8)$$

となるはずです.

　実験結果を**写真8**に示します. 抵抗Rを実験1に対して10倍にすると両端電圧Vは10.00 Vとなり, 抵抗の誤差が現れず, オームの法則から得られた式(8)の計算結果と合っています.

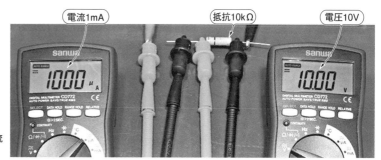

電流1mA　　抵抗10kΩ　　電圧10V

写真8
実験7の結果：抵抗10kΩに電流1mAを流したとき抵抗の両端電圧は10Vになった

■ 抵抗には誤差

● 実験8　一般的な抵抗の精度は±5％以下

　実験で抵抗Rの誤差が見えたので, 抵抗の精度を説明します. 抵抗は工業製品なので必ずある程度の誤差が存在し, 誤差の程度によって製品が分類されています. **写真6**の抵抗の誤差は±5％以下です. 2kΩの抵抗の5％は, 2000Ω×0.05＝100Ωなので±100Ωの誤差となります. 誤差±5％で2kΩの抵抗の抵抗値の範囲は, 1900Ωから2100Ωまで存在します.

● 計算してみよう

2 kΩの抵抗に1 mAの電流を流すと（実験5と同条件），抵抗 R の両端電圧 V は，

① 誤差が最小の－5%のとき（2000 × 0.95 = 1900 Ω）

$$V = IR = 1mA \times 1900\Omega \approx (1 \times 10^{3}) \times (1.9 \times 10^{3}) = 1.9 \quad V \quad \text{…………………} (9)$$

② 誤差が最大の＋5%のとき（2000 × 1.05 = 2100 Ω）

$$V = IR = 1mA \times 2100\Omega \approx (1 \times 10^{3}) \times (2.1 \times 10^{3}) = 2.1 \quad V \quad \text{……………} (10)$$

の1.9 V～2.1 Vの範囲に入るはずです．実験で両端電圧 V = 1.983 Vだったので，±5％以下の精度を保証したこの抵抗（**写真9**）は工業製品として十分な精度があります．

誤差を考慮すると，**写真6**の結果はオームの法則から得られた式(6)の計算結果と合っています．

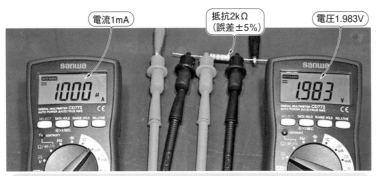

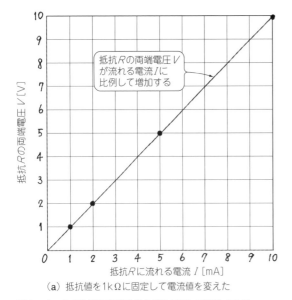

●**計算した理論値：2 V**
$V = IR = 1\,mA \times 2\,k\Omega = 2\,V$
●**測定した抵抗値：1.983 V**
測定値は1.983 V.
∴$R = \dfrac{V}{I} = 1.983\,V / 1\,mA = 1.983\,k\Omega$

●**誤差範囲：＋0.1 k～－0.1 kΩ**
抵抗値は2 kΩのはずだが実測値は1.983 kΩだった．2 kΩの誤差±5%は，2000 × 0.05 = 100なので，抵抗値は1.9 kΩ以上2.1 kΩ以下の範囲に入るはず．結果，1.983 kΩなので，範囲内に入っている！

写真9
実験8の結果：抵抗には誤差がつきもの

抵抗 R の両端電圧 V が流れる電流 I に比例して増加する

抵抗 R の両端電圧 V が抵抗 R に比例して増加する

（a）抵抗値を1 kΩに固定して電流値を変えた

（b）電流を1 mAに固定して抵抗値を変えた

図6　オームの法則の実験結果をグラフにして傾向を見る

コラム1　オームの法則と郵便マーク

● **わかりやすい覚え方**

オームの法則をいつでも使えるように，**図A**のような郵便のマークに似たシンボルで覚えておくと便利です．**図A**の横線 " − " は割り算，縦線 " | " はかけ算を意味します．

具体的に**図A**を応用してみます．

電流Iと抵抗Rがわかっていて，抵抗Rの両端に生じる電圧Vを知りたいときは次の式になります．

$$V = IR \quad\text{……………………………(A)}$$

電圧Vと電流Iがわかっていて，抵抗Rを知りたいときは次の式になります．

$$R = \frac{V}{I} \quad\text{………………………………(B)}$$

電圧Vと抵抗Rがわかっていて，流れる電流Iを知りたいときは次の式になります．

$$I = \frac{V}{R} \quad\text{……………………………………(C)}$$

電卓を片手に計算すると，簡単に電圧V，電流I，抵抗値Rを求められます．

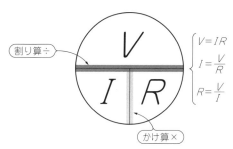

割り算÷

$$\begin{cases} V = IR \\ I = \dfrac{V}{R} \\ R = \dfrac{V}{I} \end{cases}$$

かけ算×

図A　オームの法則をシンボルとして覚えておこう

■ オームの法則の実験のまとめ

実験1から実験7の結果をまとめて**図6**に示します．

図6(a)は，抵抗Rの両端電圧Vが，流れる電流Iに比例して増加しています．**図6(b)**は両端電圧Vは，抵抗Rに比例して増加しています．**図6**を見ると，確かにオームの法則を示す式(1)が成立しています．

実験は結果をグラフ化しながら進めましょう．そうすると実験の間違いや予想外の新発見にその場で気付けます．とても大切な習慣です．

演習問題 A

■ オームの法則，電圧，電流，抵抗の確認

※解答は巻末にあります.

[演習問題 1]

3.3kΩの抵抗 R に，電流 I が 1.5mA 流れている．抵抗 R の両端電圧 V を求めなさい.

[演習問題 2]

120Ωの抵抗 R に，電流 I が 25mA 流れている．抵抗 R の両端電圧 V を求めなさい.

[演習問題 3]

電流 I が 1.8mA 流れている抵抗 R の両端電圧 V は 10.08V であった．抵抗 R の値を求めなさい.

[演習問題 4]

電流 I が 0.8mA 流れている抵抗 R の両端電圧 V は 2.64V であった．抵抗 R の両端電圧 V を求めなさい.

[演習問題 5]

750Ωの抵抗 R の両端電圧 V は 1.8V であった．抵抗 R に流れる電流 I の値を求めなさい.

[演習問題 6]

15kΩの抵抗 R の両端電圧 V は 4.8V であった．抵抗 R に流れる電流 I の値を求めなさい.

1-3

DC と AC

電気は大きく DC(Direct Current：直流) と AC(Alternating Current：交流) の2つに分けることができます.

DC は一方通行

● 身近な DC は電池

コンビニエンス・ストアに行くと大きさも形もさまざまな電池が販売されています. また電卓, 携帯電話, スマートフォン, タブレット端末, ノート型パソコンなど多くの電子機器が電池で動作しています.

電池(**写真1**)は, **写真2**のような DC1.5 V などの一定の電圧が出力しており, 時間とともにプラス, マイナスの極性が変化することはありません. このように**一方向にだけ発生する電圧**や, **一方向にだけ流れる電流を DC(Direct Current：直流) と呼びます**.

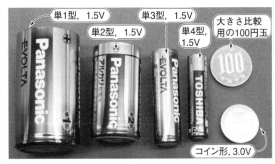

写真1 「電池」は DC の電圧と電流を出力する電源

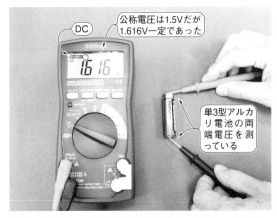

写真2 単3型アルカリ電池の両端電圧をディジタル・マルチメータで測定した

● DC は極性が変わらない

これまでは話をわかりやすくするため, **図1**のように電流 I が電線や抵抗 R の中を一方向に流れる状態で説明しました. 電流が一方向に流れるためには, **図2**のようにプラス(+), マイナス(-)(極性と呼ぶ)が時間とともに変わらない一方向の電圧が必要です. 一方向の電流が流れるときは一方向の電圧が加わっているので, 一方向の電流も電圧も DC と呼びます.

図2に示すのは DC 電圧をオシロスコープで観測してみたところです. DC の電圧 V が加わると, 抵抗 R に一方向に電流 I, つまり DC の電流 I が流れます.

DC 電圧 V や抵抗 R を変化させると, 式(1)のオームの法則に従って DC 電流 I も変化します.

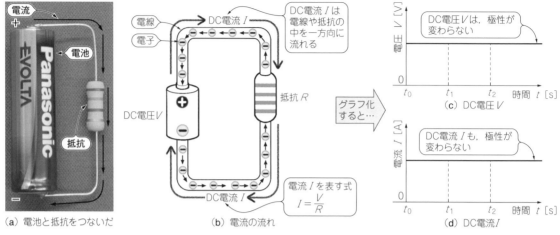

（a）電池と抵抗をつないだ　　　　　　　　（b）電流の流れ　　　　　　　　　（c）DC電圧V
　　　　　　　　　　　　　　　　　　　　　　　　　　　　　　　　　　　（d）DC電流I

図1　DCの電圧/電流は大きさが一定で極性も変わらない

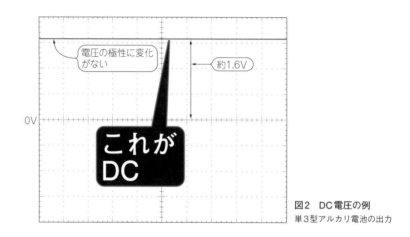

図2　DC電圧の例
単3型アルカリ電池の出力

$$I = \frac{V}{R} \quad \cdots\cdots\cdots\cdots\cdots\cdots\cdots\cdots\cdots\cdots\cdots\cdots\cdots\cdots\cdots\cdots\cdots\cdots (1)$$

ACは極性が交互に変化

● 時間とともに極性が変化する

　極性が変化しないDC電圧に対して，図3のように時間とともに極性がプラスからマイナス，マイナスからプラスへと変化する電圧もあります．このように電圧の極性が変化するので，電流Iの極性も時間とともにプラスからマイナス，マイナスからプラスへと変化します．

　時間とともに極性が変化する電圧や電流をAC（Alternating Current：交流）と呼びます．

　電圧や電流の極性が時間とともに変化してもオームの法則は成り立ちます．ある時点で時間を止めて考えると極性は変化しますが，電圧の極性がプラスのときは電流もプラス，電圧の極性がマイナスのときは電流もマイナス．結果的に電流Iは次の関係になります．

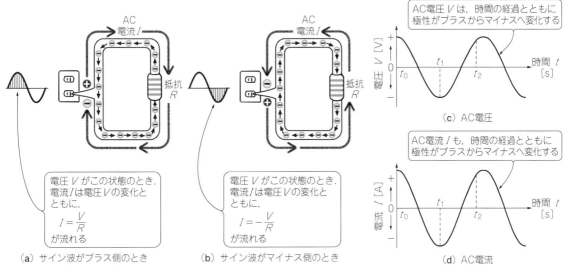

図3　ACの電圧/電流は時間の経過とともに極性が変化する

$$I = \frac{V}{R} \quad \cdots\cdots (2)$$

● ACといえばコンセント

　ACの代表は**サイン波**(sine wave)(**図4**)です．数学の三角関数のサイン，コサイン，タンジェントのサインを意味しています．電圧の変化が三角関数を使って表現できるので，サイン波と呼ばれます．

　「時間とともに変化する電圧$V(t)$が，

$$V(t) = V_M \sin(\omega t) \quad \cdots\cdots (3)$$

と表現できるACをサイン波と呼ぶ」と記憶しましょう．

　写真3に示すコンセントには，サイン波電圧が来ています．1秒間に何回も電圧の極性がプラスからマイナス，マイナスからプラスへと変化しています．

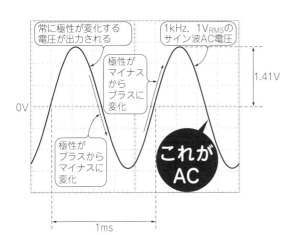

図4　サイン波は典型的なAC信号(周波数は1kHz)

写真3　自宅にあるコンセントには大きさ100 V_{RMS}，周波数50 Hz(60 Hz)のサイン波電圧が来ている

周波数は極性の変化の量

■ 1秒間に特性が変化する回数，それが周波数

● 1kHzは1秒間に1000回交互に変化する

AC電圧とAC電流の性質は，大きさと周波数で表すことができます．たとえば「このAC電圧の大きさは10 Vで，1秒間に100回交互に変化する」と相手に伝えるのは，まどろっこしいですよね．

図5 周波数の単位［Hz］の元となったハインリヒ・ルドルフ・ヘルツ(Heinrich Rudolf Hertz)氏

そんなときは，AC電圧やAC電流が1秒間に変化する回数を「周波数(frequency)」という変数で表すとよいでしょう．単位は［Hz］です．ヘルツと呼びます．「このAC電圧は10 V，100 Hz」というように使います．150年ほど前に電磁気学の分野で貢献したハインリヒ・ルドルフ・ヘルツ(Heinrich Rudolf Hertz)（図5）にちなんで，その名が付けられました．変数はfrequencyの頭文字をとってfです．

図6(a)から図6(f)に周波数の異なるサイン波を示します．

図6(a)は，1秒間に1回プラス側とマイナス側に交互に変化しているので1 Hzです．図6(b)は，1秒間に2回交互に変化しているので2 Hzです．同じように図6(c)は3 Hz，図6(d)は5 Hz，図6(e)は10 Hz，図6(f)は20 Hzです．

周波数が高くなると1秒間に何十回，何百回，何千回，何万回も変化します．このようなときはk(キロ)，M(メガ)，G(ギガ)

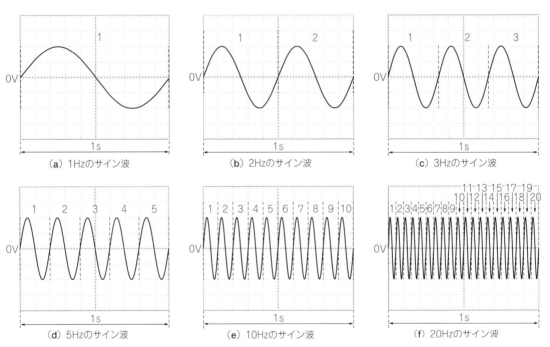

図6 1 Hz～20 Hzのサイン波AC電圧

コラム1 電気の歴史 DCとAC

● DC誕生

DCとACが生まれた歴史を簡単にひもといてみます.

1800年ごろ, ボルタの電池(voltaic cell)が生まれました. その後エジソン(Thomas Alva Edison)(図A)によって1881年に白熱電球が発明されました. その当時はテレビもパソコンもない時代で, 電気は電灯をつけるために使われました. 電力会社が各家庭や会社に電気を提供しました.

エジソンの白熱電球はDCで点灯させるものでした. そのため電力会社はDCで家庭や会社に電気を提供する必要がありました. 提供先が増えると電力会社は必要とされる分の電流を作り出さなければなりません. 電流が大きくなると提供先に電気を配る配線の抵抗値が無視できなくなります. つまり, 配線の抵抗R_Wによる電力の損失P_{loss}が大きくなってしまいます. 式で書くと次のようになります.

$$P_{LOSS} = R_W I^2 \quad \text{.............（A）}$$

配線による電力の損失を減らすには, 電力会社が同じ電力Pを供給するとしても, 電圧Vを高くして電流Iを減らす必要があります. 式で書くと次のようになります.

$$P = VI \quad \text{.........................（B）}$$

式(B)から, 電力会社が提供する電力Pが同じでも, 電圧Vを高くすると電流Iは小さな値ですむとわかります. 電流Iが小さな値だと式(A)の配線の抵抗R_Wによる電力の損失P_{loss}も小さくなります.

図A 白熱電球を発明したトーマス・アルバ・エジソン(Thomas Alva Edison)氏

● AC誕生

DCが広く普及するには難点がありました. 当時はDC電圧を自由に上げ下げする技術がなかったのです. そこで登場したのがACです. ACには次のような2つの長所があります.

> **長所1** トランス(transformer:変圧器)を使って簡単に電圧を上げたり下げたりできる
> **長所2** ACからDCへの変換はダイオードを使った整流回路(rectifier)で容易にできる. DCからACに変化するには複雑な回路のインバータ(inverter)が必要

これらACの2つの長所を使うと, 次の流れで電力の消費を抑えることができます.

> ① 発電所から家庭や会社に電気を送るときは電力損失P_{loss}($P = VI = RI^2$)を少なくしたいので高いAC電圧で送る
> ② 家庭や会社の近くでトランスを使い, 6.6 kVなどの高いAC電圧をAC100 Vなどの低い電圧にする
> ③ 簡単な整流回路でAC100 VをDCに変換する

①~③の過程を経ることで, 電力損失を抑えたまま白熱電球をともすことが可能になりました.

その後, 電灯の用途だけでなく電話などの通信に音声を伝える必要性も生まれ, ACが電気の世界で広く使われるようになったのです.

写真Aのような電信柱の上にあるトランス(柱上トランスと呼ぶ)を見かけます. この柱上トランスで変電所からの6.6 kVという非常に高い電圧を100 V, 200 Vに変換して各家庭, 会社に送電しているのです.

トランス

写真A 6.6 kVを100 V, 200 Vに変換する電信柱の上のトランス

注:<参考文献>直川一也, 科学技術史, "電気電子技術の発展", 1998年, 東京電気大学出版局

といった**接頭辞を使って周波数を表現します**.「1秒間に1000回プラス側とマイナス側に交互に変化する」とは言わず,「周波数1 kHz」と言います.

　日本では,家庭用コンセントからは周波数50 Hz(関東・東北・北海道)または60 Hz(中部・関西・中国四国・九州),AC100 V$_{\text{RMS}}$のサイン波(**図7**)が出力されています.

■ 周波数の逆数＝周期

● 10 Hzは1秒間に10回交互に変化する,このとき1回分の周期は0.1秒

　周波数を違う角度で見てみましょう.周波数f [Hz] とは,電圧や電流が1秒間にf回プラス側とマイナス側を交互に変化することを意味しています.

　では,1回交互に変化するときにかかる時間Tは,どれくらいでしょうか.1秒間にf回交互に変化するので,1回の交互変化,つまり1周期に要する時間T(**図8**)は,

$$T = \frac{1}{f} \quad\text{\dotfill}\quad (4)$$

コラム2　ACとDCが混じった電気信号もある

　電気にはDCとACの2種類があるという話をしました.しかし,実際の電気信号にはDC,ACと分けられないものもたくさんあります.

　図B(c)は時間とともに極性が0 Vを中心に＋側と－側に交互に変化するAC信号と,いつまでも極性が変わらないDC信号が加わった電気信号です.**図B(c)**をAC成分とDC成分に分けると**図B(a)**と**図B(b)**になります.

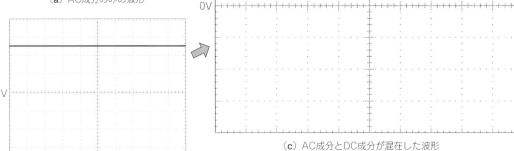

（a）AC成分のみの波形

（b）DC成分のみの波形

（c）AC成分とDC成分が混在した波形

図B　回路に流れている電気の多くはACとDCが混じり合っている

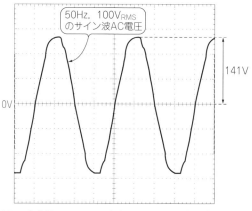

図7　家庭用コンセントに出力されているAC電圧（サイン波）である

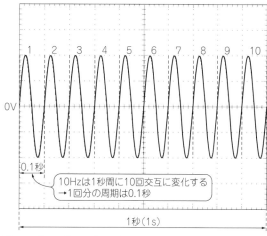

図8　周期は1秒間に交互に変化する回数の逆数

　図BのようなAC（サイン波）にDCを加えた電気信号のほかに，実際は複数の周波数成分をもつACからなる電気信号や，それにDCを加えた電気信号などがあります．図Cに実例を示します．世の中の電気を使った製品の中には，このようなさまざまな形の電気信号が使われています．

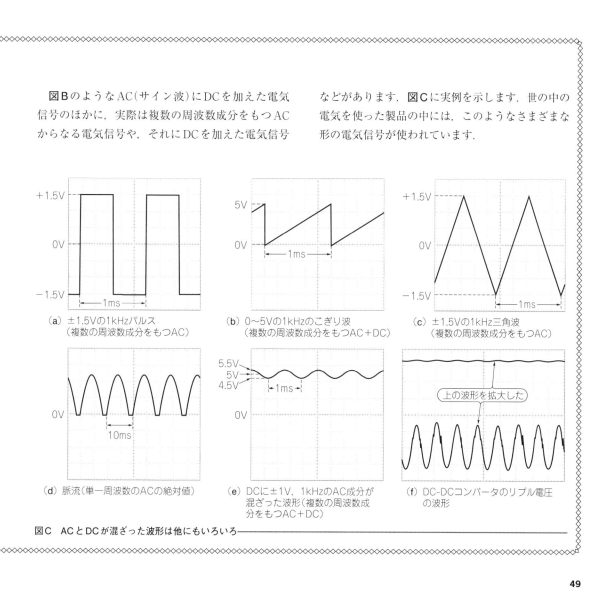

（a）±1.5Vの1kHzパルス（複数の周波数成分をもつAC）

（b）0〜5Vの1kHzのこぎり波（複数の周波数成分をもつAC＋DC）

（c）±1.5Vの1kHz三角波（複数の周波数成分をもつAC）

（d）脈流（単一周波数のACの絶対値）

（e）DCに±1V，1kHzのAC成分が混ざった波形（複数の周波数成分をもつAC＋DC）

（f）DC-DCコンバータのリプル電圧の波形

図C　ACとDCが混ざった波形は他にもいろいろ

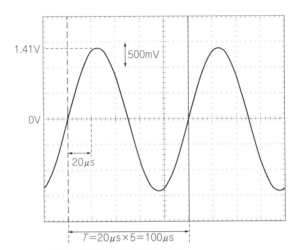

図9 1周期の時間から周波数fが求まる

です.

1周期Tの時間がわかると,周波数fは式(4)を変形して,

$$f = \frac{1}{T} \quad \cdots\cdots (5)$$

と得られます.

このことを知っていると,オシロスコープの波形から簡単に周波数fを求めることができます[注1].

さっそく試してみましょう.**図9**のオシロスコープの波形から,1周期の時間は$100\,\mu$sです.

式(5)から周波数fが式(6)のように求められます.

$$
\begin{aligned}
f &= \frac{1}{T} = \frac{1}{100\mu} = \frac{1}{100 \times 10^{-6}} \\
&= \frac{1}{0.1 \times 10^{-3}} = \frac{1}{0.1} \times 10^{3} \\
&= 10 \times 10^{3} = 10 \text{ kHz} \quad \cdots\cdots (6)
\end{aligned}
$$

注1:オシロスコープの読み取り誤差が出てしまうので,おおよその周波数fを求めるときにとる方法です.正確な測定には周波数カウンタを使います.

ACの理解を深める

ACでもオームの法則は成り立つ

1-2節ではDCの電圧，電流でオームの法則が成り立つことを実験して確認しました．今度はACでもオームの法則が成り立つかどうかを実験してみましょう．

> **実験に使った道具**
> ● ディジタル・マルチメータ×2台
> ● ファンクション・ジェネレータ
> ● ACアンプ（電圧が20 V_{RMS}と30 V_{RMS}のときに使った）
> ● 抵抗（10 kΩ）

■ 電圧の大きさを変えてみる

ACでもオームの法則が成り立つかを実験する回路は**図1**です．1-2節の実験1から実験7ではDC電圧電流器を使いましたが，本実験ではACの電圧として**写真1**に示すファンクション・ジェネレータ（function generator）[注1]を使いました．

まず抵抗$R = 10$ kΩ，周波数$f = 1$ kHzのサイン波の振幅電圧Vを変化させて，オームの法則が成立するか実験してみましょう．

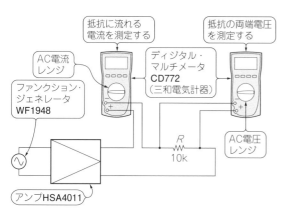

図1 ACの信号に対してもオームの法則が成り立つかどうかを調べる実験回路

写真1 AC，DC，AC＋DC…さまざまな形の電気信号を生成できる測定器「ファンクション・ジェネレータ」（WF1948，エヌエフ回路設計ブロック）

注1：ファンクション・ジェネレータはACやDC電圧の信号を出力する機器です．出力する波形はDC，サイン波，三角波，パルス波形などを選択できます．周波数，電圧を変えられます．

● **実験1　周波数1 kHz，電圧10 V_{RMS}のAC信号を抵抗に加える**

抵抗$R = 10$ kΩに電圧$V = 10$ V_{RMS}を加えるとオームの法則から抵抗Rに流れる電流Iは，次のようになります．

$$
\begin{aligned}
I = \frac{V}{R} &= 10\text{V} \div 10k\Omega \\
&= 10 \div (10 \times 10^3) \\
&= 1 \times 10^{-3} = 1\text{ mA} \quad\cdots\cdots\cdots\cdots\cdots\cdots(1)
\end{aligned}
$$

実験結果は**写真2**です．抵抗Rに誤差があることやACになるとディジタル・マルチメータにも誤差が増えることから，ピッタリ1 mAではありません．しかし，そうした誤差を無視すると，式(1)の計算結果ととても合っています．

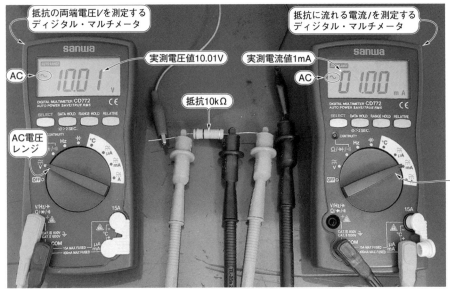

写真2
実験1の結果：抵抗10 kΩに周波数1 kHz，電圧10 V_{RMS}を加えると抵抗Rに1 mAの電流Iが流れた

● **実験2　周波数1 kHz，電圧20 V_{RMS}のAC信号を抵抗に加える**

抵抗$R = 10$ kΩに電圧$V = 20$ V_{RMS}を加えるとオームの法則から抵抗Rに流れる電流Iは，次のようになります．

$$
\begin{aligned}
I = \frac{V}{R} &= 20\text{V} \div 10k\Omega \\
&= 20 \div (10 \times 10^3) \\
&= 2 \times 10^{-3} = 2\text{ mA} \quad\cdots\cdots\cdots\cdots\cdots\cdots(2)
\end{aligned}
$$

実験結果は**写真3**です．実験1と同様に抵抗Rやディジタル・マルチメータの誤差を無視すると，式(2)の計算結果ととても合っています．

● **実験3　周波数1 kHz，電圧30 V_{RMS}のAC信号を抵抗に加える**

抵抗$R = 10$ kΩに電圧$V = 30$ V_{RMS}を加えるとオームの法則から抵抗Rに流れる電流Iは，式(3)のようになります．

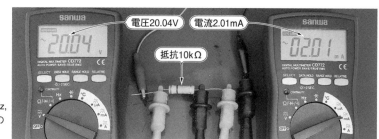

写真3
実験2の結果：抵抗10 kΩに周波数1 kHz,
電圧20 V_{RMS}を加えると抵抗Rに2 mAの
電流Iが流れた

$$I = \frac{V}{R} = 30\,V \div 10\,k\Omega = 30 \div (10 \times 10^3) = 3 \times 10^{-3} = 3\,mA \cdots\cdots (3)$$

実験結果は**写真4**です.

実験1, 実験2と同様に, 式(3)の計算結果と十分に合っています.

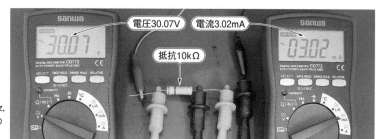

写真4
実験3の結果：抵抗10 kΩに周波数1 kHz,
電圧30 V_{RMS}を加えると抵抗Rに3 mAの
電流Iが流れた

*　　*　　*

実験1～実験3の結果をまとめて**図2**に示します.

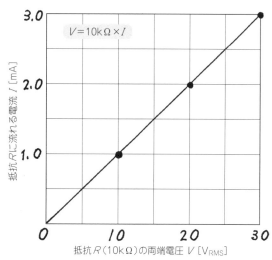

図2
実験1の結果をグラフにプロットすると直線上に並ぶ,
つまり比例関係にあることがわかった

■ 周波数を変えてみる

次に抵抗 $R = 10\,k\Omega$, 電圧 $V = 10\,V_{RMS}$ のサイン波の周波数を可変してオームの法則が成立するか実験してみましょう.

● 実験4　周波数500 Hz，電圧10 V_RMSのAC信号を抵抗に加える

実験条件は実験1の周波数が変わっただけなので，抵抗$R = 10\,\mathrm{k\Omega}$に電圧$V = 10\,\mathrm{V_{RMS}}$を加えるとオームの法則から抵抗Rに流れる電流Iは，式(4)のようになります．

$$
\begin{aligned}
I = \frac{V}{R} &= 10\,\mathrm{V} \div 10\,\mathrm{k\Omega} \\
&= 10 \div (10 \times 10^3) \\
&= 1 \times 10^{-3} = 1\,\mathrm{mA} \quad\cdots\cdots (4)
\end{aligned}
$$

実験の結果は**写真5**です．これまでの実験と同様に式(4)の計算結果と合っています．

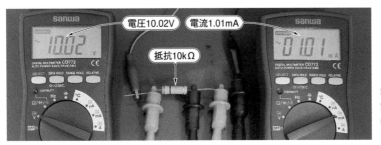

電圧10.02V　電流1.01mA　抵抗10kΩ

写真5
実験4の結果：抵抗10 kΩに周波数500 Hz，電圧10 V_RMSを加えると抵抗Rに流れる電流Iは1 mAになった

● 実験5　周波数200 Hz，電圧10 V_RMSのAC信号を抵抗に加える

実験4の周波数が変わっただけなので，抵抗$R = 10\,\mathrm{k\Omega}$に流れる電流Iは，1 mAになるはずです．

実験の結果は**写真6**です．式(4)の計算結果と合っています．

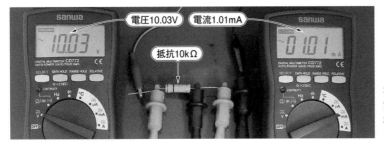

電圧10.03V　電流1.01mA　抵抗10kΩ

写真6
実験5の結果：抵抗10 kΩに周波数200 Hz，電圧10 V_RMSを加えると抵抗Rに流れる電流Iは1 mAになった

● 実験6　周波数100 Hz，電圧10 V_RMSのAC信号を抵抗に加える

実験4の周波数が変わっただけなので，抵抗$R = 10\,\mathrm{k\Omega}$に流れる電流Iは，1 mAになるはずです．

実験の結果は**写真7**です．式(4)の計算結果と合っています．

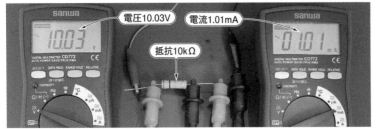

電圧10.03V　電流1.01mA　抵抗10kΩ

写真7
実験6の結果：抵抗10 kΩに周波数100 Hz，電圧10 V_RMSを加えると抵抗Rに流れる電流Iは1 mAになった

＊

こうして見るとAC（サイン波）でもオームの法則は成り立っていることがわかります．オームの法則は，周波数に無関係に成立していることもわかります．

サイン波は単一の周波数

● イメージは振り子

ここでサイン波という言葉が登場しました．サイン波の「サイン」とは，三角関数のサイン（sine），コサイン（cosine），タンジェント（tangent）のサインです．でもご安心ください，数学の話をするわけではありません．1つのAC（図3）を数式で表しただけです．数式を覚えるよりも，サイン波のイメージをしっかり理解しましょう．

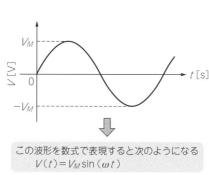

この波形を数式で表現すると次のようになる
$V(t) = V_M \sin(\omega t)$

図3　混じりけのない1つのAC信号

写真8　わが家の柱時計

サイン波のイメージを振り子で考えてみます．振り子と言えば振り子時計ですが，最近はあまり見かけなくなりました．わが家の柱時計（写真8）は振り子が付いていますが，まったくのお飾りです．

図4に示すように，振り子を下からのぞくと，振り子は時間の基準に使われるほど安定的な一定の周期で振れています．振り子にペンを付けて地震計のように紙を移動させると，きれいな波が紙に描かれることでしょう．これがサイン波です．実際には，図5のようなサイン波が電気の世界では使われています．

● 三角関数で表現する

サイン波を説明するとき毎回「図5のような波形」と書くのは少々大変です．そこでサイン波を表す数式が電気の世界では使われています．ではサイン波を数式を使って書いてみましょう．

電圧Vの最大値をV_Mとすれば，

$$V(t) = V_M \sin(\omega t) \quad\text{(5)}$$

と書けます．ここで角速度ωを$2\pi f$と置き換えます．

$$\omega = 2\pi f \quad\text{(6)}$$

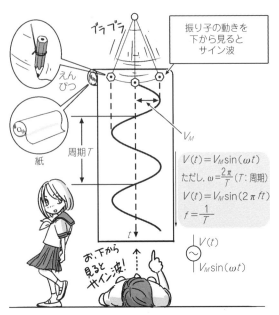

図4　一定周期で揺れる振り子にペンをもたせて用紙を移動させるとサイン波がその姿を現す

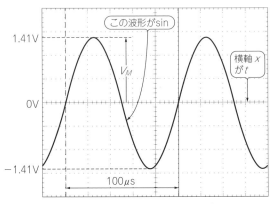

図5　サイン波の実例（周波数 10 kHz，電圧 1 V_RMS）

置き換えることで式(5)は次のように書けます．

$$V(t) = V_M \sin(2\pi f t) \quad \cdots\cdots\cdots\cdots\cdots\cdots\cdots\cdots\cdots\cdots\cdots (7)$$

　式(7)がサイン波の電圧 V を数式で表した形です．振幅(amplitude)が V_M，sin のカッコ()の中に周波数の情報が入ります．実測波形の図5は式(7)とうまく合致します．

　注目してほしいのは，式(7)は周波数 f が1つだけでほかの周波数成分がないということです．

　あるいは「1つの周波数 f のみによる純粋な振動が続く，それがサイン波」とも言えます．周波数 f が1つだけなので「単一の周波数(single frequency)」とも呼びます．

　少し難しくなりますが「他の周波数成分がない」ことを実験で確認してみましょう．図5の信号をFFTアナライザ[注2]に入力しました，結果は図6です．10kHzの信号とFETアナライザ自身のノイズはハッキリ見えますが，それ以外の信号は見えません．

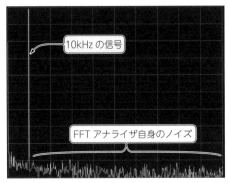

図6
図5の信号をFFTアナライザに入力した

注2：本書のレベルではとても難しいのですが，信号に対して高速フーリエ変換(FFT：Fast Fourier Transform)と呼ばれる計算をして，周波数成分を分析する測定器です．

● 他に周波数成分があるとサイン波は歪む

　では信号の周波数が単一ではなく他に周波数成分があると波形はどうなるのでしょうか．他の周波数成分を含む波形を考えてみました．

　電圧が$2\,V_{P\text{-}P}$［P-P：Peak-to-Peak（ピーク・ツー・ピーク）電圧の最大値と最小値の差］で周波数が$1\,kHz$のサイン波に，電圧$1\,V_{P\text{-}P}$で周波数$2\,kHz$のサイン波を加えてみました．数式で書くと，

$$V(t) = V_{M0}\sin(2\pi f_0 t) + V_{M1}\sin(2\pi f_1 t)$$
$$= 1\times\sin(2\pi\times1\times10^3 t) + 0.5\times\sin(2\pi\times2\times10^3 t) \quad\cdots\cdots (8)$$

です．この信号は図7のような波形になります．

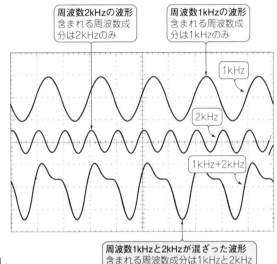

図7
2つの周波数成分を含む波形の例

周波数2kHzの波形
含まれる周波数成分は2kHzのみ

周波数1kHzの波形
含まれる周波数成分は1kHzのみ

1kHz

2kHz

1kHz+2kHz

周波数1kHzと2kHzが混ざった波形
含まれる周波数成分は1kHzと2kHz

　図7の一番上の波形が$1\,kHz$のサイン波，中央の波形が$2\,kHz$のサイン波，一番下の波形が$1\,kHz$と$2\,kHz$のサイン波を足し合わせたものです．一番下の波形は図5のサイン波と比べると乱れており，とてもサイン波とは呼べません．

　サイン波は式(9)や図5のように周波数fが1つだけでほかの周波数成分がない波形を言います．

$$V(t) = V_M\sin(2\pi f t) \quad\cdots\cdots (9)$$

　式(7)は理想状態を表現したものです．現実に使われているサイン波は，周波数f以外の成分やノイズ（noise）も少し混じっています．実は図5も厳密に言うと式(7)ほど純粋なサイン波ではなく，少し周波数f以外の成分やノイズが混じっています．まあ，サイン波も現実は理想とは異なり，少し汚れているということでしょう．

　本書ではそれほど厳密に考えずにサイン波の波形は図5，式は式(7)で表すことができるという前提で話を進めます．

　電圧Vのサイン波が描けたので，電流Iも同様に電流のピーク値をI_Mとすれば次のようになります．

$$I(t) = I_M\sin(\omega t) \quad\cdots\cdots (10)$$
$$I(t) = I_M\sin(2\pi f t) \quad\cdots\cdots (11)$$

以後サイン波と言えば式(5)，式(10)または式(7)，式(11)を指すことにしましょう．

● 単一の振動の表現はサイン波

ところでサイン波はあるのですが，コサイン波(cosine wave)もあるのでしょうか？さっそく測定してみました．測定結果は**図8**です．

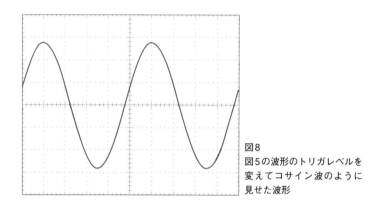

図8
図5の波形のトリガレベルを
変えてコサイン波のように
見せた波形

白状すると**図8**は**図7**に対してオシロスコープのトリガ・レベル(trigger level)を変えてコサイン波のように見せただけの無意味な波形です．

図9のように1つのサイン波の信号ならばサイン波もコサイン波もまったく同じで，連続した信号のどこからどこを見ているかが変わるに過ぎません．ですから，信号が1つならばサイン波と呼べば十分信号を表現しているので，わざわざコサイン波とは言いません．

しかし，**図10**のように同期した2つの信号があるときにはサイン波，コサイン波と呼ぶには意味が出てくるのです．

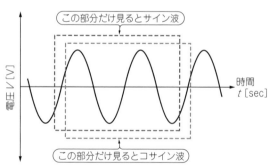

図9　1つの信号の見方によってはサイン波，コサイン
波に見える

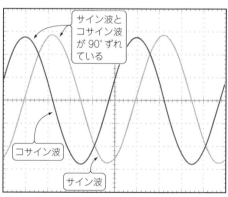

図10　ピッタリ同期した2つの信号の例

演習問題 B

■ 実効値の確認
※解答は巻末にあります.

[演習問題1]
オシロスコープで波形を測定したら**図A**であった. 測定した波形の実効値を求めなさい.

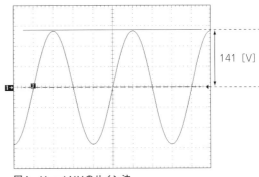

図A $V_P = 141V$のサイン波

[演習問題2]
オシロスコープで波形を測定したら**図B**であった. 測定した波形の実効値を求めなさい.

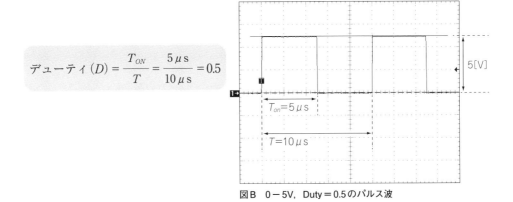

$$デューティ\,(D) = \frac{T_{ON}}{T} = \frac{5\,\mu\mathrm{s}}{10\,\mu\mathrm{s}} = 0.5$$

図B　$0-5V$, $Duty = 0.5$のパルス波

[演習問題3]
オシロスコープで波形を測定したら**図C**であった. 測定した波形の実効値を求めなさい.

$$\text{デューティ}(D) = \frac{T_{ON}}{T} = \frac{20\,\mu s}{100\,\mu s} = 0.2$$

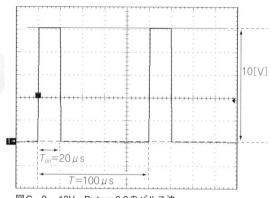

図C　0−10V，Duty＝0.2のパルス波

［演習問題4］

オシロスコープで波形を測定したら**図D**であった．測定した波形の実効値を求めなさい．

$$\text{デューティ}(D) = \frac{T_{ON}}{T} = \frac{50\,\mu s}{100\,\mu s} = 0.5$$

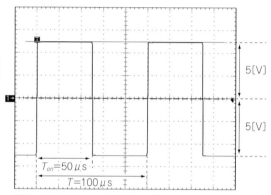

図D　±5V，Duty＝0.5のパルス波

［演習問題5］

オシロスコープで波形を測定したら**図E**であった．測定した波形の実効値を求めなさい．

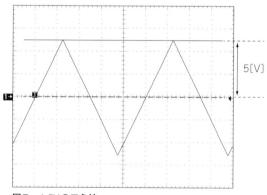

図E　±5Vの三角波

1-5

交流回路の電流と電圧の比「インピーダンス」

オームの法則はキャパシタでも成り立つ

■ キャパシタは抵抗ではなくインピーダンスで考える

抵抗RならばDCでもACでもオームの法則が成立していました．今度は，抵抗Rではなく本書のもうひとつのテーマ，キャパシタについてオームの法則が成り立つか考えてみましょう．

結論から書くと，キャパシタにおいてもオリヴァー・ヘヴィサイド（Oliver Heaviside）（**図1**）が提唱したインピーダンス（impedance）という概念[注1]で考えるとオームの法則は成り立ちます．ではインピーダンスとは何かという話ですが，「**ACで電流を制限する要素[注2]**」でしょうか．インピーダンスの参照記号はZ[注3]が使われています．インピーダンスの単位記号は抵抗Rと同じ［Ω］です．

だったら抵抗Rと同じではないか，との疑問が生じます．その答えは，似ていますが異なる点もあります，というものです．そこで抵抗RとキャパシタCのインピーダンスの大きな違いを2点挙げます．①抵抗Rの場合，ACの周波数fを変化させても抵抗値は変化しませんが，キャパシタCの場合，ACの周波数fを変化させると電流を制限する量が変化します．つまり，キャパシタCのインピーダンスは，周波数によって変化するのです．このことを実験1から実験4で確認してみましょう．

②抵抗Rは電力を消費して発熱しますが，キャパシタCは電力の消費がありません．キャパシタCのインピーダンスは電流を制限するのですが，電力消費がなく発熱しません．

結論です．インピーダンスZを考慮するとACのオームの法則は，

$$V = IZ \tag{1}$$

になり，DCのオームの法則

$$V = IR \tag{2}$$

と等価な式で表すことができるのです．

図1　インピーダンスという概念を提唱したオリヴァー・ヘヴィサイド（Oliver Heaviside）**氏**

注1：ポールJ．ナーイン：高野喜永訳 "オリヴァー・ヘヴィサイド　ヴィクトリ朝における電気の天才　その時代と業績と生涯" 海鳴社，2012年
注2：厳密には特性インピーダンスなど電気の波としての性質を考えずに，前提を集中定数回路として考えた条件での話です．
注3：オリヴァー・ヘヴィサイドがインピーダンスの記号にZを使ったため，といわれています．

■ 実験　オームの法則：キャパシタの場合

それでは実際にキャパシタC_Aを使ったオームの法則の実験を行います。実験回路は図2です。

実験に使った道具
- ディジタル・マルチメータ×2台
- ファンクション・ジェネレータ
- ACアンプ
- キャパシタ(1.5 μF)

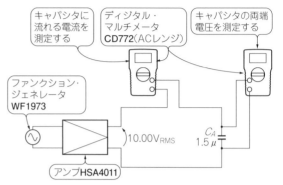

図2　周波数を変えて電流からインピーダンスを求める
キャパシタC_Aを使ったオームの法則の実験回路

● **実験1　キャパシタ1.5 μFに，電圧10 V$_{RMS}$，周波数1 kHzを加えてインピーダンスZを求める**

1.5 μFのキャパシタC_Aに周波数1kHz，電圧10V$_{RMS}$のサイン波を加えたときの，インピーダンスZを求めてみます。オームの法則が正しければ，キャパシタC_Aに電圧10 V$_{RMS}$(周波数1 kHz)の電圧を加えたとき，流れた電流Iがわかればオームの法則を使ってキャパシタC_AのインピーダンスZは，

$$Z = \frac{V}{I} = \frac{10}{I} \quad\text{..}(3)$$

で求められるはずです。

実験結果(**写真1**)から，キャパシタC_Aに電圧10.01 V$_{RMS}$(周波数1 kHz)の電圧を加えたとき，流れた電流Iは90.8 mAです。これよりキャパシタC_Aのインピーダンスは，

$$Z = \frac{V_{RMS}}{I_{RMS}} = \frac{10.01}{90.8 \times 10^{-3}} \cong 110 \quad \Omega \quad\text{..}(4)$$

と求められます。

写真1：実験1
キャパシタ1.5 μFに電圧10 V$_{RMS}$
(周波数1 kHz)を加えたとき，
90.8 mA$_{RMS}$の電流が流れた

● **実験2　キャパシタ1.5 μFに，電圧10 V$_{RMS}$，周波数500 Hzを加える**

今度は，周波数を500Hzにして1.5 μFのキャパシタC_AのインピーダンスZを求めてみましょう。実験1と同様にキャパシタC_Aに，電圧10 V$_{RMS}$(周波数500 Hz)の電圧を加えたとき，流れた電流Iからオームの法則を使ってキャパシタC_AのインピーダンスZが求まります。

実験結果(**写真2**)から，キャパシタC_Aに電圧10.03 V$_{RMS}$(周波数500 Hz)の電圧を加えたとき，流れた電流Iは45.5 mAです。これよりキャパシタC_Aのインピーダンスは，

$$Z = \frac{V_{RMS}}{I_{RMS}} = \frac{10.03}{45.5 \times 10^{-3}} \cong 220 \ \Omega \tag{5}$$

と求められます.

写真2：実験2
キャパシタ $1.5\,\mu$F に電圧 $10\,\mathrm{V_{RMS}}$（周波数 $500\,\mathrm{Hz}$）を加えたとき, $45.5\,\mathrm{mA_{RMS}}$ の電流が流れた

● **実験3　キャパシタ$1.5\,\mu$Fに，電圧$10\,\mathrm{V_{RMS}}$，周波数$200\,\mathrm{Hz}$を加える**

さらに周波数を$200\,\mathrm{Hz}$にしてにして$0.33\,\mu$FのキャパシタC_AのインピーダンスZを求めてみましょう. 実験1, 実験2と同様にキャパシタC_Aに流れた電流Iからオームの法則を使ってキャパシタC_AのインピーダンスZが求まります.

実験結果（**写真3**）から, キャパシタC_Aに電圧$10.03\,\mathrm{V_{RMS}}$（周波数$200\,\mathrm{Hz}$）を加えたとき, 流れた電流Iは$18.18\,\mathrm{mA}$です. これよりキャパシタC_Aのインピーダンスは式(6)のように求められます.

$$Z = \frac{V_{RMS}}{I_{RMS}} = \frac{10.03}{18.18 \times 10^{-3}}$$
$$\cong 552 \ \Omega \tag{6}$$

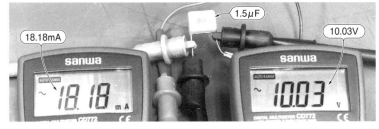

写真3：実験3
キャパシタ $1.5\,\mu$F に電圧 $10\,\mathrm{V_{RMS}}$（周波数 $200\,\mathrm{Hz}$）を加えたとき, $18.18\,\mathrm{mA_{RMS}}$ の電流が流れた

● **実験4　キャパシタ$1.5\,\mu$Fに，電圧$10\,\mathrm{V_{RMS}}$，周波数$100\,\mathrm{Hz}$を加える**

もうひとつ周波数を$100\,\mathrm{Hz}$にして$1.5\,\mu$FのキャパシタCのインピーダンスZを求めてみましょう. 実験1から実験3と同様に, キャパシタC_Aに流れた電流Iと加わった電圧がわかればオームの法則を使ってキャパシタC_AのインピーダンスZが求まります.

実験結果（**写真4**）から, キャパシタC_Aに電圧$10.03\,\mathrm{V_{RMS}}$（周波数$1\,\mathrm{kHz}$）を加えたとき, 流れた電流Iは$9.14\,\mathrm{mA}$です. これよりキャパシタC_Aのインピーダンスは,

$$Z = \frac{V_{RMS}}{I_{RMS}} = \frac{10.03}{9.14 \times 10^{-3}}$$
$$\cong 1.10 \ \mathrm{k\Omega} \tag{7}$$

と求められます.

写真4：実験4
キャパシタ1.5 μ Fに電圧10 V_RMS
（周波数100 Hz）を加えたとき，
9.14 mA_RMSの電流が流れた

■ 実験のまとめ…周波数によって電流を制限する量が変化する

　実験1から実験4の結果を図3にまとめました．横軸は周波数fで対数のスケール，縦軸はインピーダンスZです．図3より，キャパシタC_AのインピーダンスZは周波数が高くなると小さくなり，周波数が低くなると大きくなることがわかります．

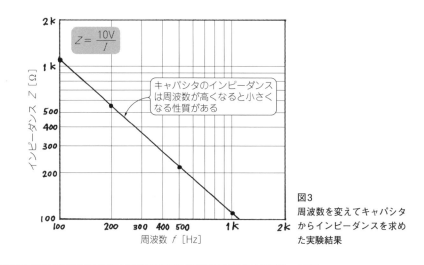

図3
周波数を変えてキャパシタからインピーダンスを求めた実験結果

キャパシタのインピーダンスの周波数特性

● インピーダンスは周波数に反比例

　このキャパシタの特性をひと言でいうと「キャパシタのインピーダンスZは，周波数fに反比例する」となるのです．この特性は，キャパシタを語る上で欠かせない非常に重要な性質です．

　ここまで踏み込んだので，今度はキャパシタCのインピーダンス特性を数式で表してみましょう．

$$Z = \frac{1}{2\pi fC} \quad\text{...(8)}$$

です．式(8)がどの程度正しいのか調べるため実際に計算して，計算結果と実験1から実験4の結果を比較してみましょう．

▶検証その1　周波数1 kHzのときのインピーダンス

　キャパシタC_A = 1.5 μF，周波数f = 1 kHzのキャパシタのインピーダンスZを示す式(8)から計算してみましょう．

$$Z = \frac{1}{2\pi f C}$$
$$= \frac{1}{2\pi \times 1 \times 10^3 \times 1.5 \times 10^{-6}}$$
$$\cong 106\ \Omega \quad\cdots\cdots\cdots\cdots\cdots\cdots\cdots\cdots\cdots\cdots\cdots\cdots\cdots\cdots (9)$$

　実験1の結果は110Ωでした．一般的にキャパシタCの精度は高精度のタイプでも±5％程度，実験に使用したタイプは±10％です．実験と計算の差110－106＝4Ωは，キャパシタンスCの誤差といえます．結果，キャパシタのインピーダンスZを示す式(8)は，とっても実験と合っていますね．

　他の実験2，実験3，実験4の結果も検証しましょう．

▶**検証その2**　周波数500Hzのときのインピーダンス

　キャパシタC_A＝1.5μF，周波数f＝500HzのキャパシタのインピーダンスZは式(8)から式(10)のようになります．

$$Z = \frac{1}{2\pi f C}$$
$$= \frac{1}{2\pi \times 500 \times 1.5 \times 10^{-6}}$$
$$\cong 212\ \Omega \quad\cdots\cdots\cdots\cdots\cdots\cdots\cdots\cdots\cdots\cdots\cdots\cdots (10)$$

　実験2の結果は220Ωでした．誤差を考慮すると，周波数を変えて500HzでもキャパシタのインピーダンスZを示す式(8)は，実験と合っていますね．

▶**検証その3**　周波数200Hzのときのインピーダンス

　キャパシタC_A＝1.5μF，周波数f＝200HzのキャパシタのインピーダンスZは式(8)から式(11)のようになります．

$$Z = \frac{1}{2\pi f C}$$
$$= \frac{1}{2\pi \times 200 \times 1.5 \times 10^{-6}}$$
$$\cong 531\ \Omega \quad\cdots\cdots\cdots\cdots\cdots\cdots\cdots\cdots\cdots\cdots\cdots\cdots (11)$$

　実験3の結果は552Ωです．誤差を考慮するとキャパシタのインピーダンスZを示す式(8)は，200Hzでも実験と合っていますね．

▶**検証その4**　周波数100Hzのときのインピーダンス

　キャパシタC_A＝1.5μF，周波数f＝100HzのキャパシタのインピーダンスZは式(8)から式(12)のようになります．

$$Z = \frac{1}{2\pi f C}$$

$$= \frac{1}{2\pi \times 100 \times 1.5 \times 10^{-6}}$$

$$\fallingdotseq 1.06\,\mathrm{k}\Omega \quad\cdots\cdots\cdots\cdots\cdots\cdots\cdots\cdots\cdots\cdots\cdots\cdots\cdots\cdots\cdots\cdots\cdots (12)$$

実験4の結果は1.10kΩでした. 誤差を考慮するとキャパシタのインピーダンスZを示す式(8)は, 100Hzでも実験と合っています.

＊　　　＊　　　＊

同じキャパシタCで周波数fを変えて実験しました. この結果よりキャパシタCのインピーダンスZは

$$Z = \frac{1}{2\pi f C} \quad\cdots\cdots\cdots\cdots\cdots\cdots\cdots\cdots\cdots\cdots\cdots\cdots\cdots\cdots\cdots\cdots\cdots\cdots\cdots\cdots\cdots\cdots (13)$$

で表すことができます.

● キャパシタのインピーダンスZは周波数特性をもつ

実験1から実験4のように, キャパシタのインピーダンスZは, 周波数によって変化します. このように**周波数によって特性が変化することを一般に「周波数特性をもつ」と言います. つまり「キャパシタのインピーダンスZは周波数特性をもつ」**のですね.

ほかのキャパシタでも, そのインピーダンスを表計算ソフトのエクセルを使って計算してみました. **図4のようにキャパシタのインピーダンスは, 周波数が高くなると小さくなるのです.**

対して抵抗はどうでしょうか. 「1-4　ACの理解を深める」の実験4〜実験6のように, 抵抗値が周波数によって変化することはありません. つまり**「抵抗は周波数特性をもたない」**のです.

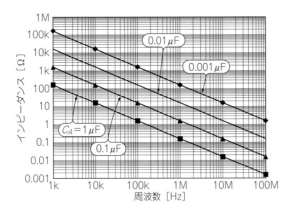

図4
キャパシタのインピーダンスは
周波数によって変化する
キャパシタのインピーダンスは周波数が高くなるほど小さくなる

演習問題 C

■ キャパシタのインピーダンスの確認
※解答は巻末にあります.

[演習問題1]
キャパシタンス0.1 μFのキャパシタにおいて,周波数1kHz,10kHz,100kHz,1MHz,10MHz時のインピーダンスを求めなさい.

[演習問題2]
キャパシタンス100 μFの電解キャパシタの周波数100Hz,1kHz,10kHz,100kHz時のインピーダンスを求めなさい.

[演習問題3]
キャパシタンス10nFのキャパシタにおいて,周波数10kHz,100kHz,1MHz,10MHz,100MHz時のインピーダンスを求めなさい.

[演習問題4]
キャパシタンス100pFのキャパシタにおいて,周波数1MHz,10MHz,100MHz時のインピーダンスを求めなさい.

1-6

電力を考える

DC 電力の場合

● スマートフォンを使うと温かくなるのは，電力を消費したから

今度は，電力について考えてみましょう．抵抗に電気が流れると，抵抗が温まります[注1]．これは電力が消費されたからです．電力を消費するもっとわかりやすい抵抗の例として，パンを焼くトースタ（**写真1**）を考えてみましょう．パンを焼くとき発熱するヒータの部分はとても熱くなっています．熱くないとパンが焼けないので当然です．「電力」に注目すると，パンを焼く＝ヒータを熱くする，そのために電力を消費しています．つまり，トースタでパンがうまく焼けるのは，電力を上手に使った結果なのです．

写真1　わが家のトースタ

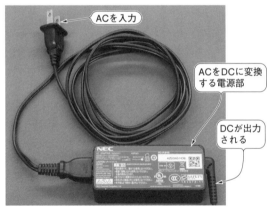

写真2　ノート型PC用のACアダプタはACを入力するとDCに変換する

今度はトースタではなく，身の周りのPC，タブレット端末，スマートフォンなどの電子機器（electronic device），バッテリ（battery）やACアダプタ（AC adapter，**写真2**）を介してDCで動作する電子機器で考えてみましょう．電子機器は内部にマイコン（マイクロコンピュータ，microcomputerの略称）などの半導体（semiconductor）が使われています．電源をONして電子機器を使うとき，半導体に電流が流れます．そのとき半導体の内部に流れた電流によって，半導体自身も温かくなるのです．ですから1時間も使っているスマートフォンのケースを触ると，温かくなっていることと思います．紙面では，そうした電子機器の温かさを伝えることができません．

テレビやスマートフォンなどを使うと，それらの電子機器に電流が流れ，その結果電力が消費されたのです．消費された電力は熱になります．つまり，電子機器の電源をONすれば，そのときから電子機

注1：抵抗に電流が流れたときに発生する熱をジュール熱（Joule heat）と呼びます．

器は電力を消費しているのです.

　ここで，さきほどDCで動作する電子機器を前提にしましたが，実は理由があります．DCでは，キャパシタには電流が流れません[注2]．DCで電流が流れるのは抵抗だけなのです．つまり抵抗だけが電力を消費しているのです.

　ACアダプタから見ると，電子機器が動作していると確かに電流が流れているので内部の半導体も「抵抗に相当」して電力を消費しているのですね．消費電力の観点で見ると抵抗もACアダプタから見える電子機器も，同様に考えられるのです.

● 抵抗は電力を消費する

　少し深入りしましょう．図1において電圧V，電流Iとすれば，電力Pは電圧Vと電流Iの積で，

$$P = VI \quad\cdots\cdots (1)$$

のように定義されます.

図1　抵抗は一定の電流が流れると一定のペースで電力を消費する

図2　蒸気機関を発明したジェームズ・ワット(James Watt)

　電力Pの単位記号は［W］（ワットと呼ぶ）です．蒸気機関を発明したジェームズ・ワット(James Watt，図2)氏にちなんで付けられています.

　先のオームの法則を$I =$の形に変形して，

$$V = IR \quad\cdots\cdots (2)$$

$$I = \frac{V}{R} \quad\cdots\cdots (3)$$

式(1)から電流Iを消去して書き換えると，

$$P = \frac{V^2}{R} \quad\cdots\cdots (4)$$

注2：キャパシタの材料が理想的ではないので，完全に電流が流れないわけではなく，わずかに電流が流れます．この電流を漏れ電流(leakage current)と呼びます.

です．つまり，抵抗Rは$\dfrac{V^2}{R}$の電力を消費するのです．電力Pは電圧Vの自乗で増加することに注意しましょう．電圧Vが2倍になれば，消費電力Pは4倍になるのです．

また，同様に式(1)をオームの法則によって電圧Vを消去して書き換えると，

$$P = I^2 R \quad\text{……………………………………………………………………………} (5)$$

となります．抵抗RはI^2Rの電力が消費されるのです．電流Iの自乗で電力Pが増加することに注意しましょう．電流Iが2倍増加すると，電力Pは4倍になるのですね．

電力を与える式(4)，式(5)ですが，電圧Vまたは電流Iから電力Pを求めたにすぎず，両式が示す電力Pはまったく同じ値になります．電力計算をするときの式(4)，式(5)の使い分けですが，電圧Vがわかれば式(4)を，電流Iがわかれば式(5)を使います．

AC 電力の場合

● AC電圧，電流をDCに換算したのが実効値

さて今度はACで考えてみましょう．図4のようなACのときもDCと同様に，電力を式(1)，式(4)，式(5)で計算できれば，とてもわかりやすいですね．

$$P = V I \quad\text{……………………………………………………………………} (1)\text{再掲}$$

$$P = \dfrac{V^2}{R} \quad\text{……………………………………………………………} (4)\text{再掲}$$

$$P = I^2 R \quad\text{……………………………………………………………………} (5)\text{再掲}$$

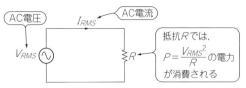

図4　抵抗Rで消費されるAC電力Pを求めてみよう

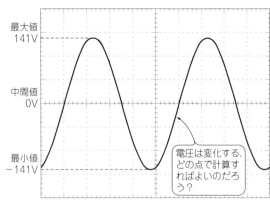

図5　ACの電力はいつも変化しているので捉えどころがない
…そんなときは実効値を使う

ところがACの波形は図5(サイン波の場合)です．ここで，電圧Vや電流Iをどの点に決めれば，式(1)，式(3)，式(5)に適用するのでしょうか．最大値もしくは中間値でしょうか？

答えは，ACで消費電力を求める場合，電圧や電流の実効値(Root Mean Square Value)を使いまし

ょう，ということです．実効値って聞き慣れない言葉が登場しましたね．実効値は厳密に定義されています．

電圧 $V(t)$ の実効値 V_{RMS} は，

$$V_{RMS} = \sqrt{\frac{1}{T} \int_0^T V(t)^2 dt} \quad \cdots\cdots\cdots\cdots\cdots\cdots\cdots\cdots\cdots (6)$$

です．

同様に，電流の実効値 I_{RMS} は式(7)のように定義されています．

$$I_{RMS} = \sqrt{\frac{1}{T} \int_0^T I(t)^2 dt} \quad \cdots\cdots\cdots\cdots\cdots\cdots\cdots\cdots\cdots (7)$$

です．式(6)，式(7)の添字のRMSは，Root Mean Square valueの略称です．実効値は非常に基本的な知識なので，式(6)，式(7)を覚えられることをお勧めいたします．式(6)，式(7)の問題点は積分が含まれていることので，数学の苦手な方は拒絶反応を起こしそうです．

そこで一般的な波形について実効値を式(6)，式(7)に基づいて求めた結果を表1に用意しました．皆様が表1をどしどし活用されることを希望します．

表1
電圧や電流の波形によって
実効値の計算式は違う

	波　形	実効値
サイン波	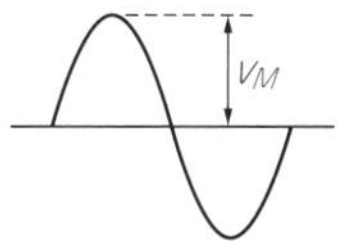 V_M	$\dfrac{V_M}{\sqrt{2}}$
三角波	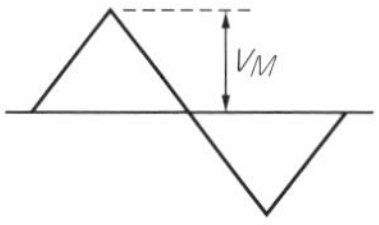 V_M	$\dfrac{V_M}{\sqrt{3}}$
鋸歯状波	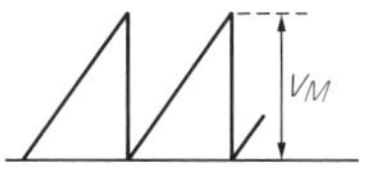 V_M	$\dfrac{V_M}{\sqrt{3}}$
パルス1	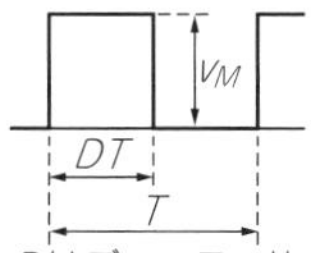 DT T V_M Dはデューティ比	$V_M\sqrt{D}$
パルス2	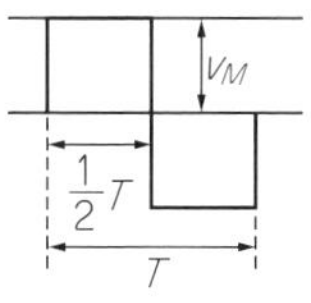 $\frac{1}{2}T$ T V_M	V_M

＊　　　　＊　　　　＊

また，表1で実効値 V_{RMS} と最大値 V_M の比率をクレスト・ファクタ(crest factor)と呼びます．数式で書くと，

$$\text{クレスト・ファクタ} = \frac{\text{最大値} V_M}{\text{実効値} V_{RMS}} \quad \cdots\cdots (8)$$

ですね．表1でサイン波は$\sqrt{2}$，三角波は$\sqrt{3}$です．

● ACでも実効値がわかると電力がわかる

ACでも電圧の実効値V_{RMS}，電流の実効値I_{RMS}がわかると，抵抗Rで消費する電力Pは，DCで電力を示す式(1)，式(4)，式(5)と同じように，

$$P = V_{RMS} I_{RMS} \quad \cdots\cdots (9)$$

$$P = \frac{V_{RMS}^2}{R} \quad \cdots\cdots (10)$$

$$P = I_{RMS}^2 R \quad \cdots\cdots (11)$$

と書けます．つまりACでも電圧，電流の実効値がわかるとDCとまったく同じように電力が求められるのです．実効値の有効性がおわかりいただけましたでしょうか．

● AC測定は実効値タイプの測定器を使う

ところで1-5節の実験1〜4では，ACの電圧や電流を測定していました．それは実効値だったのでしょうか．

種明かしをすると，測定した値はすべて実効値です．測定に使ったディジタル・マルチメータは，真の実効値(TRUE RMS)型(**写真3**)，つまり測定器内部で式(6)と式(7)の演算をしているのです．ディジタル・マルチメータによっては，真の実効値型ではない製品もあるのでよく確認してください．

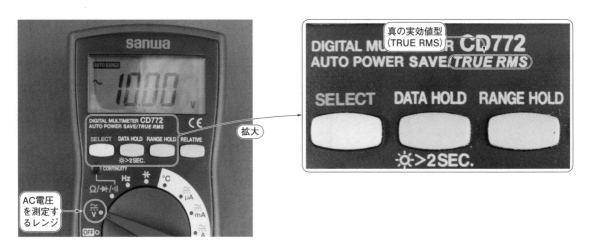

写真3　真の実効値型のディジタル・マルチメータ————————
測定器の内部で電流の実効値やクレスト・ファクタが計算される

■ いろんな信号の実効値を計算で求めてみる

[例題1] サイン波の実効値を求めよう

オシロスコープである信号を観測したところ**図6**のような波形でした．**表1**を使ってこの信号の実効値を求めてみましょう．

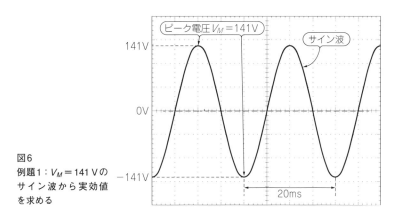

図6
例題1：$V_M = 141$ Vの
サイン波から実効値
を求める

[解答] **図6**はサイン波なので**表1**より，実効値V_{RMS}は式(12)で求められます．

$$V_{RMS} = \frac{1}{\sqrt{2}} V_M \cdots\cdots (12)$$

図6よりピーク電圧$V_M = 141$ Vなので式(12)から式(13)になります．

$$V_{RMS} = \frac{1}{\sqrt{2}} V_M = \frac{1}{\sqrt{2}} \cdot 141$$
$$= 99.7 \cong 100 [V_{RMS}] \cdots\cdots (13)$$

よって**図6**の実効値は$100 \ V_{RMS}$となります．

[例題2] パルス波の実効値を求めよう

オシロスコープで波形を測定したところ**図7**でした．**表1**を使って測定した波形の実効値を求めてみましょう．

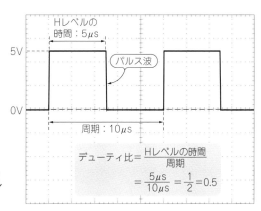

図7
例題2：最大振幅5 V，
デューティ＝0.5のパル
ス波の実効値を求める

コラム1 電気料金は電力の使用時間で発生する

皆さんの家庭や学校，あるいは会社で毎月電力会社に支払っている電気料金は，どのような基準で決められているのでしょうか．電気料金は，おおよそ式(A)で計算されて請求されます．

電気料金＝基本料金＋電力量単価×電気の使用量

　　　　　＋再生可能エネルギー発電促進賦課金×電気の使用量 ·················· (A)

注目してほしいのは電気の使用量，すなわち電力量(electric energy)です．電力量は，電力を時間ごとに積算したものです．電力量は式(B)で求められます．

電力量＝使用電力×時間 ··· (B)

350Wのテレビを1時間30分(1.5時間)見たとすると，その電力量は式(C)になります．

電力量＝350×1.5＝525Wh ·· (C)

単位記号は［Wh］と書いてワットアワーと呼びます．この電力量が各家庭，学校，会社にある電力量計(写真A)によって測定されているのです．

写真A
電気の使用量を
計測する電力量計

[解答] 図7は表1のパルス1に相当するので実効値は式(14)で求められます．

$$V_{RMS} = V_M\sqrt{D} \qquad (14)$$

図7よりピーク電圧は $V_M = 5\,V$，デューティは0.5なので，式(14)から式(15)になります．

$$V_{RMS} = V_M\sqrt{D} = 5\sqrt{0.5}$$
$$= 3.536 \cong 3.54\,[V_{RMS}] \qquad (15)$$

よって図7の実効値は3.54 V_{RMS} です．

演習問題 D

■ 電力の確認

※解答は巻末にあります.

[演習問題1]

$220\,\Omega$の抵抗Rに電圧8.0Vの電圧が加わっている. 抵抗Rに消費されている電力Pを求めなさい.

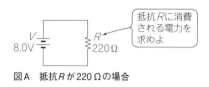

図A　抵抗Rが$220\,\Omega$の場合

[演習問題2]

抵抗値$R = 100\,\Omega$, 抵抗Rに流れる電流が$I = 80$mAである. 抵抗Rに消費されている電力Pを求めなさい.

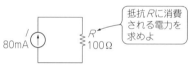

図B　抵抗Rが$100\,\Omega$の場合

[演習問題3]

今, ノート型パソコンを使っているとき, ACアダプタから電圧19.8V, 電流2.05Aが流れた. ノート型パソコンに消費されている電力を求めなさい. ただし, ノート型パソコンのバッテリは使われていないものとする.

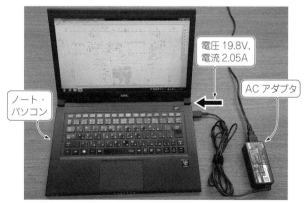

写真A　消費電力を求めてみよう

有効電力，無効電力，力率

● 理想と現実…人間の呼吸で酸素を取り込める量は4％程度

　私が考える力率のイメージは図1です．人間は呼吸しないと生きていけません．このことを少しくど
く書きます．

　呼吸によって酸素を取り込み，代わりに二酸化酸素を吐きます．体内に取り込まれた酸素は，細胞の
中のブドウ糖を二酸化炭素と水に分解し，その過程で大きなエネルギーを得ます．このエネルギーが体
を動かすなどの生命活動に使われているのです．

　このとき吸い込んだ空気中の酸素をどの程度，体に取り込んでいるのでしょうか．残念ながら図1の
ように，残念ながら吸い込んだ酸素の4％ほどしか体に取り込んでいません．もし私が吸い込んだ酸素
を100％取り込める体ならば，マラソンで金メダルを得るのは当然で，世界記録も半分程度に短縮でき
ると思われます．

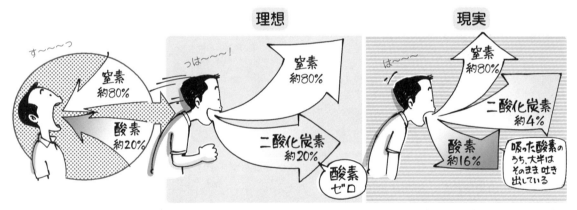

（a）息を吸う　　　　（b）理想の吐息…酸素を全部二酸化炭素に変換　（c）現実の吐息…大半の酸素はそのまま吐き出す
　　　　　　　　　　　　　　　　できると効率は最高　　　　　　　　　　できると効率は最高

図1　人間の呼吸をイメージして考えよう────────────────────────────────
人間は呼吸によって酸素を取り込み二酸化炭素を吐く．吸い込んだ酸素の4％しかエネルギーにならない．機器に入力する電力も同じく，供給する電
圧と電流の積（皮相電力）と実際に消費される電力（有効電力）はちがう．与えた電力のうち，実際に力になった割合（率）が力率

交流電圧に接続された抵抗とキャパシタの電力：AC100Vで考える

■ AC100Vに抵抗だけ接続

　話を電気に置き換えましょう．図2(a)は，AC100 V_{RMS}によって電球が点灯する回路です．話を簡単に
するため電球は抵抗と見なせる，と仮定しましょう．具体的にはAC100 V_{RMS}で100 Wの電流なので，
抵抗R_0に消費される電力Pは式(1)のとおりです．

$$P = \frac{V_{RMS}^2}{R_0} \cdots\cdots (1)$$

式(1)より抵抗R_0の抵抗値は式(2)のようになります.

$$R_0 = \frac{V_{RMS}^2}{P} = \frac{100^2}{100} = 100\ \Omega \cdots\cdots (2)$$

以上より，電球を$100\ \Omega$の抵抗と見なすことにします．抵抗$R_0 = 100\ \Omega$にAC100 V_{RMS}の電圧が加われば，流れる電流i_{RMS}は式(3)になります.

$$i_{RMS} = \frac{V_{RMS}}{R_0} = \frac{100}{100}$$
$$= 1.0\ A_{RMS} \cdots\cdots (3)$$

ここまでは前節までに説明したとおりです.

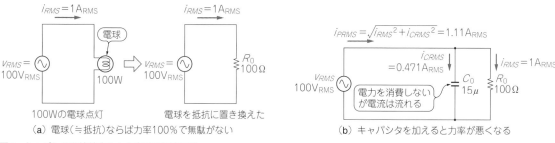

図2　キャパシタを接続すると力率が悪化する例

■ 抵抗とキャパシタを並列に接続

AC100Vにもう少し踏み込みましょう．図2(b)のように抵抗と並列にキャパシタが接続されているとしたらどうなるでしょうか.

▶抵抗に電流が流れる

抵抗に電流が流れます．流れる電流は図2(a)と同じでしょう．抵抗に流れる電流の実効値i_{RMS}は式(4)です.

$$i_{RMS} = 1.0\ A \cdots\cdots (4)$$

▶キャパシタにも電流が流れる

さて，ここからが大切です．図2(b)の場合は，さらにキャパシタC_0にも電流が流れます．そこでキャパシタC_0に流れる電流を計算してみましょう．キャパシタC_0を$15\ \mu F$，周波数を$50\ Hz$とすると，キャパシタC_0のインピーダンスZ_Cは式(5)です.

$$Z_c = \left|\frac{1}{j\omega c}\right| = \frac{1}{2\pi f C_0}$$
$$= \frac{1}{2\pi \times 50 \times 15 \times 10^{-6}} \fallingdotseq 212\ \Omega \cdots\cdots (5)$$

ですからキャパシタ C_0 の電流の実効値 i_{CRMS} を計算すると式(6)となります.

$$i_{CRMS} = \frac{V_{RMS}}{\frac{1}{2\pi f C_0}} = \frac{100}{\frac{1}{2\pi \times 50 \times 15 \times 10^{-6}}}$$

$$\fallingdotseq 0.471 \text{ A}_{RMS} \cdots\cdots\cdots\cdots\cdots\cdots\cdots\cdots\cdots\cdots\cdots (6)$$

つまり，**図2(b)**の回路では，本来の目的である電球(抵抗)以外のキャパシタにも 0.471 A$_{RMS}$ の電流が流れているのです.

● AC100Vから流れる電流は抵抗の電流とキャパシタ電流をベクトルで合成

さらに注意が必要なのは，電源から流れ出る電流の実効値 i_{PRMS} が式(7)にならないことです.

$$\left. \begin{array}{l} i_{PRMS} = i_{RMS} + i_{CRMS} \\ \fallingdotseq 1.0 + 0.471 \\ = 1.471 \text{ A}_{RMS} \end{array} \right\} \cdots\cdots\cdots\cdots\cdots\cdots\cdots\cdots (7)$$

この理由は，抵抗 R_0 に流れる電流 i_{RMS} とキャパシタ C_0 に流れる電流 i_{CRMS} の位相が異なっているためにおこります.

少し難しくなってきましたね. 一般にキャパシタの電圧は，キャパシタ電流に対し位相が90°遅れてしまうのです[注1].

▶実験で確認

このことを実験波形で見てみましょう. **図2(b)**の回路に近づけた**図3(a)**の回路で実験しました. **図4**は抵抗 $R_0 = 100\ \Omega$ に加わる電圧と流れる電流，**図5**はキャパシタ $C_0 = 3.9\ \mu F \times 4$ 個 $= 15.6\ \mu F$ に加わる電圧と流れる電流を示しました. 抵抗 R_0 の電圧と電流は同じ位相ですが，キャパシタ C_0 の電圧と電流は，電圧の位相が90°遅れていることに注目してください.

この関係を電流のベクトルで図示したのが**図3(b)**です. 結果，電源から流れ出る電流は，**図3(b)**の抵抗の電流とキャパシタ電流を合成したベクトルの値になり，電圧と電流の関係は**図6**になるのですね. つまり，電源から流れ出る電流 i_{PRMS} は，ピタゴラスの定理より式(8)と求められるのです.

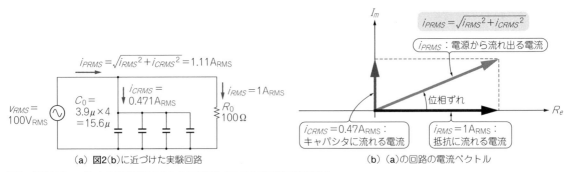

図3 抵抗にキャパシタを並列接続すると力率が悪化することを実験で確認する

注1：世の中の多くの書籍には，キャパシタ電流の位相は電圧の位相より90°「進む」と書かれています. ですが「位相が進む」との表現は，未来を知っているかのようで因果律(いんがりつ)から考えて適当ではないと私は判断しています. 本書ではキャパシタの電圧は，電流より90°「遅れる」と書いています.

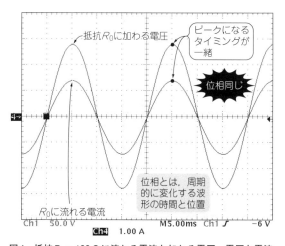

図4　抵抗$R_0 = 100\,\Omega$に流れる電流と加わる電圧…電圧と電流の位相は同じ

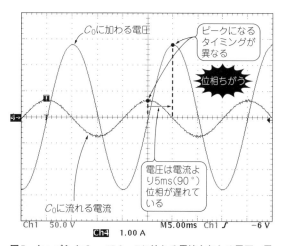

図5　キャパシタ$C_0 = 15.6\,\mu\mathrm{F}$に流れる電流と加わる電圧…電圧は電流より90°遅れる

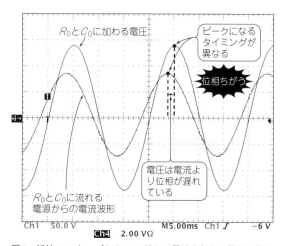

図6　抵抗R_0＋キャパシタC_0に流れる電流と加わる電圧…電圧は電流よりも遅れる

$$\begin{aligned}
i_{PRMS} &= \sqrt{i_{RMS}^2 + i_{CRMS}^2} \\
&= \sqrt{1.0^2 + 0.471^2} \\
&\fallingdotseq 1.11 \; A_{RMS}
\end{aligned} \tag{8}$$

有効電力，皮相電力，そして力率

● 力率は人間の呼吸でいう吸った酸素量と吐いた酸素量の割合

　ところで図2(b)の回路で，電球(抵抗)は確かに点灯して周囲を明るく照らしますが，キャパシタC_0は何か仕事をしているでしょうか．答えは「いいえ」です．AC100V側からは，キャパシタC_0が接続されることで，電球(抵抗)だけの接続時より多くの電流が流れています．この差を問題にしたのが「力

率」です.

　最初に人間の呼吸の話をしました. 吸った息のうち酸素をすべて体に取り込めれば, スポーツの長距離競技の記録は, 現状より大幅に更新するでしょう. 残念ながら人間の体が酸素を取り込める量は, トレーニングによって多少の向上を望める程度です.

　このたとえと同様に, 機器に入力された電力をすべて機器内部で使うことができれば, 電源は必要な分だけ電力を供給すればよいので「とっても良いね」と思います. ですが, こちらも理想どおりにはいきません. つまり力率とは, 人間の呼吸でいうと, 吸った酸素の量と吐いた二酸化炭素の量を問題にしているのです.

　話を電気に戻すと力率は, 与えた電力のうち実際に力になった割合(率)と定義します. 式(9)で表せます.

$$\text{力率} = \frac{\text{実際に消費される電力} \quad \boxed{\text{有効電力}}}{\text{供給する電圧の実効値}\times\text{電流の実効値} \quad \boxed{\text{皮相電力}}} \quad\text{……}\text{(9)}$$

　式(9)において分子の「実際に消費される電力」を有効電力(effective power), 分母の「供給する電圧と電流の積」を皮相電力(apparent power)と呼びます.

　抵抗だけの回路で考えると, 電圧と電流の実効値の積は立派に有効電力となります. しかし, キャパシタ成分があると皮相電力が増え, 抵抗で消費する電力にならない点に注意してください.

　抵抗とキャパシタ成分[注2]がある回路「力率≠1な回路」で, 抵抗で消費される電力を示す有効電力は変化する電圧を$v(t)$, 変化する電流を$i(t)$とすると, 電圧$v(t)$と電流$i(t)$の積をとり1周期にわたって平均したもので, 数式で書くと式(10)です.

$$\text{有効電力}\ P = \frac{1}{T}\int_0^T v(t)\cdot i(t)\,dt \quad\text{……}\text{(10)}$$

● 力率の事例

　具体的な事例で考えてみましょう. 図2(b)の力率を計算で求めると式(11)となります.

$$
\begin{aligned}
\text{力率} &= \frac{\text{電球の消費する電力}}{\text{電源側の電圧}\times\text{電流}} \\
&= \frac{P}{V_{RMS}\cdot I_{CRMS}} = \frac{100}{100\times1.1} \\
&= 0.905
\end{aligned}
\quad\text{……}\text{(11)}
$$

　図3(a)の回路で実験した力率の結果は, **写真1**のように0.896になります. キャパシタCの容量が**図2(b)**より大きいので, 力率は式(3)で計算した値より悪い値になっています. **図6**にそのときのAC100Vと電流の波形を示します. 電流に対して電圧の位相が遅れていることに注目してください.

注2：厳密にはキャパシタ成分だけでなく, インダクタ成分も含まれる. つまりリアクタンス成分があるときの有効電力を求めようという主旨.

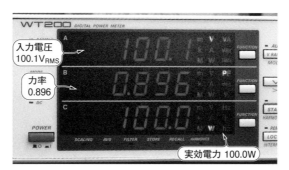

写真1　図3の実験回路の消費電力と力率

● 高力率で余計な電力カット

　なぜ力率が重要なのでしょうか，考察します．**図3**(a)の事例は，消費する電力の1.1倍以上の皮相電力が必要でした．一般の事務所，店舗，工場，家庭には電力会社から電力が送られて来ています．もし事務所などで力率の悪い電子機器を使うと消費した電力の何割増しかの大きな電力，厳密に書くと皮相電力を電力会社は送電する必要があります．社会全体で見ると，それは非常に大きな電力になるでしょう．現在の日本のように電力事情が厳しいときには，大きな負担になっているのです．それゆえ，現在の電子機器には，力率の規制[注3]がかけられています．

注3：規格としてはIEC61000‐3‐2などがある．

第 1 章のまとめ

1. 電流と電圧とインピーダンス（抵抗）

オームの法則のDCとACの式は下記である.

DC $\quad V = I \times R$

AC $\quad V = I \times Z$

2. インピーダンス

キャパシタCのインピーダンスZは下記の式である.

$$Z = \frac{1}{2\pi fC}$$

3. 実効値

実効値の電圧と電流の式は下記である.

電圧 V_{RMS} は $\quad V_{RMS} = \frac{1}{T}\sqrt{\int_0^T \left\{V(t)\right\}^2 dt}$

電流 I_{RMS} は $\quad I_{RMS} = \frac{1}{T}\sqrt{\int_0^T \left\{I(t)\right\}^2 dt}$

4. 電力

電力のDCとACの式は下記である.

● DC

$P = V \times I$

$P = \dfrac{V^2}{R}$

$P = I^2 R$

● AC

$P = V_{RMS} \times I_{RMS}$

$P = \dfrac{V_{RMS}^2}{R}$

$P = \dfrac{I_{RMS}^2}{R}$

コラム1　アルファベット1文字で数けたを表す接頭辞

　抵抗やキャパシタの値は，2けたもしくは3ケタの表示と，10のけた数で表示します.

　10のけた数を「1,000,000」などと書くと長いし，0の数を数えなくてはなりません.そのような場合に使用する国際的なSI単位系（International System of Units）の接頭辞があります.エレクトロニクスの分野でよく使われるのは**表A**です.

SI接頭辞	10のべき乗
ペタ（peta）	10^{15}
テラ（tera）	10^{12}
ギガ（giga）	10^9
メガ（mega）	10^6
キロ（kilo）	10^3
ミリ（milli）	10^{-3}
マイクロ（micro）	10^{-6}
ナノ（nano）	10^{-9}
ピコ（pico）	10^{-12}

表A
エレクトロニクスで使われる
10のけた数を示すSI接頭辞

表示例
38×10^{12}

Appendix A

電気信号の数学表現「三角関数」

電気の世界で使う最小限の三角関数の知識をまとめました．三角関数について理解を深めましょう．三角関数ですから，まず三角形，それも直角三角形に限定して考えてみましょう．

直角三角形はピタゴラスの定理から

● ピタゴラスの定理は三角形の3辺の長さの比率

最初におさらいをしておきましょう．**図1**の直角三角形は数式にすると式(1)の関係が成り立ちます．

$$斜辺\ b^2 = 底辺\ a^2 + 高さ\ h^2 \quad\text{............................}(1)$$

この関係はピタゴラスの定理(pythagorean theorem)または三平方の定理と呼ばれています．古代ギリシャの数学者であるピタゴラス氏が知人の葬式で教会に行き，葬儀の間の時間つぶしに石畳の床を見ていてこの定理に気が付いたそうです．さっそくいくつか応用してみましょう．

図2(a)の直角二等辺三角形から，斜辺の長さbは

$$\begin{aligned}斜辺\ b^2 &= 底辺\ a^2 + 高さ\ h^2 \\ &= 1^2 + 1^2 = 1 + 1 = 2 \quad\text{............................}(2)\end{aligned}$$
$$\therefore 斜辺\ b = \sqrt{2}$$

と求められます．

図2(b)の直角三角形は

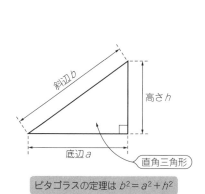

ピタゴラスの定理は $b^2 = a^2 + h^2$

図1 直角三角形の3辺の長さの関係を表す三平方のピタゴラスの定理

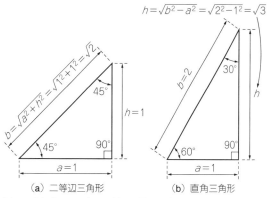

(a) 二等辺三角形　　(b) 直角三角形

図2 ピタゴラスの定理で斜辺の長さを求めてみる

$$高さh^2 = 斜辺b^2 - 底辺a^2$$
$$= 2^2 - 1^2 = 4 - 1 = 3$$
$$\therefore 高さh = \sqrt{3} \quad \text{......................................} (3)$$

と求められます.

　皆さんは方眼紙に底辺a,斜辺b,高さhの数値を任意に設定して直角三角形を書いてみましょう.スケール(定規)で底辺a,斜辺b,高さhを測ると必ずピタゴラスの定理を満足していることがわかると思います.

　つまり,ピタゴラスの定理は,直角三角形の3辺の長さの比率の関係を示したものなのですね.

三角関数ことはじめ

● 三角関数は直角三角形の「角度」と各辺の比の関係を表したもの

　本題の三角関数について考えてみましょう.

　三角関数は直角三角形の「角度」と各辺の比の関係を表したものと考えられます.角度の単位は度(ど)で,記号は「°」と表記します.

　具体的に図3でsin(サイン),cos(コサイン),tan(タンジェント)は,式(4)〜式(6)のようになります.

$$\sin \theta = \frac{高さh}{斜辺b} \quad \text{........................} (4)$$

$$\cos \theta = \frac{底辺a}{斜辺b} \quad \text{........................} (5)$$

$$\tan \theta = \frac{高さh}{底辺a} \quad \text{........................} (6)$$

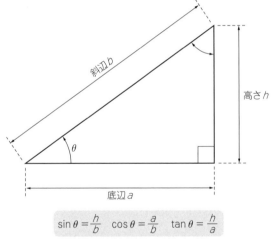

$\sin \theta = \frac{h}{b}$　$\cos \theta = \frac{a}{b}$　$\tan \theta = \frac{h}{a}$

図3　三角関数…sin(サイン),cos(コサイン),tan(タンジェント)の各辺の比の関係がわかる

覚え方は図4の方法をお勧めします.電気の世界ではsin, cos, tanの順番で使用頻度が低くなります.いくつか具体的に数値を入れた実例を挙げてみます.図2(a)の例ですと,

$$\sin \theta = \sin 45° = \frac{高さh}{斜辺b} = \frac{1}{\sqrt{2}} \quad \text{...........................} (7)$$

$$\cos \theta = \cos 45° = \frac{底辺a}{斜辺b} = \frac{1}{\sqrt{2}} \quad \text{...........................} (8)$$

$$\tan \theta = \tan 45° = \frac{高さh}{底辺a} = \frac{1}{1} = 1 \quad \text{...........................} (9)$$

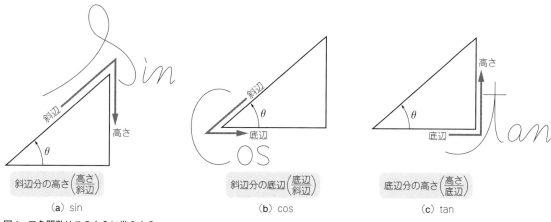

斜辺分の高さ$\left(\dfrac{高さ}{斜辺}\right)$

（a）sin

斜辺分の底辺$\left(\dfrac{底辺}{斜辺}\right)$

（b）cos

底辺分の高さ$\left(\dfrac{高さ}{底辺}\right)$

（c）tan

図4 三角関数はこのように覚えよう

です．

図2(b)の場合は

コラム1　三角関数で東京スカイツリーの高さを求める

　具体的な応用を考えてみました．**図A**のような天空にそびえるタワーの高さhを求めてみましょう．自身の位置からタワーまでの距離lと，地面に対してタワーの頂点が見える角度θがわかると，タワーの高さは三角関数のtanを使って求められます．

$$高さh = 距離l \times \tan\theta \quad\text{……(A)}$$

　ついでにゲームとして考えてみましょう．自身の位置からタワーの頂点までの距離bを知っていたと仮定すると次のように答えが得られます．

$$距離l = 自身からタワー頂上までの距離b \times \cos\theta \quad\text{……(B)}$$
$$高さh = 自身からタワー頂上までの距離b \times \sin\theta \quad\text{……(C)}$$

　このように直角三角形の角度θと斜辺bがわかると，ほかの2辺の長さ（**図3**でいう底辺a，高さh）が求められるのです．

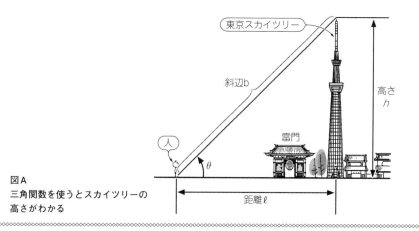

東京スカイツリー

斜辺b

高さh

人

雷門

θ

距離l

図A
三角関数を使うとスカイツリーの高さがわかる

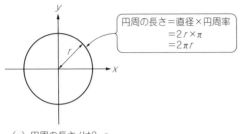

(a) 円周の長さ *l* は2π*r*

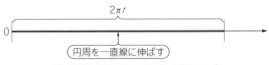

(b) 円周の長さ *l* を円ではなく線で示した

(c) 式(14)を線で示した

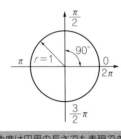

角度は円周の長さでも表現できる

$$90° = \frac{\pi}{2} \qquad 180° = \pi$$

$$270° = \frac{3}{2}\pi \qquad 360° = 2\pi$$

(d) 角度は円周の一部の長さで表現できる

図5　円周の長さで角度を表現する(弧度法)

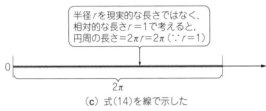

$$\sin\theta = \sin 60° = \frac{\text{高さ}h}{\text{斜辺}b} = \frac{\sqrt{3}}{2} \quad\cdots\cdots (10)$$

$$\cos\theta = \cos 60° = \frac{\text{底辺}a}{\text{斜辺}b} = \frac{1}{2} \quad\cdots\cdots (11)$$

$$\tan\theta = \tan 60° = \frac{\text{高さ}h}{\text{底辺}a} = \frac{\sqrt{3}}{1} = \sqrt{3} \quad\cdots\cdots (12)$$

となります.

● **円周の長さで角度を表す**(弧度法)

　角度の話に少し深入りします. いま**図5(a)**のように半径*r*の円を考えます. この円の円周*l*は, 円周率を使うと

$$円周\,l = 直径 \times 円周率 = 2r \times \pi = 2\pi r \quad\cdots\cdots\cdots (13)$$

このように表すことができます.

　この円周*l*を直線に伸ばして書いてみましょう. **図5(b)**です.

　ここで半径*r* = 1とすると[(注1)], 円周*l*は

$$円周\,l = 直径 \times 円周率 = 2 \times 1 \times \pi = 2\pi \quad\cdots\cdots\cdots (14)$$

このようになります.

注1：半径は長さの単位 [m], [cm], [mm] になる. ここではそうした物理的な長さではなく, 単位のない相対的な長さと考えよう.

表1　角度を度で表現する度数法と円周の長さで表現する弧度法では，単位は違うが意味は同じ

度数法（単位：deg, 度, °）	0°	30°	45°	60°	90°	180°	270°	360°
弧度法（単位：rad, ラジアン）	0	$\dfrac{\pi}{6}$	$\dfrac{\pi}{4}$	$\dfrac{\pi}{3}$	$\dfrac{\pi}{2}$	π	$\dfrac{3\pi}{2}$	2π

表2　三角関数の世界では度数法，弧度法の区別を付けないで表す

角　　度	sin	cos
角度0°のとき	$\sin 0° = \sin 0 = 0$	$\cos 0° = \cos 0 = 1$
角度30°=$\dfrac{\pi}{6}$のとき	$\sin 30° = \sin \dfrac{\pi}{6} = \dfrac{1}{2}$	$\cos 30° = \cos \dfrac{\pi}{6} = \dfrac{\sqrt{3}}{2}$
角度45°=$\dfrac{\pi}{4}$のとき	$\sin 45° = \sin \dfrac{\pi}{4} = \dfrac{1}{\sqrt{2}}$	$\cos 45° = \cos \dfrac{\pi}{4} = \dfrac{1}{\sqrt{2}}$
角度60°=$\dfrac{\pi}{3}$のとき	$\sin 60° = \sin \dfrac{\pi}{3} = \dfrac{\sqrt{3}}{2}$	$\cos 60° = \cos \dfrac{\pi}{3} = \dfrac{1}{2}$
角度90°=$\dfrac{\pi}{2}$のとき	$\sin 90° = \sin \dfrac{\pi}{2} = 1$	$\cos 90° = \cos \dfrac{\pi}{2} = 0$

これも直線に伸ばして書いてみると**図5(c)**です．

円の半周の長さを考えてみると，円周の長さが2πですから円の半周の1/2の長さはπです．

　円周（円の1周の長さ）＝2π（半径$r = 1$）
　円の半周の長さ　　　＝π（半径$r = 1$）

円の1/4周の長さは，円の半周の長さのさらに1/2の長さなのですから$\pi/2$です．さらに円の1/8周の長さは，円の1/4周の長さのさらに1/2の長さなので$\pi/4$です．まとめると

　円周（円の1周長さ）＝2π　　　（半径$r =1$）
　円の半周の長さ　　　＝π　　　　（半径$r =1$）
　円の1/4周の長さ　　＝$\pi/2$　　（半径$r =1$）
　円の1/8周の長さ　　＝$\pi/4$　　（半径$r =1$）

です．

ここまでは円周の長さに注目しました．次は原点と円周がなす角度に注目してみます．すると

　円周（円の1周の長さ）＝2π→360°（半径$r = 1$）
　円の半周の長さ　　　＝π→180°　（半径$r = 1$）
　円の1/4周の長さ　　＝$\pi/2$→90°（半径$r = 1$）
　円の1/8周の長さ　　＝$\pi/4$→45°（半径$r = 1$）

角度と円周の長さがピッタリと対応してることがわかります．注目すべきは**図5(d)**のように半径$r = 1$に限定すると，角度は円周の一部の長さ（円弧と呼ぶ）で表現できることです．角度は円周の長さで記述できる事実を記憶してください．

＊　　＊　　＊

ここまでをまとめると，角度は30°，60°といった度の表現（度数法と呼ぶ）でも，②円周の長さの表現（弧度法と呼ぶ）でも表すことができるのです．つまり角度の表現は2とおりあるわけです．**表1**に角度を度と円周の長さで表現した場合の関係を示します．

表1によると度数法，弧度法の2つの表現は単位が異なるのものの同じ角度を示しています．三角関数の世界では角度を度数法，弧度法の区別をつけずに，**表2**の例のように都合よく解釈しているのです．

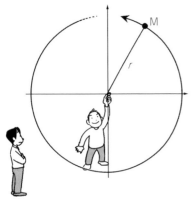

（a）人が物質Mにひもを付けて回す

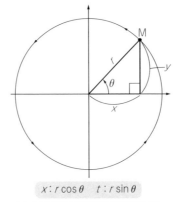

$$x : r\cos\theta \quad t : r\sin\theta$$

（b）三角関数は円運動する物質Mの現在位置を示す

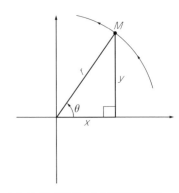

（c）コインが止まったその瞬間を斜辺r、底辺x、高さyの直角三角形で考える

図6　三角関数は円運動する物体の位置を示す

● 三角関数は円運動する物体の位置を示す

　もう少し話を発展させてみます．**図6(a)** のように物質Mが付いている糸を人が回している状態を考えましょう．物質Mは人が回しているのでけっこうフラフラと回るのですが，ここでは糸の長さrは一定で，**図6(b)** のように円運動していると考えます．

　実験してみましょう．穴の開いた50円玉（コイン）に糸を結び付けてクルクル回すとコインは円運動します．できれば，コインの円運動を**図5(b)** や**図5(c)** と関連づけるために，コインを水平にではなく垂直に回しましょう．

　このとき時間とともに変化するコインの位置に注目します．円運動しているコインのある瞬間を止めて考えてみます．

　垂直に回したコインは，糸を持った手の位置が原点で，糸の長さが斜辺r，水平方向がx，垂直方向がyです．コインが止まったその瞬間を**図6(c)** で斜辺r，底辺x，高さyの直角三角形で考えましょう．

　物質Mの位置（コインの位置）は，直角三角形なので三角関数を使って

　　横方向の位置　$x = r\cos\theta$ ･･･ (15)
　　縦方向の位置　$y = r\sin\theta$ ･･･ (16)

おのおの式(15)，式(16)で表すことができます．

角速度は回転の速さ

● 円運動が速くなると，角速度が大きくなる

　ここからが重要です．直角三角形ならば角度θは固定の値です．円運動と考えるならば角度θは時間とともに常に変化します．再び半径$r = 1$として円周上を移動するコインMの移動距離に注目し，角度θは円周の長さで表現する前提で考えます．

　円運動しているのでコインMが1秒間に円周上を移動した長さ，つまり移動距離は円運動の速さによって変わります．

　1秒間にコインMが1回転すると，その移動距離l_1は円周の長さになるので

$$\ell_1 = 2\pi \cdots\cdots\cdots\cdots\cdots\cdots\cdots\cdots\cdots\cdots\cdots\cdots\cdots\cdots\cdots\cdots\cdots (17)$$

式(17)，**図7(a)**です．

　同様に1秒間にコインMが2回転，3回転した場合の直線移動距離ℓ_2, ℓ_3は，

$$\ell_2 = 4\pi ， \ell_3 = 6\pi \cdots\cdots\cdots\cdots\cdots\cdots\cdots\cdots\cdots\cdots\cdots\cdots (18)$$

式(18)です．

（a）1秒間で1回転すると2π移動する

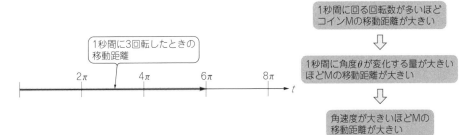

（b）1秒間で3回転すると6π移動する

● **角速度とは?**

(1) 1秒間に1回転時，移動距離 = 2π

$$角速度 = \frac{移動距離}{時間} = 2\pi/1 = 2\pi$$

(2) 1秒間に3回転時，移動距離 = 6π

$$角速度 = \frac{1秒間の移動距離}{時間} = \frac{2\pi \times 3\pi}{1} = 6\pi$$

(3) 1秒間にf回転時（= 周波数fで回転）

$$角速度 = \frac{1回転の移動距離}{1回転にかかる時間} = \frac{2\pi}{1/f} = 2\pi f$$

● **角速度と位相θの変化**

　円運動時には位相θは次のように考える．

$$0° \leqq \theta \leqq 360°$$

ここで360° = 0°と考え，移動距離で表すと2π．1

秒間で1回転の円運動をする位相θの変化は次のようになる．

　　1秒間に360°→位相θの変化2π

　　0.5秒間に180°→位相θの変化π

　　0.25秒間に90°→位相θの変化π/2

　1秒間にf回回転する円運動は次のようになる．

1/f秒で360°移動するので，

$$\theta = 360° = 2\pi$$

一般にt秒では位相θは次のようになる．

$$\theta = 2\pi \times \frac{t}{1回転する時間} = 2\pi \times \frac{t}{1/f}$$
$$= 2\pi ft$$

$2\pi ft$ = 角速度であった．角速度 = ωとすれば，

$$\theta = 2\pi ft = \omega t$$

と書ける．

図7　Mの回転するスピードは1秒間に円周を移動する距離で表せる

つまり，1秒間の円運動がコインMの回転数が多くなればなるほど，**図7(b)** のようにコインMの円周上の移動距離は増加します．

このことを角度 θ の時間的な変化と見れば，円運動の1秒間の回転数が多くなればなるほど，コインMと円の原点が作る角度 θ の変化が速くなっている点に注目してください．そこで角度 θ が変化する速さ，つまり角速度(angular velocity)という概念が登場します．

「円運動の1秒間の回転数が多くなればなるほど，コインMと円の原点がなす角度の角速度は大きくなる」あるいは「角速度が大きいと円運動の回転が速い」ということができます．

● 角速度 ω は $\omega = 2\pi t$

角速度の例を挙げて説明しましょう．あいかわらず半径 $r = 1$，円弧の長さで角度を表す前提で考えます．

1秒間にコインMが1回転すると，その移動距離(円弧の長さ)は円周の長さ 2π になるので，

$$
\begin{aligned}
角速度 &= 移動距離／時間 \\
&= 2\pi／1 = 2\pi
\end{aligned} \tag{19}
$$

式(19)のようになります．

同様に1秒間にコインMが2回転，3回転した場合の移動距離は各 4π，6π となるので

$$
\begin{aligned}
1秒間\,2回転時の角速度 \\
&= 移動距離／時間 \\
&= 4\pi／1 = 4\pi
\end{aligned} \tag{20}
$$

$$
\begin{aligned}
1秒間\,3回転時の角速度 \\
&= 移動距離／時間 \\
&= 6\pi／1 = 6\pi
\end{aligned} \tag{21}
$$

ですね．

さらに1秒間に f 回転する場合は，$1/f$ 秒で1回転するので，

$$
\begin{aligned}
1秒間\,f\,回転時の角速度 \\
&= 移動距離／時間 \\
&= 2\pi／(1/f) = 2\pi f
\end{aligned} \tag{22}
$$

となります．

一般的に角速度は ω の記号を使って書かれるので結果として，

$$
\begin{aligned}
1秒間\,f\,回転時の角速度 &= \omega \\
&= 2\pi f
\end{aligned} \tag{23}
$$

なのです．

f を意図的に「1秒間に f 回転する」と書きましたが，電気回路では「1秒間に極性がプラス，マイナスと変わる AC の周波数 f」に相当します．

● 角度は時間によって変わる

　円運動において，コインMと原点が作る角度 θ が変わる速度が角速度 ω でした．つまり円運動の場合，コインMと原点が作る角度 θ は，一定の角速度 ω と時間 t とともに，

$$\theta = \omega t \quad\cdots\cdots\cdots\cdots (24)$$

と変化します．

　式(24)は注意が必要です．両辺とも同じ角度を示していますが，左辺は30°，60°といった度の表現である度数法，右辺は円周の長さの表現である弧度法です．**度数法も弧度法も区別せずに使っている**のです．

　そこで式(15)，式(16)の角度 θ を ωt に書き換えてみます．

　横方向の位置　$x = r \cos \omega t \quad\cdots\cdots\cdots\cdots (25)$
　縦方向の位置　$y = r \sin \omega t \quad\cdots\cdots\cdots\cdots (26)$

　電気回路の世界では，サイン波を直角三角形のように固定した角度 θ で考えることは少なく，円運動している，つまり時間的にいつも変化していると考えるのが一般的です．本書ではサイン波は円運動していると考えています．

　式(25)，式(26)の角速度 ω ですが，少々わかりにくいと感じる場合には，周波数 f を使って角速度 ω を書き換えましょう．

$$\omega = 2\pi f \quad\cdots\cdots\cdots\cdots (27)$$

と置き換えます．すると式(25)，式(26)は次のようになります．

　横方向の位置　$x = r \cos 2\pi f t \quad\cdots\cdots\cdots\cdots (28)$
　縦方向の位置　$y = r \sin 2\pi f t \quad\cdots\cdots\cdots\cdots (29)$

　電気の世界の本でサイン波は，$\sin \omega t$ と書かれることが多いです．でも角速度 ω と書くと何だかピンとこない読者は $\omega = 2\pi f$ と置き換えて考えることをお勧めします．

　三角関数が円運動を表現できることがわかりました．電気の世界で，一定の周期で回る円運動に相当するのがサイン波なのでした．それでサイン波の電圧 V や電流 I は次の式のように表現するのです．

$$V(t) = V_M \sin \omega t \quad\cdots\cdots\cdots\cdots (30)$$
$$I(t) = I_M \sin \omega t \quad\cdots\cdots\cdots\cdots (31)$$

　数学では三角関数の話はまだまだ続きますが，電気の世界ではこの程度で十分でしょう．

　あと電気の世界でよく使う三角関数の公式を書きます．2倍角の公式です．

$$\sin 2A = 2 \sin A \cos A \quad\cdots\cdots\cdots\cdots (32)$$
$$\begin{aligned}
\cos 2A &= \{\cos A\}^2 - \{\sin A\}^2 \\
&= 2\{\cos A\}^2 - 1 \\
&= 1 - 2\{\sin A\}^2 \quad\cdots\cdots\cdots\cdots (33)
\end{aligned}$$

　式(33)を実効値やAC電力の計算で使いやすいように $\sin^2$ の部分に注目して変形します．

$$\cos 2A = 1 - 2\{\sin A\}^2 \quad\cdots\cdots\cdots\cdots\cdots\cdots\cdots\cdots\cdots\cdots\cdots\cdots\cdots\cdots\cdots\cdots \text{(34)}$$

式(34)を変形すると$\sin^2$は式(35)のように書けます.

$$\{\sin A\}^2 = \frac{1 - \cos 2A}{2} \quad\cdots\cdots\cdots\cdots\cdots\cdots\cdots\cdots\cdots\cdots\cdots\cdots\cdots \text{(35)}$$

式(35)の角度を示す"A"だと記号のようなので信号らしく"ωt"と書き換えて，式(35)に代入します.

$$\{\sin \omega t\}^2 = \frac{1 - \cos 2\omega t}{2} \quad\cdots\cdots\cdots\cdots\cdots\cdots\cdots\cdots\cdots\cdots\cdots\cdots \text{(36)}$$

これで準備が完了です．$\sin^2 \omega t$は実効値やサイン波のAC電力を求めるときに使います.

三角関数の公式を使って AC 電力を求める

● 2倍角の公式を使って電力を求める

準備ができたところでサイン波のAC電力を求めてみましょう．**図8**の回路を見てください．抵抗Rに式(30)のサイン波電圧$V(t)$が加わり，式(31)の電流$I(t)$が流れているとしましょう．抵抗Rで消費する電力$P(t)$を求めます.

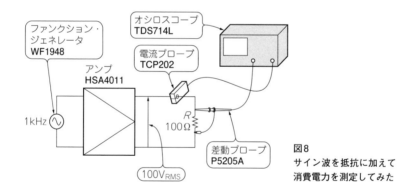

図8
サイン波を抵抗に加えて
消費電力を測定してみた

電力$P(t)$は，電圧$V(t) \times$電流$I(t)$なので

$$\begin{aligned} P(t) &= V(t)\,I(t) \\ &= V_M \sin \omega t \times I_M \sin \omega t \\ &= V_M I_M (\sin \omega t)^2 \end{aligned} \quad\cdots\cdots\cdots\cdots\cdots\cdots\cdots \text{(37)}$$

このようになります.

式(31)では$(\sin \omega t^2)$が出てきて困ります．そこで式(37)に2倍角の公式を適用してみましょう．2倍角の公式は

$$\{\sin \omega t\}^2 = \frac{1 - \cos 2\omega t}{2} \quad\cdots\cdots\cdots\cdots\cdots\cdots\cdots\cdots\cdots\cdots\cdots \text{(38)}$$

でした．式(38)を式(37)に代入します．

$$P(t) = V_M I_M (\sin \omega t)^2$$

$$= V_M I_M \left(\frac{1 - \cos 2\omega t}{2} \right)$$

時間で変化しない

時間で変化する

$$\therefore P(t) = \frac{V_M I_M}{2} + \frac{V_M I_M}{2} \cos 2\omega t \qquad (39)$$

式(39)において$V_M I_M/2$は，時間的に変化のない一定の電力です．DC電力といってもよいでしょう．これに対して，式(39)において$(V_M I_M/2)\cos 2\omega t$は時間的に変化します．ACの電力ですね．ここでcosの中身$2\omega t$に注目してください．変化の割合が電圧$V(t) = V_M \sin \omega t$，電流$I(t) = I_M \sin \omega t$の2倍の周波数になっています．

ここまでわかったのでグラフ用紙に電力の時間変化を書いてみましょう．図9は電力が0Wからピークが$V_M I_M$［W］までサイン波上に変化することがわかります．

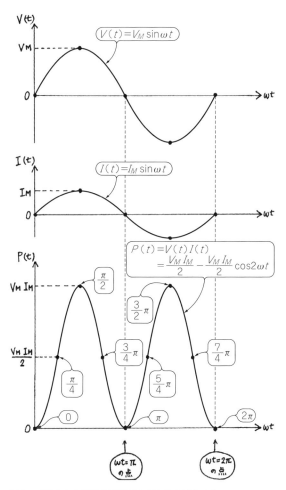

図9　式(39)から抵抗の消費電力の変化をグラフ化

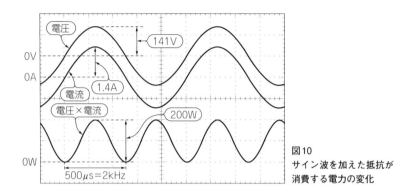

図10
サイン波を加えた抵抗が
消費する電力の変化

● 実験

　本当に**図9**のようになるのか実験しました．**図8**で抵抗$R = 100\,\Omega$，ピーク電圧$V_M = 141\,$V，ピーク電流$I_M = 1.41\,$A，周波数$f = 1\,$kHzで実験しました．**図9**にあてはめると，

ピーク電力$P_M = V_M \times I_M = 141 \times 1.41 \fallingdotseq 200\,$W

で，周波数が$1\,$kHzの2倍の$2\,$kHz，周期でいうと$1/2\,$kHz $= 500\,\mu$sになるはずです．

　実験の結果を**図10**に示します．**図9**と**図10**はピッタリ一致していますね．

　このように三角関数を適用して解いた式(39)は，抵抗Rにサイン波が加えられたときの消費電力の変化を表しているのです．

Appendix B

サイン波の実効値を求める

サイン波（**図1**）の実効値を導きます．実効値は式(1)で与えられます．

$$V_{RMS} = \sqrt{\frac{1}{T} \int_0^T V_{AC}^2 \, dt} \quad\text{......(1)}$$

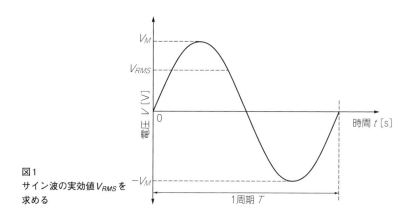

図1
サイン波の実効値 V_{RMS} を
求める

式(1)の中でAC電圧を示す V_{AC} を，ここではサイン波で計算しましょう．ピーク電圧 V_M のサイン波は式(2)で表します．

$$V_{AC}(t) = V_M \sin(wt) \quad\text{......(2)}$$

式(1)の$\sqrt{\ }$の中身から計算すると式(3)になります．

$$
\begin{aligned}
\frac{1}{T}\int_0^T V_{AC}(t)^2 dt &= \frac{1}{T}\int_0^T \{V_M \sin(wt)\}^2 dt \\
&= \frac{1}{T}\int_0^T V_M^2 \{\sin(wt)\}^2 dt \\
&= \frac{V_M^2}{T}\int_0^T \{\sin(wt)\}^2 dt
\end{aligned}
\quad\text{......(3)}
$$

問題は積分式の{ }の中の$\sin^2$が直接積分できないことです．そこで三角関数の2倍角の公式の登場です．2倍角の公式は，式(4)と式(5)のように高校の数学の教科書に書かれています．

$$\sin 2A = 2\sin A \cos A \quad\text{......(4)}$$

$$
\begin{aligned}
\cos 2A &= \{\cos A\}^2 - \{\sin A\}^2 \\
&= 2\{\cos A\}^2 - 1 \\
&= 1 - 2\{\sin A\}^2
\end{aligned}
\quad\text{......(5)}
$$

ここでは$\sin^2$を積分したいので式(5)を使いましょう. 式(5)の$\sin^2$の部分に注目して式を変形すると式(6)になります. すると$\sin^2$は式(7)のように書けます.

$$\cos 2A = 1 - 2\{\sin A\}^2 \quad\text{······(6)}$$

$$\{\sin A\}^2 = \frac{1 - \cos 2A}{2} \quad\text{······(7)}$$

式(7)のように角度を「A」で示すと記号のようなので, 信号らしくωtと書き換えて, 式(7)に代入します. 式(8)のようになります.

$$\{\sin \omega t\}^2 = \frac{1 - \cos 2\omega t}{2} \quad\text{······(8)}$$

いよいよ準備が整いました. 式(8)を式(3)に代入してみましょう. 積分すると式(9)のようになります.

$$\frac{V_M^2}{T} \int_0^T \{\sin(\omega t)\}^2 dt$$

$$= \frac{V_M^2}{T} \int_0^T \frac{1 - \cos 2\omega t}{2} dt$$

$$= \frac{V_M^2}{2T} \left\{ \int_0^T dt - \int_0^T \cos 2\omega t\, dt \right\}$$

$$= \frac{V_M^2}{2T} \left\{ [t]_0^T - \left[\frac{\sin 2\omega t}{2\omega} \right]_0^T \right\}$$

$$= \frac{V_M^2}{2T} \{T - 0\}$$

$$= \frac{V_M^2}{2} \quad\text{······(9)}$$

とても簡単な式が得られました. これで式(1)の$\sqrt{}$の中を計算できたので, あとは式(9)を$\sqrt{}$の中に入れれば完成です. 計算の過程がわかるように書きます.

$$V_{RMS} = \sqrt{\frac{1}{T} \int_0^T V_{AC}(t)^2 dt}$$

$$= \sqrt{\frac{1}{T} \int_0^T \{V_M \sin(\omega t)\}^2 dt} \quad\text{······(10)}$$

$$= \sqrt{\frac{V_M^2}{2}} = \frac{V_M}{\sqrt{2}}$$

式(10)のようになり, サイン波の実効値が計算できました.

Appendix Bのポイント

直流電圧(電流)を印可したときに抵抗で消費される電力に対して, 同じ電力消費を与える交流電圧が実効値電圧(電流)である.

コラム1 真の実効値を表示するDMMでいろんな波形を測ってみた

真の実効値を表示するディジタル・マルチ・メータがあるので，3つの波形の実効値を測定します．**表A**のファンクション・ジェネレータの波形(サイン波，三角波，パルス波)で，ピーク電圧 $V_M = 1\,\text{V}$ に設定し，その電圧を測定します(**写真A**).

[実験1] サイン波の場合

表Aのサイン波の実効値は式(A)でした．

$$V_{RMS} = \frac{V_M}{\sqrt{2}} \quad\cdots\cdots\cdots\cdots\cdots\cdots\cdots (A)$$

ピーク電圧 $V_M = 1\,\text{V}$ なので，サイン波の実効値計算すると式(B)になります．

$$V_{RMS} = \frac{V_M}{\sqrt{2}} = \frac{1}{\sqrt{2}} \cong 0.707\ [V_{RMS}] \cdots (B)$$

実験結果は**写真B**で，0.707 V_{RMS} に非常に近い値になっています．

[実験2] 三角波の場合

表Aの三角波の実効値は式(C)でした．

$$V_{RMS} = \frac{V_M}{\sqrt{3}} \quad\cdots\cdots\cdots\cdots\cdots\cdots\cdots (C)$$

ピーク電圧 $V_M = 1\,\text{V}$ なので，三角波の実効値を計算すると式(D)になります．

$$V_{RMS} = \frac{V_M}{\sqrt{3}} = \frac{1}{\sqrt{3}} \cong 0.577\ [V_{RMS}] \cdots (D)$$

実験結果は**写真C**で，0.577 V_{RMS} とぴったりの値になっています．

[実験3] パルス波の場合

表Aのパルス波の実効値は式(E)でした．

$$V_{RMS} = V_M \quad\cdots\cdots\cdots\cdots\cdots (E)$$

ピーク電圧 $V_M = 1\,\text{V}$ なので，サイン波の実効値を計算すると式(F)になります．

$$V_{RMS} = V_M = 1\ [V_{RMS}] \cdots (F)$$

実験結果は**写真D**で，1 V_{RMS} に非常に近い値になっています．

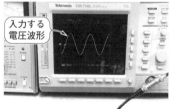

入力する電圧波形

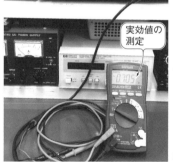

実効値の測定

◀**写真A**
実効値を測定しているようす
オシロスコープ，ファンクション・ジェネレータ，ディジタル・マルチメータを使って実験する

▶**表A**
電圧や電流の波形によって実効値の計算式は違う

	波　形	実効値
サイン波		$\dfrac{V_M}{\sqrt{2}}$
三角波		$\dfrac{V_M}{\sqrt{3}}$
パルス波		V_M

写真B　ピーク電圧 V_M が1Vのサイン波の実効値

写真C　ピーク電圧 V_M が1Vの三角波の実効値

写真D　ピーク電圧 V_M が1Vのパルス波の実効値

Appendix C

三角波の実効値を求める

　三角波(triangle wave, **図1**)の実効値を求める式を導きます.

　実効値は

$$V_{RMS} \equiv \sqrt{\frac{1}{T}\int_0^T Vac^2\,dt} \quad\cdots\cdots\cdots\cdots\cdots\cdots\cdots\cdots\cdots\cdots\cdots\cdots\cdots\cdots\cdots (1)$$

で与えられます.

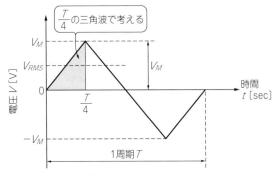

図1　三角波の実効値

　三角波を示す数式ですが**図1**において,計算の簡略化のため1/4周期を考えてみましょう.残りの3/4周期は,最初の1/4の周期の繰り返しと考えるのです.

　すると,三角波は,$0 \leq t \leq T/4$の区間において,時間tに関し傾斜角度$V_M/(T/4) = 4V_M/T$で直線的に増加する関数(数学でいう1次関数)と見なせます.ですから$0 \leq t \leq T/4$の区間で三角波を数式で書くと

$$Vac(t) = \frac{V_M}{T/4}t = \frac{4V_M}{T}t \quad\cdots\cdots\cdots\cdots\cdots\cdots\cdots\cdots\cdots\cdots\cdots\cdots\cdots (2)$$

となります.あとは式(2)を式(1)に代入して計算すれば実効値が得られるはずです.ここで区間は$0 \leq t \leq T/4$で考えていることに注意してください.

　それでは計算してみましょう.式の展開を見やすくするために,式(2)を式(1)に代入して式(1)の$\sqrt{}$の中を計算します.

$$\frac{1}{T}\int_0^T V_{AC}{}^2 dt = \frac{1}{\frac{T}{4}}\int_0^{\frac{T}{4}}\left\{\frac{4V_M}{T}t\right\}^2 dt = \frac{4}{T}\left\{\frac{4V_M}{T}\right\}^2\int_0^{\frac{T}{4}}t^2 dt$$

$$= \frac{4}{T}\left\{\frac{4V_M}{T}\right\}^2\left[\frac{t^3}{3}\right]_0^{\frac{T}{4}} = \frac{4^3 V_M{}^2}{T^3}\left\{\frac{\left(\frac{T}{4}\right)^3}{3}\right\}$$

$$= \frac{4^3 V_M{}^2}{T^3}\frac{T^3}{3\cdot 4^3} = \frac{V_M{}^2}{3} \quad\cdots\cdots\cdots\cdots\cdots\cdots\cdots (3)$$

すると式(3)のように簡単になりました．あとは式(3)の両辺の $\sqrt{}$ をとりましょう．

$$\therefore V_{RMS} = \sqrt{\frac{1}{T}\int_0^T V_{AC}{}^2 dt} = \sqrt{\frac{V_M{}^2}{3}} = \frac{V_M}{\sqrt{3}} \quad\cdots\cdots\cdots\cdots\cdots (4)$$

式(4)が三角波の実効値を示します．

Appendix C のポイント

　三角波を1/4周期に限定して，数式を与えて実効値を得ました．

Appendix D

鋸歯状波の実効値を求める

鋸歯状波（saw tooth wave, **図1**）の実効値を求める式を導きます.

実効値は

$$V_{RMS} \equiv \sqrt{\frac{1}{T}\int_0^T Vac^2 dt} \quad\text{...(1)}$$

で与えられます.

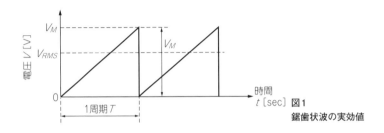

時間
t [sec] 図1
鋸歯状波の実効値

鋸歯状波を示す関数を考えましょう. **図1**で鋸歯状波は, $0 \leq t \leq T$の区間において, 傾斜角度V_M/Tで直線的に増加する関数と見なせます. よって鋸歯状波は

$$V_{AC}(t) = \frac{V_M}{T}t \quad\text{...(2)}$$

と書くことができます. あとは式(2)を式(1)に代入すれば結果は得られます.

式の展開を見やすくするために, 式(2)を式(1)に代入して式(1)の$\sqrt{\ }$の中を計算します.

$$\frac{1}{T}\int_0^T V_{AC}^2 dt = \frac{1}{T}\int_0^T \left\{\frac{V_M}{T}t\right\}^2 dt = \frac{1}{T}\left\{\frac{V_M}{T}\right\}^2 \int_0^T t^2 dt$$

$$= \frac{V_M^2}{T^3}\left[\frac{t^3}{3}\right]_0^T = \frac{V_M^2}{T^3}\left\{\frac{T^3}{3}\right\} = \frac{V_M^2}{3} \quad\text{.................(3)}$$

すると式(3)のように簡単になりました. あとは式(3)の両辺の$\sqrt{\ }$をとりましょう.

$$V_{RMS} = \sqrt{\frac{1}{T}\int_0^T V_{AC}^2 dt} = \sqrt{\frac{V_M^2}{3}} = \frac{V_M}{\sqrt{3}} \quad\text{...................(4)}$$

式(4)が鋸歯状波の実効値を示します.

Appendix Dのポイント

鋸歯状波を時間TでV_Mまで直線的に増加する式として与えました.

Appendix E

$0-V_M$, デューティ・サイクル D のパルス波の実効値を求める

$0-V_M$ のパルス波(**図1**)の実効値を求める式を導きます.

実効値は

$$V_{RMS} \equiv \sqrt{\frac{1}{T}\int_0^T Vac^2 dt} \quad\cdots\cdots\cdots\cdots\cdots\cdots\cdots\cdots\cdots\cdots\cdots\cdots\cdots\cdots\cdots\cdots\cdots\cdots (1)$$

で与えられます.

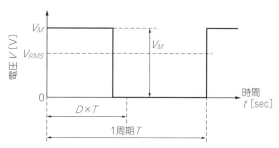

図1　$0-V_M$ [V] のパルス波の実効値

$0-V_M$ のパルス波を示す式を考えましょう. パルスには"High"レベルの区間と"Low"レベルの区間が存在します. High レベルは+2.5V, +3.3V, +5V などが一般的で, Low レベルは0Vです.

1周期 T に対する High レベルの時間 τ の比率をデューティ・ファクタ(duty factor)と呼びます. 式で表すと式(2)

$$デューティ・ファクタ D = \tau / T \quad\cdots\cdots\cdots\cdots\cdots\cdots\cdots\cdots\cdots\cdots\cdots\cdots\cdots\cdots\cdots\cdots (2)$$

です. そこでデューティ・ファクタ D を使って High レベルの時間 τ を表現すると, 式(2)から

$$\tau = D \times T \quad\cdots\cdots\cdots\cdots\cdots\cdots\cdots\cdots\cdots\cdots\cdots\cdots\cdots\cdots\cdots\cdots\cdots\cdots\cdots\cdots (3)$$

となります.

なぜここでデューティ・ファクタ D を使うのか理由も書いておきます. 一般にパルス波は, High レベルの時間 τ と1周期 T が重要です. さらに1周期 T を一定の場合が多いのですが, High レベルの時間 τ は可変する場合もあります. そのため, パルス波は1周期 T と High レベルの時間 τ で表現するのではなく, 1周期 T とデューティ・ファクタ D によって表現することが一般的だからです.

$0-V_M$ のパルス波は

High レベルの時間 $0 \le t \le DT$ のとき,

$$V_{AC} = V_M \quad\cdots\cdots\cdots\cdots\cdots\cdots\cdots\cdots\cdots\cdots\cdots\cdots\cdots\cdots\cdots\cdots\cdots\cdots\cdots (4)$$

Low レベルの時間 $DT \le t \le T$ のとき,

$$V_{AC} = 0 \quad\cdots\cdots\cdots\cdots\cdots\cdots\cdots\cdots\cdots\cdots\cdots\cdots\cdots\cdots\cdots\cdots\cdots\cdots\cdots\cdots (5)$$

と表現することができます.

式(4), 式(5)の結果を式(1)に代入すれば実効値が得られます.

ここでV_{AC}は，$V_{AC}=0$なので計算から除外しましょう．つまりHighレベルの時間$0 \leq t \leq DT$だけ考えれば良いのですね．式(4)を式(1)に代入して式(1)の$\sqrt{}$の中を計算します.

$$\frac{1}{T}\int_0^T V_{AC}{}^2 dt = \frac{1}{T}\int_0^{DT} V_M{}^2 dt = \frac{V_M{}^2}{T}\int_0^{DT} 1\, dt$$

$$= \frac{V_M{}^2}{T}\Big[t\Big]_0^{DT} = \frac{V_M{}^2}{T}DT = V_M{}^2 D \quad\cdots\cdots\cdots\cdots\cdots\cdots (6)$$

すると式(6)のように簡単になりました．あとは式(6)の両辺の$\sqrt{}$をとりましょう.

$$\therefore V_{RMS} = \sqrt{\frac{1}{T}\int_0^T V_{AC}{}^2 dt} = \sqrt{V_M{}^2 D} = V_M\sqrt{D} \quad\cdots\cdots\cdots\cdots (7)$$

式(7)が$0 - V_M$ [V]，デューティ・ファクタDのパルス波の実効値を示します.

Appendix Eのポイント

$0 - V_M$，デューティ・サイクルDのパルス波の実効値は，波形を示す関数を，

Highレベルの時間$0 \leq t \leq t_H$のとき$V_{AC} = V_M$

Lowレベルの時間$tH \leq t \leq T$のとき$V_{AC} = =0$

Appendix F

波高値±V_M[V], デューティ・ファクタ$D=0.5$のパルス波の実効値を求める

　ピーク電圧からピーク電圧までがプラス-マイナス同じ電圧で振れる±V_Mのパルス波(**図1**)の実効値を求める式を導きます.

実効値は

$$V_{RMS} = \sqrt{\frac{1}{T}\int_0^T V_{AC}^2 dt} \quad \cdots\cdots\cdots (1)$$

で与えられます.

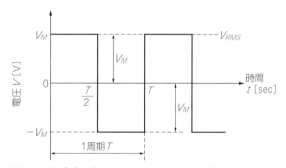

図1　±V_M [V], デューティ・ファクタ0.5のパルス波

　振幅が±V_Mのパルス波を示す式を考えましょう.時間で区切って考えると簡単です.

　±V_M [V] パルス波は

　+V_M [V] の時間$0 \leq t \leq t_H$のとき,

$$V_{AC} = V_M \quad \cdots\cdots\cdots\cdots\cdots\cdots (2)$$

　−V_M [V] の時間$t_H \leq t \leq T$のとき,

$$V_{AC} = -V_M \quad \cdots\cdots\cdots\cdots\cdots\cdots (3)$$

と表現することができます.

　式(2),式(3)の結果を式(1)に代入すれば実効値が得られます.

それでは式(2),式(3)を式(1)に代入して式(1)の√の中を計算しましょう.

$$\frac{1}{T}\int_0^T V_{AC}^2 dt = \frac{1}{T}\left\{\int_0^{\frac{T}{2}} V_M^2 dt + \int_{\frac{T}{2}}^T V_M^2 dt\right\} = \frac{V_M^2}{T}\left\{\int_0^{\frac{T}{2}} 1dt + \int_{\frac{T}{2}}^T 1dt\right\}$$

$$= \frac{V_M^2}{T}\left\{[t]_0^{\frac{T}{2}} + [t]_{\frac{T}{2}}^T\right\} = \frac{V_M^2}{T}\left\{\frac{T}{2} + \frac{T}{2}\right\} = V_M^2 \quad \cdots\cdots\cdots (4)$$

　すると式(4)のように簡単になりました.あとは式(4)の両辺の√をとりましょう.

$$\therefore V_{RMS} = \sqrt{\frac{1}{T}\int_0^T V_{AC}{}^2 dt} = \sqrt{V_M{}^2} = V \dotfill (5)$$

式(5)が$\pm V_M$, デューティ・ファクタ$D = 0.5$のパルス波の実効値を示します.

Appendix Fのポイント

$\pm V_M$ [V], デューティ・ファクタ$D = 0.5$のパルス波を,

$+ V_M$ [V] の時間$0 \leqq t \leqq t_H$のとき, $V_{AC} = V_M$

$- V_M$ [V] の時間$t_H \leqq t \leqq T$のとき, $V_{AC} = -V_M$

と時間を区切って考えて式として与えました.

Appendix G

実効値は DC に換算した値

電力を考えるとき，AC電圧，AC電流の大きさは数式で「実効値」で考えるという話をしました．電力を考えるときにDC電圧とACの実効値は等価であることを実験して確認しましょう．

AC の消費電力は実効値を使って

● 少し復習

ACで消費電力を求める場合(図1)は，式(1)のように電圧や電流の実効値を使うという話をしました．

$$P = V_{RMS}\, I_{RMS} \quad\cdots\cdots\cdots (1)$$

電圧の実効値V_{RMS}は式(2)，電流の実効値I_{RMS}は式(3)で表します．

$$V_{RMS} = \sqrt{\frac{1}{T} \int_0^T V(t)^2 dt} \quad\cdots\cdots (2)$$

$$I_{RMS} = \sqrt{\frac{1}{T} \int_0^T I(t)^2 dt} \quad\cdots\cdots (3)$$

式(1)はDCで消費電力を求める式(4)と等価です．

$$P = V I \quad\cdots\cdots\cdots (4)$$

ここでは「実効値はDC電圧と等価ですよ」という話をします．

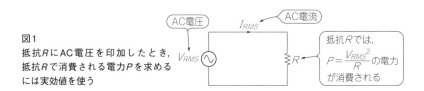

図1
抵抗Rに AC電圧を印加したとき，
抵抗Rで消費される電力Pを求める
には実効値を使う

抵抗Rでは，
$P = \dfrac{V_{RMS}^2}{R}$ の電力
が消費される

● DC と AC の電力を比較してみる

前節で再三にわたって「ACで電力を議論するときは電圧，電流の実効値で考え，その実効値はDCの場合の電圧，電流に相当します」と書きました．論より証拠，そのことを確かめてみます．

図2の回路のように，ACの実効値電圧とDC電圧を同じ値[注1]にして，それぞれ電球を点灯させました．結果は写真1です．

DC100 Vで点灯させた電球も，AC100 V_{RMS}で点灯させた電球も波形の形にかかわらず同じ明るさで

注1：実験に使った機器の都合でピッタリ100.0 Vとはいかないが，小数点以下の値は無視するとDC電圧もACの実効値も同じ100 V
　　で実験している．

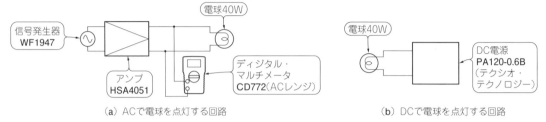

（a）ACで電球を点灯する回路　　　　　　　　　（b）DCで電球を点灯する回路

図2　ACとDCで電球を点灯する実験回路

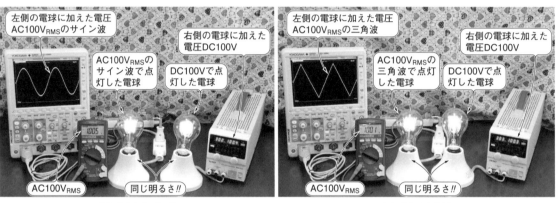

（a）ACのサイン波　　　　　　　　　　　　　　　（b）ACの三角波

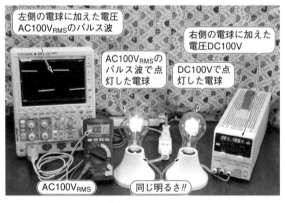

（c）ACのパルス

写真1
DC100 Vで点灯させた電球（右側）と
実効値100 V$_{RMS}$で点灯させた電球（左側）

す．DC電圧でもACの実効値電圧でも，同じ値ならば電球は同じ明るさで光る，同じ電力となっていることに注目してください．

　このことを電力で考えると，**DC電圧とACの実効値電圧は等価**ということです．くどいほど実効値について話しましたが，ACの電力を実効値で考える理由はここにあったのです．

実効値を求める式を導く

　実効値がなぜ式(5)となるのか考察してみました．

$$V_{RMS} = \sqrt{\frac{1}{T} \int_0^T V(t)^2 dt} \quad \cdots\cdots\cdots (5)$$

図3(a)のDC回路で，抵抗Rで消費する電力をP_{DC}とすると，

$$P_{DC} = \frac{V_{DC}^2}{R} \quad \cdots\cdots\cdots (6)$$

式(6)です．

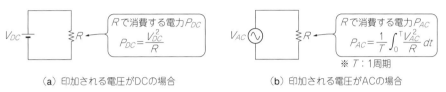

（a）印加される電圧がDCの場合　　　（b）印加される電圧がACの場合

図3　抵抗Rで消費する電力P

今度は図3(b)です．AC電圧は時間とともに常に変化しています．そこで時間を止めて考えてみましょう，時間を止めたその瞬間の電圧をV_{AC}とします．そのとき抵抗Rで消費する電力P_Vは，DC電圧V_{DC}が変化してV_{AC}となったと考えればよいので，

$$P_V = \frac{V_{AC}^2}{R} \quad \cdots\cdots\cdots (7)$$

式(7)になります．

式(7)でAC電圧V_{AC}が2乗になっているので，マイナスの電圧でも電力としては必ずプラスになります．

式(7)は瞬時の消費電力だったので，AC電圧の1周期Tの時間で考えてみましょう．1周期Tにわたって電圧V_{AC}が変化するので，その1周期分を平均した電力P_{AC}は，

$$P_{AC} = \frac{1}{T} \int_0^T \frac{V_{AC}^2}{R} dt \quad \cdots\cdots\cdots (8)$$

式(8)になります．

式(8)において積分の意味は図4のように式(9)を表しています．

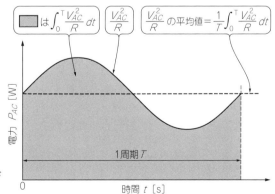

図4
図中の破線で示した部分が
式(8)の積分の式を示す

$$\int_0^T \frac{V_{AC}^2}{R} dt = 1\text{周期の時間} T \text{の間に消費した電力の総和} \quad\quad\quad (9)$$

1周期の時間Tで消費する平均電力P_{AC}は,

$$P_{AC} = 1\text{周期の時間} T \text{の間に消費した電力の総和} \div 1\text{周期の時間} T \quad\quad (10)$$

式(10)になります.

ここで,DC電圧V_{DC}が抵抗Rに消費する電力P_{DC}に対して,抵抗RでDC電力P_{DC}と同じ電力を消費するAC電圧をV_{RMS}としましょう.すると式(6)は,

$$P_{DC} = \frac{V_{DC}^2}{R} = \frac{V_{RMS}^2}{R} \quad\quad\quad (11)$$

式(11)のように書けます.

このDC電力P_{DC}がAC電力P_{AC}と等しくなるには,

$$\left.\begin{aligned} P_{DC} &= \frac{V_{DC}^2}{R} = \frac{V_{RMS}^2}{R} \\ &= \frac{1}{T}\int_0^T \frac{V_{AC}^2}{R} dt = P_{AC} \end{aligned}\right\} \quad\quad (12)$$

式(12)でなければなりません.

式(12)の中央付近の式を抜き出すと,

$$\frac{V_{RMS}^2}{R} = \frac{1}{T}\int_0^T \frac{V_{AC}^2}{R} dt \quad\quad\quad (13)$$

です.

式(13)の両辺に抵抗Rをかけると,式(13)から抵抗Rが消えて式(14)になり,整理すると式(15)になります.

$$\frac{V_{RMS}^2}{R} R = \frac{1}{T}\int_0^T \frac{V_{AC}^2}{R} dt\, R \quad\quad\quad (14)$$

$$V_{RMS}^2 = \frac{1}{T}\int_0^T V_{AC}^2\, dt \quad\quad\quad (15)$$

いよいよ結論です.V_{RMS}は2乗の形をしているので,式(15)の両辺の$\sqrt{}$(ルート)を取ると2乗が消えます.すると式(16)のように実効値が導かれました.

$$\therefore\; V_{RMS} = \sqrt{\frac{1}{T}\int_0^T V_{AC}^2\, dt} \quad\quad\quad (16)$$

図3(a)のDC電圧V_{DC}が抵抗Rで消費する電力P_{DC}に対して,図3(b)の同じ抵抗R,DC電力P_{DC}と同じ電力P_{AC}となるAC電圧V_{RMS}を求めたのが実効値です.つまり**抵抗Rに対してDC電圧と同じ消費電力となるAC電圧値が電圧の実効値なのです.**

ここでは実効値の電圧を求めました.**電流も同様に抵抗Rに対してDC電圧と同じ電力となるAC電流値が電流の実効値となります.**

実効値のポイント

抵抗Rに対してDC電圧と同じ消費電力となるAC電圧を求めるとそれが実効値です.

第2章

抵抗の基礎

2-1

抵抗器の「定格電力」

抵抗の４つの用途

最も基本的な電子部品「抵抗」の話をします.

写真1はテレビ, スマートフォン, タブレットなどの電子機器（electronic device）の内部で使われています抵抗です.

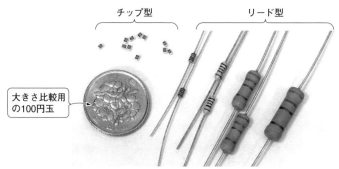

チップ型 リード型

大きさ比較用の100円玉

写真1
抵抗のタイプやサイズは
さまざま

電気回路の中で抵抗が使われる主な用途は次の5つに分けられます.

その1　電圧を分割して目的の電圧, 使いやすい電圧にする ［**図1(a)**］
その2　LED（light emitting diode）など電流を所定の値に制限する ［**図1(b)**］
その3　回路に流れている電流を検出する ［**図1(c)**］
その4　マイコン（microcomputer）やFPGA（Field Programmable Gate Array）などのディジタル回路（digital circuit）のプルアップ（pull up）, プルダウン（pull down）［**図1(d)**］
その5　100MHz, 1GHzといった高い周波数（高周波と呼ぶ）での終端抵抗 ［**図1(e)**］

用途を詳しく紹介する前に, 抵抗を使う前に知っておくべき基本的な知識を見ていきましょう.

電圧の分割

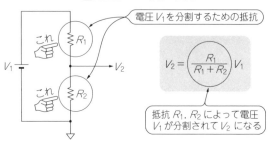

電圧 V_1 を分割するための抵抗

これ R_1

V_1 V_2

これ R_2

$$V_2 = \left(\frac{R_1}{R_1 + R_2} \right) V_1$$

抵抗 R_1, R_2 によって電圧 V_1 が分割されて V_2 になる

図1
抵抗の用途

（a）2本の抵抗で電圧を分割する

電流制限

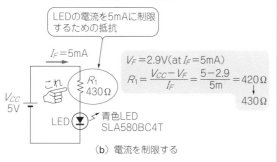

LEDの電流を5mAに制限するための抵抗

$I_F = 5mA$

これ → R_1 430Ω

$V_F = 2.9V (at\ I_F = 5mA)$

$R_1 = \dfrac{V_{CC} - V_F}{I_F} = \dfrac{5 - 2.9}{5m} = 420\Omega$

→ 430Ω

V_{CC} 5V

LED

青色LED SLA580BC4T

（b）電流を制限する

抵抗による電流検出

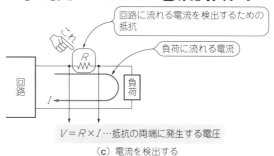

これ

回路に流れる電流を検出するための抵抗

負荷に流れる電流

R

回路

I

負荷

$V = R \times I \cdots$ 抵抗の両端に発生する電圧

（c）電流を検出する

プルアップ/プルダウン

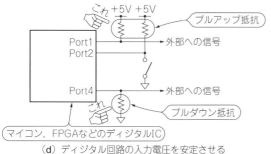

これ +5V +5V

プルアップ抵抗

Port1
Port2

外部への信号

Port4

外部への信号

プルダウン抵抗

マイコン，FPGAなどのディジタルIC

（d）ディジタル回路の入力電圧を安定させる

終端抵抗

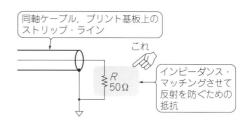

同軸ケーブル，プリント基板上のストリップ・ライン

これ

R 50Ω

インピーダンス・マッチングさせて反射を防ぐための抵抗

（e）インピーダンスをマッチング

図1　（つづき）

抵抗に電流が流れると電力を消費

● 導線を流れる電子はのびのびと進む

　電気が流れる電線（electrical wire：導線と呼ぶ）の中で，電子はどんな動きをするのか考えてみましょう．

　プリント基板のパターン［**写真2(a)**］や線材［**写真2(b)**］など銅でできた導線中には，電子がたくさん存在し，自由な方向へ動き回っています．それが回路に電圧が加えられると事態は一変し，導線中の自由電子はそろって一方向へ動き出します．つまり電流が流れます．

プリント基板はパターンという導線を伝って電流が流れる

（a）プリント基板上の電気が流れる部分（パターンと呼ぶ）

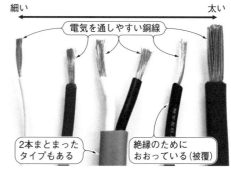

細い　　　　　　　　　　　　　太い

電気を通しやすい銅線

2本まとまったタイプもある

絶縁のためにおおっている（被覆）

（b）もの同士をつないで電流を流す線材

写真2　電流が流れる線路2種類

このとき導体中の電子は，混雑することなく比較的ゆったりと一方向に動きます．とても広い道を多くの人がゆっくり歩んでいるイメージです[注1]．

● 抵抗を流れる電子は満員電車状態

しかし，自由電子が抵抗を通過するとき，言い換えると電流が抵抗を流れるときは大変です．広い道がいきなり細くなり，のんびりと歩いていた自由電子が，満員電車に押し込まれたような状態になります．筆者の持っている抵抗のイメージは図2です．

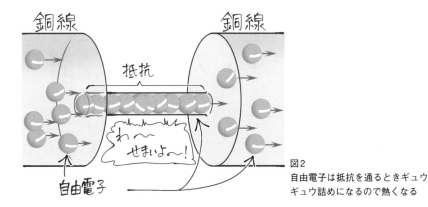

図2
自由電子は抵抗を通るときギュウギュウ詰めになるので熱くなる

満員電車に無理やり押し込まれたのですから，熱くもなりますよね．と，まあ抵抗に電流が流れると，電力が消費されて熱が発生します．この熱をジュール熱(Joule heat)と言います．

▶抵抗で消費する電力

抵抗で消費される電力についても考えてみましょう．抵抗Rに消費される電力Pは，抵抗Rに流れる電流をIとすれば式(1)になります．

$$P = RI^2 \ [\text{W}] \cdots\cdots (1)$$

抵抗の電力の上限，電圧の上限

● 定格電力の1/3以下，最高使用電圧の2/3以下で使用しよう

抵抗に電流が流れると，電力が消費されて熱くなります．さらにどんどん電流が流れるとさらに抵抗は熱くなり，やがては煙が出て焼けてしまいます．写真3は電流を流しすぎて抵抗が焼けていくようすです．

抵抗が焼けると大問題です．場合によっては抵抗が使われている電子機器が燃え出して火事などの重大な事故になります．そこで抵抗には「これ以上の電力はダメ！」という意味で「定格電力」が定められています．一般的に使われる抵抗を，定格電力の小さいほうから順番に表1に並べました．外形サイズが小さいほど定格電力が小さくなっていることがわかります(写真4)．

注1：電気が流れる金属を導線といいます．導線の金属は，一般的に広く銅が使われています．

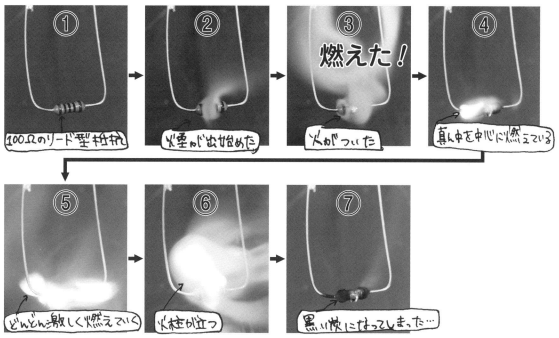

写真3　電流を流しすぎて抵抗が焼けていくようす

表1　抵抗の種類，定格電力，最高使用電圧

外形分類	サイズ	定格電力	最高使用電圧	種類
チップ抵抗	0402型	0.03 W	15 V	メタルグレーズ厚膜，金属被膜
	0603型	0.05 W	25 V	
	1005型	0.063 W	50 V	
	1608型	0.1 W	50 V	
	2012型	0.125 W	150 V	
	3216型	0.25 W	200 V	
	3226型	0.5 W	200 V	
	5225型	0.75 W	200 V	
	6331型	1 W	200 V	
リード線抵抗	1/4 W型	0.25 W	250 V	炭素皮膜，金属被膜
	1/2 W型	0.5 W	350 V	
	1 W型	1 W	350 V	酸化金属被膜
	3 W型	3 W	350 V	
	5 W型	5 W	500 V	

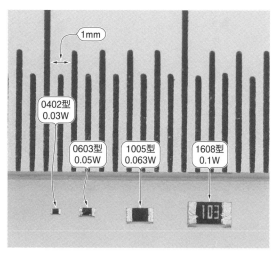

写真4　鼻息で飛んでいってしまうほど小さいチップ抵抗

　抵抗に連続的に電流を流すときは，定格電力の1/3以下で使用すると焼ける事故を防げます．

　さらに，使用について制限があるとの意味で抵抗には最高使用電圧も定められています．最高使用電圧の2/3以下で使うことを推奨します．

抵抗の「直列接続」と「並列接続」

直列接続した抵抗値は「和」

■ いろんな定数を組み合わせてみる

複数の抵抗を直列に接続した場合，抵抗値がどうなるかを実験してみます．

● 実験1　1kΩの抵抗を2個直列に接続する

1kΩの抵抗を図1のように2個直列に接続して，合成抵抗を測定します（図2）．

結果は1.983kΩ（写真1）です．このように1kΩの抵抗2個を直列接続した場合，合成抵抗は抵抗2個

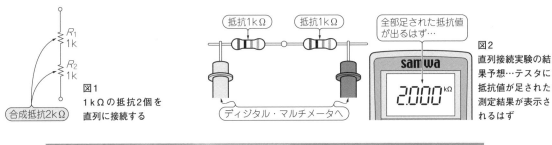

図1
1kΩの抵抗2個を
直列に接続する

図2
直列接続実験の結
果予想…テスタに
抵抗値が足された
測定結果が表示さ
れるはず

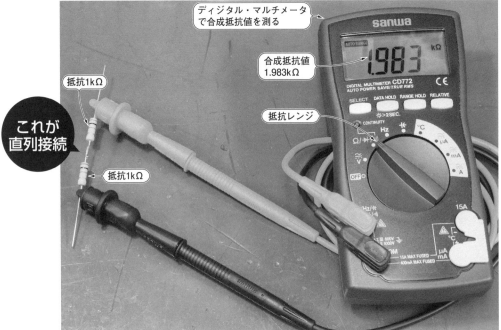

写真1
実験1の結果：
1kΩの抵抗2
個を直列接続
すると約2kΩ
になった

の和である約2kΩになります.

● 実験2　1kΩの抵抗を3個直列に接続する

　実験1にさらに1kΩの抵抗を1個追加した**図3**の回路で合成抵抗を測定します.

　結果は2.972kΩ(**写真2**)になりました. このように1kΩの抵抗3個を直列接続した場合, 合成抵抗は抵抗3個の和である約3kΩとなります.

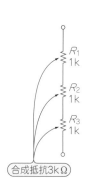

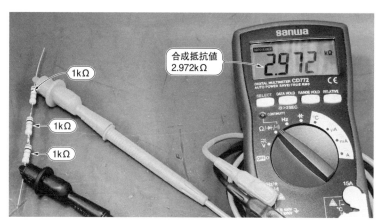

図3　1kΩの抵抗3個を直列接続する　　　写真2　実験2の結果：1kΩの抵抗3個を直列接続すると約3kΩになった

● 実験3　1kΩの抵抗を5個直列に接続する

　実験2にさらに1kΩの抵抗を2個追加した**図4**の回路で合成抵抗を測定します.

　結果は4.97kΩ(**写真3**)です. このように1kΩの抵抗5個を直列接続した場合, 合成抵抗は抵抗5個の和である約5kΩになります.

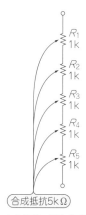

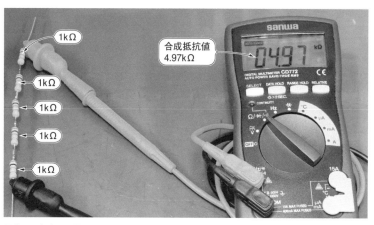

図4　1kΩの抵抗5個を直列接続する　　　写真3　実験3の結果：1kΩの抵抗5個を直列接続すると約5kΩになった

● 実験4　2kΩと3kΩの抵抗を直列に接続する

　2kΩと3kΩの抵抗値が異なる2個の抵抗を**図5**のように直列接続して, 合成抵抗を測定します.

　結果は5.02kΩ(**写真4**)です. このように2kΩと3kΩの抵抗を直列接続した場合, 合成抵抗は2kΩと3kΩの和である約5kΩになります.

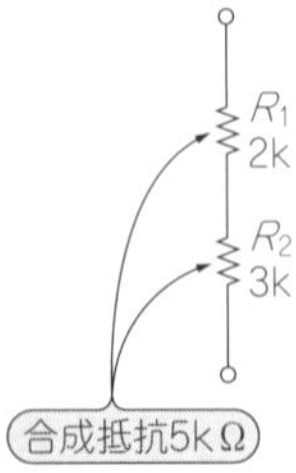

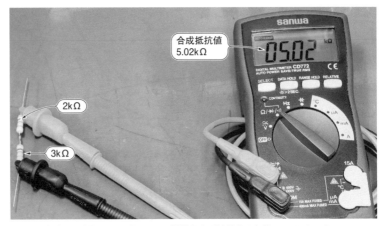

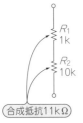

図5　2kΩと3kΩの抵抗を
直列接続する

合成抵抗値
5.02kΩ

写真4　実験4の結果：2kΩと3kΩの抵抗を直列接続すると約5kΩになった

● 実験5　1kΩと10kΩの抵抗値が異なる2個の抵抗を直列に接続する

　1kΩと10kΩの抵抗2個を**図6**のように直列接続して，合成抵抗を測定します．

　結果は11.16kΩ（**写真5**）です．このように1kΩと10kΩの抵抗を直列接続した場合，合成抵抗は1kΩと10kΩの和である約11kΩになります．

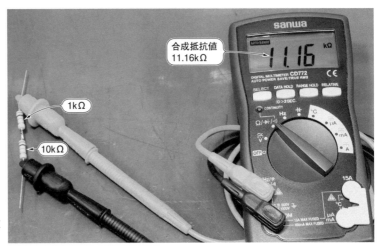

図6　1kΩと10kΩの
抵抗を直列接続する

合成抵抗値
11.16kΩ

▶写真5
実験5の結果：1kΩと10kΩの抵抗を直
列接続すると約11kΩになった

*　　　　*　　　　*

　実験1〜実験5より，**抵抗を直列接続した場合の抵抗値は，全抵抗値の和になる**ことがわかります．

　数式で表すと，直列接続時の抵抗値R_sは式(1)になるのです（**図7**）．

$$R_s = R_1 + R_2 + R_3 + \cdots + R_n \quad\cdots\cdots(1)$$

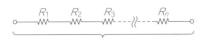

R_1からR_nまでを直列接続したときの
合成抵抗をR_sとすると，
$R_s = R_1 + R_2 + R_3 + \cdots + R_n$
となる

図7
複数の抵抗を直列接続したときの合成抵抗は
全抵抗値の和を計算する

並列接続した抵抗値は少し複雑

■ いろんな定数を組み合わせてみる

今度は複数の抵抗を並列に接続した場合，抵抗値がどうなるかを実験してみます．

● 実験6　1kΩの抵抗を2個並列に接続する

1kΩの抵抗を**図8**のように2個並列に接続して，合成抵抗を測定します(**図9**)．

結果は494Ω(**写真6**)です．このように1kΩの抵抗2個を並列接続した場合，合成抵抗は1kΩの1/2である約500Ωになります．

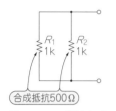

図8　1kΩの抵抗を2個並列接続する

図9
並列接続実験の結果予想

テスタに抵抗値の逆数の和の逆数された測定結果が表示されるはず

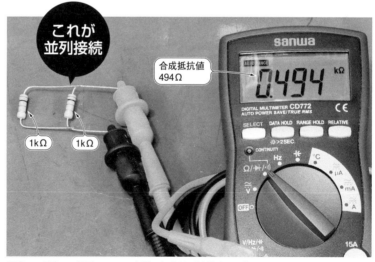

写真6　実験6の結果：1kΩの抵抗2個を並列接続すると約500Ωになった

● 実験7　1kΩの抵抗を3個並列に接続する

実験6にさらに1kΩの抵抗を1個並列に追加した**図10**の回路で合成抵抗を測定します．

結果は330.6Ω(**写真7**)です．このように1kΩの抵抗3個を並列接続した場合，合成抵抗は1kΩの1/3である約333Ωになります．

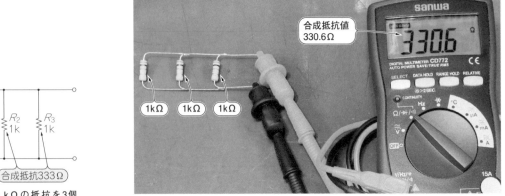

図10　1kΩの抵抗を3個
並列接続する

写真7　実験7の結果：1kΩの抵抗3個を並列接続すると約333Ωになった

● 実験8　1kΩの抵抗を5個並列に接続する

　実験7にさらに1kΩの抵抗を2個並列に追加した**図11**の回路で合成抵抗を測定します．

　結果は198.2Ω（**写真8**）です．このように1kΩの抵抗5個を並列接続した場合，合成抵抗は1kΩの1/5である約200Ωになります．

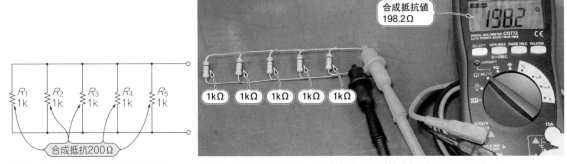

図11　1kΩの抵抗を5個並列接続する

写真8　実験8の結果：1kΩの抵抗5個を並列接続すると約200Ωになった

● 実験9　2kΩと3kΩの抵抗を並列に接続する

　2kΩと3kΩの抵抗値が異なる2個の抵抗を**図12**のように並列接続して，合成抵抗を測定します．

　結果は1.2kΩ（**写真9**）です．

図12　2kΩと3kΩの
抵抗を並列接続する

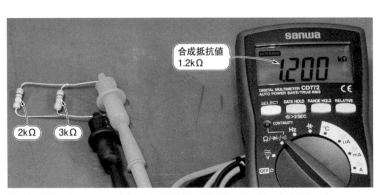

写真9　実験9の結果：2kΩと3kΩの抵抗を並列接続すると約1.2kΩになった

● **実験10 1kΩと10kΩの抵抗を並列に接続する**

1kΩと10kΩの2個の抵抗を**図13**のように並列接続して，合成抵抗を測定します．

結果は0.9kΩ（**写真10**）です．

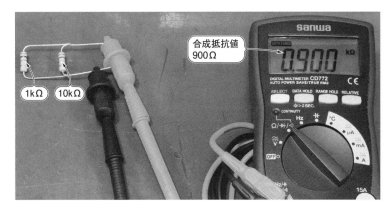

合成抵抗値
900Ω

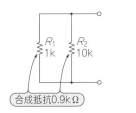

図13 1kΩと10kΩの抵抗を並列
接続する

写真10 実験10の結果：1kΩと10kΩの抵抗を並列接続すると約909Ωになった

● **抵抗を直列接続した場合の実験まとめ**

実験6～実験10で抵抗を並列に接続すると，全体の抵抗値は接続した一番小さい抵抗値の値以下になることに注目してください．

数式で書くと少し複雑になるのですが，複数の抵抗が並列接続された場合の合成抵抗値をR_pとすれば式(2)になります（**図14**）．

$$\frac{1}{R_p} = \frac{1}{R_1} + \frac{1}{R_2} + \frac{1}{R_3} + \cdots + \frac{1}{R_n} \qquad \cdots\cdots (2)$$

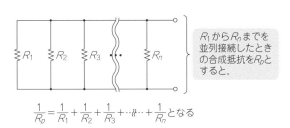

R_1からR_nまでを
並列接続したとき
の合成抵抗をR_pと
すると，

$$\frac{1}{R_p} = \frac{1}{R_1} + \frac{1}{R_2} + \frac{1}{R_3} + \cdots + \frac{1}{R_n}\, となる$$

図14 複数の抵抗を並列接続したときの合成抵抗は逆数の和を計算する

式(2)はそのままでは少し使いにくいので，よく使われる抵抗2個を並列接続する場合と抵抗3個を並列接続する場合を覚えておくと便利です．並列接続する抵抗が4個以上の場合は，式(2)を使って計算します．

●抵抗R_1とR_2を並列に接続した場合の合成抵抗R_{p1}［**図15(a)**］

$$R_{p1} = \frac{R_1 \times R_2}{R_1 + R_2} \qquad \cdots\cdots (3)$$

●抵抗R_1，R_2，R_3を並列に接続した場合の合成抵抗R_{p2}［**図15(b)**］

$$R_{p2} = \frac{R_1 \times R_2 \times R_3}{R_1 \times R_2 + R_2 \times R_3 + R_3 \times R_1} \qquad \cdots\cdots (4)$$

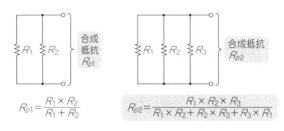

$$R_{p1} = \frac{R_1 \times R_2}{R_1 + R_2}$$

$$R_{p2} = \frac{R_1 \times R_2 \times R_3}{R_1 \times R_2 + R_2 \times R_3 + R_3 \times R_1}$$

（a）抵抗2個を並列　　　　　（b）抵抗3個を並列
　　接続した場合　　　　　　　　接続した場合

図15　抵抗2個～3個を並列接続した場合の合成抵抗

Appendix H

直列接続と並列接続の式を導いてみた

　抵抗の直列接続や並列接続の抵抗値を示す，2-2節の式(1)と式(2)を突然登場させました．これだけではいささか説明不足だと思うので式を導出してみましょう．式を暗記することも必要ですが，式の誘導まで知っていると応用範囲が広がり理解も深まるでしょう．

● 直列接続された抵抗の値を求める

　図1(a)のように抵抗R_1，R_2，$R_3 \cdots R_N$が直列に接続されているとして，その合成抵抗R_Sを求める場合を考えてみます．

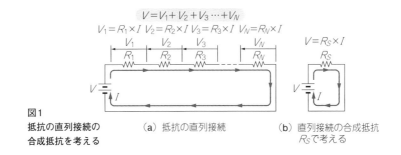

図1
抵抗の直列接続の
合成抵抗を考える　　　　　　（a）抵抗の直列接続　　　　　（b）直列接続の合成抵抗
　　　　　　　　　　　　　　　　　　　　　　　　　　　　　　　　R_Sで考える

　抵抗R_1，R_2，$R_3 \cdots R_N$には，同じ電流Iが流れています．そこでオームの法則を適用して，抵抗R_1，R_2，$R_3 \cdots R_N$の両端の電圧V_1，V_2，$V_3 \cdots V_N$を求めてみましょう．

$$
\begin{aligned}
&抵抗 R_1 の両端電圧 V_1 : V_1 = R_1 \times I \\
&抵抗 R_2 の両端電圧 V_2 : V_2 = R_2 \times I \\
&抵抗 R_3 の両端電圧 V_3 : V_3 = R_3 \times I \\
&\qquad \vdots \\
&抵抗 R_N の両端電圧 V_N : V_N = R_N \times I \quad\cdots\cdots (1)
\end{aligned}
$$

全体の電圧Vは各抵抗の両端電圧V_1，V_2，$V_3 \cdots V_N$の和になるので，

$$
V = V_1 + V_2 + V_3 + \cdots + V_N \quad\cdots\cdots (2)
$$

式(2)と書けます．

　ところで，各抵抗の両端電圧V_1，V_2，$V_3 \cdots V_N$は，すでにオームの法則によって求めています．そこでそれらを式(1)に代入すると，

$$
\begin{aligned}
V &= V_1 + V_2 + V_3 + \cdots + V_N \\
&= R_1 \times I + R_2 \times I + R_3 \times I + \cdots + R_N \times I \\
&= (R_1 + R_2 + R_3 + \cdots + R_N)I \quad\cdots\cdots (3)
\end{aligned}
$$

式(3)になりました.

抵抗R_1, R_2, $R_3 \cdots R_N$の直列接続されたときの合成抵抗R_Sで考えた**図1(b)**では,

$$V = R_S \times I \quad \cdots\cdots (4)$$

式(4)が成り立ちます.

式(3)と式(4)の示す電圧Vは,同じ電圧を示しています.つまり,等しいので,式(3)と式(4)の右辺を「＝」で結んでみましょう.

$$R_S \times I = (R_1 + R_2 + R_3 + \cdots + R_N)I \quad \cdots\cdots (5)$$

結論.抵抗R_1, R_2, $R_3 \cdots R_N$を直列接続したときの合成抵抗R_Sは,式(6)となるのです.

$$\therefore \quad R_S = R_1 + R_2 + R_3 + \cdots + R_N \quad \cdots\cdots (6)$$

これで抵抗の直列接続のときの合成抵抗を示す式を得ることができました.

● 並列接続された抵抗の値を求める

今度は**図2(a)**のように抵抗R_1, R_2, $R_3 \cdots R_N$が並列に接続されていた場合の合成抵抗R_Pを求めてみます.

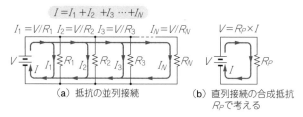

図2 抵抗の並列接続の合成抵抗を考える───────────

抵抗R_1, R_2, $R_3 \cdots R_N$には,同じ電圧Vが加えられています.そこでやはりオームの法則を適用して各抵抗に流れる電流を求めてみましょう.

$$
\begin{aligned}
&\text{抵抗}R_1\text{の電流}I_1: \quad I_1 = \frac{V}{R_1} \\
&\text{抵抗}R_2\text{の電流}I_2: \quad I_2 = \frac{V}{R_2} \\
&\text{抵抗}R_3\text{の電流}I_3: \quad I_3 = \frac{V}{R_3} \\
&\qquad\qquad\vdots \\
&\text{抵抗}R_N\text{の電流}I_N: \quad I_N = \frac{V}{R_N} \quad \cdots\cdots (7)
\end{aligned}
$$

図2(a)の電圧Vから流れ出る電流Iは,各抵抗に流れる電流I_1, I_2, $I_3 \cdots I_N$の和になるので式(8)のように書けます.

$$I = I_1 + I_2 + I_3 + \cdots + I_N \quad \cdots\cdots (8)$$

式(9)で各抵抗に流れる電流I_1, I_2, $I_3 \cdots I_N$はすでに求めたので,式(9)に代入してまとめてましょう.

$$I = I_1 + I_2 + I_3 + \cdots + I_N$$

$$= \frac{V}{R_1} + \frac{V}{R_2} + \frac{V}{R_3} + \cdots + \frac{V}{R_N}$$

$$= \left(\frac{1}{R_1} + \frac{1}{R_2} + \frac{1}{R_3} + \cdots + \frac{1}{R_N}\right)V \quad \cdots\cdots\cdots\cdots\cdots\cdots\cdots\cdots (9)$$

ところで抵抗R_1, R_2, $R_3\cdots R_N$の並列接続されたときの合成抵抗R_Sで考えた**図2(b)**では，やはりオームの法則から式(10)が成り立ちます．

$$I = \frac{V}{R_P} \quad \cdots\cdots\cdots\cdots\cdots\cdots\cdots\cdots\cdots\cdots\cdots\cdots\cdots\cdots\cdots\cdots\cdots\cdots (10)$$

式(9)と式(10)の電流Iは同じ電流を示していて等しいので，式(9)，式(10)の右辺を「＝」で結ぶと式(11)になります．

$$\frac{V}{R_P} = \left(\frac{1}{R_1} + \frac{1}{R_2} + \frac{1}{R_3} + \cdots + \frac{1}{R_N}\right)V \quad \cdots\cdots\cdots\cdots\cdots\cdots\cdots\cdots (11)$$

結論．抵抗R_1, R_2, $R_3\cdots R_N$を並列接続したときの合成抵抗R_Sは，式(12)となるのです．

$$\therefore \frac{1}{R_P} = \frac{1}{R_1} + \frac{1}{R_2} + \frac{1}{R_3} + \cdots + \frac{1}{R_N} \quad \cdots\cdots\cdots\cdots\cdots\cdots\cdots\cdots (12)$$

これで並列接続のときの合成抵抗を示す式を得ることができました．

演習問題 E

■ 抵抗の直列接続，並列接続の確認

※解答は巻末にあります.

[演習問題1]

1kΩの抵抗2個を直列に接続したときの合成抵抗R_Sを計算で求めよ.

[演習問題2]

1kΩの抵抗3個を直列に接続したときの合成抵抗R_Sを計算で求めよ.

[演習問題3]

1kΩの抵抗5個を直列に接続したときの合成抵抗R_Sを計算で求めよ.

[演習問題4]

2kΩと3kΩの抵抗を直列に接続したときの合成抵抗R_Sを計算で求めよ.

[演習問題5]

2-2節の式(1)より，1kΩと10kΩの抵抗を直列に接続したときの合成抵抗R_Sを計算で求めよ.

[演習問題6]

1kΩの抵抗を2個並列に接続したときの合成抵抗R_Sを計算で求めよ.

[演習問題7]

1kΩの抵抗を3個並列に接続したときの合成抵抗R_Sを計算で求めよ.

[演習問題8]

2kΩと3kΩの抵抗を2個並列に接続したときの合成抵抗R_Sを計算で求めよ.

[演習問題9]

1kΩと10kΩの抵抗を2個並列に接続したときの合成抵抗R_Sを計算で求めよ.

2-3

抵抗で電圧を分割する

電圧の分割をしてみる

● 抵抗で電圧を分割する必要がある事例，10V以上の高い電圧は電圧を分割しよう

抵抗の主たる使い道は，電圧を(細かく)分割すること(分圧とも呼びます)です．具体的な事例として例えば図1のようにDC24 V前後の鉛バッテリ(lead‐acid battery)の電圧を常時測定する回路を設計する場合を考えてみましょう．

一般的な電子回路の内部で動作している電圧は，大きなタイプでも±10 V程度が上限で，DC24 Vをそのまま入力するには大きすぎます．

そこで工夫をしましょう．一例として考えやすく10分の1にすることができればDC24Vは

$$24 V \div 10 = 2.4 V$$

となり，一般の電子回路の入力電圧として問題なく使えます．

この事例のように抵抗で電圧を分割する用途は，とてもたくさんあるのでその設計方法を解説しましょう．

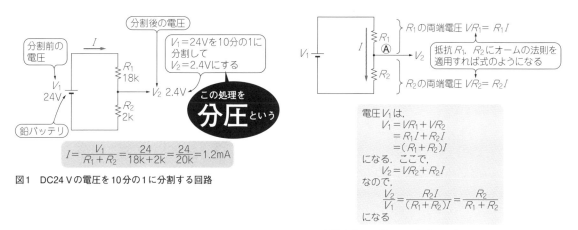

図1　DC24 Vの電圧を10分の1に分割する回路

電圧 V_1 は，
$$V_1 = VR_1 + VR_2$$
$$= R_1 I + R_2 I$$
$$= (R_1 + R_2) I$$
になる．ここで，
$$V_2 = VR_2 + R_2 I$$
なので，
$$\frac{V_2}{V_1} = \frac{R_2 I}{(R_1 + R_2) I} = \frac{R_2}{R_1 + R_2}$$
になる

図2　抵抗を使って電圧を分割する回路

● 分割されていた電圧を得るには，2本の抵抗を直列に接続

電圧を分割するには，図2のように抵抗R_1, R_2を直列に接続して，分割したい電圧V_1に接続します．結果から書くと抵抗R_1, R_2の接続点 "Ⓐ" から電圧を取り出すと，抵抗R_1, R_2で分割された電圧V_2が得られます．つまり電圧V_1を抵抗R_1，抵抗R_2によって分割して電圧V_2を得るのが目的です．このことを詳しく説明しましょう．

図2のように抵抗R_1, R_2に式(1)のオームの法則を適用してみましょう．

$$V = R I \quad\text{...}(1)$$

オームの法則より，抵抗R_1の両端電圧は式(2)，抵抗R_2の両端電圧は式(3)になります．

$$V_{R1} = R_1 I \quad\text{...}(2)$$

$$V_{R2} = R_2 I \quad\text{...}(3)$$

抵抗R_1，R_2の両端電圧の和は，分割したい電圧V_1ですね．数式で書くと

$$V_1 = V_{R1} + V_{R2} \quad\text{..}(4)$$

です．

　式(2)，式(3)を式(4)に代入すると

$$\begin{aligned} V_1 &= V_{R1} + V_{R2} = R_1 I + R_2 I \\ &= (R_1 + R_2) I \end{aligned} \quad\text{...}(5)$$

と得られました．

　ところで，分割して得たい電圧V_2は，抵抗R_2の両端電圧VR_2と同じです．ですから

$$V_2 = V_{R2} = R_2 I \quad\text{...}(6)$$

です．式(5)と式(6)から，電圧V_1から分割する電圧V_2との関係は

$$\frac{V_2}{V_1} = \frac{R_2 I}{(R_1 + R_2) I} = \frac{R_2}{R_1 + R_2} \quad\text{...}(7)$$

と得られました．ここでは式(7)を導くのに，オームの法則だけを使っていることに注目してください．

　さて，具体例として$V_1 = 24\,\text{V}$を電圧分割して$1/10$の電圧$V_2 = 2.4\,\text{V}$を得るには，抵抗R_1と抵抗R_2の関係は，式(2)から

$$\frac{V_2}{V_1} = \frac{R_2}{R_1 + R_2} = \frac{1}{10} \quad\text{..}(8)$$

であれば良いです．ここでふーっと一息ついて一服しましょう．

電圧を分割する2本の抵抗値を求める

● **数式1つで2つの抵抗値を求めるには，一方にある値を入れて他方を求める**

　ここまではオームの法則の応用でしたので理解できたことと思います．ここからが面倒な部分です．式(8)の抵抗R_1，R_2の値は，どのように決めたらよいのでしょうか．

　数式は1つで，求めるべき抵抗値はR_1とR_2の2つです．つまり，数学的な代数式を解くことで抵抗R_1，R_2の抵抗値は得られません．このような計算に使う数式1つで抵抗値を2個求めなくてはいけない例は，いわゆる回路設計ではとても多く登場します．

　この解決方法は，**抵抗R_1，R_2のどちらかを主観的にある抵抗値に決めて，もう一方の抵抗値を求め**

るのです．具体的にやってみましょう．

■ DC24Vから1/10の電圧を得る事例

今，抵抗R_2を1kΩと主観的に決めました．この条件で抵抗R_1の値を求めてみましょう．式(8)より

$$\frac{R_2}{R_1 + R_2} = \frac{1}{10} \quad\text{(9)}$$

ですから式(9)を変形して

$$R_2 = \frac{R_1 + R_2}{10}$$

$$10\,R_2 = R_1 + R_2$$

$$10\,R_2 - R_2 = R_1$$

$$9\,R_2 = R_1$$

$$R_1 = 9\,R_2 \quad\text{(10)}$$

と抵抗R_1を求める式が得られました．

抵抗$R_2 = 1$kΩと主観的に決めました．ですから抵抗R_1は式(10)より

$$R_1 = 9\,R_2 = 9 \times 1k = 9\ k\Omega \quad\text{(11)}$$

です．

これで$V_1 = $DC24 Vを電圧分割して1/10の電圧$V_2 = $DC2.4 Vを得る抵抗$R_1$と$R_2$が得られました．ここで電圧$V_1$を1/10に分割する回路は，抵抗$R_1$と$R_2$が9対1の関係になっていることに注目してください．抵抗R_1とR_2が9対1以外の比率では，電圧V_1を決して1/10に分割できないのです．

■ 数式1つで2つ抵抗値を求めるには，一方の抵抗値にある値を入れて他方を求める

上記の事例では考えやすいようにV_1とV_2の関係を1/10としました．次は1/10の部分を一般的に任意の比率にして電圧V_1を分割することを考えてみましょう．任意の分割比をnとして電圧V_1を$1/n$に分割します．同様に，抵抗R_1，R_2の値を求めることを考えてみましょう．

式(9)で1/10だった値を今度は$1/n$にします．すると1/10を$1/n$に置き換えて

$$\frac{V_2}{V_1} = \frac{R_2}{R_1 + R_2} = \frac{1}{n} \quad\text{(12)}$$

となります．同様に式(12)も変形してみましょう．

$$R_2 = \frac{R_1 + R_2}{n}$$

$$n\,R_2 = R_1 + R_2$$

$$n\,R_2 - R_2 = R_1$$

$$(n-1)\,R_2 = R_1$$

$$R_1 = (n-1)\,R_2 \quad\text{(13)}$$

が得られました．

コラム1　どうして50Ωの抵抗器は売っていないの？

● 日本工業規格（JIS）が決めた値の並び「E系列」

　抵抗やキャパシタなど受動部品の値［つまり抵抗値，キャパシタンス（キャパシタの値）をどのように
とりそろえるか］は，日本工業規格の標準数列（JIS C 5063）で決められています．この標準数列で表さ
れる抵抗値，キャパシタンスをE系列（表A）と呼びます．

　抵抗メーカやキャパシタ・メーカは，このE系列に従って製品を作っています．抵抗は**表A**のE12また
はE24系列が多く作られています．キャパシタはE3系列，E6系列，E12系列がよく使われています．

E系列はほかにもE48，E96，E192などの種類がある

抵抗はE12かE24系列がよく使われている

数列の種類．1から10の間を等間隔に分割している

表A
抵抗器はこの値しかない
R_2の抵抗値をE24系列から順に選び，R_2の値
を使ってR_1の値を計算した後，求めたR_1が
E24系列にあるか確認する

E3	E6	E12	E24
10	10	10	10
			11
		12	12
			13
	15	15	15
			16
		18	18
			20
22	22	22	22
			24
		27	27
			30
	33	33	33
			36
		39	39
			43
47	47	47	47
			51
		56	56
			62
	68	68	68
			75
		82	82
			91

● 1桁を24等分した抵抗値があるから「E24」

　具体的に考えてみましょう．例えばE24系列の抵抗で，1kΩから10kΩの間に存在する抵抗値を下
記に列記します．

　1 kΩ，1.1 kΩ，1.2 kΩ，1.3 kΩ，1.5 kΩ，1.6 kΩ，1.8 kΩ，2 kΩ，2.2 kΩ，2.4 kΩ，
2.7 kΩ，3 kΩ，3.3 kΩ，3.6 kΩ，3.9 kΩ，4.3 kΩ，4.7 kΩ，5.1 kΩ，5.6 kΩ，6.2 kΩ，
6.8 kΩ，7.5 kΩ，8.2 kΩ，9.1 kΩ

　全部で24種類の抵抗値があります．これがE24系列の24の所以です．

● E24は隣の抵抗値と約1.1倍の比

ところで標準数列と書きました．実はこのE系列は等比数列（geometric progression）になっています．では試しにやってみましょう．

$$1k\Omega \times 1.1 = 1.1k\Omega$$
$$1.1k\Omega \times 1.1 = 1.21k\Omega \fallingdotseq 1.2k\Omega$$
$$1.21k\Omega \times 1.1 = 1.32k\Omega \fallingdotseq 1.3k\Omega$$
$$1.32k\Omega \times 1.1 = 1.452k\Omega \fallingdotseq 1.5k\Omega$$
$$\vdots$$

.... (A)

以上のようにE24系列は，等比数列でいうと隣り合う数値の比，つまり公比（common ratio）が約1.1の数列になっています．このような抵抗値の変化を等比数列にしたのは，隣り合う抵抗値の変化が大きくなく電圧の分割の微妙な調整が抵抗値が得られるからです．

E24系列では抵抗値の増加の割合は約1.1倍．これが仮に10進数1, 2, 3…の刻みで抵抗値があるとすると，1kΩの次は2倍の2kΩとなってしまいます．抵抗値が10進数の刻みの場合で電圧の分割回路を設計すると，必要な抵抗値を作るために多くの抵抗を直列，並列に接続しなくてはいけないので，現実的ではありません．

読者の皆さんは「E24系列は最初はとりつきにくい妙な抵抗値ばかりだな」と思うかもしれません．しかし，実際に回路設計をしてみると，きっと慣れることと思います．

● E24系統の抵抗値の誤差が±5％以下の理由

誤差についても言及しておきます．抵抗値の誤差が±10％としましょう．すると1kΩの抵抗で考えてみる900Ωから1.1kΩの間のどれかの値になっています．いわば900Ωから1.1kΩの間で抵抗値が分散していることになります．

1.1kΩで誤差が±10％ならば990Ωから1.21kΩまでどれかの抵抗値になります．まとめると，1kΩで誤差±10％ならば900Ωから1.1kΩの抵抗値，1.1kΩで誤差±10％ならば990Ωから1.21kΩの抵抗値です．

ところでE24系列では，1kΩ付近は910Ω，1kΩ，1.1kΩ，1.2kΩの順で並んでいたことを思い出してください．仮にE24系列の1kΩで誤差±10％や1.1kΩで誤差±10％との抵抗があったら，抵抗範囲が広がっているので1kΩ，1.1kΩと表示されていても，現実の抵抗値では区別できない場合が生じてしまいます．

そこでE24系統の抵抗の誤差はすべて±5％以下と規定されていて，1kΩの抵抗が誤差で900Ωや1.1kΩの抵抗値となっていることは決してありません．ですから一般的なE24系統の抵抗は，誤差が必ず±5％以下なのです．

さらに精度の高い抵抗値を必要とする人のために誤差±2％の抵抗も製造販売されています．上には上があり，より誤差の少ない抵抗値を必要とする人のために誤差±1％や±0.5％の抵抗も存在します．

コラム2　一目でわかる！抵抗値のカラーコード表示

　抵抗器は小型なものが多く，印字するスペースがないため数字の代わりに10種類の色の帯が塗布されています．色と数値の関係を**表B**に示します．

　抵抗のカラーコードは，色の帯が4本あるもの，色の帯が5本あるものがあります（写真A）．

　色の帯が4本あるものは，色の帯が抵抗の端に近いほうが抵抗値の表示の始まりで，金色や銀色の色の帯があるほうが誤差を表しています．

　色の帯が5本あるものは，ほかのカラーコードの帯より間隔が広い帯があります．この広い帯の色が誤差を表します．抵抗値の表示の始まりを左側，誤差を示すカラーコードが右側となるように置きます．

　では抵抗のカラーコードから抵抗値を求めてみます．抵抗値を求めるルールは下記です．

表B　色と数字が対応している…抵抗のカラーコード

色	黒	茶	赤	橙	黄	緑	青	紫	灰	白	金	銀
数値	0	1	2	3	4	5	6	7	8	9	0.1 または誤差 ±5 %	0.01 または誤差 ±10 %

■ 色帯5本の抵抗器［写真A(a)(b)］

　抵抗値は，下記のように求めます．1番右側の帯の色は，抵抗の誤差を表します．

$$抵抗値 = (一番左の帯の色 \times 左から2番目の帯の色 \times 左から3番目の帯の色) \times 10^{\text{一番右の帯の色}} \quad \cdots\cdots (B)$$

■ 色帯4本の抵抗器［写真A(a)～(b)］

　抵抗値は，下記のように求めます．1番右側の帯の色は，抵抗の誤差を表します．

$$抵抗値 = (一番左の帯の色 \times 左から2番目の帯の色) \times 10^{\text{一番右の帯の色}} \quad \cdots\cdots (C)$$

　では**写真A**に上記のルールを適用してみましょう．印刷の都合で色が判別しにくいかもしれませんが，想像してください．

● 練習1：写真A(a)：色の帯が5本の例

　抵抗の色を確認します．1番左側の帯の色は緑（＝5），左から2番目の帯の色は青（＝6），左から3番目の帯の色は黒（＝0），左から4番目の帯の色は黒（＝0），1番右側の帯の色は茶（＝1）でした（誤差は茶（＝1）より±1 %）．そこで上記ルールを適用します．

$$抵抗値 = 5(緑) \times 6(青) \times 0(黒) \times 10^{0(黒)}$$
$$= 560 \times 10^{0} = 560 \ \Omega \quad \cdots\cdots (D)$$

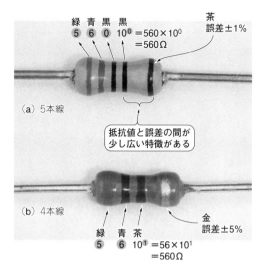

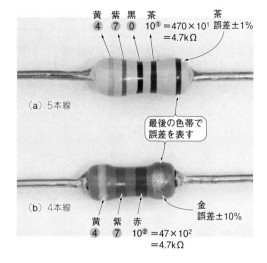

写真A　カラー・コードの違う2種類の560Ω抵抗器

写真B　カラー・コードの違う2種類の4.7kΩ抵抗器

● 練習2：写真A，B(b)：色の帯が4本の例

　抵抗の色を確認します．1番左側の帯の色は緑(＝5)，左から2番目の帯の色は青(＝6)，左から3番目の帯の色は茶(＝1)，1番右側の帯の色は金(誤差±10％)，そこで上記ルールを適用します．

$$
抵抗値 = 5(緑) \times 6(青) \times 10^{1(茶)}
$$
$$
= 56 \times 10^1 = 560\ \Omega \cdots\cdots (E)
$$

● 練習3：写真B(a)：色の帯が5本の例

　抵抗の色を確認します．1番左側の帯の色は黄(＝4)，左から2番目の帯の色は紫(＝7)，左から3番目の帯の色は黒(＝0)，左から4番目の帯の色は茶(＝1)，1番右側の帯の色は茶(＝1)でした(誤差は茶(＝1)から±1％)．そこで上記ルールを適用します．

$$
抵抗値 = 4(黄) \times 7(紫) \times 0(黒) \times 10^{1(茶)}
$$
$$
= 470 \times 10^1 = 4.7\ k\Omega \cdots\cdots (F)
$$

● 練習4：写真B(b)：色の帯が4本の例

　抵抗の色を確認します．1番左側の帯の色は黄(＝4)，左から2番目の帯の色は紫(＝7)，左から3番目の帯の色は赤(＝2)，1番右側の帯の色は金(誤差±10％)，そこで上記ルールを適用します．

$$
抵抗値 = 4(黄) \times 7(紫) \times 10^{2(赤)}
$$
$$
= 47 \times 10^2 = 4.7\ k\Omega \cdots\cdots (G)
$$

ここでも電圧V_1を$1/n$に分割する回路は，抵抗R_1とR_2が$(n-1)$対1の関係になっていることに注目してください．抵抗R_1とR_2が$(n-1)$対1以外の比率では，電圧V_1を$1/n$に分割できないのです．

　式(13)の抵抗R_2の抵抗値を主観で決め，抵抗R_1はその$(n-1)$倍の抵抗値を選ぶとよいです．現実には，さらにもう1つ難関が待っています．次をお読みください．

得られた抵抗値に近い市販の抵抗を選ぶ

● 抵抗値はE24系列から選ぶ

　電圧を$1/10$にする回路ですから，図2のR_1を$9\,\mathrm{k}\Omega$，R_2を$1\,\mathrm{k}\Omega$にして設計終わり…とはなりません．$9\,\mathrm{k}\Omega$の抵抗が，世の中に存在するのでしょうか？残念ながら，$9\,\mathrm{k}\Omega$の抵抗は製造販売されていないのです．今，抵抗値を決めるときに，こうした少々面倒な問題がありますよ，ということで考えていきましょう．

　結果から書きますと，抵抗やキャパシタなど受動部品の値は，日本工業規格の標準数列（JIS C5063）で決められていて，標準数列（JIS C5063）のことをE系列（**コラム1参照**）と呼びます．**抵抗値は，E12およびE24系列が多く製造されています**．E24系列は，**表A**をご覧ください．$10\,\Omega$から$100\,\Omega$の間や，$1\,\mathrm{k}\Omega$から$10\,\mathrm{k}\Omega$の間のように，1桁の間を**表A**の24種類の値で埋められています．1桁の間に24種類ですからE24系列と覚えるとよいでしょう．本書では，抵抗値の値を一般的に入手しやすいE24系列から選ぶことを前提にします．

● 抵抗器には誤差がある

　さらにE24系列ですが，ここで決められた抵抗器は，必ずしも**表A**とピッタリの値ではありません．実は市販されている抵抗の抵抗値（**コラム2参照**）には，わずかですが誤差があります．例えば抵抗値$1\,\mathrm{k}\Omega$として製造販売されている抵抗も，**写真1**のようにピッタリと$1\,\mathrm{k}\Omega$ではありません．

　抵抗に限らずどんな工業製品にも，誤差があります．例を挙げましょう．長さを測る**写真2**のスケールも，$1\,\mathrm{mm}$ごとの目盛りが付いています．ですから$1\,\mathrm{mm}$程度までは正確そうですが，プラスチックですから温度で伸び縮みすることを考慮すると，$1\,\mathrm{mm}$以下まで正確に測定することは難しいですね．厳密にいうと**写真2**のスケールでは，商取引で長さの基準として使うことができません．あくまで長さの目安なのです．

　話を抵抗に戻しましょう．抵抗は工業製品ですから誤差があります．大量に生産すると，抵抗値が少し大きなものと，少し小さなものが生み出されることになります．あまりに抵抗値が大きなものと小さ

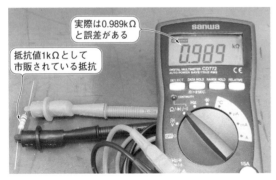

写真1　抵抗には現実には誤差がある

写真2　100円玉をプラスチック・スケールで測ると誤差は？

なものの差が大きい，つまり抵抗値のバラツキがとても大きいと抵抗を使う側は，戸惑うことになるでしょう．例えば1kΩの抵抗として100本購入した抵抗を調べると，500Ωの抵抗から2kΩの抵抗まであったというのでは，いくらなんでもバラツキが大きすぎます．

そこで**精度**が必要になります．この抵抗は1kΩで誤差は±何％以内ですよ，と明記されていれば安心できます．この誤差何％という部分を精度と呼んでいます．**抵抗の精度は，一般に±5％，±2％，±1％，±0.5％とランク分けされて販売されています．**リード型の抵抗の場合は，色で精度が書かれています．中には±0.1％という高精度(価格も高いのですが)な抵抗も販売されています．この精度は必要に応じて使い分けるのが一般的です．

本節の電圧を分割する用途では，抵抗の精度によって分割される電圧にも誤差が生じてしまいます．そこで1%以下の精度の抵抗が望ましいです．もちろんそれほど正確さを要求しない場合には，±5%，±2%精度の抵抗でもOKです．このように抵抗の精度は，必要に応じて使い分けましょう．

E24系列から具体的に組み合わせを選ぶ

● 抵抗はクイズのように組み合わせて

それでは，DC24Vの鉛バッテリの電圧を1/10にする回路に話を戻しましょう．9.1kΩはE24系列に存在しますが，9kΩは特注で製造してもらわない限り一般にはありません．ここからが面倒なところ，逆にいうと腕の見せどころです．

問題を整理すると，電圧を1/10にすることが目的で，9kΩの抵抗は目的ではありません．電圧を1/10にするならば，**図2**の回路で$R_1 : R_2 = 9 : 1$の比率になっていれば満足できます．

ここまで来れば，あとはE24系列から9：1の比率となる抵抗の組み合わせをクイズのように選びます．具体的には，抵抗R_2の抵抗値をE24系列から順に選び，式(10)を使って抵抗R_2の9倍の値を求めます．その値が抵抗R_1の抵抗値です．こうして計算した抵抗R_1の抵抗値で，E24系列にあるものを探すのです．E24系列ですから全部で24通り，根気強くやってみましょう．

この抵抗を組み合わせるイメージは**図3**です．24通り計算してみると，No.8とNo.12の計算例がE24系列の抵抗で実現できそうです(**表1**)．

図3　抵抗値はブロックのように組み合わせて比を作る

表1
24通りの組み合わせから E24系列にある抵抗を探す

全部で24通り

No.	R_2の値 [kΩ]	R_1の値 [kΩ]	判 定
1	1.0	0	E24系列に0kΩがないので，この組み合わせは不可
2	1.1	9.9	E24系列に9.9kΩがないので，この組み合わせは不可
3	1.2	10.8	E24系列に10.8kΩがないので，この組み合わせは不可
4	1.3	11.7	E24系列に11.7kΩがないので，この組み合わせは不可
5	1.5	13.5	E24系列に13.5kΩがないので，この組み合わせは不可
6	1.6	14.4	E24系列に14.4kΩがないので，この組み合わせは不可
7	1.8	16.2	E24系列に16.2kΩがないので，この組み合わせは不可
8	2	18	E24系列に18kΩが合致．この組み合わせは実現可能
9	2.2	19.8	E24系列に19.8kΩがないので，この組み合わせは不可
10	2.4	21.6	E24系列に21.6kΩがないので，この組み合わせは不可
11	2.7	24.3	E24系列に24.3kΩがないので，この組み合わせは不可
12	3	27	E27系列に0kΩが合致．この組み合わせは実現可能
13	3.3	29.7	E24系列に29.7kΩがないので，この組み合わせは不可
14	3.6	32.4	E24系列に32.4kΩがないので，この組み合わせは不可
15	3.9	35.1	E24系列に35.1kΩがないので，この組み合わせは不可
16	4.3	38.7	E24系列に38.7kΩがないので，この組み合わせは不可
17	4.7	42.3	E24系列に42.3kΩがないので，この組み合わせは不可
18	5.1	45.9	E24系列に45.9kΩがないので，この組み合わせは不可
19	5.6	50.4	E24系列に50.4kΩがないので，この組み合わせは不可
20	6.2	55.8	E24系列に55.8kΩがないので，この組み合わせは不可
21	6.8	61.2	E24系列に61.2kΩがないので，この組み合わせは不可
22	7.5	67.5	E24系列に67.5kΩがないので，この組み合わせは不可
23	8.2	73.8	E24系列に73.8kΩがないので，この組み合わせは不可
24	9.1	81.9	E24系列に81.9kΩがないので，この組み合わせは不可

E24系列から順に選ぶ　　R_2から計算する　　計算したR_1の抵抗値がE24系列に存在するか確認する

- No.8　$R_2 = 2.0\,\text{k}\Omega$, $R_1 = 18\,\text{k}\Omega$
- No.12　$R_2 = 3.0\,\text{k}\Omega$, $R_1 = 27\,\text{k}\Omega$

の組み合わせです．これで面倒な部分は過ぎましたので，一安心ください．次に，この2通りの組み合わせをもう少し検討しましょう．

消費電力を確認する

▶抵抗値が決まったら，消費電力と使用電圧で抵抗を決定

本書の最初に抵抗の消費電力の上限がありますよ，と書きました(定格電力の話は2-1抵抗器の「定格電力」を参照)．そこで，計算で得られた組み合わせで抵抗R_1, R_2の消費電力を求めてみます．

● $R_1 = 18\,\text{k}\Omega$, $R_2 = 2.0\,\text{k}\Omega$の組み合わせの例

まず，$R_1 = 18\,\text{k}\Omega$, $R_2 = 2.0\,\text{k}\Omega$の組み合わせで考えてみましょう．図4(a)です．オームの法則から抵抗R_1, R_2に流れる電流Iを求めます．

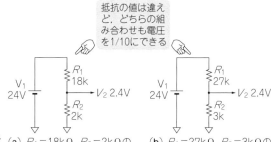

図4
E24系列の抵抗を使ってDC24 Vの電圧を
10分の1に分割する回路の例

(a) $R_1 = 18k\Omega$, $R_2 = 2k\Omega$の組み合わせ

(b) $R_1 = 27k\Omega$, $R_2 = 3k\Omega$の組み合わせ

$$I = \frac{V_1}{R_1 + R_2} = \frac{24}{18k + 2k} = \frac{24}{20 \times 10^3}$$
$$= 1.2 \times 10^{-3} = 1.2 \text{ mA} \cdots\cdots (14)$$

です．電流Iがわかったので抵抗R_1，R_2の消費電力は，式(15)，式(16)になります．

抵抗R_1の消費電力：

$$P_{R1} = R_1 I^2 = 18k \times (1.2m)^2$$
$$= 18 \times 10^3 \times (1.2 \times 10^{-3})^2$$
$$= 25.92 \times 10^{-3} = 0.02592 \text{ W} \cdots\cdots (15)$$

抵抗R_2の消費電力：

$$P_{R2} = R_2 I^2 = 2k \times (1.2m)^2$$
$$= 2 \times 10^3 \times (1.2 \times 10^{-3})^2$$
$$= 2.88 \times 10^{-3} = 0.00288 \text{ W} \cdots\cdots (16)$$

となります．

　ここまで来ると，あとは抵抗の種類の選定です．先ほどの抵抗の種類と定格電力，最高使用電圧の**表1**を再度見てみましょう．

　抵抗R_1の消費電力は0.02592 Wなので，その3倍の0.0776 W以上の定格電力が欲しいです．その観点から見るとチップ抵抗0402型(定格電力0.03 W)，チップ抵抗0603 W(定格電力0.05 W)，チップ抵抗1005型(定格電力0.063W)では少し不足で，チップ抵抗1608型(定格電力0.1W)が0.0776 Wに近いので良い選定です．

　最高使用電圧から抵抗の種類を検討しましょう．最高使用電圧はDC24 Vで使用することを考えると，その3/2倍の36 V以上は必要です．その観点から見るとチップ抵抗0402型(最高使用電圧15 V)，チップ抵抗0603 W(最高使用電圧25 V)では少し不足で，チップ抵抗1005型(最高使用電圧50 V)，チップ抵抗1608型(最高使用電圧50 V)が良い選定です(**表2**)．

表2
抵抗の種類，定格電力，
最高使用電圧

抵抗外形分類	定格電力 [W]	最高使用電圧 [V]
チップ抵抗0402型	0.03	15
チップ抵抗0603型	0.05	25
チップ抵抗1005型	0.063	50
チップ抵抗1608型	0.1	50

結果，$R_1 = 18\,\mathrm{k\Omega}$，$R_2 = 2.0\,\mathrm{k\Omega}$ の組み合わせでは，チップ抵抗1608型を選定して $R_1 = 18\,\mathrm{k\Omega}$，$R_2 = 2\,\mathrm{k\Omega}$ とすれば良いことになります．

もちろん，チップ抵抗2012型，リード線抵抗1/4 W型から $R_1=18\mathrm{k\Omega}$，$R_2=2.0\mathrm{k\Omega}$ としても，消費電力，最高使用電圧ともさらに余裕があるので，まったく問題はありません．

● $R_1 = 27\,\mathrm{k\Omega}$，$R_2 = 3.0\,\mathrm{k\Omega}$ の組み合わせの例

次に $R_2 = 3.0\,\mathrm{k\Omega}$，$R_1 = 27\,\mathrm{k\Omega}$ の組み合わせを検討してみましょう．**図4(b)** です．先の例と同様にオームの法則から抵抗 R_1，R_2 に流れる電流 I を求めます．

$$I = \frac{V_1}{R_1 + R_2} = \frac{24}{27k + 3k} = \frac{24}{30 \times 10^3}$$
$$= 0.8 \times 10^{-3} = 0.8 \ \mathrm{mA} \cdots\cdots (17)$$

です．電流 I が求められたので抵抗 R_1，抵抗 R_2 の消費電力は，式(18)，式(19)になります．

抵抗 R_1 の消費電力：

$$P_{R_1} = R_1 I^2 = 27k \times (0.8m)^2$$
$$= 27 \times 10^3 \times (0.8 \times 10^{-3})^2$$
$$= 17.28 \times 10^{-3} = 0.01728 \ \mathrm{W} \cdots\cdots (18)$$

抵抗 R_2 の消費電力：

$$P_{R_2} = R_2 I^2 = 3k \times (0.8m)^2$$
$$= 3 \times 10^3 \times (0.8 \times 10^{-3})^2$$
$$= 1.92 \times 10^{-3} = 0.00192 \ \mathrm{W} \cdots\cdots (19)$$

となります．

$R_1=18\mathrm{k\Omega}$，$R_2=2.0\mathrm{k\Omega}$ の組み合わせの例と同様に，**表1**の定格電力，最高使用電圧によって抵抗の種類を選びます．抵抗 R_1 は消費電力0.01728 Wなので，その3倍の0.5184 W以上の定格電力の抵抗を選ぶとすればチップ抵抗1005型（定格電力0.063 W）で十分です．一方DC24 Vで使用を考えると最高使用電圧はその3/2程度は欲しいので，その点からもチップ抵抗1005型（最高使用電圧50 V）で十分です．

結果，$R_1 = 27\,\mathrm{k\Omega}$，$R_2 = 3\,\mathrm{k\Omega}$ の組み合わせでは，チップ抵抗1005型を選定して $R_1 = 27\,\mathrm{k\Omega}$，$R_2 = 3.0\,\mathrm{k\Omega}$ とすれば良いことになります．他の選択肢としてチップ抵抗2012型，リード線抵抗1/4W型から $R_1=27\mathrm{k\Omega}$，$R_2=3.0\mathrm{k\Omega}$ としても，消費電力，最高使用電圧ともさらに余裕があるのでまったく問題はありません．

実験してみる

では，E24系列から選んだ組み合わせで，本当にDC24 Vが抵抗分割DC2.4 Vになるのか実験してみましょう[注1]．

注1：実験は，チップ抵抗を使うと小さすぎて写真として見えにくいので，意図的に3 Wタイプの抵抗を使いました．

■ DC24Vを1/10に分割する回路を実験

① $R_1 = 18 \mathrm{k\Omega}$, $R_2 = 2.0 \mathrm{k\Omega}$ の組み合わせによる分圧を実験する

図3(a)の回路を作成し, V_2の電圧を測定したところ, **写真3**の結果になりました.

DC24 Vの電圧が1/10の2.414 Vになっています. ピッタリでないのは抵抗の精度が影響しています.

コラム3　分圧比を連続的に変えたいなら…可変抵抗器

● 可変抵抗器とは

抵抗はその抵抗値がE24系列の値で決まっています. しかし, ピッタリの抵抗値が得られない, 抵抗値の誤差も気になる, といった用途には抵抗値が連続的に変えられると便利です.

また, テレビやオーディオ機器(audio equipment)などで音量を変える目的で抵抗値を可変する(**写真C**)製品もあります.

こうした**抵抗値を自由に変えられる**ものを可変抵抗(variable resistor)と呼びます. その外形はプリント基板に実装するタイプ(**写真D**), パネルに実装するタイプ(**写真E**)の2通り[注A]があります.

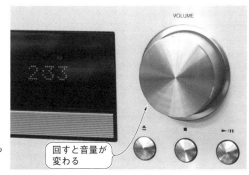

写真C
音量を変えるときに利用するボリュームも可変抵抗器の1つ

回すと音量が変わる

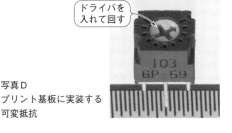

ドライバを入れて回す

写真D
プリント基板に実装する可変抵抗

この軸を回す

写真E
パネルに実装する可変抵抗

● 中心の軸を回転させると端子間の抵抗値が変化する

抵抗が2端子であるのと異なり可変抵抗は**写真E**のように3つの端子で構成されています.

中心の軸を回転させて抵抗値を変えます. その際, 時計回り方向(clock wise)に回転させると2番端子のスライダ(slider)が抵抗体と接触しながら滑り移動して, やがて3番端子と短絡します. 一方, 反

注A：摺動式の負荷抵抗も可変抵抗に属するが, 使用頻度が少ないので本書では割愛する.

コラム3　分圧比を連続的に変えたいなら…可変抵抗器（つづき）

時計回り方向（counter clock wise）に回転させると2番端子のスライダが抵抗体と接触しながら滑り移動して，しまいに1番端子と短絡します．

このように可変抵抗は中心の軸を回転させ，2番端子と1番端子，3番端子の端子間の抵抗値が変化する仕組みです．

実際に可変させてみます．パネルに取り付けるタイプの2kΩの可変抵抗の中心の軸を回して，2番端子と1番端子の抵抗値を測定します．

写真Fは，中心の軸を目いっぱい時計回りに回転させたようすです．2番端子のスライダは3番端子と短絡し，1番端子と2番端子間の抵抗は1.959kΩとなって，可変抵抗の定格の値（＝2kΩ）に近い値を示

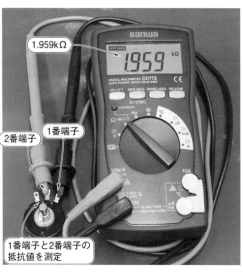

写真F
可変抵抗の軸を時計回りに回し切ったとき，1番端子と2番端子の抵抗値は1.959kΩ

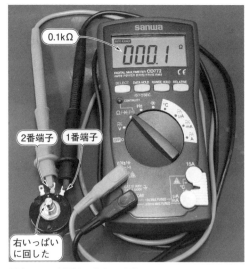

写真G　可変抵抗の軸を反時計回りに回し切ったとき，1番端子と2番端子の抵抗値は0.1Ω

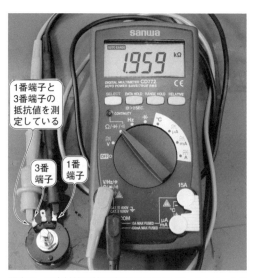

写真H　可変抵抗の軸を時計回りに回し切ったとき，1番端子と3番端子の抵抗値は1.959kΩ

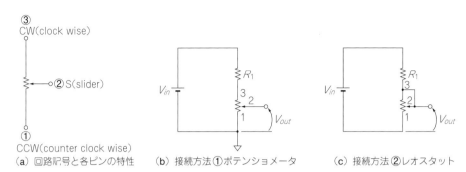

（a）回路記号と各ピンの特性　　（b）接続方法①ポテンショメータ　　（c）接続方法②レオスタット

図A　可変抵抗の表し方と使用方法

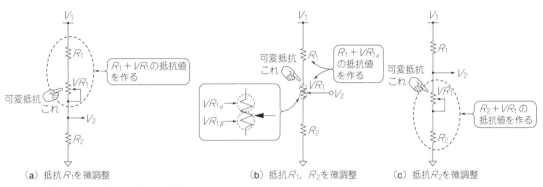

（a）抵抗 R_1 を微調整　　　　　（b）抵抗 R_1, R_2 を微調整　　　　（c）抵抗 R_2 を微調整

図B　可変抵抗を使った電圧を分割する回路の例

しています．

　写真Gは中心の軸を目いっぱい反時計回りに回転させたようすです．2番端子のスライダは1番端子と短絡し，1番端子と2番端子間の抵抗は0.1 Ωとなって，短絡に近い値を示しています．

　ついでに**写真H**に1番端子と3番端子間の抵抗を測定しました．測定値は1.959 kΩとなり，**写真F**の時計回りに回しきったときと同じ値になっています．

　実験に使った2 kΩの可変抵抗は，0 Ω付近から2 kΩ付近まで値を調整できることがわかりました．一般に可変抵抗は何々Ωと決められて販売されていますが，この何々Ωの値は，1番端子と3番端子間の抵抗値で，この可変抵抗が可変できる抵抗値の幅を示しています．

● 2つの使い方…①ポテンショメータ接続と②レオスタッド接続

　可変抵抗は回路図記号を**図A(a)**のように書きます．

　可変抵抗を周辺回路と接続する方法には2通りあります．**図A(b)**の方法をポテンショメータ（potentiometer），**図A(c)**の方法をレオスタッド（rheostat）と呼びます．

　ポテンショメータの接続では可変抵抗自体の抵抗値の誤差の影響は少ないです．一方レオスタッドの接続では変抵抗自身の抵抗値の誤差の影響が出力電圧 V_{OUT} に現れます．

　可変抵抗を使った主な電圧分割回路は**図B**の3通りです．どの回路でも大差ありません．ポイントはE24系列に存在する抵抗値と必要な抵抗値との差の分を可変抵抗で加えることです．可変抵抗で大きく電圧の分割比率を変えるのは，長時間の抵抗値の安定性の観点からお勧めではありません．

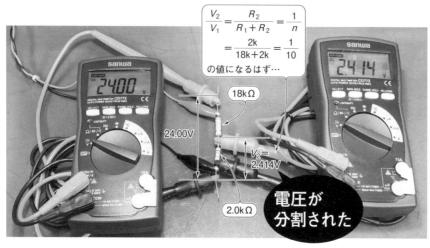

写真3
18 kΩと2.0 kΩを使って電圧を1/10に分割する実験

図中の数式:
$$\frac{V_2}{V_1} = \frac{R_2}{R_1 + R_2} = \frac{1}{n}$$
$$= \frac{2k}{18k + 2k} = \frac{1}{10}$$
の値になるはず…

18 kΩ
24.00V
$V_2 = 2.414V$
2.0 kΩ
電圧が分割された

② $R_1 = 27$ kΩ，$R_2 = 3.0$ kΩの組み合わせによる分圧を実験する

図3(b)の回路を作成し，V_2の電圧を測定したところ，**写真4**の結果になりました.

DC24 Vの電圧が1/10の2.384 Vになっています.ピッタリでないのは抵抗の精度が影響しています.

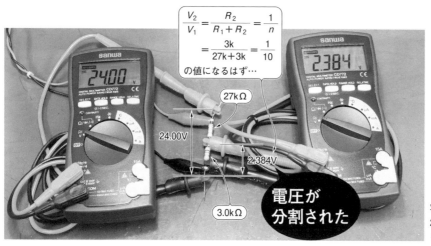

写真4
27 kΩと3.0 Ωを使って電圧を1/10に分割する実験

図中の数式:
$$\frac{V_2}{V_1} = \frac{R_2}{R_1 + R_2} = \frac{1}{n}$$
$$= \frac{3k}{27k + 3k} = \frac{1}{10}$$
の値になるはず…

27 kΩ
24.00V
2.384V
3.0 kΩ
電圧が分割された

* * *

以上どちらの組み合わせでもDC24 Vの電圧が1/10になることが確認できました.つまり式(12)は正しいので，信じて使ってください.

● 「$R_1 = 18$ kΩ，$R_2 = 2.0$ kΩ」対「$R_1 = 27$ kΩ，$R_2 = 3.0$ kΩ」の組み合わせ，どちらがベストか

さて，DC24 Vの電圧を1/10に分割するテーマで考えてきましたが，最終的に$R_1 = 18$ kΩ，$R_2 = 2.0$ kΩの組み合わせと，$R_1 = 27$ kΩ，$R_2 = 3$ kΩの組み合わせはどちらが良いのでしょうか.筆者の主観では，消費電力が少ないため使う抵抗の外形が小さくなり，全体として機器が小型化できる可能性がある$R_1 = 27$ kΩ，$R_2 = 3$ kΩの組み合わせがより良いと思います.

演習問題 F

■ 分圧の確認

※解答は巻末にあります.

[演習問題1]
10Vの電圧を1/2とする回路を設計しなさい. ただし抵抗値はE24系列から選び, 10kから100kの範囲とする.

[演習問題2]
10Vの電圧を1/3とする回路を設計しなさい. ただし抵抗値はE24系列から選び, 10kから100kの範囲とする.

[演習問題3]
20Vの電圧を1/4とする回路を設計しなさい. ただし抵抗値はE24系列から選び, 10kから100kの範囲とする.

[演習問題4]
30Vの電圧を1/5とする回路を設計しなさい. ただし抵抗値はE24系列から選び, 10kから300kの範囲とする.

[演習問題5]
30Vの電圧を1/6とする回路を設計しなさい. ただし抵抗値はE24系列から選び, 10kから300kの範囲とする.

[演習問題6]
30Vの電圧を1/7とする回路を設計しなさい. ただし抵抗値はE24系列から選び, 10kから300kの範囲とする.

[演習問題7]
40Vの電圧を1/8とする回路を設計しなさい. ただし抵抗値はE24系列から選び, 10kから100kの範囲とする.

[演習問題8]
40Vの電圧を1/9とする回路を設計しなさい. ただし抵抗値はE24系列から選び, 10kから300kの範囲とする.

2-4

抵抗で電流を制限する

　抵抗は電流を回路や部品に流しすぎないように制限をかける目的でも使われています. 抵抗でLEDに流れる電流を制限して適切な明るさで点灯させる回路を紹介します.

LED は DC2V 程度で光る

　LED(Light - Emitting Diode, **写真1**)は, 電流を流すと光る電子部品で, 現代の電子機器で携帯電話, スマートフォン, テレビなどに使用されています. ここでは1個のLEDを点灯させる回路を考えてみます.

　LEDを点灯させる前に, 簡単にLEDの特性を説明しておきましょう. LEDの例としてSLI-580DT(ローム製, 橙色, **写真2**)を挙げます. LEDには端子が2本あり, 一方向に電流を流して使います. 電流が流れ込む端子をアノード(anode), 流れ出る端子をカソード(cathode)と呼びます [**図1**(a)].

　回路図では**図1**(b)のように矢印のような記号を使いますが, この矢印はLEDが光るときの電流の方向を示しています. 矢印の方向に電流が流れたとき, つまりアノード端子からカソード端子へ電流が流れたときにLEDが光るのです. **LEDは一方向に電流が流れるので, 「DC電流が流れて光る」** と言えます.

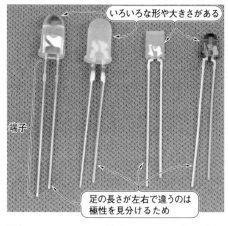

いろいろな形や大きさがある

端子

足の長さが左右で違うのは極性を見分けるため

写真1　LEDはアノード端子からカソード端子へ電流が流れたときに点灯する電子部品

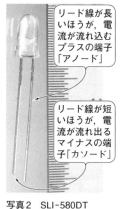

リード線が長いほうが, 電流が流れ込むプラスの端子「アノード」

リード線が短いほうが, 電流が流れ出るマイナスの端子「カソード」

写真2　SLI-580DT
(ローム製, 橙色)

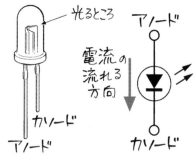

光るところ

アノード

電流の流れる方向

カソード

アノード

カソード

図1　回路図にLEDの記号を描くときは極性を間違がわないようにしよう

● アノードとカソードの間は2V程度

　LEDは, アノードからカソードの向きに電流を流すと光ります. この向きに電流を流すためには, カソードよりアノードに高い電圧を加えます. つまりDC電圧は, アノードに "+" 方向, カソードに "-" 方向の電圧を加えます.

　LEDは1.0 V程度のDC電圧をかけてもまったく光りません. 色などの違いで駆動する電圧はまちま

ちですが, 2.0 V程度が必要です. **図2**に実際のLED(SLI-580DT)の特性を示します. アノードとカソード間の電圧が約1.8 Vで電流が流れ始めてわずかに光り出し, 1.9 V程度で明るく光ります.

このアノードとカソード間の電圧を順方向降下電圧(forward voltage drop)と呼びます. 一般にV_Fという記号が使われています.

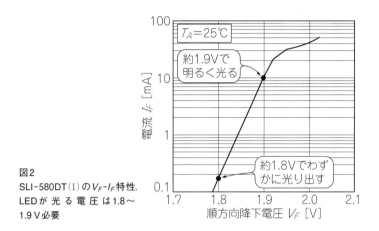

図2
SLI-580DT(1)のV_F-I_F特性.
LEDが光る電圧は1.8〜
1.9 V必要

LEDを光らせる

● 電流は抵抗器で制限する

LEDに流れる電流が10 mAになるように抵抗値を決めてみましょう. **図3**に回路を示します.

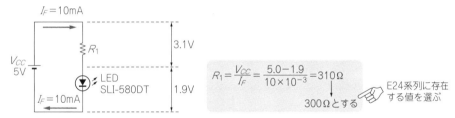

図3　抵抗で電流を制限してLEDを点灯させる回路

LEDに電流$I_F = 10$ mAを流して明るく光らせるという設計条件だとしましょう. この$I_F = 10$ mAという値は, 例として挙げたローム製のSLI-580DTに対して, 筆者が明るく点灯させる狙いで主観的に決めました. $I_F = 5$ mAとしてもLEDは点灯しますが, $I_F = 10$ mAのときよりいくぶんか暗くなります.

図2に示す特性から, 電流$I_F = 10$ mAの順方向降下電圧V_Fは1.9 Vです. 電源電圧$V_{CC} = 5.0$ Vとすれば抵抗R_1には,

$$抵抗 R_1 の両端電圧 5.0 - 1.9 = 3.1\ [V] \quad\text{...} (1)$$

式(1)の電圧がかかります.

3.1 Vの電圧で電流$I_F = 10$ mAですから, 抵抗R_1の抵抗値はオームの法則から,

$$R_1 \text{の抵抗値} = \frac{V}{I_F} = \frac{3.1}{10m}$$
$$= 310 \, [\Omega] \quad\text{..(2)}$$

式(2)になります.

310 Ω は E24 系列にはないので,式(3)のように 310 Ω に一番近い抵抗値とすれば良いでしょう.

$$R_1 \text{の抵抗値} = 300 \, [\Omega] \quad\text{..................................(3)}$$

この場合 LED に流れる電流 I_F は式(4)のように当初の設計条件より,0.3 mA 程度大きくなりました.

$$I_F = \frac{V}{R_1} = \frac{3.1}{300} = 10.3 \, [mA] \quad\text{.......................(4)}$$

● 抵抗で消費する電力も確認

念のため抵抗 R_1 に消費する電力も確認しておきましょう.

$$P = I_F{}^2 \times R_1$$
$$= (10.3 \times 10^{-3})^2 \times 300$$
$$= 31.8 \, [mW] \quad\text{....................................(5)}$$

チップ抵抗の 1608 タイプ(定格電力 0.1 W)が使えます.

これで設計終了です.せっかくなので,この設計値で LED を点灯させてみました(**写真3**).

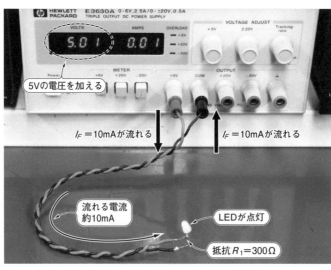

写真3
みごとに光った!

* * *

このように抵抗は,電流を目的の値になるように制限する用途でも使われています.

演習問題 G

■ 電流制限の確認

※解答は巻末にあります.

[演習問題1]

青色LEDのSLA580C4T(ローム製)の特性(図A)を使って図Bの回路で電流I_f = 5mAを流して発光させるように抵抗R_1の値を決めなさい.

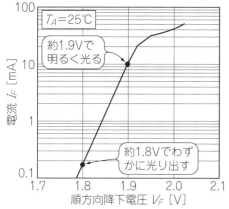

図A　SLI-580DT(1)のV_F-I_F特性. LEDが光る電圧は1.8～1.9 V必要

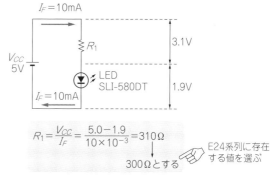

図B　抵抗で電流を制限してLEDを点灯させる回路

$$R_1 = \frac{V_{CC}}{I_F} = \frac{5.0 - 1.9}{10 \times 10^{-3}} = 310\,\Omega$$

300Ωとする　← E24系列に存在する値を選ぶ

2-5

抵抗で電流の大きさを検出する

回路に流れる電流を抵抗で検出する

● 電流検出の応用例…スマホの充電は急がず焦らず一定に

　回路を流れる電流を検出/測定したいといった用途はとても多くあります．例えば，皆さんが毎日使っているスマートフォンの充電器（**写真1**）を考えてみましょう．

　スマートフォンにはバッテリ（battery）が内蔵されています．スマートフォンはバッテリがないと単独で野外や電車の中で使うことはできません．使っているとやがて内部のバッテリに蓄えられた電気もなくなってきて，充電する必要にせまられます．そこで充電器の登場です．

　スマートフォンには何度も繰り返し充電できて多くの電気量をためられるリチウム・イオン蓄電池（lithium-ion rechargeable battery）が使われています．リチウム・イオン蓄電池は，体積当たりにためることのできる電気の量がとても大きいという長所があります．そのためスマートフォン，ノート・パソコン，デジタル・カメラなど携帯用の機器，ハイブリッド自動車などに使われています．

　さてリチウム・イオン蓄電池は，充電の際は一般に一定の電流［定電流（constant current）と呼ぶ］で充電するのが原則です．そこで一定の電流を流すためには，蓄電池に流れ込む電流がどの程度の大きさか，検出して測定する必要があります．つまり回路に流れる電流を検出する必要があるのです．

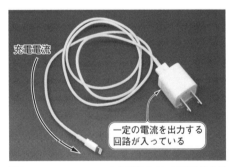

写真1　スマートフォンの充電器の中には電流検出用抵抗が入っている

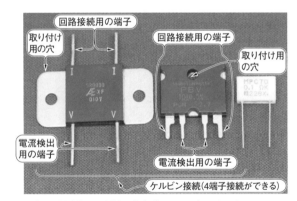

写真2　電流検出用抵抗の代表「シャント」いろいろ

● 電流検出抵抗の値はオームの法則で求める

　回路に流れる電流を検出する方法はいくつかあります．今回は抵抗を使った電流の検出方法を紹介します．

　電流Iが流れている回路に抵抗Rを挿入すると，抵抗の両端にはオームの法則に従う電圧Vが発生します．式で書くと式(1)になります．

146

$$V = IR \quad \cdots\cdots\cdots\cdots\cdots\cdots\cdots\cdots\cdots\cdots\cdots\cdots\cdots\cdots\cdots\cdots\cdots\cdots\cdots\cdots\cdots\cdots\cdots \quad (1)$$

この電圧Vを測定すれば，回路に流れている電流Iの大きさがわかります．**電流検出のために回路中に挿入した抵抗Rをシャント抵抗(shunt resistor)と呼びます**．**写真2**に代表的なシャント抵抗を示します．

シャントの抵抗値は50mVから100mVとなる値に

● 最大の電流が流れたとき50 mVから100 mVの抵抗値を選ぶ

　シャント抵抗利用のポイントは，抵抗値の選び方です．シャント抵抗の抵抗値が大きすぎると，両端電圧が大きくなりすぎて，本来流れるべき電流Iが流れなくなります．何よりシャント抵抗を入れることで回路の動作条件が大きく変わってしまうと，正しい電流値を測ることができません．さらにシャント抵抗自身で発生する消費電力Pも大きくなります．抵抗Rで消費する電力Pは式(2)です．

$$P = RI^2 \quad \cdots\cdots\cdots\cdots\cdots\cdots\cdots\cdots\cdots\cdots\cdots\cdots\cdots\cdots\cdots\cdots\cdots\cdots\cdots\cdots\cdots\cdots\cdots \quad (2)$$

電流Iが一定ならば，抵抗Rで消費する電力Pは抵抗Rの値に比例して大きくなるのです．逆にシャント抵抗が小さすぎると，式(1)のオームの法則に従って発生する電圧Vが小さくなり過ぎて，正確な測定が難しくなります．

　そこで現状では，シャント抵抗の抵抗値は電流が流れたときに50 mVから100 mV程度になる値を選ぶと良いでしょう．

● 大きな電流を測定する1mΩのシャント抵抗の例

　写真3は電流測定用のシャント抵抗です．測定用の名に恥じない精度が0.1％のタイプで，50 Aで50 mVの電圧に変わります．電圧はネジ端子の部分(**写真3**)から測れます．

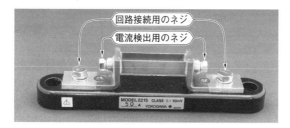
（a）外観

（b）精度の表記

写真3　測定用のシャント抵抗（精度0.1 %，1 mV/1 A）

　ディジタル・マルチメータで測定すると，1 Aが1 mVになって現れます．1 mVの電圧が1 Aを示すので，電卓を使わなくても電圧の測定値から電流値がパッとわかります．

　シャント抵抗の抵抗値を換算してみます．50 Aで50 mVなので抵抗値はオームの法則から式(3)になります．

$$R = \frac{V}{I}$$

$$= \frac{50\,mV}{50A} = 1\ [m\Omega] \dotfill (3)$$

とても小さな値になりました。50 A という大きな電流を測定するには 1 mΩ のシャント抵抗が適切ということです。

この例のように大きな電流を測定する場合、電流が流れたとき 50 mV から 100 mV の電圧が発生するシャント抵抗を回路に入れて、両端を測定しましょう。

高精度の電流測定のポイント，ケルビン接続

● 電線部分を極力短くして誤差を最小限にする

測定範囲に電線などを含むと**図1(a)**のように電線の抵抗成分が誤差になります。さきほど説明したように、シャント抵抗の抵抗値自身はとても小さな値です。わずかな電線の抵抗成分もすぐに誤差の原因となってしまいます。

こうした電線の抵抗成分などによる誤差を最小にするためには、**図1(b)**のように電線部分を最小にしてシャント抵抗の両端の電圧を測りましょう。

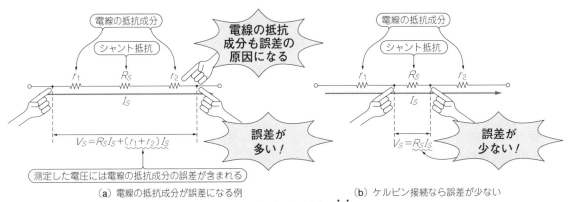

(a) 電線の抵抗成分が誤差になる例　　　(b) ケルビン接続なら誤差が少ない

図1　シャント抵抗のできるだけ近くで測ることが電流の測定誤差を小さくするこつ

でも、現実にはシャント抵抗の両端には電流が流れる電線を接続する必要があります。そこで**写真2**の左2つのように電流が流れる電線を接続する端子（大きな電流が流れる）と、電流検出するための端子（電流はほとんど流れない）を別々に設けたシャント抵抗が存在します。**写真3**も電流が流れる端子と電流検出用の端子が別々に設けてあります。**図2**はそうしたシャント抵抗の等価回路のイメージです。

この電流が流れる端子と電流検出用の端子を設けた接続、測定法をケルビン接続（Kelvin connection）または4端子測定法（four terminal sensing）と呼びます。

写真2や**写真3**は、誤差を少なくするために抵抗自体がケルビン接続となるようにした抵抗です。2端子しかない抵抗も電流検出を目的にしたときは、やはりケルビン接続となるように、電圧を検出するところは抵抗の根元から配線するようにしましょう。

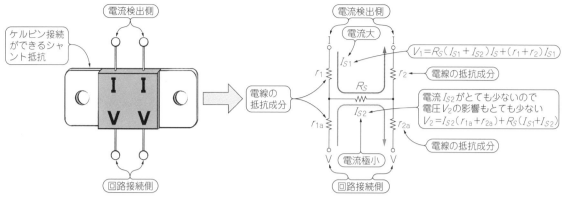

図2　ケルビン接続を実現したシャント抵抗の内部構造のイメージ

● 検証：ケルビン接続

シャント抵抗はケルビン接続で配線すると正確な電流値が得られると書きました．言い換えると配線の抵抗成分などが抵抗の誤差を最小とする方法なのです．このことを抵抗の測定で実験してみます．

1.000 Ωの抵抗を用意しました．この抵抗をケルビン接続（4端子測定法）で測定すると，**写真4(a)**のように1.0031 Ωなので，抵抗自身の誤差を考慮しても1.000 Ωにとても近い値を示しています．

今度は同じ測定器を使って，2端子測定法で測定すると，**写真4(b)**のように1.7694 Ωを示しています．1 Ωの抵抗値を測定してもケルビン接続と2端子測定法の差は，0.7663 Ωもあるのです．

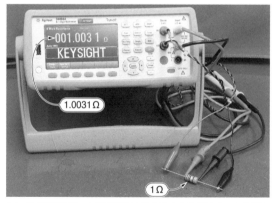

(a) 4端子測定法…4端子測定法は高精度で低抵抗（1 Ω）を測定できる

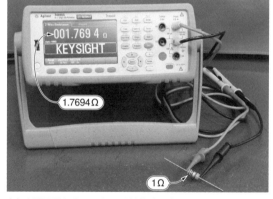

(b) 2端子測定法…2端子で低抵抗（1 Ω）を測定すると大きな誤差が生じる

写真4　測定方法によって値の差がある

このように電流が流れる回路と抵抗の両端電圧を検出する回路に共通の電源部分があると，電線の抵抗成分も測定してしまうので，抵抗値として大きな誤差を生じます．このような接続で抵抗をシャント抵抗として使うと，この抵抗の誤差がそのまま電流検出電圧の値の誤差になるのです．

● シャント抵抗は高い周波数では精度が落ちる

写真2や**写真3**は，**図3**のようにDC付近ではとても高い精度の抵抗ですが，高い周波数では正確ではありません．**図3**のように抵抗でありながら周波数特性を持っています．これは形状が大きいため，**図4**のように配線のインダクタ成分が生じてしまい，それによって高い周波数での精度が落ちてしまう

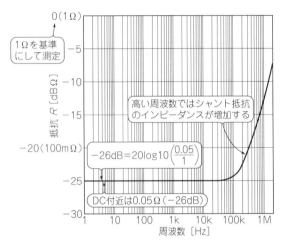

図3 シャント抵抗は高い周波数で内部インダクタでインピーダンスが大きくなる

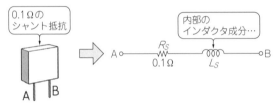

図4 シャント抵抗の内部にはインダクタ成分がある

ためです.

この現象は図4で抵抗R_Sとインダクタ成分L_Sのインピーダンスが等しくなる周波数付近f_cから顕著になります. 数式で書くと式(4)と

$$R_S = |j\omega_c L_S| = \omega_c L_S$$
$$= 2\pi f_c L_S \cdots\cdots (4)$$

表せます.

式(4)より式(5)が

$$f_c = \frac{R_S}{2\pi L_S} \cdots\cdots (5)$$

求まります.

図3では$f_c = 100$ kHz付近になります. この結果を式(5)からインダクタ成分L_Sを計算すると式(6)になります.

$$L_S = \frac{R_S}{2\pi f_c} = \frac{0.1}{2\pi \times 100K}$$
$$\cong 159 \text{ [nH]} \cdots\cdots (6)$$

ですから図3の特性は160 nH程度のインダクタ成分があると推定されます.

コラム1　インダクタ成分とインダクタ部品

インダクタ(回路記号はL)は,周波数に比例してインピーダンスが高くなる性質を持ちます.

基板やケーブルの長い配線も同様に,周波数に比例してインピーダンスが高くなる性質を持ちます. 写真Aのような部品ではないのですが,抵抗の部品内部の配線などによって生じるインダクタのような成分がインダクタンス成分です. 抵抗器を分解しても写真Aのようなインダクタは出てきません.

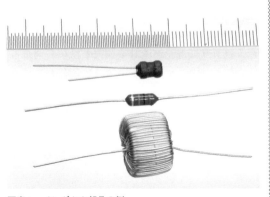

写真A　インダクタ部品の例

2-6

ディジタル回路の入力にはプルアップかプルダウン

● ディジタル回路の入力はプルアップ

マイコン（micro computer, **写真1**）などのCPU（Central Processing Unit）やプログラマブルなディジタルICであるFPGA（Field Programmable Gate Array, **写真2**）[注1]に信号を「入力」するときに起こることを具体的に考えてみます.

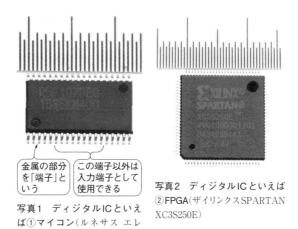

金属の部分を「端子」という

この端子以外は入力端子として使用できる

写真1　ディジタルICといえば①マイコン（ルネサス エレクトロニクスRL78/I1A）

写真2　ディジタルICといえば②FPGA（ザイリンクスSPARTAN XC3S250E）

何かの機能をON/OFFするためにスイッチ（switch）をマイコンの入力に接続したとしましょう［**図1** (a)］. スイッチSW$_1$のON時は, マイコンの入力はコモン[注2]に接続されるので0Vになります［**図1** (b)］. この状態はまったく問題ありません.

今度はスイッチSW$_1$のOFF時［**図1**(c)］, マイコンの入力端子はどこにも接続されていません. さ

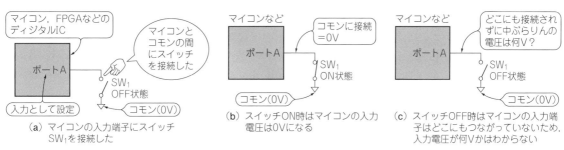

マイコン, FPGAなどのディジタルIC

マイコンとコモンの間にスイッチを接続した

ポートA

入力として設定

SW$_1$ OFF状態

コモン(0V)

（a）マイコンの入力端子にスイッチSW$_1$を接続した

マイコンなど

コモンに接続＝0V

ポートA

SW$_1$ ON状態

コモン(0V)

（b）スイッチON時はマイコンの入力電圧は0Vになる

マイコンなど

どこにも接続されずに中ぶらりんの電圧は何V？

ポートA

SW$_1$ OFF状態

コモン(0V)

（c）スイッチOFF時はマイコンの入力端子はどこにもつながっていないため, 入力電圧が何Vかはわからない

図1　マイコンの入力端子に何もつながないと電位が"H"とも"L"とも定まらず不安定な状況になる——————

注1：ディジタルICの一種です（例：写真1）. ICが動作して実現する機能や処理の内容は, あらかじめ決まっているのではなく, プログラムによって自由に設定, 変更できるという特徴があります.
注2：コモン（common）は回路上の各ICに共通の電圧部分. 普通はDC電源の0V側. グラウンド（ground, 略号GND）とも呼びます. グラウンドは地面（地球の地面）と接続されている（接地と呼ぶ）されているとの意味もあるので, 誤解を避けるためコモンと書きました.

151

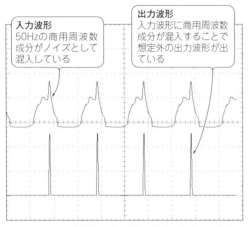

入力波形
50Hzの商用周波数成分がノイズとして混入している

出力波形
入力波形に商用周波数成分が混入することで想定外の出力波形が出ている

図2　プルアップ抵抗やプルダウン抵抗がなくて不安定になったディジタルICの入力波形

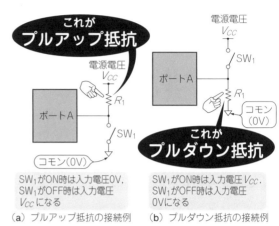

これがプルアップ抵抗

これがプルダウン抵抗

SW₁がON時は入力電圧0V，SW₁がOFF時は入力電圧V_{CC}になる

SW₁がON時は入力電圧V_{CC}，SW₁がOFF時は入力電圧0Vになる

（a）プルアップ抵抗の接続例　　（b）プルダウン抵抗の接続例

図3　抵抗で入力端子の電圧の不定状態を解消する

てマイコンの入力端子の電圧は何Vでしょうか？実のところわかりません…．電圧は**図2**のように不安定な状態になります．

　これではまずいのでスイッチのOFF時，5V，3.3Vなどの電圧になるように電源とスイッチSW₁と抵抗を接続［**図3(a)**］します．電源に接続された抵抗R_1をプルアップ抵抗と呼びます．このプルアップ抵抗によって，スイッチSW₁がOFFでも，マイコンの入力は電源電圧という安定な状態に落ち着きます．

　また**図3(b)**のようにスイッチSW₁の一方の端子を電源に接続し，もう一方をマイコンの入力，さらに抵抗R_1をマイコン入力とコモンに接続する方法もあります．スイッチがONのとき，マイコンの入力電圧は電源電圧となり，スイッチがOFFのときには抵抗R_1によってマイコンの入力電圧は0Vとなります．つまり**図3(b)**の接続でもマイコンの入力電圧は0Vと電源電圧だけとなり，不安定な電圧にはなりません．この**図3(b)**の抵抗をプルダウン抵抗と呼びます．

● 値は10kΩから51kΩ程度

　プルアップ抵抗，プルダウン抵抗の抵抗値は厳密ではありません．一般的には10kΩから51kΩ程度で十分でしょう．スイッチの部分にプルアップ抵抗を実装した実例が**写真3**です．

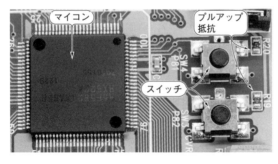

マイコン

プルアップ抵抗

スイッチ

写真3
入力電圧を安定させるためにプルアップ抵抗が実装されたマイコン・ボード（北斗電子製）

● 省スペース！抵抗がいっぱい入った抵抗器

　現実にマイコンの入力端子が1本だけということは非常に珍しく，普通は複数あります．そこで抵抗が複数個1つのパッケージに収められた**写真4**のような抵抗を使うことをお勧めします．集合抵抗，ネットワーク抵抗，抵抗アレイ，英語ではresistor arrayと呼びます．集合抵抗は，通常4素子，9素子，16素子が1つのパッケージに収められています．**写真4**の等価な回路図を**図4**に示します．

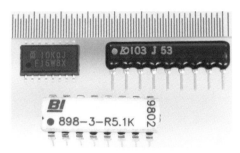

写真4　複数の抵抗素子が入っているネットワーク抵抗

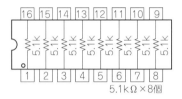

5.1kΩ×8個

（**a**）898-3-R5.1K(BI technologies)

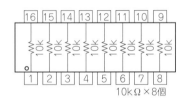

10kΩ×8個

（**b**）MRGF16W-10K(KOA)

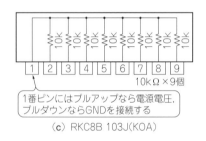

10kΩ×9個

1番ピンにはプルアップなら電源電圧，プルダウンならGNDを接続する

（**c**）RKC8B 103J(KOA)

図4　写真4のネットワーク抵抗にはパッケージの中に素子がたくさん入っている

使用条件1. 抵抗の消費電力P_rは定格の1/3以下で使う.

● DCの場合

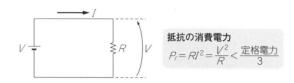

抵抗の消費電力
$$P_r = RI^2 = \frac{V^2}{R} < \frac{定格電力}{3}$$

● ACの場合

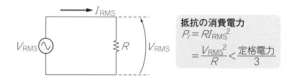

抵抗の消費電力
$$P_r = RI_{RMS}^2$$
$$= \frac{V_{RMS}^2}{R} < \frac{定格電力}{3}$$

使用条件2. 使用条件1を満たしていても抵抗の両端電圧は最高使用電圧の1/3以下で使う.

● DCの場合

抵抗の両端電圧 $V <$ 最高使用電圧の $\frac{2}{3}$

● ACの場合

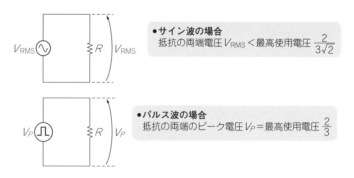

●サイン波の場合
抵抗の両端電圧 $V_{RMS} <$ 最高使用電圧 $\frac{2}{3\sqrt{2}}$

●パルス波の場合
抵抗の両端のピーク電圧 $V_P =$ 最高使用電圧 $\frac{2}{3}$

第3章

キャパシタの基礎

3-1

キャパシタは単純な構造

　キャパシタ(capacitor：**写真1**)は，日本ではコンデンサ(condenser)と呼ばれています．英語圏でコンデンサというと，熱交換により高温で気体になった物質を冷やして液体に戻す装置を指すことが多いので，そうした事情を考慮して，本書では英語のcapacitorをカナタナにしてキャパシタと表記します．

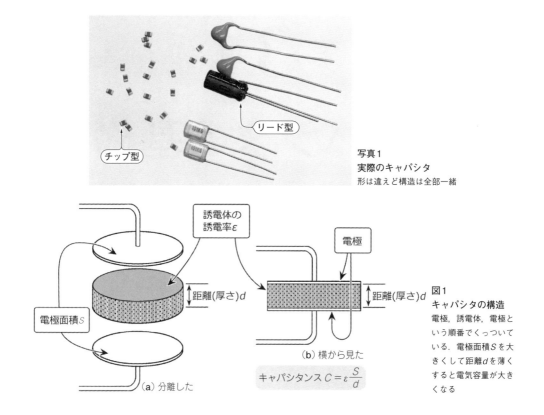

写真1
実際のキャパシタ
形は違えど構造は全部一緒

チップ型

リード型

誘電体の
誘電率ε

電極

距離(厚さ)d

距離(厚さ)d

電極面積S

(b) 横から見た

図1
キャパシタの構造
電極，誘電体，電極という順番でくっついている．電極面積Sを大きくして距離dを薄くすると電気容量が大きくなる

(a) 分離した

$$\text{キャパシタンス } C = \varepsilon \frac{S}{d}$$

　図1にキャパシタの構造を示します．電気を通しにくい絶縁体(dielectric：誘電体とも呼ぶ)が電気が通る2枚の電極に挟まれた，サンドイッチのような単純な構造をしています．

　電極にはアルミニウム(aluminum)や銅(copper)など，電気が通る材料が使われています．もちろん鉄(iron)でもOKです．

　一方誘電体は，電気を通しにくい絶縁体であればよく，実際の材料は多くのプラスチック(plastic)[注1]，陶器(ceramic：セラミックと呼ぶ)，紙(paper)，石(stone)，油(oil)などです．市販されているキャパシタの誘電体には，セラミックやプラスチックを薄い膜にしたフィルム(film)などが使われています．

注1：導電性プラスチックは電気を通すので，「多くの」と書きました．

● 1円玉と10円玉でキャパシタを作ってみた

　キャパシタは単純な構造ですから，身近な1円玉と10円玉を使ってさっそく作ってみました．**写真2**(a)は，10円玉2枚の間に紙を挟んだものと1円玉2枚の間に紙を挟んだものです．コインを電極とし，これらの間に誘電体となる紙を挟んで糊で固定するとキャパシタのできあがりです．

　キャパシタの大きさ(capacitance：容量)を測定してみましょう．**写真2**(b)は10円玉で作ったキャパシタのキャパシタンス(コンデンサの電気容量)を測定しています．0.03 nF(30 pF)という結果になりました．

（a）コインと紙で作ったキャパシタ　　　　　　　　　　（b）10円玉と紙で作ったキャパシタのキャパシタンスを測定

写真2　お金キャパシタの製作

● 容量は電極の面積に比例，距離に反比例する

　少し難しい話です．キャパシタンスを大きくするには，電極に当たる部分の面積を大きくし，電極の間を薄くするとよいでしょう．この関係を数式で書いてみましょう．

$$C = \frac{\varepsilon S}{d} \tag{1}$$

　式(1)では電極の面積S，電極間の距離d，誘電体の誘電率ε(permittivity)です．

　誘電率という言葉が登場しました．誘電率とは電気のたまりやすさ[注2]の指標です．一般的に誘電率εは，真空の誘電率ε_0(≒空気の誘電率)に対する比率ε_r(比誘電率，relative permittivity)を使って

$$\varepsilon = \varepsilon_r \varepsilon_0 \tag{2}$$

式(2)で表されます．

　ここで真空の誘電率ε_0は式(3)です．

$$\varepsilon_0 \fallingdotseq 8.854 \times 10^{-12} \, [F/m] \text{(ファラド／メートル)} \tag{3}$$

　式(1)と式(2)から，面積Sの2枚の電極と誘電率εによるキャパシタのキャパシタンスを与える式は，

$$C = \varepsilon_r \varepsilon_0 \frac{S}{d} \tag{4}$$

式(4)で与えられます．少し難しい話は終わりです．

注2：厳密に書くと誘電分極のしやすさです．

導体と誘電体のキャパシタ

● 大きなキャパシタンスを作ってみた

電子機器に使われているプリント基板の材料[注3]を使って試してみました．式(3)から大きなキャパシタンスを持つキャパシタを得ようとしました．**写真3**は電極の面積が340 mm × 400 mmで，誘電体の厚さ(電極間の距離)が0.6 mmです．比誘電率 ε = 4.0(材料はFR-4)としてキャパシタンスの計算と実測をしてみましょう．

式(4)から，キャパシタンスの計算値は式(5)になります．

$$C = \varepsilon_r \varepsilon_0 \frac{S}{d}$$
$$= 4.0 \times 8.854 \times 10^{-12} \frac{340mm \times 400mm}{0.6mm}$$
$$= 4.0 \times 8.854 \times 10^{-12} \frac{0.340 \times 0.4}{0.0006}$$
$$\cong 8.028 \times 10^{-9} \cong 8.03 \; [nF] \quad \text{······(5)}$$

測定値は**写真3**のように7.82 nF(7820 pF)でした．式(5)で計算した値と測定値はほぼ一致しています．

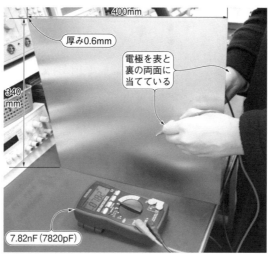

写真3 プリント基板を作るための銅板を測定して式(4)を確認する
電極面積 S が大きくて距離 d が短いとキャパシタンスが大きくなる

● アルミ箔と紙で作るキャパシタ

今度は市場で売られている製品に近いキャパシタを作ってみました．料理に使うアルミ箔と紙を使います．適当な大きさに切ったアルミ箔2枚と，アルミ箔より一回り大きく切った紙を用意します[**写真4 (a)**]．それをアルミ箔，紙，アルミ箔，紙の順番に重ねます．紙をアルミ箔が全部覆うように円筒形に巻きます．ドライバのような丸い棒があると巻きやすいでしょう[**写真4(b)**]．最後にテープで端を

注3：プリント基板の材料はガラス・エポキシ(glass epoxy)で，FR-4(エフ・アール・フォー)と呼ばれています．

固定します．キャパシタンスを測定してみました［**写真4(c)**］．キャパシタンスは2.31 nF（2310 pF）でした．ここで誘電体として紙ではなくフィルムを使い，より小型になるようにしっかり巻くと本格的なフィルム・キャパシタのできあがりです．

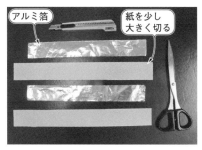
（a）材料を準備

（b）ドライバを軸にしてアルミ箔と紙を巻き付ける

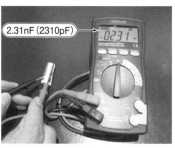
（c）キャパシタンスを測定した

写真4　アルミ箔と紙でキャパシタを作った

● 2人の間にはキャパシタンスも

　ところで電極は電気が流れる物質ならば何でもよいので，極端な話，人間でもOKです．人間は服を着ているので，空気や衣類によって絶縁されています．なので人間が2人いればキャパシタになります．実験してみましょう．モデルを2人の美人（筆者の主観です）にお願いしました（**写真5**）．

（a）人間（電極）が離れたときのキャパシタンス…距離 d が大きくなるとキャパシタンスは小さくなる．2人の美人（筆者の主観）にキャパシタになってもらった

（b）人間（電極）がくっついたときのキャパシタンス…距離 d が小さくなるとキャパシタンスは大きくなる

写真5　2人の間にはキャパシタンス

キャパシタに電流が流れると電圧は上昇

キャパシタの動作はビーカのごとく

　キャパシタの動作をイメージしてみましょう．図1(a)は2つのビーカ(beaker)をサイフォン(siphon)（液体を移動させる器具）によって接続しています．右の大きなビーカはキャパシタ，左のとても大きなビーカは電源を想定しています．サイフォンは一定の水量が流れる水路と考え，単なる電気の通り道で電力を消費しない前提で考えてみましょう．

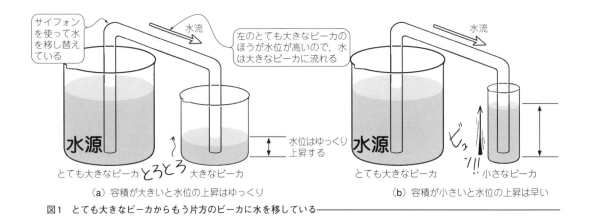

(a) 容積が大きいと水位の上昇はゆっくり　　　　　(b) 容積が小さいと水位の上昇は早い

図1　とても大きなビーカからもう片方のビーカに水を移している

　図1(a)のように2つのビーカの高さが異なると，水はとても大きなビーカから大きなビーカに流れ込みます．大きなビーカに水が流れ込むと，水が徐々にたまっていきます．たまった水の量はビーカの大きさに関係なく，時間当たりで流れ込む水量と流れている時間に比例して増加します．ここでビーカの推移に注目すると注ぎ込む水量が多いと早く上昇し，注ぎ込む水量が少ないとゆっくり上昇します．図1(a)のように，ビーカが大きいと，水位はゆっくりと上昇し，水面の波があまり目立ちません．また図1(b)のようにビーカが小さいと早く上昇します．

● ビーカの大きさで水位の速度は変化する

　ビーカの大きさと水量の関係をまとめます．

▶関係1：流れ込む水量が同じならば，大きいビーカより小さいビーカのほうが短い時間で水位が上昇する

▶関係2：大きいビーカは水量に細かな変動があっても小さなビーカほど水位の変動はない

　まとめてビーカにたまる水の量と水位の関係に注目すると，

● ビーカにたまった水の量＝流れ込む水量×流れ込んでいる時間・・・・・・・・・・・・・・・・・・・・・・・・・・・(1)

● ビーカの水位＝バケツにたまった水の量÷バケツの大きさ・・・・・・・・・・・・・・・・・・・・・・・・・・・・(2)

となります.

キャパシタにDC電流が流れると

● キャパシタと電流

実際のキャパシタで動作を考えてみます.

水の流れを電流,水位を電圧に置き換えてください.ビーカに水が流れ込むと,水位が上昇しました.キャパシタでは,電流が流れると電気がたまりだして,電圧が増加します.ビーカとキャパシタは似ていますね.

ビーカにたまる水の量と水位の関係をキャパシタの動作に置き換えると,式(1),式(2)は式(3)と式(4)のように置き換えられます.

- キャパシタにたまった電気の量＝電流×キャパシタに電流が流れた時間 ……………………………… (3)
- キャパシタの電圧＝キャパシタにたまった電気の量÷キャパシタンス ……………………………… (4)

もう少し数式っぽく書いてみましょう.

キャパシタにたまった電気の量をQ,電流をI(DCの電流),時間をt,キャパシタの電圧をV_Cとします.ビーカにたまった水量を電気の量,ビーカの大きさをキャパシタンスCと置き換えると式(3),式(4)は式(5)と式(6)と書けます.

$$Q = It \quad\cdots\cdots\cdots\cdots\cdots\cdots\cdots\cdots\cdots\cdots\cdots\cdots\cdots\cdots\cdots\cdots\cdots\cdots\cdots\cdots\cdots (5)$$

$$V_C = \frac{Q}{C} = \frac{It}{C} \quad\cdots\cdots\cdots\cdots\cdots\cdots\cdots\cdots\cdots\cdots\cdots\cdots\cdots\cdots\cdots (6)$$

何となく理論ぽくなりましたね.ここまではDCの動作を想定した説明でした.

AC電流で考える

● ビーカの水位は水の方向で増減

今度はACの動作を考えてみましょう.図2(a)で左の大きなビーカ(水源)と右の小さなビーカ(キャパシタ)の水位は同じなので,水の移動はありません.このときの水位を基準に考えます.

では,図2(b)のように大きなビーカを持ち上げてみましょう.大きなビーカの水位が小さなビーカより高くなるので,水は左の大きなビーカから右の小さなビーカに流れます.小さなビーカの水位は,時間とともに上昇するでしょう.

今度は逆に図2(c)のように小さいビーカを持ち上げて,大きいビーカよりも高い位置にします.このとき,大きいビーカの水位は小さいビーカより低くなるので,水は右の小さいビーカから左の大きいビーカに流れます.小さいビーカの水位は,図2(b)のときよりも時間がたつにつれて下降するはずです.時間がたつと小さなビーカの水位は図2(a)のときと同じになり,さらに時間が経つと図2(c)のように,図2(a)のとき以下に水位は下がるのです.

● AC動作時のキャパシタ電圧は＋,－

DCの場合と同様にビーカの水位をキャパシタの電圧v_C,水の流れを電流i_Cと置き換えて考えてみま

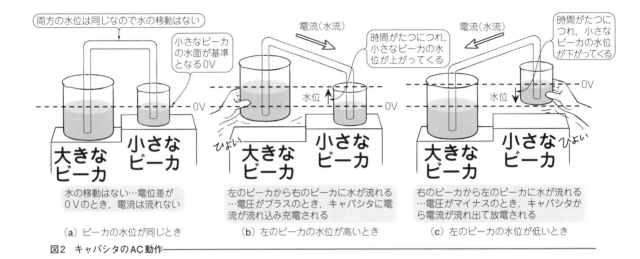

図2　キャパシタのAC動作

（a）ピーカの水位が同じとき
水の移動はない…電位差が０Ｖのとき，電流は流れない

（b）左のピーカの水位が高いとき
左のピーカから右のピーカに水が流れる…電圧がプラスのとき，キャパシタに電流が流れ込み充電される

（c）左のピーカの水位が低いとき
右のピーカから左のピーカに水が流れる…電圧がマイナスのとき，キャパシタから電流が流れ出て放電される

しょう.

　図2(a)の水位をキャパシタの電圧０Ｖと見なします. すると, 図2(b)の状態ではキャパシタに電流が流れ込み［充電(charge)と呼ぶ］, キャパシタ電圧v_Cはプラス方向に徐々に増加します.

　図2(c)の状態では, 逆にキャパシタから電流が流れ出て［放電(discharge)と呼ぶ］, キャパシタ電圧は少しずつ減少し, ついにはマイナスになります. つまり, キャパシタのAC動作は, 充電電流, 放電電流によって, プラスにもマイナスにもなるのです.

＊＊ここから少し難しくなります＊＊＊

　この関係を数式で示します. 電流i_CがDCで, かつ一定ならば式(5), 式(6)でよいでしょう. しかし, 電流i_Cが時間とともに変化するACの場合, 電流i_Cが一定ではないので式(5), 式(6)のようには書けません. 図2のビーカの例では, サイフォンから流れる水量が常時変化する場合を考えるのです.

　そこでキャパシタにたまった電気の量qは, キャパシタの電流i_Cと時間tの積を一定時間でみんな合算するよ, という意味で積分記号$\int$を使って,

$$q = \int i_c dt \quad (=変化する電流\ i_C\ と時間\ t\ の積) \quad\text{.....................}(7)$$

と書くのです.

　電流i_Cに大きな変化があっても, 時間で平均すると電流$i_C \times$時間tがキャパシタにたまった電気の量を示しています. 式(7)の積分記号は電流$i_C \times$時間tの面積を示します. キャパシタの電圧v_Cは式(8)です.

$$v_C = \frac{q}{C} = \frac{1}{C}\int i\,dt \quad\text{.....................}(8)$$

　式(8)によると, キャパシタに電流i_Cが流れると, 電流i_Cに変動があってもキャパシタ電流i_Cが積分され(＝平均され), キャパシタ電圧v_Cが徐々に増加します. また, キャパシタンスCが大きいと, キャパシタ電圧v_Cの変化は緩やかで, キャパシタンスCが小さいとキャパシタ電圧v_Cの変化は早くなります.

＊＊少し難しいところは, ここで終わりです＊＊＊

■ 実験で確認

● キャパシタに一定電流を流すと電圧は直線的に増加

本当にキャパシタの両端電圧と電流が式(8)のようになるのでしょうか．実験で確認してみましょう．実験回路は図3です．

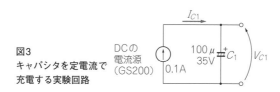

図3
キャパシタを定電流で
充電する実験回路

DCの電流源を用意してキャパシタをDCの「一定な電流(定電流と呼ぶ)」で$100\,\mu$Fの電解キャパシタを充電します．式(8)はキャパシタ電流I_{C1}がDCの定電流，つまり数学的には定数なので，積分が容易に計算できて，

$$V_{C1} = \frac{1}{C}\int I_{C1}\,dt = \frac{I_{C1}}{C}t$$
$$\because I_{C1} = DC = 一定値 = 定数 \quad\cdots\cdots\cdots\cdots\cdots\cdots\cdots\cdots\cdots\cdots\cdots (9)$$

となります．

式(9)はキャパシタをDCの定電流で充電すると，キャパシタ電圧V_{C1}は一定の割合，つまり直線的に増加することを意味しています．

実際にそうなるのでしょうか．写真1が実験のようす，図4が実験結果です．キャパシタ電圧V_{C1}は直線的に増加しています．この実験でキャパシタ電圧V_{C1}が10 Vに達したときの時間は10 msです．この条件を式(9)に入れて計算すると，式(10)になります．

$$V_{C1} = \frac{I_{C1}}{C}t$$
$$= \frac{0.1}{100\times10^{-6}}\times10\times10^{-3} = 10\,V \quad\cdots\cdots\cdots\cdots\cdots\cdots\cdots\cdots (10)$$

ピッタリです．式(9)は現実を正しく投影しています．

● 複写機もハイブリッド車もキャパシタが活躍

ここまで難しい話が続いたので，ここからは少し頭を休めながら読んでください．

キャパシタはビーカの動作であるため，そこへ電気をためることができます．この性質を利用して，カメラのフラッシュや複写機，ハイブリッド自動車などに応用されています．

複写機にキャパシタが使われているとは気が付きにくいかもしれませんが，動作はこうです．複写機を使っていないときはキャパシタに少しずつ電気を充電しています．いざコピーとなると，キャパシタから複写機内部のハロゲンヒータ(halogen heater)へ急速に電流を流し，複写用紙にトナー(複写機で使う粉末インク)を定着させる部分を温めます．その間30秒から1分程度．そしてコピー OKとなります．

もしキャパシタがないと，ハロゲンヒータを温めるときだけ，大きな電流が商用電源のAC100V側から複写機へ流れることになります．そのため，商用電源側では複写機のための大きな電流容量のブレーカ(circuit breaker)が必要です．しかし，キャパシタの電気をためる性質を利用すると，ブレーカの電流容

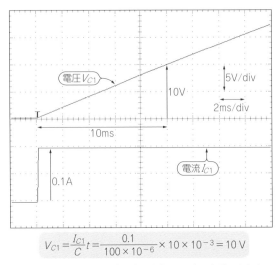

$$V_{C1} = \frac{I_{C1}}{C}t = \frac{0.1}{100 \times 10^{-6}} \times 10 \times 10^{-3} = 10\,\text{V}$$

図4　キャパシタ(100 μF)を定電流(100 mA)で充電したときの
キャパシタ両端電圧の変化…キャパシタ電圧(V_{C1})が直線的に上
昇した

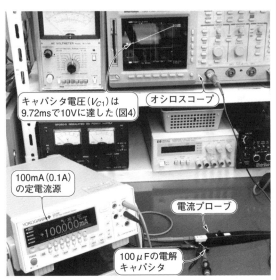

写真1　キャパシタ(100 μF)を定電流(100 mA)で充電すると,
電圧が一定に増加するのを確認

量を増やさずに複写機が使えるのです.

　ハイブリッド自動車(hybrid car)では,アクセル(accelerator)やブレーキ(brake)といった用途に使われています.アクセルを踏むと,車を駆動するモータへ大きな電流を流すので車の速度が速くなります.このときバッテリ(battery)は,大きな電流を放電する必要があります.一方,ブレーキを踏んだときや下り坂などでは,車輪と直結したモータを車の勢いで回転させて発電し,大きな電力を発生させることで機械式のブレーキの代わりにしています.つまり,車の勢いを電力に変化させることでブレーキの働きをさせているのですね.発生した電力はバッテリに戻され,充電に使われます.

　しかしバッテリは,急速で大きな電流の放電や充電が苦手なのです.アクセルを踏んで大きな電力を必要とする場合,バッテリから急に大きな電流を放電したり,ブレーキ時に発生した大きな電力をバッテリに充電したりすると,バッテリの消耗が激しくなります.つまり,急激な充放電の繰り返しをバッテリだけで頻繁に行うと,その寿命は非常に短くなります.そこで,加速に必要な電力はキャパシタにたまった電気を使い,減速で発生した電力はいったんキャパシタにため,バッテリには優しい放電や充電をすることで消耗を防いでいます.その結果,ハイブリッド車は何年もバッテリ交換なしで走るのです.言い換えましょう,「ハイブリッド自動車は,キャパシタによって実用化されている」と.

今度はサイン波の動作で考える

● 電圧は電流より90°遅れて変化する

　キャパシタのAC動作をもう少し深入りして考えてみましょう.図5です.AC動作らしくキャパシタ電流I_{C2}がサイン波で変化するときのキャパシタ電圧を考えます.

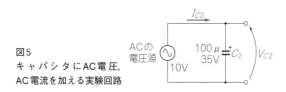

図5
キャパシタにAC電圧，
AC電流を加える実験回路

図5でキャパシタ電流I_{C2}がキャパシタを充電する方向に流れたとき，キャパシタ電圧V_{C2}は増加します．キャパシタ電圧V_{C2}の増加の程度は，流れた電流I_{C2}を時間で平均した（＝積分した）感じです．「電流を平均した感じ」なので，キャパシタ電圧V_{C2}の変化は，電流に対して少しゆっくりです．このことを数式で書くと，

$$V_{C2} = \frac{1}{C} \int I_{C2}\, dt \tag{11}$$

となります．

ACなのでキャパシタ電流I_{C2}はいつまでもキャパシタを充電する方向には流れず，時間とともに減少します．やがてキャパシタを充電する電流が0Aになったとき，キャパシタには最大限の電気を貯めたので，キャパシタ電圧V_{C2}は最大となります．

今度はキャパシタ電流I_{C2}がキャパシタを放電する方向に電流が流れ始めたとき，キャパシタ電圧V_{C2}は減少します．キャパシタ電圧V_{C2}の減少の程度は，流れた電流I_{C2}を時間で平均するので，電流の変化に対して少しゆっくりです．ACなのでキャパシタ電流I_{C2}はいつまでも放電する方向に流れるわけではなく減少します．放電方向の電流が0Aとなったとき，キャパシタは放電方向の電気を最大限にためたので，キャパシタ電圧V_{C2}はマイナス側の最大値になります．ACの場合は以上の動作を繰り返します．

何度も書きますが，**キャパシタ電流I_{C2}がプラス方向のとき，キャパシタは充電されて電圧が増加し，マイナス方向のときはキャパシタは放電して電圧が減少します．**電流の方向によってキャパシタ電圧V_{C2}が変化することに注目してください．しかも**キャパシタ電圧V_{C2}は，キャパシタの電流が時間で平均化された結果なので，ゆっくり変化します．**

その結果キャパシタ電圧V_{C2}は図6のようにキャパシタ電流I_{C2}に対して90°遅れた波形になります．つ

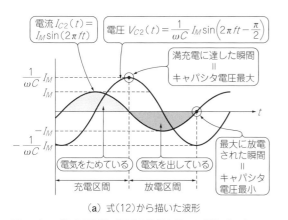

（a）式(12)から描いた波形

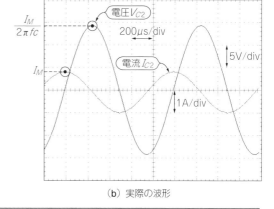

（b）実際の波形

図6　キャパシタは電流が電圧の位相より90°遅れている
数式と実験で証明された

まりキャパシタ電圧V_{C2}は，キャパシタ電流より90°遅れるのです[注1]．

■ 実験で確認

● 時間変化(tを変数にした場合)

定量的に計算してみます．電流が1秒間に変化する回数，つまり周波数をf，電流の最大値をI_Mとすればサイン波のキャパシタの電流Iは式(12)とします．

$$I_{C2} = I_M \cos(2\pi f t) \quad\text{……………………………}(12)$$

この式(12)の$I_{C2}(t)$を式(10)に代入します．すると三角関数の積分の公式から式(13)のように導けます．

$$
\begin{aligned}
V_{C2} &= \frac{1}{C}\int I_{C2}\,dt \\
&= \frac{1}{C}\int I_M \cos(2\pi f t)\,dt \\
&= \frac{1}{2\pi f C} I_M \sin(2\pi f t) \quad\text{……………}(13)
\end{aligned}
$$

式(12)と式(13)を比較すると，電流$I_{C2}(t)$はコサイン波，電圧$V_{C2}(t)$はサイン波です．コサイン波とサイン波ですからその位相差は90°です[**図6(a)**]．もちろん電流$I_{C2}(t)$に対して電圧$V_{C2}(t)$は90°遅れます．電流$I_{C2}(t)$がキャパシタに流れることで，初めてキャパシタ電圧$V_{C2}(t)$は変化するのです．

● 周波数変化(fを変数にした場合)

キャパシタのインピーダンスZ_C(電流を制限する要素)について復習しておきましょう．一般にキャパシタのインピーダンスは複素数を使って，

$$Z_C = \frac{1}{j\omega C} \quad\text{……………………………………}(14)$$

このように表します．

数学の世界では複素数の表現は虚数単位に"i"を使って書きますが，電気の世界では電流を"I"もしくは"i"で示すので，"i"に似た文字の"j"を使います．複素数表現はイマイチわからないと感じる読者は，インピーダンスZ_Cの絶対値をとって式(15)のように書いたほうがよいかもしれません．

$$|Z_C| = \frac{1}{2\pi f C} \quad\text{…………………………………}(15)$$

式(5)は周波数fが高くなる(周波数fの値が大きくなる)ほどキャパシタのインピーダンスZ_Cは減少することを表しています．ここでのキャパシタは，いわば周波数特性を持つ部品ですね．

こうしたキャパシタの特徴と小型の部品が多いこと，キャパシタの精度が高く作れることなどから，フィルタ回路やノイズ対策部品などあらゆる電子機器にキャパシタは使われています．

ポイントは，キャパシタは周波数fが高くなるほど，インピーダンスZ_Cは減少する周波数特性を持つことです(図7)．

注1：一般に，電気回路理論の文献には電圧V_Cに対して電流iは90°「進む」と書かれています．しかし，以上で説明したような動作原理や因果律からも「進む」との表現は適切ではないと判断してこのような表記にしました．

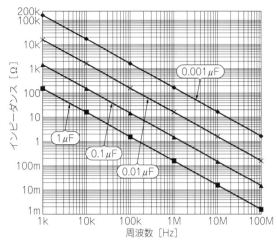

図7　キャパシタは周波数(f)が高くなるほどインピーダンス(Z_C)が減少する

　キャパシタのインピーダンスZ_Cが登場したので，式(13)に注目して深入りしてみましょう．式(13)をまとめると

$$V_C = \frac{1}{2\pi f C} I_M \sin(2\pi f t) \tag{16}$$

式(16)のようになります．ここでキャパシタのインピーダンスZ_Cは，

$$Z_C = \frac{1}{j\omega C} \tag{17}$$

でしたので，

$$V_C = |Z_C| I_M \sin(2\pi f t) \tag{18}$$

式(18)のように書けます．式(19)のオームの法則を思い出すと，

$$V = Z I \tag{19}$$

　式(18)は確かにオームの法則を表現していて，

キャパシタ電圧V_C＝キャパシタのインピーダンス×キャパシタ電流(式12)の90°遅れ

ということを示しています．

3-3

キャパシタの種類と使用範囲

キャパシタの種類

■ 誘電体の材料から選ぶ

● 誘電率の大きさや温度特性に違い

市販のキャパシタは，キャパシタンスを大きくする，外形を小型化するなどの目的で複雑な構造をしています．その一方，パッケージは，プリント基板にしっかりはんだ付けできる外形にする必要があります（**写真1**）.

キャパシタの特性は，2枚の電極で挟み込まれた誘電体の材料によって大きく変わります．誘電体は電気を通さなければ何でもよいわけではありません．工業製品としてキャパシタ用の誘電体はセラミックやポリプロピレンなどいろいろな種類があり（**コラム1**参照），その基本性能は「誘電率」で表されます．温度による誘電率の変化が小さく一定の範囲になるように誘電体を管理，製造されているのです．

● 誘電体で分類してみる

▶セラミック・キャパシタ（ceramic capacitor，**写真2**）

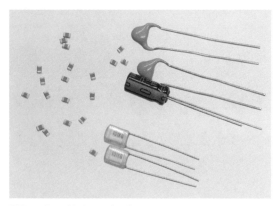

写真1　キャパシタのいろいろ
電極で挟み込まれた誘電体の種類によってさまざまな特性が実現されている

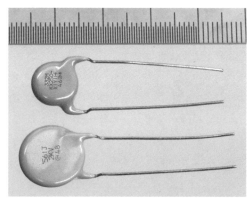

写真2　タイプ① セラミック・キャパシタ

誘電体がセラミックのキャパシタです．構造的に多層になっているものは，積層セラミック・キャパシタ（Multi-Layer Ceramic Capacitor，略してMLCC，**写真3**）と呼ばれています．

▶電解キャパシタ（electrolytic capacitor，**写真4**）

誘電体が電解液に浸っているタイプです．

▶フィルム・キャパシタ（film capacitor，**写真5**）

　誘電体がフィルムでできているキャパシタです．ポリプロピレン・キャパシタ（polypropylene capacitor）など，誘電体のフィルムの材料が名前に付けられています．今後もフィルム材料の進歩とともに新しい製品が登場するでしょう．

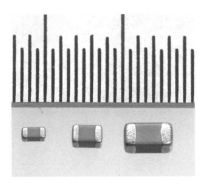

写真3　タイプ② 積層セラミック・キャパシタ

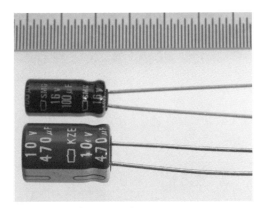

写真4　タイプ③ 電解キャパシタ

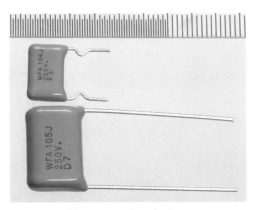

写真5　タイプ④ フィルム・キャパシタ

● 用途から考える

　今度はキャパシタの用途から考えてみましょう．

　携帯電話，スマートフォン，タブレット端末，ノート型パソコンなど携帯型の電子機器に使われているキャパシタのほとんどは，チップ型の積層セラミック（MLCC）です．薄くて軽いのでたくさん採用されています．近年では高耐圧化，大容量化が進んでいます．近い将来，耐圧6.3 Vで470 μFを超える大容量タイプが誕生するかもしれません．

　デスクトップ型パソコンなどの電源部分では，数百 μF超の大容量の電解キャパシタが使われています．薄い液晶テレビには電源部にその細い電解キャパシタが使われています．

■ E6/E12系列から選ぶ

　抵抗値と同様，キャパシタの容量値（キャパシタンス）は任意に選ぶことができません．下記の標準数列（JIS C5063）で決められたものに限られます（**表1**）．

　　・E3系列　　・E6系列　　・E12系列

実際に販売されて入手できるもので考えてみましょう. 積層セラミック・キャパシタでC0Gタイプ（温度保証で高精度）ではE12系列です. ほかの種類はE6系列です. 電解キャパシタはほとんどがE6系列です.

抵抗値はE24系列が多いのですが, キャパシタンスは抵抗値と比較するとE6系列, E12系列が多いので, 選択の幅が狭くなっています.

E3系列	10	–	–	–	22	–	–	–	47	–	–	–
E6系列	10	–	15	–	22	–	33	–	47	–	68	–
E12系列	10	12	15	18	22	27	33	39	47	56	68	82

表1
キャパシタの容量値はE3系列, E6系列, E12系列の中から選ぶ

キャパシタの使用範囲

● 定格電圧以下で使おう

キャパシタとして使える電圧電流に上限があります. このことについて触れておきましょう.

キャパシタの両端電圧に上限があることです.

キャパシタは, 金属板の電極で誘電体を挟んだ構造でした. キャパシタの電極に加える電圧が高くなりすぎると, 誘電体が耐えきれなくなり, 2枚の電極間に電気が流れ出してしまいます. つまり「絶縁破壊（breakdown）」をおこしてしまいます（図1）.

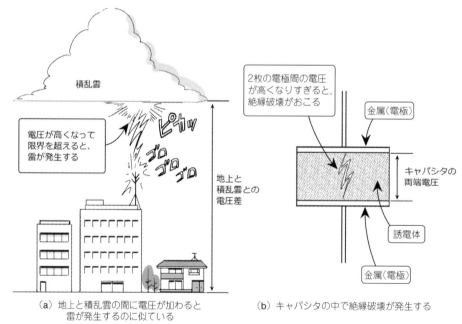

（a）地上と積乱雲の間に電圧が加わると雷が発生するのに似ている

（b）キャパシタの中で絶縁破壊が発生する

図1 キャパシタに定格を超える電圧を加えると絶縁破壊

絶縁破壊の具体例は地面と雷雲の間に加わる電圧が高くなって限界を超えると, ピカッ! ゴロゴロ…となるのと同じですね. キャパシタも, 電極間に加わる電圧が限度を超えると, 同様な現象が発生します.

　ですから，キャパシタには，加えてよい電圧の上限，つまり定格電圧（耐圧とも呼ぶ）を決めているのです．なので，キャパシタは，定格電圧以下で使うことが鉄則です．市販のキャパシタの定格電圧は，**表2**のような種類があります．定格電圧が12.5 Vとか31.5 Vの製品はほとんど流通していないので，**表2**から除外しました．

表2　市販キャパシタの耐圧のいろいろ

500 V以下の耐圧値																	
4 V	6.3 V	10 V	16 V	25 V	35 V	40 V	50 V	63 V	100 V	160 V	200 V	250 V	315 V	350 V	400 V	450 V	500 V

● 温度上昇が20℃以下となる電流で使おう

　キャパシタの使用電圧に上限がありましたが，電流にも上限があります．

　その理由は**図2**のように，キャパシタ内部で容量成分以外のわずかな抵抗成分（*ESR*：Equivalent Series resistance）によります．キャパシタに電流が流れると，この抵抗成分*ESR*で電力が消費されて発熱します．抵抗電力損失ですから式で書くと

$$P_c = ESR\, i^2$$

になります．

　キャパシタの内部で電力損失が発生すると，キャパシタは発熱します．発熱して発火すると大事故につながるので，絶対にいけません．そこでメーカ各社はキャパシタの温度上昇の上限，つまり流せる電流の上限を決めています．

　また抵抗成分*ESR*には周波数特性があり，流れる電流の周波数が高いほど小さくなります．つまり，流れる電流の周波数によって，電流の上限も変化します．言い換えると「高い周波数でキャパシタを使えば，大きなキャパシタ電流が流せますよ」と言うことができます．

　筆者は，温度上昇を20℃以下に抑えて使うことを推奨します．

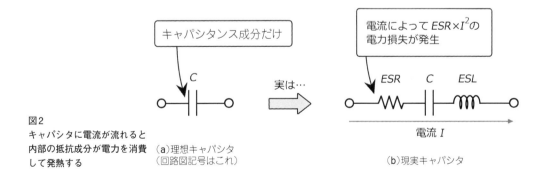

キャパシタンス成分だけ

電流によって $ESR \times I^2$ の電力損失が発生

実は…

図2
キャパシタに電流が流れると
内部の抵抗成分が電力を消費
して発熱する

（a）理想キャパシタ
（回路図記号はこれ）

電流 *I*

（b）現実キャパシタ

コラム1　セラミック・キャパシタは温度によってキャパシタンスが変わる

● 誘電率によって温度特性も変わる

キャパシタの静電容量，つまりキャパシタンスが温度によって変わる（温度特性をもつ）事例として，セラミック・キャパシタを紹介します．

実はセラミック・キャパシタは，大きく次の2つに分けられます．1つは誘電率が小さめの低誘電率系（種類Ⅰ），もう一つは誘電率が大きめの高誘電率系（種類Ⅱ）です．

▶低誘電率系

温度によるキャパシタンスの変化が小さいことです．温度特性がよいわけです．一方，誘電率が低い誘電体を材料に使っているので，大きなキャパシタンスは苦手です．

入手できるキャパシタとしては50 V，0.1 μF程度が最大です．1 nF以下のキャパシタンスでも30 MHzを超える高周波用途や，温度でキャパシタンスが変動してほしくないフィルタなどの用途に向いています．

▶高誘電率系

誘電率の大きな誘電体を材料として使っているので，最大6.3 V，100 μFと静電容量の大きなキャパシタも販売されています．反面，キャパシタンスに大きな温度特性をもつタイプもあります．

一番使われているのは，ICの電源とコモン間に実装されている0.1 μF，50 Vのバイパス・キャパシタ（bypass capacitor）でしょう．バイパス・キャパシタは正確なキャパシタンスはまったく必要なく，おおよそ0.1 μFであれば問題ありません．携帯機器のACアダプタやDC-DCコンバータ（DC-DC convertor）には10 μF，22 μFといった大きなキャパシタンスのキャパシタが使われています．

● 規格はJISとEIA

規格もJIS（Japanese Industrial Standard：日本産業規格），とEIA（Electronic Industries Alliance：アメリカの電子工業会）の2つがあり，両方の規格に適合した製品が販売されています．表Aと図Aにセラミック・キャパシタの温度特性をおおまかにまとめました．表Aと図Aは温度特性ごとに規格としてC0G，Bなどの名前を付けられています．

筆者はフィルタなど正確なキャパシタンスが欲しい用途にはC0G（EIA），バイパス・キャパシタにはY5V（EIA）やDC-DCコンバータB（JIS）を好んで使っています．

表A　JIS/EIA規格によるセラミック・キャパシタの分類

クラス	規格	特性	温度範囲 [℃]	容量変化率
低誘電率系 （種類1）	JIS	CH	− 25 ～ 85	0 ± 60ppm/℃
	EIA	C0G	− 55 ～ 125	0 ± 30ppm/℃
高誘電率系 （種類2）	JIS	B	− 25 ～ 85	± 10 %
		F	− 25 ～ 85	± 30 %，− 80 %
	EIA	X8R	− 55 ～ 150	± 15 %

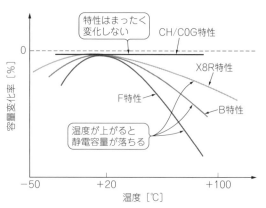

図A　セラミック・キャパシタの温度特性（TDK）
引用元　https://www.jp.tdk.com/news_center/publications/
capacitors_world/pdf/aaa70508.pdf

3-4

キャパシタの「直列接続」と「並列接続」

■ 並列接続はキャパシタンスの和

複数のキャパシタを組み合わせたときのキャパシタンスについて解説します．抵抗の組み合わせ実験と同様に，まず実験してみると実感できると思います．

まずキャパシタを並列に接続した実験をしてみましょう（図1）．

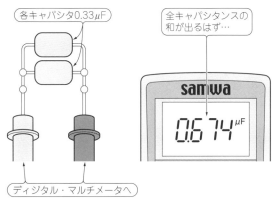

図1　並列接続実験の結果予想…テスタに全キャパシタンスの和が表示されるはず

● 実験1　0.33 μF を2個並列に接続する

最初は0.33 μF（= 330 nF）のキャパシタを図2のように2個並列に接続します．

結果は0.674 μF（写真1）です．2個のキャパシタンスの和＝約0.66 μFに近い値になっています．

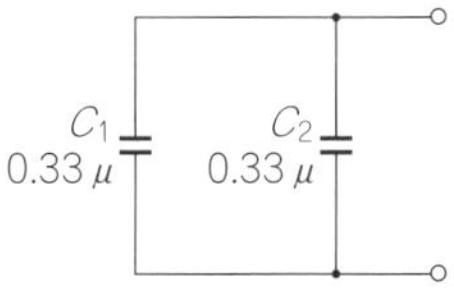

▶図2
実験1：0.33 μFのキャパシタを
2個並列に接続する

C_1
0.33 μ

C_2
0.33 μ

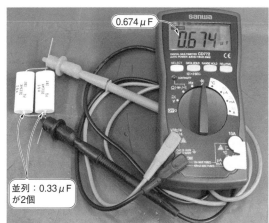

0.674 μF

並列：0.33 μF
が2個

▶写真1

● **実験2　0.33 μFを3個並列に接続する**

次に0.33 μF(= 330 nF)のキャパシタを**図3**のように3個並列に接続します.

結果は1.01 μF(**写真2**)です.3個のキャパシタンスの和=約0.99 μFに近い値になっています.

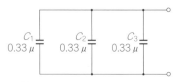

▲図3
実験2:0.33 μFのキャパシタを3個
並列に接続する

並列:0.33 μF
が3個

1.01 μF

▶写真2

● **実験3　0.33 μFを5個並列に接続する**

さらに0.33 μF(= 330 nF)のキャパシタを**図4**のように5個並列に接続します.

結果は1.683 μF(**写真3**)です.5個のキャパシタンスの和=約1.65 μFに近い値になっています.

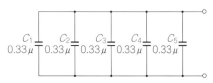

▲図4
実験3:0.33 μFのキャパシタを5個並列に接続
する

並列:0.33 μFが5個

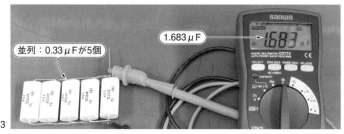

1.683 μF

▶写真3

● **実験4　キャパシタンスが異なる2個**(0.33 μFと0.15 μF)**を並列に接続する**

0.33 μF(= 330 nF)と0.15 μF(= 150 nF)のキャパシタを**図5**のように並列に接続します.

結果は486.9 nF(**写真4**)です.0.33 μFと0.15 μFのキャパシタンスの和=約0.48 μFに近い値になっています.

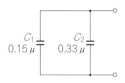

▲図5
実験4:0.33 μFと0.15 μF
のキャパシタを並列に接続
する

0.15 μF

0.33 μF

486.9nF

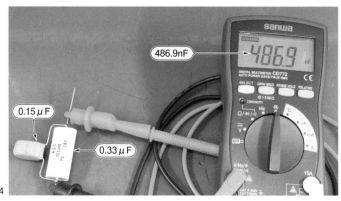

▶写真4

● 実験5　キャパシタンスが異なる2個(3.3 μFと8.2 μF)を並列に接続する

今度は0.33 μF(= 330 nF)と8.2 μFのキャパシタを図6のように並列に接続します.

結果は8.49 μF(**写真5**)です. 0.33 μFと8.2 μFのキャパシタンスの和 = 約8.53 μFに近い値になっています. この場合は0.33 μFと比べるとキャパシタンスが25倍ほど大きい8.2 μFのキャパシタンスが支配的であることがわかります.

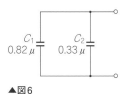

▲図6
実験5:0.33 μFと8.2 μF
のキャパシタを並列に接続
する

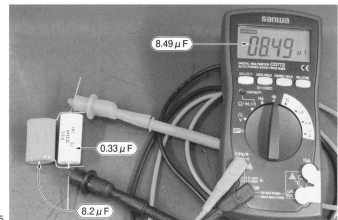

▶写真5

＊　＊　＊

実験1〜実験5から, キャパシタを並列接続したときのキャパシタンスは, 全キャパシタンスの和となることがわかります.

数式で表すと, キャパシタの並列接続時のキャパシタンスC_Pは式(1)になります.

$$C_P = C_1 + C_2 + C_3 + \cdots C_n \quad \cdots\cdots\cdots\cdots\cdots\cdots\cdots\cdots\cdots\cdots\cdots\cdots\cdots\cdots\cdots (1)$$

■ 直列接続

● 1番小さいキャパシタンス以下の値になる

今度はキャパシタの直列接続にした実験をしてみましょう(**図7**).

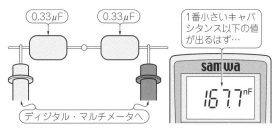

図7　直列接続実験の結果予想…テスタに1番小さいキャパシタンス以下の値が表示されるはず

● 実験6　0.33 μFを2個直列に接続する

最初はまず0.33 μF(= 330 nF)のキャパシタを図8のように2個直列に接続します.

結果は167.7 nF(= 0.1677 μF, **写真6**)です.

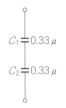

▲図8 実験6:0.33μFのキャパシ
タを2個直列に接続する

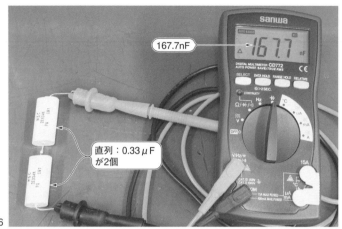

167.7nF

直列:0.33μF
が2個

▶写真6

● 実験7　0.33μFを3個直列に接続する

次に0.33μF(= 330 nF)のキャパシタを図9のように3個直列に接続します.

結果は111.6 nF(= 0.1116μF，写真7)です.

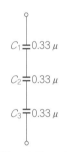

▲図9　実験7:0.33μFのキャパシ
タを3個直列に接続する

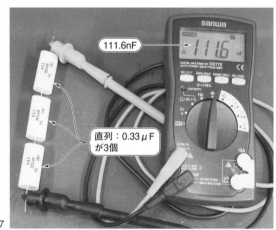

111.6nF

直列:0.33μF
が3個

▶写真7

● 実験8　0.33μFを5個直列に接続する

さらに0.33μF(= 330 nF)のキャパシタを図10のように5個直列に接続します.

実験の結果は67.1 nF(写真8)です.

＊　＊　＊

実験6〜実験8から，キャパシタを直列に接続すると全体のキャパシタンスが減少するのがわかります．特に直列に接続するキャパシタの数が2個より3個，3個より5個のほうがよりキャパシタンスは少なくなっています.

今度は直列にするキャパシタのキャパシタンスを変えて実験します.

● 実験9　キャパシタンスが異なる2個(0.33μFと0.15μF)を直列に接続する

0.33μF(= 330 nF)と0.15μF(= 150 nF)のキャパシタを図11のように直列に接続します.

結果は104.1 nF(= 0.1041μF，写真9)です.

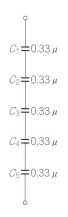

▲図10
実験8：0.33 μFのキャパシタを
5個直列に接続する

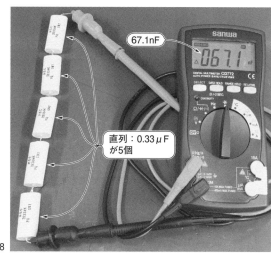

▶写真8

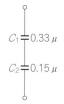

▲図11
実験9：0.33 μF と0.15 μF の
キャパシタを直列に接続する

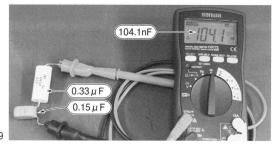

▶写真9

キャパシタの直列接続をインピーダンスで考えてみる

0.33 μF と0.15 μFのキャパシタンスが異なるキャパシタの直列接続について，インピーダンスで考えてみましょう．キャパシタのインピーダンスZ_Cは式(2)のとおりです．

$$|Z_C| = \frac{1}{2\pi f C} \quad\cdots\cdots (2)$$

このインピーダンスZ_Cを周波数 $f = 1\,\text{kHz}$で計算します．

(1) $C_{large} = 0.33\,\mu\text{F}$

$$|Z_{C1}| = \frac{1}{2\pi f C} = \frac{1}{2\pi \cdot 1k \cdot 0.33\mu}$$
$$= \frac{1}{2\pi \cdot 1\times10^3 \cdot 0.33\times10^{-6}}$$
$$\approx 483\ \Omega \quad\cdots\cdots (3)$$

(2) $C_{small} = 0.15\,\mu\text{F}$

$$|Z_{C2}| = \frac{1}{2\pi f C} = \frac{1}{2\pi \cdot 1k \cdot 0.15\mu}$$

$$= \frac{1}{2\pi \cdot 1 \times 10^3 \cdot 0.15 \times 10^{-6}}$$

$$\cong 1062 \ \Omega \quad\quad\quad\quad\quad\quad\quad\quad\quad\quad\quad\quad\quad\quad\quad (4)$$

式(4)と式(5)になります．0.33 μFと0.15 μFのキャパシタを直列接続したときの合成したトータルのインピーダンスZ_Cは式(5)になるはずです．

$$Z_C = 483 + 1062 = 1.545 \ k\Omega \quad\quad\quad\quad\quad\quad\quad\quad\quad (5)$$

そこで式(2)から，逆算してキャパシタンスを求めてみます．

$$C = \frac{1}{2\pi f Z_C} \cong \frac{1}{2\pi \cdot 1 \times 10^3 \cdot 1545}$$

$$\cong 0.103 \ \mu F = 103 \ nF \quad\quad\quad\quad\quad\quad\quad\quad\quad (6)$$

式(6)のように実験値(104.1 nF)に非常に近い値になります．

ここで注目してほしいことは，2個以上のキャパシタを直列接続すると，各キャパシタのインピーダンスが加算されるので，**必ずインピーダンスが大きい側(キャパシタンスの小さい側)のキャパシタ以上のインピーダンスになる**ことです．

合成したキャパシタンスはインピーダンスが大きい側(C_{large})，つまりキャパシタンスの小さい側(C_{small})のキャパシタンス以下になるのです．

0.33 μF($= |Z_{C1}|$)と0.15 μF($= |Z_{C2}|$)の2つのインピーダンスを比較すると，$|Z_{C1}|$($= 483 \ \Omega$) $< |Z_{C2}|$($= 1062 \ \Omega$)となり，明らかに0.15 μFのほうがインピーダンスが大きいですね．直列接続したときの合成したインピーダンスは0.15 μFの$|Z_{C2}|$($= 1062 \ \Omega$)以上になり，合成キャパシタンスは，必ず0.15 μF以下になるのです．実験結果はそのことを裏付けています．

● **実験10　キャパシタンスが大きく異なる2個**(0.33 μFと8.2 μF)**を直列に接続する**

今度は0.33 μF($= 330$ nF)と8.2 μFのキャパシタを**図12**のように直列に接続します．

結果は0.3214 μF($= 321.4$ nF，**写真10**)です．0.33 μFと8.2 μFのキャパシタを直列接続したときの合成キャパシタンスは，必ずキャパシタンスが小さい側(C_{small})以下の値になります．

C_1 0.33 μ
C_2 8.2 μ

▲図12
実験10：0.33 μFと8.2 μFの
キャパシタを直列に接続する

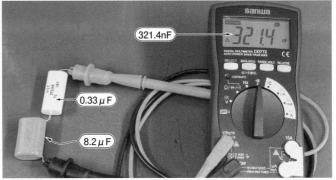

▶写真10

　0.33 μF と比べるとキャパシタンスが25倍も大きい8.2 μF のキャパシタンスを直列に接続したのに，トータルの合成キャパシタンスは0.3214 μF と小さな値になっている点に注目してください．2個のキャパシタを直列接続したときの合成キャパシタンスは，必ずキャパシタンスが小さい側（C_{small}）以下の値になっています．

＊　　＊　　＊

　実験9〜実験10から，**キャパシタを直列接続したときのキャパシタンスは，一番小さいキャパシタンス以下の値になる**ことがわかります．数式で表すとキャパシタの直列接続時のキャパシタンスC_Sは式(7)になります．

$$\frac{1}{C_S} = \frac{1}{C_1} + \frac{1}{C_2} + \frac{1}{C_3} + \cdots + \frac{1}{C_n} \quad\cdots\cdots\cdots (7)$$

Appendix I

並列, 直列接続されたキャパシタのキャパシタンスを求める

■ 並列接続の場合

本文では結論だけ書きましたが, キャパシタを並列に接続したとき, 直列に接続したときのキャパシタンスを与える式を導いてみましょう.

キャパシタを並列に接続したときの全体キャパシタンスを, 電気回路理論から求めてみましょう.

キャパシタが図1のようにC_1, C_2, $C_3 \cdots Cn$ まで並列に接続されているとき, C_1, C_2, $C_3 \cdots Cn$ までの合成キャパシタをC_Pとしましょう.

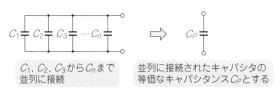

C_1, C_2, C_3からC_nまで並列に接続

並列に接続されたキャパシタの等価なキャパシタンスC_Pとする

図1 キャパシタの並列接続時のキャパシタンス

キャパシタC_Pは, キャパシタの電圧V_P, 電流I_Pとすると図2のように式(1)が成り立ちます.

$$V_P = \frac{1}{j\omega C_P} I_P \quad\cdots\cdots (1)$$

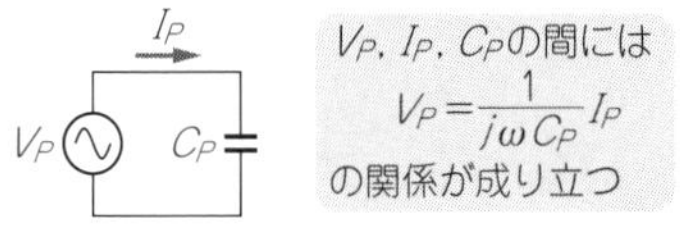

V_P, I_P, C_Pの間には
$V_P = \frac{1}{j\omega C_P} I_P$
の関係が成り立つ

図2 キャパシタの電圧

ここからが重要です. 式(1)を式(2)に書き換えてみましょう.

$$I_P = j\omega C_P V_P \quad\cdots\cdots (2)$$

一方, キャパシタC_1, C_2, $C_3 \cdots Cn$ までの各キャパシタに流れる電流を図3のようにそれぞれI_1, I_2, $I_3 \cdots I_n$とすれば, 式(3)になるはずです.

$$I_P = I_1 + I_2 + I_3 + \cdots + I_n \quad\cdots\cdots (3)$$

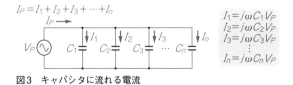

$I_P = I_1 + I_2 + I_3 + \cdots + I_n$

$I_1 = j\omega C_1 V_P$
$I_2 = j\omega C_2 V_P$
$I_3 = j\omega C_3 V_P$
$\vdots$
$I_n = j\omega C_n V_P$

図3 キャパシタに流れる電流

ここでI_1，I_2，$I_3 \cdots I_n$のそれぞれの電流は次のように書けます．

$$I_1 = j\omega C_1 V_p \quad\text{...} \quad (4)$$

$$I_2 = j\omega C_2 V_p \quad\text{...} \quad (5)$$

$$I_3 = j\omega C_3 V_p \quad\text{...} \quad (6)$$

$$I_n = j\omega C_n V_p \quad\text{...} \quad (7)$$

式(3)に式(4)から式(7)を代入してまとめると式(8)になります．

$$
\begin{aligned}
I_p &= I_1 + I_2 + I_3 + \cdots + I_n \\
&= j\omega C_1 V_p + j\omega C_2 V_p + j\omega C_3 V_p + \cdots \\
&\quad \cdots + j\omega C_n V_p \\
&= j\omega (C_1 + C_2 + C_3 + \cdots + C_n) V_p \quad\text{..........} \quad (8)
\end{aligned}
$$

キャパシタC_Pの電流は式(2)でした．式(2)と式(8)は等しいのでイコール（＝）で結ぶと式(9)になります．

$$I_p = j\omega C_P V_p = j\omega (C_1 + C_2 + C_3 + \cdots + C_n) V_p$$

$$\therefore \ C_P = C_1 + C_2 + C_3 + \cdots + C_n \quad\text{.....................} \quad (9)$$

並列に接続された複数のキャパシタのキャパシタンスC_Pを求める式が得られました．

■ 直列接続

今度は直列に接続したキャパシタの全体のキャパシタンスを回路理論から求めてみましょう．

キャパシタが図4のようにC_1，C_2，C_3からCnまで直列に接続されているとき，C_1，C_2，C_3からCnまでの合成キャパシタをC_Sとしましょう．キャパシタC_Sを考えると式(10)が成り立ちます．

$$V_S = \frac{1}{j\omega C_S} I \quad\text{..} \quad (10)$$

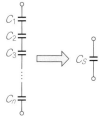

図4　キャパシタの直列接続時のキャパシタンス

ここからがポイントです．キャパシタC_1，C_2，C_3からCnまでの各キャパシタの両端電圧をそれぞれV_1，V_2，$V_3 \cdots V_n$とすれば図5のように式(11)になるはずです．

$$V_S = V_1 + V_2 + V_3 + \cdots + V_n = \frac{1}{j\omega C_S} I \quad\text{............} \quad (11)$$

V_1，V_2，$V_3 \cdots V_n$のそれぞれの電圧は図6のように書けます．

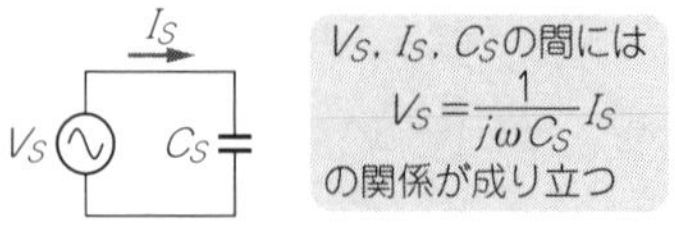

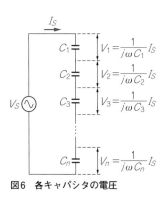

V_S, I_S, C_Sの間には
$$V_S = \frac{1}{j\omega C_S} I_S$$
の関係が成り立つ

図5　キャパシタの電圧

$$V_1 = \frac{1}{j\omega C_1} I \qquad (12)$$

$$V_2 = \frac{1}{j\omega C_2} I \qquad (13)$$

$$V_3 = \frac{1}{j\omega C_3} I \qquad (14)$$

$$V_n = \frac{1}{j\omega C_n} I \qquad (15)$$

C_1　$V_1 = \frac{1}{j\omega C_1} I_S$

C_2　$V_2 = \frac{1}{j\omega C_2} I_S$

C_3　$V_3 = \frac{1}{j\omega C_3} I_S$

C_n　$V_n = \frac{1}{j\omega C_n} I_S$

図6　各キャパシタの電圧

式(11)に式(12)から式(15)を代入すると式(16)になります.

$$
\begin{aligned}
V_S &= V_1 + V_2 + V_3 + \cdots + V_n \\
&= \frac{1}{j\omega C_1} I + \frac{1}{j\omega C_2} I + \frac{1}{j\omega C_3} I + \cdots \\
&\quad \cdots + \frac{1}{j\omega C_n} I \\
&= \frac{1}{j\omega} \left(\frac{1}{C_1} + \frac{1}{C_2} + \frac{1}{C_3} + \cdots + \frac{1}{C_n} \right) I \qquad (16)
\end{aligned}
$$

式(10)から式(16)のようにまとめると，直列に接続された複数のキャパシタのキャパシタンスC_Sを求める式が得られました.

$$
\begin{aligned}
V_S &= \frac{1}{j\omega C_S} I = \frac{1}{j\omega} \left(\frac{1}{C_S} \right) I \\
&= \frac{1}{j\omega} \left(\frac{1}{C_1} + \frac{1}{C_2} + \frac{1}{C_3} + \cdots + \frac{1}{C_n} \right) I \\
\therefore \quad \frac{1}{C_S} &= \frac{1}{C_1} + \frac{1}{C_2} + \frac{1}{C_3} + \cdots + \frac{1}{C_n} \qquad (17)
\end{aligned}
$$

電流の変化を吸収するバイパス・キャパシタ

● キャパシタの2つの用途

今回から，キャパシタの具体的な用途を紹介します．用途を整理すると，次の2つです(**図1**)．

▶**その1** バイパス・キャパシタ(bypass capacitor)：電気をためる性質を利用

▶**その2** フィルタ(filter)：高い周波数でインピーダンスが小さくなる性質を利用

本項では，その1の「バイパス・キャパシタ」の働きについて解説します．バイパス・キャパシタは「パスコン」と呼ぶこともあります．それで，バイパス・キャパシタとは何かという話です．

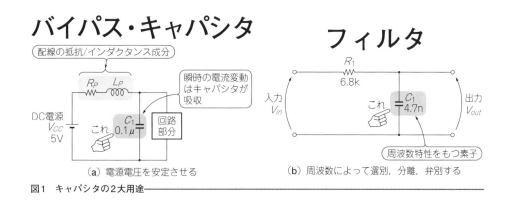

図1　キャパシタの2大用途

● 回路の電源の電流はいつも変化している

図2の回路部分の電源端子Ⓑ部分に注目します．回路部分は動作するときDC電源からの電流を消費します．回路部分に流れる電流の細かい変化を見ると，常時変動しています．つまり回路部分の電源端子Ⓑ部分に流れる電流はDCではないのです．

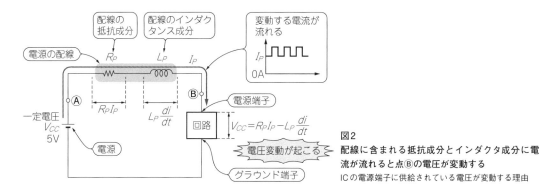

図2
配線に含まれる抵抗成分とインダクタ成分に電流が流れると点Ⓑの電圧が変動する
ICの電源端子に供給されている電圧が変動する理由

車にたとえましょう．エンジンが始動するとブルブル…と振動し始めます．このときエンジンに流れ込むガソリンは安定していません．エンジンの回転に合わせて(具体的には吸気サイクル時に)，ガソリンが断続的にエンジンに流れ込みます．アクセルを踏んで車の速度を上げると，断続的な繰り返しも速

くなっていきます.

　同様に回路部分にも，時間的に変動しないDC電流ではなく，変動する電流が流れます．電源電流が変動する要因は，CPUのクロック(clock：CPUの基本動作決める内部発振発振周波数)であったりや外部からの信号入力です．つまり，ICなどの回路部分の電源の電流は常に変化しているのです.

● 配線の抵抗/インダクタ成分があり電流の変化で電圧が変動する

　回路上の配線は，一般的には理想的と見なして考えます．しかし現実に理想的な配線は存在するのでしょうか．図3のように，いかなる配線にも導体の銅の抵抗成分は存在します．配線が長くなるとインダクタンス成分も生じます．回路図を描くとき，配線は抵抗成分もインダクタンス成分もない理想的な状態として考えます．でも現実にはそんな配線は存在しません.

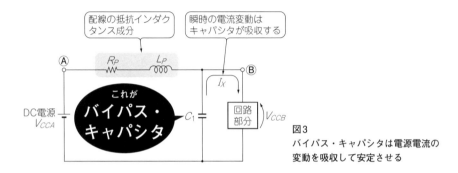

図3
バイパス・キャパシタは電源電流の
変動を吸収して安定させる

　抵抗成分R_P[Ω]があり，電流I_P[A]が流れると次のように電圧降下V_{drop}[V]が発生します.

$$V_{drop} = I_P R_P \quad\text{...(1)}$$

　電流I_Pが変動すると，電圧降下V_{drop}も変動します．また配線にインダクタ成分L_Pがあると，電流I_Pが変動すると電源電圧に式(2)のような変動が生じます.

$$V_{drop} = L_P \frac{di}{dt} \quad\text{...(2)}$$

　微分式で表している(書いている)ので難しいかもしれませんが，式(2)は電源の配線にもインダクタンス成分L_Pがあると，電流変動($= di/dt$)によって，図2の点Bの電源電圧が変動することを示しています.

　結局，電圧が安定しているDC電源の配線といえども，抵抗成分R_Pやインダクタ成分L_Pによって電源電流が流れると電源電圧(図2の点B)の変動が発生します．しかも，回路が複数あると，互いの変動が干渉して回路自体が正常に動作しなくなる可能性も出てきます.

● 電流の変化を吸収する「バイパス・キャパシタ」

　もし「電源電流が変動すると電源電圧も変動するので，このスマートフォンはときどき誤動作しますよ」などと説明書に書かれたスマートフォンがあったら，あなたは買うでしょうか．それでは欠陥製品で誰も買わないばかりか，リコール(注1)の対象製品となるでしょう．もちろん，世の中は，ちゃんとした製品がほとんどです．ですから，電源電流の変動に対して解決方法があるのです．それはキャパシタ

注1：リコールとは，製造者側の設計・製造上のミスにより製品に欠陥があることが判明した場合，法令の規定または製造者・販売者
　　の判断で無償修理・交換・返金などの措置を行うことです.

を使うことです.

　電源電圧の変動の原因は，回路部分に流れる電源電流の変動でした．もし，電源電流の変動を抑えることができれば，電源電圧（**図2**の点**Ⓑ**）の変動もなくなるはずです．めでたしめでたしですね.

　このめでたしめでたしを実現する方法は，回路部分の電源部分とグラウンド間にキャパシタを接続することです．この目的のキャパシタには名前が付いていて，バイパス・キャパシタまたはデカップリング・キャパシタ（decoupling capacitor）と呼びます.

　動作について説明します．**図3**のように回路部分とキャパシタC_1と電源が接続されているとしましょう．キャパシタC_1は電源電圧V_{CC}に接続されているので，キャパシタ電圧はV_{CC}に充電されています.

　電源電流I_Xは回路が動作すると変動する前提でした．今，電源電流が増加したとしましょう．その増加分をキャパシタC_1が回路に供給すれば，結果的に電源電圧V_{CC}の変動は小さくなるはずです.

● **実験で確認，バイパス・キャパシタの効果**

　そんなにうまくいくのかな？と疑心暗鬼になるかもしれません．そこでアンプを作って実験してみました．アンプが正常に動作していれば，入力電圧に対して出力電圧が相似的に大きくなって出てきます.
▶パスコンなし→ひずんだ波形が出る

　図4(a)ではOPアンプ（operational amplifier）で電圧を10倍にして，増幅度（amplification degree）が10倍の反転アンプ（入力と出力の極性が逆になる反転アンプ）で実験してみました．**配線の抵抗成分やインダクタ成分の影響が強く出るように，3m以上の配線としました．**もちろんこのような配線は現

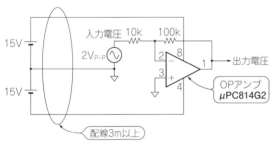

（a）バイパス・キャパシタがないときの実験回路

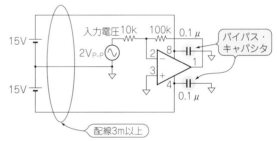

（a）バイパス・キャパシタがあるときの実験回路

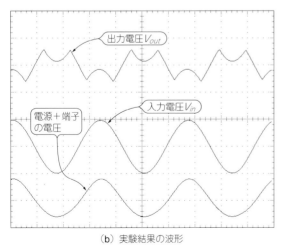

（b）実験結果の波形

図4　電源にバイパス・キャパシタがないときのアンプの出力信号
電源＋端子の変動の影響で出力信号の波形が乱れている

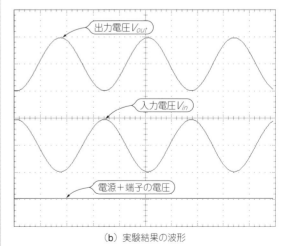

（b）実験結果の波形

図5　電源にバイパス・キャパシタがあるときのアンプの出力信号

実的ではありませんし，そもそもやってはいけないことです．

　実験結果を図4(b)に示します．一見してわかることは出力電圧(上の波形)が大きくひずんでいてとてもサイン波とは言えません．注目すべきは電源＋端子の電圧です．DC電圧を供給しているはずなのに，10 V以上変動しています．これでは正常な動作はまったく期待できません．

　図4(a)の電源端子に，0.1 μFのバイパス・キャパシタ(C_1，C_2)を接続して実験しました［図5(a)］．実験結果が図5(b)です．図5(b)の電源＋端子の電圧は，図4(a)で大きく変動していた電源電圧とは打って変わってピッタリと収まるきれいなDC電圧となっています．出力電圧もサイン波で，入力電圧に対して10倍の電圧で極性が反転しています．これが目的の動作です．

　以上のようにキャパシタは，短い時間ならば電池みたいに電気をためることができ，この蓄積で電源電流の変動分を補います．その結果，電源電圧が安定化されます．

● バイパス・キャパシタは0.1 μFの積層セラミック・キャパシタ

　バイパス・キャパシタは，写真1のような積層セラミック・キャパシタの50 V，0.1 μFが使われることが非常に多いです．0.1 μFは厳密な値ではありませんが，温度によってキャパシタンスが変化する特性(注2)でも十分使えます．0.1 μFのキャパシタをすべてのICの電源端子に接続することがポイントです．

▶1 MHzに効くのは0.01 μF

　使う周波数が1 MHz以上では0.01 μFのキャパシタンスも使われています．*ESL*（Equivalent Series Inductance：等価なインダクタンス）によってキャパシタンスのインピーダンスが高い周波数で大きくなる(3-8節参照)，つまりバイパス・キャパシタとして働きが悪くなることを危惧したからです．

　しかし，バイパス・キャパシタとして0.1 μFのキャパシタと0.01 μFのキャパシタを並列接続することは，お勧めできません(注3)．

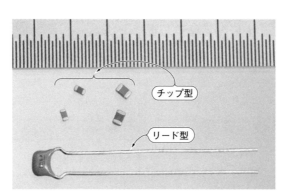

写真1　バイパス・キャパシタによく使われる積層セラミック・キャパシタ(50 V，0.1 μF，SMDタイプとリード・タイプ)

注2：厳密にはEIAの規格でX5R，X7R，Y5Vなど．
注3：反共振(antiresonance)現象が発生する可能性があるためです．反共振とは，並列に接続したキャパシタC_1，C_2において，各ESLをESL_1，ESL_2としたとき，自身のキャパシタンスCともう一方のキャパシタのESLが，並列共振を起こす現象のことです．並列共振なので共振周波数でインピーダンスが高くなり，バイパス・キャパシタとしての特性が悪くなります．

周波数によって選別, 分離する機能「フィルタ」

「フィルタ」は選別の役割

● ドリップ式コーヒーには濾紙

フィルタは身の回りにたくさんあります. 筆者はフィルタと聞くと, 図1(a) (写真1)のコーヒーのフィルタを最初に思い浮かべます.

写真1
おなじみのコーヒーの
濾紙もフィルタだ

（b）蕎麦の水切りをする
「ざる」もフィルタ

コーヒーのフィルタ
粗い粉は残り
細かい粉は
通す

マスク

フィルタ

（a）コーヒーのフィルタは通過するものを大きさによって選別する　　（c）マスクやタバコもフィルタ
図1　フィルタは通過するものを選別する機能をもつ

家庭や職場でコーヒーを飲むとき, サイフォンやインスタント・コーヒー用のコーヒー・メーカを使っているなど淹れ方はさまざまでしょう. 今は筆者の好みでドリップ式のコーヒーの話でしばしお付き合いください.

コーヒーのフィルタの機能をエンジニア・センスで考えてみましょう．コーヒー豆を挽いて粉状になったものにお湯をかけると，コーヒー液が抽出されます．フィルタの中には出し殻が残ります．フィルタは細かな粒だけをふるい分けて，コーヒー・サーバに落としているのです．堅苦しい言い方をすると，コーヒーのフィルタは通過する粒を大きさによって選別しています．

同様な例は，お蕎麦を作るときに利用される「ざる」[図1(b)]も水と蕎麦を選別するフィルタの役割を行っています．マスクは筆者にとって杉花粉が舞う季節には必需品です．カメラのレンズの先端に付けるPL（Polarized Light，偏光）フィルタもフィルタです．エアコンや自動車のエンジンにもフィルタが付いています．インターネット上の有害なホームページを見えなくする機能や迷惑メールを削除する機能もフィルタです．以上のように何かを選別する機能があれば，何でもフィルタなのです．

● 電子回路では周波数によって選別，分離する機能

電子回路においてフィルタの役割を考えると，周波数によって選別，分離する機能を呼んでいる例が多いと思います．実例をお目にかけましょう．図2に示すのは，抵抗Rとキャパシタ Cで構成されたカットオフ周波数（cutoff frequency）が5 kHzのローパス・フィルタ（low pass filter）です．

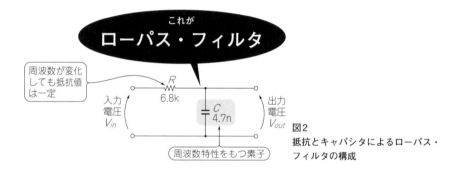

図2
抵抗とキャパシタによるローパス・フィルタの構成

「カットオフ周波数5 kHz」という言葉が出てきました．ローパス・フィルタの場合，DCから5 kHz付近の信号は通過させ，5 kHz以上の周波数の信号は遮断するという特性を示しています．

フィルタを通過するDCから5 kHz付近の信号を音に例えると，図3のようになります．とても低い音，楽器でいうとベースから人の声までは通過して聞こえますが，シンバルやピッコロなどの非常に高い音は遮断されて聞こえません．

ベースの低音は聞こえる　　ピッコロの高音は聞こえない
図3　カットオフ周波数5 kHzのローパス・フィルタの働き
音を入力信号として入れると高音は聞こえづらくなり，低音だけ聞こえる

　このように5kHzを境に，**低い周波数の信号だけが通過するのでローパス・フィルタと呼ばれていま
す**．**低い周波数・高い周波数の境目の周波数をカットオフ周波数と呼びます**．**図2**のフィルタは5kHz
以下の周波数の信号だけを選択する回路なのです．

　実験もしてみました．**図2**の回路に1kHzと10kHz以上の高い周波数成分が混じった約1V_{P-P}の信号
（**図4**上側の波形）を入力します．そのときの出力は電圧（**図4**下側の波形）は，10kHz以上の高い周波
数成分が除かれて1kHzの信号成分のみがあらわれています．これが高い周波数成分を遮断して低い周波
数成分を通過するローパス・フィルタの動作です．

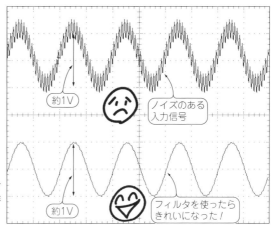

図4
フィルタの効果
1チャネル：入力電圧1kHzのサイン波にノイズが
乗っている．ノイズは不要な周波数信号なので除
外したい．2チャネル：出力電圧．ノイズをフィ
ルタで取って希望の周波数の信号を得た

フィルタはキャパシタの周波数特性を利用

● 高い周波数でインピーダンスが減少するキャパシタの性質を利用

　ここで前置きです．本文中に出てくる抵抗Rですが，回路の中の抵抗Rを示す場合と，計算の中でR
$= 6.8$ kΩのように抵抗値を示す場合の2通りの意味があります．同様にキャパシタCも回路の中のキャ
パシタCを示す場合と，計算するときにC = 4.7 nFのようにキャパシタンスを示す場合があります．

　なぜ，**図2**の回路はこのように周波数の違いにとって信号を分離できるのか考えてみましょう．注目
すべきは**図2**の回路中の周波数特性をもつ素子で，キャパシタCただ1つですね．なので，**図2**の回路
中1個しかない周波数特性を持つ素子，キャパシタCに注目しましょう．

　キャパシタCの周波数特性を考えると，そのインピーダンスZ_Cは，

$$Z_C = \left| \frac{1}{2\pi f C} \right| \quad \cdots\cdots (1)$$

でした．

　式(1)は正しいのですが，絶対値の｜ ｜は理論的すぎるので式(2)のように書きます．

$$Z_C = \frac{1}{2\pi f C} \quad \cdots\cdots (2)$$

　式(2)は周波数fを高く（大きな値に）していくと，キャパシタCのインピーダンスZ_Cがどんどん小さ
くなることを示しています．電子回路の一般的なフィルタは，このキャパシタCのインピーダンスZ_C
が周波数が高くなるほど小さくなる現象を利用しているのです．

そこで，キャパシタCのキャパシタンスを4.7 nFとして，インピーダンスZ_Cの変化の割合に注目して計算しました．

(1) $f = 1$ kHzのとき

$$Z_C = \frac{1}{2\pi f C} = \frac{1}{2\pi \cdot 1k \cdot 4.7n}$$

$$= \frac{1}{2\pi \cdot 1 \times 10^3 \cdot 4.7 \times 10^{-9}} \cong 33.9 \, [k\Omega] \quad \cdots\cdots \text{(A)}$$

(2) $f = 2$ kHzのとき

$$Z_C = \frac{1}{2\pi f C} = \frac{1}{2\pi \cdot 2k \cdot 4.7n}$$

$$= \frac{1}{2\pi \cdot 2 \times 10^3 \cdot 4.7 \times 10^{-9}} \cong 16.9 \, [k\Omega] \quad \cdots\cdots \text{(B)}$$

(3) $f = 5$ kHzのとき

$$Z_C = \frac{1}{2\pi f C} = \frac{1}{2\pi \cdot 5k \cdot 4.7n}$$

$$= \frac{1}{2\pi \cdot 5 \times 10^3 \cdot 4.7 \times 10^{-9}} \cong 6.78 \, [k\Omega] \quad \cdots\cdots \text{(C)}$$

(4) $f = 10$ kHzのとき

$$Z_C = \frac{1}{2\pi f C} = \frac{1}{2\pi \cdot 10k \cdot 4.7n}$$

$$= \frac{1}{2\pi \cdot 10 \times 10^3 \cdot 4.7 \times 10^{-9}} \cong 3.39 \, [k\Omega] \quad \cdots\cdots \text{(D)}$$

(5) $f = 20$ kHzのとき

$$Z_C = \frac{1}{2\pi f C} = \frac{1}{2\pi \cdot 20k \cdot 4.7n}$$

$$= \frac{1}{2\pi \cdot 20 \times 10^3 \cdot 4.7 \times 10^{-9}} \cong 1.69 \, [k\Omega] \quad \cdots\cdots \text{(E)}$$

(6) $f = 50$ kHzのとき

$$Z_C = \frac{1}{2\pi f C} = \frac{1}{2\pi \cdot 50k \cdot 4.7n}$$

$$= \frac{1}{2\pi \cdot 50 \times 10^3 \cdot 4.7 \times 10^{-9}} \cong 678 \, [\Omega] \quad \cdots\cdots \text{(F)}$$

(7) $f = 100$ kHzのとき

$$Z_C = \frac{1}{2\pi f C} = \frac{1}{2\pi \cdot 100k \cdot 4.7n}$$

$$= \frac{1}{2\pi \cdot 100 \times 10^3 \cdot 4.7 \times 10^{-9}} \cong 339 \, [\Omega] \quad \cdots\cdots \text{(G)}$$

以上の関係を図5に示しました．

キャパシタのインピーダンスZ_Cが小さくなる割合が，周波数が2倍高くなれば1/2，周波数が5倍高

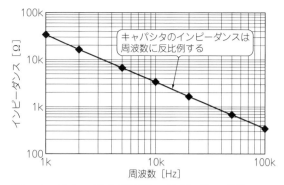

図5　4.7nFのキャパシタの周波数－インピーダンス特性

くなれば1/5，周波数が10倍高くなれば1/10，周波数が100倍高くなれば1/100になっている点に注目してください．つまり，**キャパシタCのインピーダンスZ_Cは周波数に反比例**します．

　一方，図2の抵抗Rは周波数をもちません．この回路は周波数特性をもたない部品の抵抗Rと，周波数に反比例してインピーダンスが小さくなるキャパシタCで構成されているのです．

● 周波数特性をもつ素子が1つなら−20dB/dec

　ここまでわかったところで図2を書き換えました．図6は入力電圧V_{in}が，抵抗Rの両端電圧V_RとキャパシタCの電圧V_C（＝出力電圧V_{out}）にそれぞれ加えられています．つまり入力電圧V_{in}を抵抗RとキャパシタCで分割しているように見えます．

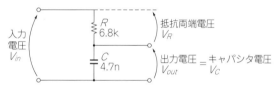

図6　ローパス・フィルタをこのように書き換えると抵抗とキャパシタによる分圧回路になる

　そこで図6の周波数特性を想像してみましょう．インピーダンスが周波数で変化する素子はキャパシタCだけです．そのインピーダンスは周波数に反比例するので，周波数が2倍でインピーダンスは1/2，10倍で1/10になります（図7）．そのため出力電圧V_{out}は，ベースなどの低い音付近の周波数ではキャ

コラム1　1000pFと書くか1nFと書くか

　10 μF，100 μFといった大きなキャパシタンスの場合は，10 μF（10マイクロ・ファラド），100 μF（100マイクロ・ファラド）と呼びます．10 pF，100 pFといった小さなキャパシタンスは，10 pF（10ピコ・ファラド），100 pF（100ピコ・ファラド）と呼びます．

　1000 pF前後が微妙で，1000 pF（1000ピコ・ファラド）と呼ぶ人と1 nF（1ナノ・ファラド）と呼ぶ人と2通りあります．本書では1 nF（1ナノ・ファラド）を推奨します．理由は，英語で言ってみるとわかります．1000 pFはone thousand pico farad と英語が苦手のせいもあって少々言いにくいのですが，1 nFはone nano farad と比較的簡単に発音できます．

　近い将来，読者が海外で活躍することを考えて，本書では1000 pFではなく1 nFと書くことにします．

パシタ C のインピーダンス Z_C が大きいので，入力電圧 V_{in} がそのまま出力電圧 V_{out} として表れます.

　一方，ピッコロなどの高い音付近の周波数ではキャパシタ C のインピーダンス Z_C が小さく，出力電圧 V_{out} は減少することが予想されます．減衰の程度は，キャパシタ C のインピーダンス Z_C の特性に従い，周波数が2倍で1/2，10倍で1/10です.

　周波数が2倍で1/2となる周波数特性を -6 dB/oct，10倍で1/10となる周波数特性を -20 dB/dec と書きます．oct はオクターブ(octave)の略称で周波数2倍．dec はデケード(decade)の略称で周波数10倍の意味で使っています.

　図8のように低い周波数で信号が通過し，高い周波数で減衰するローパス・フィルタが実現できました．これはひとえに周波数特性をもつ素子によって生じた特性です．正確にはキャパシタ C のインピーダンス Z_C が，周波数特性をもつので生まれた特性です.

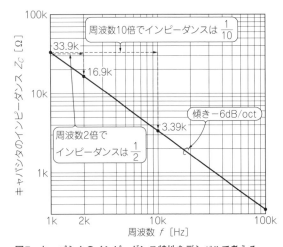

図7　キャパシタのインピーダンス特性をデシベルで考える

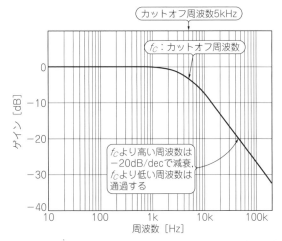

図8　実際の抵抗とキャパシタのローパス・フィルタの周波数特性

RC による LPF の周波数特性を少し詳しく考察する

　さらに図6の回路による LPF の周波数特性(図8)をより深く考察してみましょう．まず，抵抗 R の抵抗値に対するキャパシタンスのインピーダンス Z_C の割合に注目します.

● 低い周波数ではキャパシタのインピーダンスが抵抗値より大きいので周波数特性をもたない

　はじめは入力の周波数が DC 付近の10Hz とか100Hz といった低い場合です．キャパシタのインピーダンスは，

$$Z_C = \left| \frac{1}{2\pi f C} \right| \quad\cdots\cdots\cdots\cdots\cdots\cdots\cdots\cdots\cdots\cdots\cdots\cdots\cdots\cdots\cdots (1)再掲$$

でした．これより10Hz とか100Hz のキャパシタ4.7nF のインピーダンスは，次のように計算できます.

(1) $f = 10$ Hz のとき

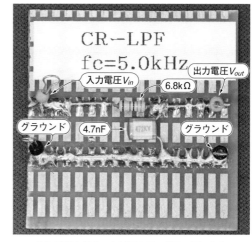

入力電圧V_{in}
出力電圧V_{out}
6.8kΩ
グラウンド
4.7nF
グラウンド

図9
抵抗とキャパシタによるローパス・フィルタ

抵抗両端電圧V_R

R
6.8k

入力
電圧
V_{in}

C
4.7n

出力
電圧
V_{out}
(V_C)

（a）回路図

（b）基板上に作ったリアルローパス・フィルタ

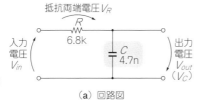

$$Z_C = \frac{1}{2\pi fC} = \frac{1}{2\pi \cdot 10 \cdot 4.7n}$$
$$= \frac{1}{2\pi \cdot 10 \cdot 4.7 \times 10^{-9}} \simeq 3.39\,[\mathrm{M}\Omega] \quad\text{(H)}$$

(2) $f = 100\,\mathrm{Hz}$のとき

$$Z_C = \frac{1}{2\pi fC} = \frac{1}{2\pi \cdot 100 \cdot 4.7n}$$
$$= \frac{1}{2\pi \cdot 100 \cdot 4.7 \times 10^{-9}} \simeq 339\,[\mathrm{k}\Omega] \quad\text{(I)}$$

　図9の抵抗Rの抵抗値（6.8 kΩ）と比較すると，DC付近の周波数では4.7 nFのキャパシタCのインピーダンスZ_Cは無視できるほど大きいことがわかります．
　インピーダンスで書くと，
　339k Ω >>6.8k Ω
です．大きなインピーダンスですから，キャパシタCは無視できますね．周波数特性をもつ素子であるキャパシタの影響を受けないのですから，この付近では周波数特性をもちません．つまり，

$$R < \left| \frac{1}{2\pi fC} \right| \quad\text{(3)}$$

が成り立つ周波数では，RCによるLPFは周波数特性をもちません．なので，
　　入力電圧 V_{in} = 出力電圧 V_{out}
となります．

● **キャパシタのインピーダンスと抵抗値が同じ程度になると周波数特性をもちはじめる**
　今度は少し入力の周波数を高くしてみましょう．キャパシタCのインピーダンスZ_Cが小さくなり，抵抗Rに近づき，Z_Cが回路のゲインに影響を及ぼしはじめます．キャパシタCのインピーダンスZ_Cと抵抗Rと等しくなる周波数では次式が成立します．

$$R = \left|\frac{1}{2\pi f C}\right| \quad\cdots\cdots\cdots\cdots\cdots\cdots\cdots\cdots\cdots\cdots\cdots\cdots\cdots\cdots\cdots\cdots\cdots\cdots\cdots (4)$$

抵抗RとキャパシタCの抵抗値が等しくなる周波数は次式で表されます.

$$f = \frac{1}{2\pi R C} \quad\cdots\cdots\cdots\cdots\cdots\cdots\cdots\cdots\cdots\cdots\cdots\cdots\cdots\cdots\cdots\cdots\cdots\cdots\cdots (5)$$

前に図6の回路のカットオフ周波数は5kHzと書きました.そこで入力周波数が5kHzのときのキャパシタ4.7nFのインピーダンスを計算してみました.

$$Z_c = \frac{1}{2\pi f C} = \frac{1}{2\pi \cdot 5k \cdot 4.7n} = \frac{1}{2\pi \cdot 5\times10^3 \cdot 4.7\times10^{-9}} \cong 6.8\,[k\Omega] \quad\cdots\cdots\cdots (C)再掲$$

です.入力周波数が5kHzとなると図6の回路のキャパシタ4.7nFのインピーダンスと抵抗Rの抵抗値6.8kΩと同じ値になっている点に注目してください.インピーダンスと抵抗Rの抵抗値6.8kΩが同じ値になっているので,入力電圧V_{in}は抵抗RとキャパシタCによって分割(でも1/2ではない:後述)されて,

入力電圧V_{in} > 出力電圧V_{out}

となり徐々に減衰して出力に表れます.つまり周波数特性をもちだします.

ゆえにキャパシタCのインピーダンスと抵抗Rの抵抗値が等しくなる周波数

$$f = \frac{1}{2\pi R C} \quad\cdots\cdots\cdots\cdots\cdots\cdots\cdots\cdots\cdots\cdots\cdots\cdots\cdots\cdots\cdots\cdots (5)再掲$$

をカットオフ周波数(cutoff frequency)と呼んでいるのです.

そこで実際に図6の定数を式(3)に入れてみます.

$$f = \frac{1}{2\pi R C} = \frac{1}{2\pi \cdot 6.8\times10^3 \cdot 4.7\times10^{-9}}$$
$$\cong 5\,[kHz] \quad\cdots\cdots\cdots\cdots\cdots\cdots\cdots\cdots\cdots\cdots\cdots\cdots\cdots\cdots\cdots (6)$$

以上のように確認できました.

さらに周波数を上げると,抵抗RよりキャパシタCのインピーダンスZ_Cが小さくなり,次式が成立するようになります.

$$R > \left|\frac{1}{2\pi f C}\right| \quad\cdots\cdots\cdots\cdots\cdots\cdots\cdots\cdots\cdots\cdots\cdots\cdots\cdots\cdots\cdots\cdots (7)$$

この周波数領域では,キャパシタCのインピーダンスZ_Cが小さくなる調子に合わせて,出力電圧V_{out}が減少します.

式(6)で示される周波数より低い周波数の信号は通過して,式(6)で示される周波数より高い周波数の信号は周波数が高くなるにつれて,少しずつ減衰していきます.

これも計算してみましょう.入力周波数を100kHzのときのキャパシタ4.7nFのインピーダンスは,

$$Z_c = \frac{1}{2\pi f C} = \frac{1}{2\pi \cdot 100k \cdot 4.7n}$$
$$= \frac{1}{2\pi \cdot 100\times10^3 \cdot 4.7\times10^{-9}} \cong 339\,[\Omega] \quad\cdots\cdots\cdots\cdots\cdots\cdots\cdots (G)再掲$$

となります.つまり

抵抗値6.8kΩ >> キャパシタのインピーダンス339Ω

です.

入力周波数100kHzとなっても抵抗Rの抵抗値は周波数によらず一定ですが,キャパシタ4.7nFのイ

ンピーダンスは339Ωです．このため，抵抗RとキャパシタCによって分割された入力電圧V_{in}は，大きく減衰して出力に表れます．つまり，

　　入力電圧V_{in}>>出力電圧V_{out}

です．ですから高い周波数の入力信号は出力に表れません．これがLPFです．

さらにベクトル図を使って考察

● 抵抗の電圧は実軸，キャパシタは虚軸

　さらに踏み込んでベクトル図を使って，LPFのゲインが周波数によって変化するようすを考察します．
　図10(a)に示すように，入力電圧V_{in}が抵抗Rの両端電圧V_RとキャパシタCの電圧（V_C，出力電圧V_{out}に等しい）で分割されている，と考えます．ACのオームの法則を適用して式を立てました．Iは，抵抗とキャパシタに流れる電流です．

$$V_{in} = \left(R + \frac{1}{j\omega C} \right) I \quad\text{(8)}$$

　式(8)では，説明を簡単にするために意図的に複素数を使っています．
　式(8)のカッコを外して，抵抗Rの両端電圧V_RとキャパシタCの電圧V_C（出力電圧V_{out}に等しい）に分けましょう．次式のようになります．

$$V_{in} = RI + \frac{1}{j\omega C} I = V_R + V_C \quad\text{(9)}$$

　式(9)において，両端電圧V_RとキャパシタCの電圧V_C（出力電圧V_{out}）はそれぞれ次式で表されます．

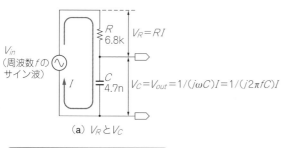

（a）V_RとV_C

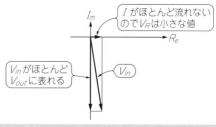

出力電圧V_{out}の位相は入力電圧V_{in}とほとんど変わらない

（b）V_{in}の周波数fがカットオフ周波数f_Cより低いときのベクトル図

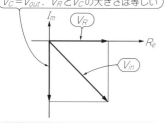

・V_{in}の約70%がV_{out}に表れる
・V_{out}の位相はV_{in}に対して45°の遅れ

（c）V_{in}の周波数fがカットオフ周波数f_Cのときのベクトル図

$$V_{out} = V_{in} \times \sin 45° = V_R / \sqrt{2} \fallingdotseq 0.707 V_{in}$$

・V_{in}の約70%がV_{out}に表れる
・V_{out}の位相はV_{in}に対して45°の遅れ

（d）カットオフ周波数f_CのV_{in}とV_{out}の関係は直角二等辺三角形

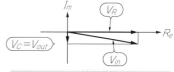

・V_{in}はどんどんV_{out}に表れにくくなる
・V_{out}の位相はV_{in}に対しておおよそ90°の遅れ

（e）V_{in}の周波数がカットオフ周波数f_Cより高いときのベクトル図

図10　抵抗とコンデンサのローパス・フィルタの動作をベクトル図で考える

$$V_R = RI \quad \text{………………………………………………(10)}$$

$$V_C = \frac{1}{j\omega C} I \quad \text{………………………………………………(11)}$$

キャパシタCの電圧V_C（＝出力電圧V_{out}）を示す式(11)を少し変形します．式(11)の分子分母に虚数単位jをかけます．

$$V_C = \frac{1}{j\omega C} I = \frac{j}{j}\frac{1}{j\omega C} I$$

$$= j\frac{1}{j^2\omega C} I = j\frac{1}{(-1)\omega C} I = -j\frac{1}{\omega C} I \quad \text{………………………………(12)}$$

$\omega = 2\pi f$を使って，式(12)の角速度ωを周波数fに書き換えましょう．

$$V_C = -j\frac{1}{\omega C} I = -j\frac{1}{2\pi f C} I \quad \text{…………………………………(13)}$$

キャパシタ電圧V_Cは，マイナス符号と虚数単位jが付いていることに注目してください．マイナス符号と虚数単位jは，キャパシタ電圧V_Cの方向を示しています．

式(13)から，キャパシタCの電圧V_C（＝出力電圧V_{out}）の大きさは次式で表されます．

$$V_C = \left|-j\frac{1}{\omega C} I\right| = \frac{1}{\omega C} I = \frac{1}{2\pi f C} I \quad \text{………………………………(14)}$$

準備は整いました．式(10)と式(13)，式(14)から，横軸に実数，縦軸に虚数をとってグラフを描くと，図10(b)，図10(c)，図10(d)のようになります．順に説明します．

● **入力信号の周波数がカットオフ周波数より低いとき，入力電圧は出力にそのまま現れる**

まず，入力電圧V_{in}の周波数fがカットオフ周波数f_Cより低いときの動作を考えてみましょう．

図10(b)は，図10(a)の回路で入力電圧V_{in}の周波数fがカットオフ周波数f_Cより低いときの動作をベクトルで表示したものです．

入力電圧V_{in}の周波数fが低いときは，式(14)の分母の周波数fが小さいので，キャパシタCのインピーダンスZ_Cは大きくなります．キャパシタCのインピーダンスZ_Cが抵抗Rに対して大きいと，キャパシタ電圧V_Cは入力電圧V_{in}に近い大きさになります．

一方，キャパシタのインピーダンスZ_Cが大きな値になると入力から流れ込む電流Iは小さな値になり，式(12)で示される抵抗の両端電圧V_Rも小さな値になります．その結果として，キャパシタ電圧V_C，つまり出力電圧V_{out}には，ほぼ入力電圧V_{in}が表れます．この特性は，入力電圧V_{in}の周波数が低いときは，信号を減衰させずそのまま通過させるLPFの動作です．

入力電圧V_{in}の周波数がカットオフ周波数f_Cより1/10以上低いときは，入力電圧V_{in}と出力電圧V_{out}の位相の差はほとんどありません．

● **入力信号の周波数がカットオフ周波数に等しいとき，キャパシタ電圧と抵抗の電圧は等しい**

次に入力電圧V_{in}の周波数fとカットオフ周波数f_Cが等しいときの動作を考えてみましょう．図10(c)は，図10(a)の回路で入力電圧V_{in}の周波数fとカットオフ周波数f_Cが等しいときの動作をベクトルで表示したものです．

　入力電圧V_{in}の周波数fがカットオフ周波数f_Cに等しいとき，キャパシタCのインピーダンスZ_Cは，抵抗Rのレジスタンスと等しくなります．キャパシタCのインピーダンスZ_Cが，抵抗Rのレジスタンスと等しくなる周波数がカットオフ周波数f_Cと理解してもよいでしょう．

　式で表すと，次のようになります．

$$R = \frac{1}{2\pi f_C C} \quad\text{...}\quad (15)$$

　図10(a)の回路において，抵抗Rの両端電圧$V_R(=RI)$とキャパシタCの両端電圧$|V_C|(=|I|/(2\pi fC))$は等しくなります．数式で書くと次のようになります．

$$V_R = |V_C| \quad\text{..}\quad (16)$$

　注目すべきは，図10(a)の回路で抵抗Rの両端電圧V_RとキャパシタCの両端電圧V_Cが等しくても，キャパシタ電圧V_C，つまり出力電圧V_{out}は入力電圧V_{in}の1/2にならないことです．

　出力電圧V_{out}の大きさは，入力電圧V_{in}の$1/\sqrt{2}$倍で，数式で書くと次のようになります．

$$V_R = |V_C| = \frac{1}{\sqrt{2}}V_{in}$$
$$\cong 0.707\, V_{in} \quad\text{...}\quad (17)$$

　$1/\sqrt{2}$になる理由を説明しましょう．図10(c)を見てください．

- 底辺(the base of the triangle)が入力電圧V_{in}
- 斜辺(hypotenuse)が抵抗Rの両端電圧V_Rまたは出力電圧V_{out}($=$キャパシタ電圧V_C)

の直角二等辺三角形(isosceles right triangle)を考えます．直角二等辺三角形は，底辺と斜辺のなす角度が$45°$ですから，図10(d)の入力電圧V_{in}と抵抗Rの両端電圧V_Rまたは出力電圧V_{out}が成す角度は$45°$です．

　なので入力電圧V_{in}と出力電圧V_{out}には次の関係が成立します．

$$V_R = |V_C| = V_{in} \times \sin 45°$$
$$= \frac{1}{\sqrt{2}}V_{in} \cong 0.707\, V_{in} \quad\text{...}\quad (18)$$

　つまり，式(17)の関係になりました．

　入力電圧V_{in}の周波数fがカットオフ周波数f_Cの出力電圧V_{out}の位相は，図10(c)，図10(d)のように入力電圧V_{in}と$45°$です．

● 入力信号の周波数がカットオフ周波数より高いとき，出力電圧は小さい

　最後に入力電圧V_{in}の周波数fがカットオフ周波数f_Cより高いときの動作を考えてみましょう．

　図10(e)は，図10(a)の回路で入力電圧V_{in}の周波数fがカットオフ周波数f_Cより高いときの動作をベクトルで表示したものです．

　入力電圧V_{in}の周波数fが高くなるとキャパシタCのインピーダンスZ_Cは，分母の周波数fが大きな値になるので小さな値になります．この傾向は入力電圧V_{in}の周波数fが高くなるほど強くなり，キャパシタ電圧V_C［式(14)］も，入力電圧V_{in}の周波数fが高くなるほど小さな電圧になります．つまり，カットオフ周波数f_Cより高い入力電圧の周波数の成分は出力されにくくなります．

　入力電圧V_{in}の周波数fがカットオフ周波数f_Cより10倍程度高いときの出力電圧V_{out}の位相は，図10(e)のように入力電圧V_{in}に対して$90°$遅れます．

LPF の周波数特性を実験で確認

● LPF の周波数

理屈っぽい話はこのへんで終わりにして，図10の話が本当にそうなるのか，図9の回路を製作して実験しました．回路を図11，実験のようすを写真2に示します．

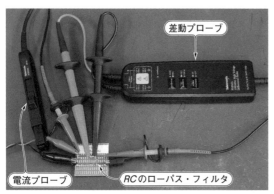

写真2　カットオフ周波数5kHzのローパス・フィルタを実測中

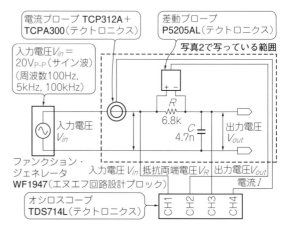

図11　図1を実際に実験する回路

次の3つの条件で測定しました．

- ［実験①］LPFのカットオフ周波数(5kHz)よりとても低い周波数(100Hz)を入力 ［図12(a)］
- ［実験②］LPFのカットオフ周波数(5kHz)に等しい周波数(5kHz)を入力 ［図12(b)］
- ［実験③］LPFのカットオフ周波数(5kHz)よりとても高い周波数(100kHz)を入力 ［図12(c)］

図12(a)，図12(b)，図12(c)は，上から入力電圧V_{in}，抵抗Rの両端電圧V_R，出力電圧V_{out}（＝キャパシタCの電圧V_C），電流Iの順です．

測定では，オシロスコープの縦軸の電圧，電流のレンジは固定して，時間(横軸)だけを変えました．ですから電圧，電流の大きさの変化がわかると思います．

実験結果を図12に示します．図12(a)，図12(b)，図12(c)は，図10(b)，図10(c)，図10(e)と対応します．

● 実験①　LPFのカットオフ周波数5kHzよりとても低い周波数100Hzを入力

図12(a)に実験結果を示します．

電流Iはほとんど流れません．したがって，抵抗の両端電圧V_Rは非常に小さな電圧になっています．出力電圧V_{out}（キャパシタCの電圧V_C）には，入力電圧V_{in}とほぼ等しい電圧が表れています．

● 実験②　LPFのカットオフ周波数5kHzに等しい周波数5kHzを入力

図12(b)に実験結果を示します．図12(a)より電流Iが増し，そのぶん抵抗の両端電圧V_Rも増しています．キャパシタCの電圧V_C（出力電圧V_{out}）は少し減少し，抵抗の両端電圧V_Rと同じです．

位相に注目すると，入力電圧V_{in}に対して抵抗Rの両端電圧V_Rは45°位相が進み，出力電圧V_{out}（＝キャパシタCの電圧V_C）は45°遅れています．出力電圧V_{out}（＝キャパシタCの電圧V_C）に注目すると入力

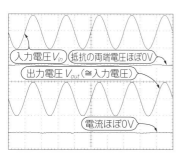

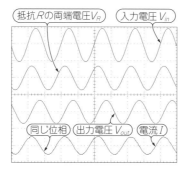

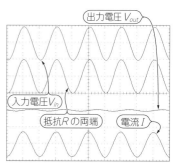

（a）入力周波数 100 Hz の動作
1 チャネルが入力電圧 V_{in}, 2 チャネルが抵抗両端電圧 V_R, 3 チャネルが出力電圧 V_{out}, 4 チャネルが電流 I

（b）入力周波数 5 kHz（＝カットオフ周波数）の動作
1 チャネルが入力電圧 V_{in}, 2 チャネルが抵抗両端電圧 V_R, 3 チャネルが出力電圧 V_{out}, 4 チャネルが電流 I

（c）入力周波数 100 kHz の動作
1 チャネルが入力電圧 V_{in}, 2 チャネルが抵抗両端電圧 V_R, 3 チャネルが出力電圧 V_{out}, 4 チャネルが電流 I

図12　抵抗とキャパシタによるローパス・フィルタの実験

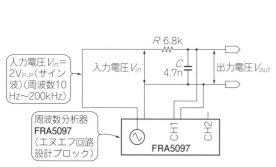

図13　ローパス・フィルタの周波数特性の測定回路

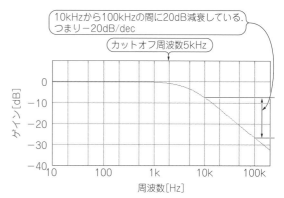

図14　カットオフ周波数 5 kHz のローパス・フィルタの周波数特性

電圧 V_{in} に対して 45° 遅れています. 抵抗 R の両端電圧 V_R に対して出力電圧 V_{out}（＝キャパシタ C の電圧 V_C）は 90° 遅れています.

● **実験③　LPF のカットオフ周波数 5 kHz よりとても高い周波数 100 kHz を入力**

図12（c）に実験結果を示します.

電流 I がさらに増加し抵抗の両端電圧 V_R も増加します. その結果, 出力電圧 V_{out}, つまりキャパシタ C の電圧 V_C は大幅に減少しています. 入力電圧 V_{in} に対して出力電圧 V_{out} の位相は 90° 遅れています.

＊　　＊　　＊

以上の実験結果（図12）は, 図10（b）, 図10（c）, 図10（e）の説明のとおりでしたね.

● **実験④　専用測定器で LPF のゲインの周波数特性を測定**

最後に図13の測定回路で, 図9の回路の周波数特性を測ってみました. 図14が結果です. 10 kHz 以上の周波数で, 周波数が 2 倍で 1/2, 10 倍で 1/10, つまり － 6 dB/oct または － 20 dB/dec になります. 繰り返しますが, これはキャパシタ C のインピーダンス Z_C が周波数特性をもつことで生まれた特性です.

Appendix J

フィルタの周波数選別機能による分類

　少しフィルタの一般的な話もしましょう．一般に周波数の選別機能によって次のように分類されています（図1）．

LPF（low pass filter）：低い周波数域が通過，高い周波数域が減衰
HPF（high pass filter）：低い周波数域が減衰，高い周波数域が通過
BPF（Band-pass filter）：特定の周波数幅が通過，他の周波数は減衰
BEF（band elimination filter）：特定の周波数のみ減衰，他の周波数は通過
APF（all pass filter）：振幅特性は周波数特性をもたないが，位相特性のみ周波数特性をもつ（図2）

　脱線しますが，フィルタの文献に数式が多く登場するのは，LPFやHPFなどの通過，減衰の特性を数学の関数や多項式で決めているからです．つまり周波数特性を数学の関数で近似しているのですね．それゆえ，バターワース（Butterworth），ベッセル（Bessel），チェビシェフ（Chebyshev）などフィルタの名前に近似した関数や多項式の名前が付いています．

　VHF（30MHz～300MHz）以上の周波数で使われるLC回路の共振現象を利用して周波数を選択するレゾネータ（resonator）もフィルタの一種でBPFといえるでしょう（図1～図3）．

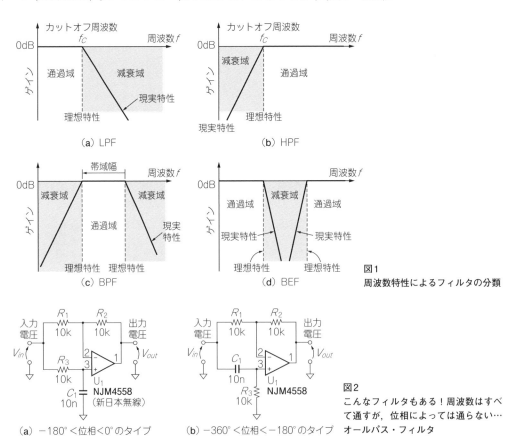

図1
周波数特性によるフィルタの分類

（a）LPF　（b）HPF　（c）BPF　（d）BEF

図2
こんなフィルタもある！周波数はすべて通すが，位相によっては通らない…
オールパス・フィルタ

（a）−180°＜位相＜0°のタイプ　（b）−360°＜位相＜−180°のタイプ

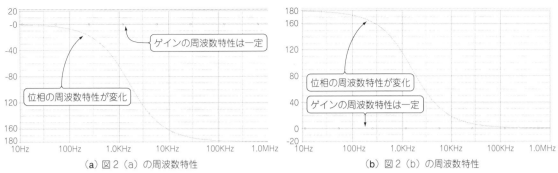

（a）図2（a）の周波数特性　　　　　　　　　　　　（b）図2（b）の周波数特性

図3　オールパス・フィルタの特性

● これからはディジタル・フィルタ

近年はFPGA，CPUといったディジタル・デバイスが急速な進化を遂げ，高速な処理が可能になり価格的にも十分製品化できるようになっています．すると従来までのキャパシタCと抵抗R，それとOPアンプなどで構成された**図4**，**図5**のアクティブ・フィルタ回路は，あまり使われなくなりました．代わりにディジタル・フィルタ（digital filter）の登場です．**図6**はディジタル・フィルタの中でIIR（Infinite impulse response）型と呼ばれるタイプです．**図6**のIIRフィルタが，**図4**，**図5**の回路と同じ特性とは図を見ただけでは，にわかに信じられませんね．

図6のIIR型のディジタル・フィルタの場合，式(A)の演算をすることで目的の周波数特性を得てい

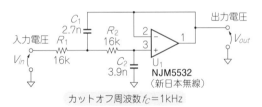

図4　その1：アクティブ・フィルタの基本…サレンキー回路

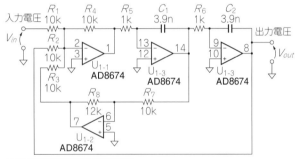

カットオフ周波数 f_C＝40kHz　　　　　　AD8674：アナログ・デバイセズ

図5　その2：定数の誤差や温度変化に強い…ステート・バリアブル・フィルタ

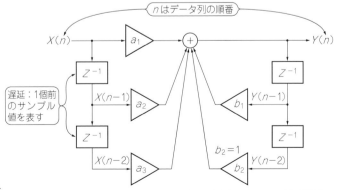

図6
ディジタル・フィルタは
数値計算で実現する

$$Y(n)=b_1 Y(n-1)-b_2 Y(n-2)+a_1 X(n)+a_2 X(n-1)+a_3 X(n-2)$$

ます.

$$Y(n) = b_1Y(n-1) + b_2Y(n-2) + a_1X(n) + a_2X(n-1) + a_3X(n-2) \cdots\cdots\cdots\cdots\cdots\cdots\cdots\cdots (A)$$

式(A)の係数a_1, a_2, a_3, b_1, b_2, b_3を変えるとLPF, HPFなどの機能の切り替えとカットオフ周波数f_Cを変えることができます.

またディジタル・フィルタと聞くと, 専門書ではこちらも数式ばかりで難しそうな印象をもちます. ですが簡単にいいますと"キャパシタではなく演算によって周波数特性を得ているフィルタ"なのです. 演算による周波数特性の例として, 平均を考えてみましょう. 例えば図7のように現在のデータから5個前までのデータまで平均化します. すると得られたデータ列は, 飛び抜けた値がなくなりますね. つまりLPFされたということです. 演算で周波数特性を得るので, アナログ・フィルタに比べさらに数式が多く登場しているのです.

脱線しますが, 式(A)は"係数×入力データ(出力データ)＋"の形をしています. 一般にこのような$A \times B + C$の掛け算と足し算の組み合わせを積和演算と呼びます. マイコンなどでDSP(digital signal processer)機能などと謳っているものは, 積和演算が高速で演算できる機能が付いたタイプといえます. CPUであれFPGAであれディジタル・フィルタは, 積和演算によって実現しているのです.

ディジタル・フィルタの利点は, 係数a_1, a_2, a_3, b_1, b_2, b_3を変えるだけのソフトウェア的な変更で周波数の特性を変えられること, 係数はソフトウェア的な定数なので温度特性をもたず経年変化もないことなどが挙げられます.

OPアンプによるアクティブ・フィルタに代わりディジタル・フィルタが使われだしましたが, これは単に実現の方法が変わったにすぎません. 周波数によって信号を分離するフィルタの特徴は何ら変わらないことを強調したいと思います.

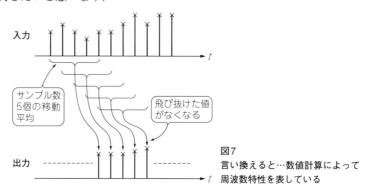

図7
言い換えると…数値計算によって
周波数特性を表している

3-7

キャパシタの理想と現実

■ 理想と現実

　よく言えば現実的，悪く言うとへそ曲がりな筆者の性格からして「周波数 f が高くなるほどキャパシタのインピーダンス Z_C は減少する」と言われても真に受けるわけがありません．そこでさっそく実験してみます．

　図1に，手元にあったキャパシタを2種類，電解キャパシタ（aluminum electrolytic capacitor）と積層セラミック・キャパシタ（monolithic ceramic chip capacitors）の周波数特性を測定した結果を示します．

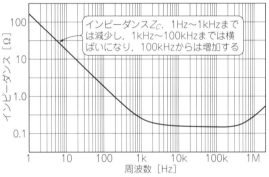

（a）電解キャパシタのインピーダンス特性（鍋底型）…現実のキャパシタは周波数が高くなってもインピーダンスが単調に減少してくれない

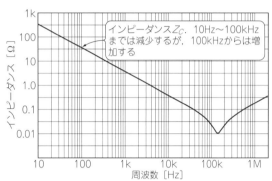

（b）積層セラミック・キャパシタのインピーダンス特性（V型）…周波数特性が良いといわれる低 ESR キャパシタも単調に減少しない

図1　教科書は「キャパシタのインピーダンス Z_C は周波数 f が高くなるほど減少する」と教えてくれているが，実際は違う――――

　図1をよく見てください，周波数が高くなるほどキャパシタのインピーダンス Z_C は減少しましたか？違いますよね．ここにキャパシタの理想と現実があります．

● 理想：周波数 f が高くなるほどキャパシタのインピーダンス Z_C は減少する
● 現実：周波数 f が高くなるほどキャパシタのインピーダンス Z_C は減少するが，さらに周波数が高くなるとインピーダンス Z_C は逆に増す

　現実のキャパシタの，全体のインピーダンスは図1のように鍋底型やV字型の周波数特性であることがほとんどです．なぜこのような周波数特性になるのでしょうか．そこで図2にキャパシタの等価回路の一例を示します．

図2
キャパシタの等価回路…現実のキャパシタには抵抗成分 ESR とインダクタ成分 ESL が存在している

理想キャパシタには存在しない部品がくっついてくる

ESR　　C　　ESL

　キャパシタの抵抗成分を ESR（equivalent series resistance），インダクタ成分を ESL（equivalent series inductance）と呼びます．*ESL*の*L*ですがインダクタ（inductor）成分を*L*と書いているのが面白いですね．困ったことに現実のキャパシタには，こうした*ESR*や*ESL*が必ず存在します．これが現実で，理想のキャパシタは紙の上の記号にすぎません．

では，キャパシタ*C*が理想のキャパシタ*C*だけでなく，*ESR*や*ESL*を含むとなぜ図1(b)のような周波数特性になるのでしょうか，周波数*f*の低いほうから順に考えてみましょう．

● *ESR*と*ESL*の影響が少ない低い周波数域

周波数*f*が低いほうから高いほうへ少しずつ変化したとします．図3をご覧ください．キャパシタ*C*のインピーダンスは，周波数*f*が高くなると少しずつ低下します．このときのキャパシタ*C*と*ESR*のインピーダンスは，

$$\mathrm{ESR} < \frac{1}{2\pi f C} \quad (=キャパシタのインピーダンス) \cdots\cdots (1)$$

となります．

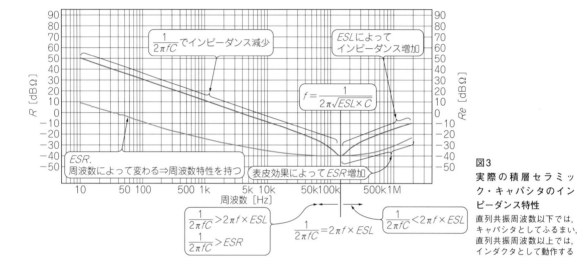

図3
実際の積層セラミック・キャパシタのインピーダンス特性
直列共振周波数以下では，キャパシタとしてふるまい，直列共振周波数以上では，インダクタとして動作する

キャパシタ*C*と*ESL*のインピーダンスを考えると，

$$2\pi f \times \mathrm{ESL} < \frac{1}{2\pi f C} \cdots\cdots (2)$$

です．

*ESR*も*ESL*もキャパシタ*C*のインピーダンスに比べると，とても小さいです．このあたりの低い周波数範囲では，キャパシタ*C*の全体のインピーダンスZ_Cは理想的な，

$$Z_C = \frac{1}{2\pi f C} \cdots\cdots (3)$$

と考えてよいでしょう．

● *ESR*と*ESL*が等しい周波数ではキャパシタのインピーダンスは*ESR*だけ

周波数*f*が高くなって，キャパシタ*C*のインピーダンスと*ESL*のインピーダンスが等しくなる周波

参考文献：株式会社村田製作所，一般用チップ積層セラミックコンデンサ
http://psearch.murata.co.jp/capacitor/product/GRM21BB30J476ME15%23.html

数 f_r を考えてみましょう.

$$2\pi f \times ESL = \frac{1}{2\pi fC} \quad\text{...(4)}$$

周波数 f_r では, キャパシタ C と ESL が直列共振(series resonance)を起こします. 直列共振を起こすと, キャパシタ C と ESL の合成インピーダンスが $0\,\Omega$, つまりショート(electrical short)になっていると見なしてよいので, キャパシタ C の全体のインピーダンス Z_C は ESR だけで決まり,

$$Z_C = ESR \quad\text{...(5)}$$

となります.

直列共振周波数 f_r は, 式(4)を解くと得られます. やってみましょう.

$$2\pi f \times ESL = \frac{1}{2\pi fC}$$

$$2\pi f \times f = \frac{1}{ESL \times 2\pi C}$$

両辺を 2π で割ると,

$$f^2 = \frac{1}{2\pi\, ESL \times 2\pi C}$$

式をまとめて,

$$f^2 = \frac{1}{(2\pi)^2 \times ESL \times C}$$

あとは両辺の $\sqrt{}$ を取ります.

$$f = \frac{1}{2\pi\sqrt{ESL \times C}} \quad\text{..(6)}$$

以上から共振周波数 f が得られました. $f = f_r$ と置くと, 直列共振周波数 f_r は式(7)のようになります.

$$f_r = \frac{1}{2\pi\sqrt{ESL \times C}} \quad\text{..(7)}$$

図1(b)の周波数特性で直列共振周波数 f_r は $200\,\text{kHz}$ 付近にあります.

キャパシタ C がキャパシタらしくふるまうのは, この直列共振周波数 f_r 以下の周波数なのです.

● *ESL* が支配的な高い周波数域

周波数 f がさらに高い状態を考えてみましょう. 直列共振周波数 f_r 以上の周波数領域では, キャパシタ C のインピーダンスと ESL のインピーダンスを比較すると, ESL のインピーダンスが大きくなり,

$$2\pi f \times ESL > \frac{1}{2\pi fC} \quad\text{...(8)}$$

です.

こうなるとキャパシタ C の全体のインピーダンスは, ESL のインピーダンスが大きくなり,

$$Z_C = 2\pi f \times ESL \quad\text{..(9)}$$

となります.

つまり直列共振周波数 f_r 以上の周波数領域では, キャパシタ C はもはやインダクタンス ESL になって

しまうのです．いわゆる「周波数特性が良いキャパシタ」とは，結局このESL成分が小さいタイプを指しているのですね．

またESLがあると高い周波数では使えません．でもそれでは100MHz，1GHzといった高周波で使えるキャパシタがなくなりそうです．現実には，高い周波数では小さなキャパシタンスの値が小さなものを使うので，直列共振周波数f_rが高くなり問題がない設計になります．式で書くと式(28)のキャパシタンスCの値が小さくなるので，直列共振周波数f_rも高くなるのです．

$$f_r = \frac{1}{2\pi\sqrt{ESL \times C}}$$

コラム1　キャパシタの直列接続時の合成キャパシタンスを求める

　直列に接続したキャパシタの合成キャパシタンスを回路理論から求めてみましょう．**図A(a)**のようにキャパシタがC_1，C_2，$C_3 \cdots C_n$まで直列に接続されています．C_1，C_2，$C_3 \cdots C_n$までの合成キャパシタをC_Sとしましょう．

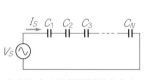

（a）C_1からC_Nまで直列接続されたキャパシタ

C_1，C_2，$C_3 \cdots C_N$までの合成キャパシタンス．図から式(1)になる
$$V_S = \frac{1}{j\omega C_S} I_S \cdots\cdots\cdots(1)$$

（b）合成キャパシタをC_Sとする

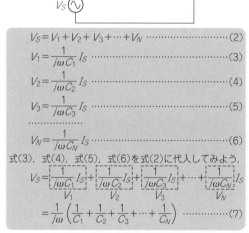

$$V_S = V_1 + V_2 + V_3 + \cdots + V_N \cdots\cdots\cdots\cdots\cdots(2)$$
$$V_1 = \frac{1}{j\omega C_1} I_S \cdots\cdots\cdots\cdots\cdots\cdots(3)$$
$$V_2 = \frac{1}{j\omega C_2} I_S \cdots\cdots\cdots\cdots\cdots\cdots(4)$$
$$V_3 = \frac{1}{j\omega C_3} I_S \cdots\cdots\cdots\cdots\cdots\cdots(5)$$
$$\cdots\cdots\cdots\cdots\cdots\cdots\cdots$$
$$V_N = \frac{1}{j\omega C_N} I_S \cdots\cdots\cdots\cdots\cdots\cdots(6)$$
式(3)，式(4)，式(5)，式(6)を式(2)に代入してみよう．
$$V_S = \underbrace{\frac{1}{j\omega C_1} I_S}_{V_1} + \underbrace{\frac{1}{j\omega C_2} I_S}_{V_2} + \underbrace{\frac{1}{j\omega C_3} I_S}_{V_3} + \cdots + \underbrace{\frac{1}{j\omega C_N} I_S}_{V_N}$$
$$= \frac{1}{j\omega}\left(\frac{1}{C_1} + \frac{1}{C_2} + \frac{1}{C_3} + \cdots + \frac{1}{C_N}\right) \cdots\cdots(7)$$

（c）各キャパシタに流れる電圧を考える

図A　直列接続されたキャパシタの合成キャパシタンスを考える

図A(b)では，キャパシタC_Sを考えると，

$$V_S = \frac{1}{j\omega C_S} I \cdots\cdots\cdots\cdots\cdots\cdots\cdots\cdots\cdots\cdots\cdots\cdots (A)$$

が成り立ちます．

　ここからがポイントです．**図A(c)**のようにキャパシタC_1，C_2，$C_3 \cdots C_n$までの各キャパシタの両端電圧をそれぞれV_1，V_2，$V_3 \cdots V_n$とすれば，

$$V_S = V_1 + V_2 + V_3 + \cdots + V_n = \frac{1}{j\omega C_S} I \cdots\cdots\cdots\cdots (B)$$

のようになるはずです．

さらに，キャパシタンスCの値が小さいキャパシタは，より小型の外形をしています．小型の外形のキャパシタンスは，よりESLも小さくなるので，その結果さらに直列共振周波数f_rも高くなるのです．

キャパシタの周波数特性を悪化させる ESL

● リード線や内部配線が ESL を生じる

キャパシタの周波数特性を悪化させるESLは，なぜ発生するのでしょうか．残念ながらどんなキャ

ここでV_1，V_2，$V_3 \cdots V_n$のそれぞれの電圧は，

$$
\left.
\begin{aligned}
V_1 &= \frac{1}{j\omega C_1} I \\[4pt]
V_2 &= \frac{1}{j\omega C_2} I \\[4pt]
V_3 &= \frac{1}{j\omega C_3} I \\
&\ \ \vdots \\
V_n &= \frac{1}{j\omega C_n} I
\end{aligned}
\right\} \cdots\cdots (C)
$$

のように書けます．

式(B)に式(C)を代入すると，

$$
\begin{aligned}
V_s &= V_1 + V_2 + V_3 + \cdots + V_n \\[4pt]
&= \frac{1}{j\omega C_1} I + \frac{1}{j\omega C_2} I + \frac{1}{j\omega C_3} I + \cdots + \frac{1}{j\omega C_n} I \\[4pt]
&= \frac{1}{j\omega}\left(\frac{1}{C_1} + \frac{1}{C_2} + \frac{1}{C_3} + \cdots + \frac{1}{C_n} \right) I \cdots\cdots (D)
\end{aligned}
$$

のようになります．

ここで式(A)と式(D)をまとめると，

$$
\begin{aligned}
V_s &= \frac{1}{j\omega C_s} I = \frac{1}{j\omega}\left(\frac{1}{C_s} \right) I \\[4pt]
&= \frac{1}{j\omega}\left(\frac{1}{C_1} + \frac{1}{C_2} + \frac{1}{C_3} + \cdots + \frac{1}{C_n} \right) I \\[4pt]
\therefore\ \frac{1}{C_s} &= \frac{1}{C_1} + \frac{1}{C_2} + \frac{1}{C_3} + \cdots + \frac{1}{C_n} \cdots\cdots (E)
\end{aligned}
$$

のとおりです．以上から，直列に接続された複数のキャパシタの合成キャパシタンスを求める式が得られました．

パシタにも構造的に配線部分があり，これがインダクタンス成分を生じてしまいます．このインダクタンス成分がESLなのです．サイズの大きいものほどESLがその分大きくなります．

図3のように，200 kHz以上のさらに高い周波数で，キャパシタ全体のインピーダンスZ_Cをさらに詳しく考えてみましょう．

直列共振周波数f_r以上では，周波数の上昇とともにESLによるインピーダンス$Z_C = 2\pi f \times ESL$が増して，だんだん無視できなくなってきます．さらに周波数が上昇し，キャパシタCのインピーダンス$1/2\pi fC$よりESLのインピーダンスが大きくなった状態で考えてみましょう．つまり，

$$2\pi f \times ESL > \frac{1}{2\pi fC} \quad\cdots\cdots\cdots (10)$$

の状態です．

キャパシタ全体のインピーダンスZ_Cを考えると，キャパシタCのインピーダンスよりESLのインピーダンスばかりが目立つことになります．周波数の上昇とともに純粋なキャパシタCのインピーダンス

コラム2　キャパシタの並列接続時の合成キャパシタンスを求める

並列に接続したキャパシタの合成キャパシタンスを回路理論から求めてみましょう．図B(a)のように，キャパシタがC_1，C_2，$C_3 \cdots C_n$まで並列に接続されています．C_1，C_2，$C_3 \cdots C_n$までの合成キャパシタを図B(b)のようにC_Pとしましょう．

図B(b)でキャパシタC_Pを考えると，キャパシタの電圧がV_P，電流がI_Pなので，

$$V_P = \frac{1}{j\omega C_P} I_P \quad\cdots\cdots\cdots\cdots (F)$$

が成り立ちます．

ここからが重要です．式(F)を式(G)のように書き換えてみましょう．

$$I_P = j\omega C_P V_P \quad\cdots\cdots\cdots\cdots (G)$$

です．

また図B(c)のように，C_1，C_2，$C_3 \cdots C_n$までの各キャパシタに流れる電流をそれぞれI_1，I_2，$I_3 \cdots I_n$とすれば，

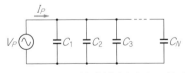

（a）C_1からC_Nまで並列接続されたキャパシタ

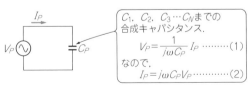

（b）合成キャパシタをC_Pとする

C_1，C_2，$C_3 \cdots C_N$までの合成キャパシタンス．

$$V_P = \frac{1}{j\omega C_P} I_P \quad\cdots\cdots (1)$$

なので，

$$I_P = j\omega C_P V_P \quad\cdots\cdots\cdots (2)$$

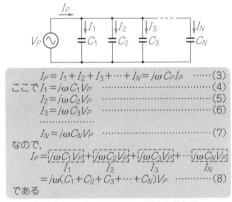

$$I_P = I_1 + I_2 + I_3 + \cdots + I_N = j\omega C_P I_P \quad\cdots\cdots (3)$$

ここで

$$I_1 = j\omega C_1 V_P \quad\cdots\cdots\cdots\cdots (4)$$
$$I_2 = j\omega C_2 V_P \quad\cdots\cdots\cdots\cdots (5)$$
$$I_3 = j\omega C_3 V_P \quad\cdots\cdots\cdots\cdots (6)$$
$$I_N = j\omega C_N V_P \quad\cdots\cdots\cdots\cdots (7)$$

なので，

$$I_P = \underbrace{j\omega C_1 V_P}_{I_1} + \underbrace{j\omega C_2 V_P}_{I_2} + \underbrace{j\omega C_3 V_P}_{I_3} + \cdots \underbrace{j\omega C_N V_P}_{I_N}$$
$$= j\omega(C_1 + C_2 + C_3 + \cdots + C_N)V_P \quad\cdots\cdots (8)$$

である

（c）各キャパシタに流れる電流を考える

図B　並列接続されたキャパシタの合成キャパシタンスを考える

$1/2\pi fC$ はどんどん低下し，ESL のインピーダンスはますます増加します．

　図3のように200 kHz以上の周波数領域では，もはやキャパシタとしてではなく，インダクタ ESL として動作しています．こうなると，キャパシタ全体のインピーダンス Z_C に占める ESL の割合が増して，式(11)と見なせるようになります．

$$Z_C = 2\pi f \times ESL \tag{11}$$

と見なせるようになるのです．

　このように ESL がキャパシタの周波数特性を悪化させているので，ESL は小さいほどよいのです．ですから ESL が小さいキャパシタは周波数特性も向上するでしょう．

　またキャパシタに接続する基板のプリント・パターンを長く伸ばすことは，ESL を付け加えていることと等価です．高域のインピーダンスが増して，キャパシタ本来の性能を引き出すことができません．プリント・パターンは，1 mmや0.1 mmでも短くと申し上げましょう．

$$I_P = I_1 + I_2 + I_3 + \cdots + I_n \tag{H}$$

のようになるはずです．ここで I_1, I_2, $I_3 \cdots I_n$ のそれぞれの電流は，

$$\left. \begin{aligned} I_1 &= j\omega C_1 V_P \\ I_2 &= j\omega C_2 V_P \\ I_3 &= j\omega C_3 V_P \\ &\;\;\vdots \\ I_n &= j\omega C_n V_P \end{aligned} \right\} \tag{I}$$

のように書けます．式(H)に式(I)を代入してまとめると，

$$\begin{aligned} I_P &= I_1 + I_2 + I_3 + \cdots + I_n \\ &= j\omega C_1 V_P + j\omega C_2 V_P \\ &\quad + j\omega C_3 V_P + \cdots + j\omega C_n V_P \\ &= j\omega (C_1 + C_2 + C_3 + \cdots + C_n) V_P \end{aligned} \tag{J}$$

です．ところで，式(G)と式(J)は等しいのでイコール「＝」で結ぶと，

$$\begin{aligned} I_P &= j\omega C_P V_P \\ &= j\omega (C_1 + C_2 + C_3 + \cdots + C_n) V_P \\ \therefore\ C_P &= C_1 + C_2 + C_3 + \cdots + C_n \end{aligned} \tag{K}$$

となり，並列に接続された複数のキャパシタの合成キャパシタ C_P のキャパシタンスを求める式が得られました．

等価直列抵抗 *ESR* について

● V型のインピーダンス周波数特性は低*ESR*

図1(a)に電解キャパシタのインピーダンスの周波数特性を示します．2 kHzから400 kHzの間，底が平らになっています．実はこの区間のインピーダンスが*ESR*そのものです．

図1(a)の2 kHzから400 kHzの間では，キャパシタ*C*のインピーダンスより*ESR*が大きく，

$$ESR > \frac{1}{2\pi fC} \quad\text{..}(12)$$

となっています．

この程度の低い周波数では，*ESL*のインピーダンスより*ESR*のほうが大きいので，

$$ESR > 2\pi f \times ESL \quad\text{..}(13)$$

です．

キャパシタ*C*のインピーダンスより*ESR*が大きい，*ESL*のインピーダンスより*ESR*が大きいとなれば，キャパシタ全体のインピーダンスZ_Cは，

$$Z_C = ESR \quad\text{..}(14)$$

と表すことができるのです．

図1(a)と図1(b)を比べると，周波数特性の形が違います．図1(b)のほうがV字に近い特性をもっています．その点に注目してみましょう．

図1(b)では直列共振周波数（$f_r = 200$ kHz）以下です．*ESR*がキャパシタ*C*のインピーダンスより小さいですね．ですから全体のインピーダンス特性Z_Cは，純粋なキャパシタ*C*のインピーダンス特性となって，周波数の増加とともにインピーダンスは減少しています．

式で書くと，

$$ESR < \frac{1}{2\pi fC} \quad\text{..}(15)$$

になります．今度は直列共振周波数 $f_r = 200$ kHz以上に注目してみましょう．キャパシタ*C*のインピーダンスがますます低減し，*ESL*が存在感を増します．*ESR*の増加はそれほどではありません．キャパシタ*C*の全体のインピーダンスZ_Cは，結局*ESL*のインピーダンスが支配的になるのです．

式で書くと，

$$ESR < 2\pi f \times ESL \quad\text{..}(16)$$

*

です．つまり，直列共振周波数 $f_r = 200$ kHzより低い領域では，キャパシタ*C*のインピーダンスが支配的です．200 kHzより高い領域では*ESL*のインピーダンスが支配的なのですね．結果，キャパシタ全体のインピーダンスZ_Cの周波数特性がV型になります．つまりV型の周波数特性は，そのキャパシタが低*ESR*であることの証明です．

● ESRは発熱

また，ESRに電流Iが流れると，

$$\text{ESR} \times I^2 (I \text{ は実効値}) \quad\text{..}(17)$$

上記の電力損失が生じて，キャパシタCが発熱します．

電力損失が生じるキャパシタは発熱します．キャパシタCは絶対に燃えてはいけません．なので流せる電流の上限はESRで決まります．

● ESRは周波数特性

一方，図1においてESRは周波数によって変化しています．つまりESRは周波数特性をもっています．ESRはキャパシタの「抵抗」成分なので，「抵抗が周波数特性とは妙なことを書くなぁ」と思われた読者もおられるかもしれません．ですが確かにESRは周波数特性をもっています［図4(a)］．

キャパシタに電流を流すと，抵抗成分であるESRにも電流が流れて発熱します．もし，ESRに周波数特性があるならば，キャパシタに流す電流の周波数を変えると温度上昇に違いが出るはずです．

そこで図4を用意しました．図4(b)に示すのは，実際のキャパシタに流れる電流と温度上昇の例です．100 kHzと500 kHzのキャパシタ電流と発熱特性に注目してください．500 kHzの電流を流したほうが発熱が小さいことがわかります．この結果から，ESRは周波数特性をもっているといえます．発熱が少ないなら，より多くの電流を流すことが可能です．つまり，許容電流が大きくなります．

図4の事例では，温度上昇10℃を許容電流の設定条件とすると，

- 100 kHzのとき約3.5 A_RMS程度
- 500 kHzのとき約3.8 A_RMS程度

が流せる電流の上限になります．

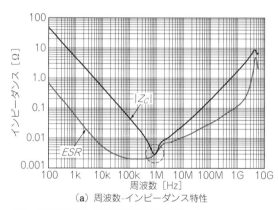

(a) 周波数-インピーダンス特性

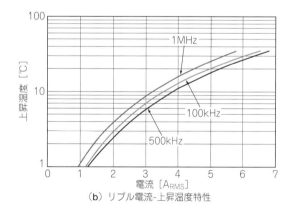

(b) リプル電流-上昇温度特性

図4　直列抵抗成分ESRには周波数特性がある

● 誘電正接tan δ と等価直列抵抗ESR の関係

キャパシタの資料を読んでいると，誘電正接(dissipation factor，tan δ とも表す)という，ESRに似た概念を見つけることがあります．そこでESRとtan δ の関係を説明しましょう．

図5に示すのは，ESRとtan δ の関係です．自己共振周波数f_0より十分低い周波数では，図2の等価回路のESLの影響は無視できます．この状態で，図2のインピーダンス・ベクトル(Impedance vector)を書いてみました．図5です．図5でtan δ は

$$\tan \delta = \frac{ESR}{\frac{1}{2\pi fC}} = 2\pi fC \times ESR \quad\cdots\cdots (18)$$

です.

式(18)からESRは,

$$ESR = \frac{\tan \delta}{2\pi fC} \quad\cdots\cdots (19)$$

となりESRと$\tan \delta$の関係がはっきりしました.

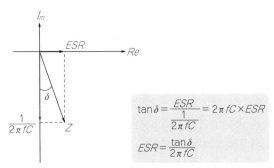

図5　誘電正接$\tan \sigma$と等価直列抵抗ESRの関係

● 電解キャパシタのESRは高温で小さく

　ESRの話がまだ続いて我ながらしつこいのですが，もう少し我慢してください．図6のように，電解キャパシタのESRには温度特性があります．低温側でESRが大きくなり，高温側でESRが小さくなります．温度試験中に問題が発生したら，電解キャパシタのESRを疑ってみてください．

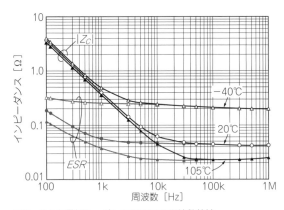

図6　アルミ電解キャパシタのESRの周波数特性

● ESRはLCRメータでも測定できる

　実際のESRはどの程度なのでしょうか.

　写真1は，35 V，47 μFの電解キャパシタのESRを測定した結果です．測定周波数を変えるとキャパシタンスの値が低減しました[注1]が，ESRも低減しました．

注1：10 μF以上のキャパシタは，120 Hzで測定した値をキャパシタンスとしている．ちなみに，1.0 nF以上で10 μF以下のキャパシタは1 kHzで，1.0 nF未満のキャパシタは1 MHzで測定した値を一般にキャパシタンスとしている.

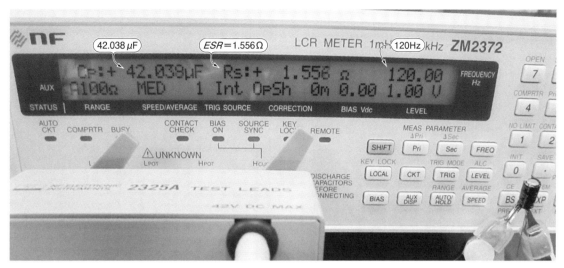

（a）120 Hz時

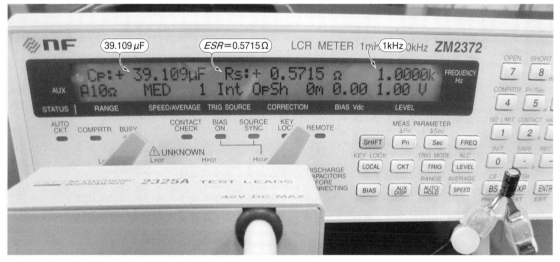

（b）1 kHz時

写真1　*LCR*メータで測定した電解キャパシタのキャパシタンスと*ESR*────────────────

◆参考文献◆

(1) 積層セラミック・キャパシタGRM21BB30J476ME15資料，村田製作所
　　http://psearch.murata.co.jp/capacitor/product/GRM21BB30J476ME15%23.html
(2) アルミ電解コンデンサの上手な使い方，日本ケミコン
　　http://www.chemi-con.co.jp/catalog/pdf/al-j/al-sepa-j/001-guide/al-technote-j-130101.pdf

Appendix K

対数とデシベル

回路の話でも動作を的確に表現する方法として数学が登場します. ここでは対数(logarithm)を紹介します. 対数を使うと, 電圧, 電流, 電力, 周波数などを広い範囲で扱える長所があります. その実例がデシベル(decibel)を使った表示で, 周波数特性を示すグラフの縦軸は, ほとんどデシベル(dBと表記)です.

数学のおさらい

● 常用対数とは10のX乗

Yが0より大きな数(正数と呼びます)として式(1)のような10のX乗について考えてみましょう.

$$Y = 10^X \dotfill (1)$$

いま正数(positive number)Yが式(1)を満足する場合, Xを正数Yの常用対数(common logarithm)と呼び, Yを真数(antilogarithm)と呼びます.

常用対数Xが決まると真数Yが求められます. 実例を挙げましょう.

(1) 対数$X = 0$のとき, $Y = 10^X = 10^0 = 1$
(2) 対数$X = 1$のとき, $Y = 10^X = 10^1 = 10$
(3) 対数$X = 2$のとき, $Y = 10^X = 10^2 = 100$

常用対数Xは整数(小数点を含まない0, 1, −1といった数)ばかりでなく, 小数点を含んでもかまいません. これも実例を挙げましょう.

（a）常用対数X＝1.2の真数Yを求める

（b）真数Y＝15.849の常用対数Xを求める

写真1 常用対数とは10のX乗であることが計算からわかる
関数電卓を持っていない場合はスマートフォンなどに入っている計算機などのアプリケーションで計算できる

写真2 自然対数とはeのX乗であることが計算からわかる
真数Y＝12の自然対数を求める

(1) 対数$X = 0.1$のとき，$Y = 10^X = 10^{0.1}$
$= 1.258925 \cdots \cong 1.259$

(2) 対数$X = 1.2$のとき，$Y = 10^X = 10^{1.2} \cong 15.849$

(3) 対数$X = -2.3$のとき，$Y = 10^X = 10^{-2.3} \cong 0.5012$

真数Yは，関数電卓を使って，「10^X」と表記されているボタンを押すと計算できます．

常用対数$X = 1.2$の真数Yを求めるには，**写真1(a)**の関数電卓[注1]では「2ndF」キーを押したあとに
[10^X]キーを押し，常用対数の値1.2を入力して，「$=$」キーを押すと得られます．つまり

[2ndF]〔10^X〕〔1.2〕〔$=$〕

です．結果は**写真1(a)**のように簡単に真数$Y = 15.849$が得られました．

● 圧縮の方法…真数Yから対数Xを求める

逆に真数Yがわかっていて対数Xを求める場合を考えてみましょう．式(2)を計算すれば得られます．

$$X = \log_{10} Y \quad \text{または} \quad X = \log Y \quad \cdots\cdots\cdots (2)$$

式(2)のlogは，対数の意味の英語logarithmから最初の3文字をとっています．式(2)の小さく書かれた10の数値のことを対数の底と呼びます．常用対数ならば対数の底は10です．

対数Xは，やはり関数電卓があると簡単に計算できます．関数電卓では常用対数の計算は「log」と表記されているボタンを使います．例えば真数$Y = 15.849$の常用対数Xを求めるには「log」キーを押したあとに，真数の値15.849を入力して，「$=$」キーを押すと得られます．つまり

「log」「15.849」「$=$」

です．結果は**写真1(b)**のように簡単に常用対数$X = 1.200$が得られます．式(1)，式(2)をまとめると常用対数の基本的な関係は，

$$X = \log_{10} Y \leftrightarrow Y = 10^X \quad \cdots\cdots\cdots (3)$$

となります．

● 自然対数とはeのX乗

今度は10のX乗ではなくネイピア数（Napier's constant）のX乗で考えてみましょう．ネイピア数はeと表記します．ネイピア数eは，式(4)のように

$$e = 2.71828\ 18284\ 59045\ 23536\ 02874\ 71352 \quad \cdots\cdots\cdots (4)$$

電子回路の動作を考える場合は，式(4)ほど厳密な値を使う必要はありません．式(5)のように近似してかまいません．

$$e = 2.72 \quad \cdots\cdots\cdots (5)$$

注1：カシオ計算機製とシャープ製の関数電卓で確認しました．カシオ計算機は[SHIFT]，シャープは[2ndF]と押してから「10^X」の演算ができる仕様になっています．

● 圧縮の方法…真数Yから対数Xを求める

ネイピア数eで対数を表現すると，対数の底がネイピア数eになり式(6)の関係になります．

$$X = \log_e Y \longleftrightarrow Y = e^X \quad\text{(6)}$$

との関係になります．$X = \log_e Y$における対数Xを自然対数(natural loga rithm)と呼びます．

関数電卓で自然対数の計算は「log」ではなく「ℓn」と表記されているボタンを使います．真数$Y = 12$の自然対数を求めるには「ℓn」キーのあとに，真数の数値12を入力して，「＝」キーを押すと得られます．つまり

「ℓn」「12」「＝」

です．結果は**写真2**のように自然対数$X = 2.485$が得られます．

対数の性質

● その1：かけ算が足し算に，割り算が引き算になる

対数の計算の特徴を挙げます．それは対数で表記するとかけ算が足し算に，割り算が引き算になることです．数式で書くと，

$$X = \log_{10} ab = \log_{10} a + \log_{10} b \quad\text{(7)}$$
$$X = \log_{10} \frac{a}{b} = \log_{10} a - \log_{10} b \quad\text{(8)}$$

です．式(7)，式(8)の関係も，関数電卓で実際に数値計算をして確認してみましょう．

まず，対数のかけ算が足し算になる例からやってみます．かけ算，割り算とも実際の数値$a = 3$，$b = 6$として計算してみましょう．ここで前もって関数電卓で$a = 3$，$b = 6$の対数を計算しておくと，$\log_{10} 3 \fallingdotseq 0.477$，$\log_{10} 6 \fallingdotseq 0.778$になりました．

まず，かけ算を最初に計算しておき，その後log演算を関数電卓で求めました．

$$X = \log_{10} ab = \log_{10}(3 \times 6) = \log_{10} 18 \cong 1.255 \quad\text{(9)}$$

対して式(7)のようにかけ算を足し算の形にして，各log演算した結果を足し算で求めました．

$$X = \log_{10} ab = \log_{10}(3 \times 6) = \log_{10} 3 + \log_{10} 6 \cong 0.477 + 0.778 = 1.255 \quad\text{(10)}$$

式(9)，式(10)の結果は同じ値になり，対数のかけ算は足し算で計算できるのです．

▶割り算は引き算になる

今度は対数の割り算が引き算になる例です．

割り算を最初に計算しておき，その後log演算を関数電卓で求めた場合です．

$$X = \log_{10} \frac{a}{b} = \log_{10}\left(\frac{3}{6}\right) = \log_{10}(0.5) \cong -0.301 \quad\text{(11)}$$

次に，式(8)のようにかけ算を足し算の形にして，各log演算結果を引き算で求めました．

$$X = \log_{10} \frac{a}{b} = \log_{10}\left(\frac{3}{6}\right) = \log_{10} 3 - \log_{10} 6 \cong 0.477 - 0.778 = -0.301 \quad\text{(12)}$$

式(11)，式(12)のように計算結果は，対数の割り算は引き算で計算できることがわかります．

以上のように対数で表記するとかけ算が足し算に，割り算が引き算になることがわかります．後述しますが，この性質は回路の中で非常に便利に使えるのです．

● その2：対数の底と真数が等しいとき，対数は1になる

対数の底aと真数bが等しいとき，つまり$a = b$ならば対数は1となる性質です．

$$X = \log_a b = 1 \quad\cdots\cdots (13)$$

式(13)のように書くと難しそうですが，要は対数の底$a = 10$，真数$b = 10$とすれば，

$$X = \log_{10} 10 = 1 \quad\cdots\cdots (14)$$

式(14)となる性質です．このことを確かめるために実際に数式の$\log$の形を10のX乗の形に変えてみましょう．

$$X = \log_{10} 10 \leftrightarrow 10 = 10^X \quad\cdots\cdots (15)$$

式(15)でした．

$$10 = 10^X = 10^1 \quad\cdots\cdots (16)$$

式(16)なので，$X = 1$になります．

自然対数でも同様に数式を書き換えると，

$$X = \log_e e = 1 \leftrightarrow e = e^X \quad\cdots\cdots (17)$$

式(17)なので，

$$e = e^X = e^1 \quad\cdots\cdots (18)$$

式(18)になり，やはり$X = 1$になります．紙面上だけでなく，関数電卓で計算しても同じ結果になるのでお確かめください．

このことを一般化すると，「対数の底aと真数bが等しいとき，つまり$a = b$ならば，対数は1になる」のです．数式で書くと，

$$X = \log_a b = 1 \quad\cdots\cdots (19)$$

です．

● その3：真数のn乗の対数はn倍

また，真数Yが2乗，3乗と表記できるとき，n乗の対数は真数Yの対数のn倍になる性質があります．いくつか事例を挙げましょう．

(1) 真数Yが2乗のとき，$X = \log_{10} Y^2 = 2 \log_{10} Y$

(2) 真数Yが3乗のとき，$X = \log_{10} Y^3 = 3 \log_{10} Y$

(3) 真数Yがn乗のとき，$X = \log_{10} Y^n = n \log_{10} Y$

この性質も実際に計算して確かめてみましょう.

(1) 真数 Y が $100 (= 10^2)$ のときの常用対数

真数 Y の n 乗の対数は，真数 Y の対数の n 倍の性質を使って計算すると，

$$X = \log_{10} 100 = \log_{10} 10^2 = 2 \log_{10} 10 = 2 \quad\text{.....................................}(20)$$

一方，関数電卓で直接 $\log_{10} 100$ を計算すると，

$$X = \log_{10} 100 = 2 \quad\text{...}(21)$$

(2) 真数 Y が $125 (= 5^3)$ のときの常用対数

真数 Y の n 乗の対数は，真数 Y の対数の n 倍の性質を使って計算すると，

$$X = \log_{10} 125 = \log_{10} 5^3 = 3 \log_{10} 5$$
$$\cong 3 \times 0.69897 = 2.097 \quad\text{......................................}(22)$$

一方，関数電卓で直接 $\log_{10} 125$ を計算すると式(23)のようになります.

$$X = \log_{10} 125 \cong 2.097 \quad\text{..}(23)$$

(3) 真数 Y が $1000 (= 10^3)$ のときの常用対数

真数 Y の n 乗の対数は，真数 Y の対数の n 倍の性質を使って計算すると，

$$X = \log_{10} 1000 = \log_{10} 10^3 = 3 \log_{10} 10 = 3 \quad\text{...........................}(24)$$

一方，関数電卓で直接 $\log_{10} 1000$ を計算すると式(25)のようになります.

$$X = \log_{10} 1000 = 3 \quad\text{..}(25)$$

となり，真数 Y の n 乗の対数は，真数 Y の対数の n 倍で得られることが確かめられました.

数学の話はここまでです．次に電子回路の中などで対数がどのように応用されているか解説します.

● 電圧，電流，抵抗値，周波数の範囲が大きいときは対数が便利

わざわざ対数の話を持ち出したのには理由があります．回路で扱う電圧，電流，抵抗値，周波数の範囲が大きいときはその表記には対数が便利なのです．実例をお目に掛けましょう．図1は，$4.7\,\mu$F のキャパシタ C のインピーダンス $(= 1/2\pi fC)$ をエクセルで計算したものです.

横軸の周波数に注目してみましょう．図1では周波数を $1\,$kHz から $10\,$MHz まで計算して対数で表示しています.

それを対数ではなく，周波数間隔が均等な刻みの直線で表記したとしましょう．仮に，$1\,$kHz を $1\,$cm で表記して $10\,$MHz の位置を計算すると，

$$1\,\text{cm} \times \frac{10\text{MHz}}{1\text{kHz}} = 1\,\text{cm} \times 10000 = 100\,\text{m} \quad\text{...............................}(26)$$

式(26)になり，何と $1\,$kHz の位置から $100\,$m の場所になります.

同様に図1の縦軸のインピーダンスも $33.88\,$kΩ（$1\,$kHz 時）から $3.388\,\Omega$（$10\,$MHz 時）の広い範囲の値を

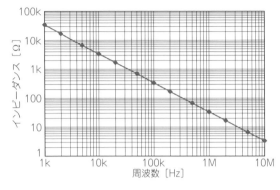

図1
横軸の周波数は1kHzから10MHzまで
対数で表示しているのでこのサイズで
収まる
4.7μFのキャパシタのインピーダンス[1/
(2πfC)]のとき

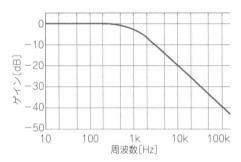

図2　LPFのゲインは対数で表記する

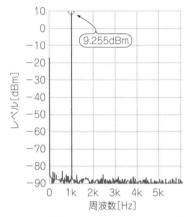

9.255dBm

図3　周波数スペクトルのレベル軸も対
数で表されている

対数軸で示しています．周波数と同様に1Ωが1cmの均等な刻みの直線で表記したとしましょう．やはり100mの長さが必要です．

　つまり，1ページが縦横で100mもの長さのグラフなど，文房具屋さんで売っているグラフ用紙が何枚必要か計算もできません．さらにこのグラフを入れた本を作ると，巨大な印刷機が必要になり，仮にグラフを折り込みにして本にしたとしても，読者の皆さんの家でゆっくり本書を読むなど不可能と思います．

● 対数を使うと100mのグラフが数cmになる

　ですが縦軸のインピーダンス，横軸の周波数を共に対数軸とすることで，図1のように見ることができます．

　つまり電子回路で扱う電圧，電流，抵抗値，周波数の範囲が広いときは，その表記に対数が便利なのです．このため周波数特性(あるいはスペクトル)を測定する機器の表示には図2，図3のように対数が使われているのです．

対数の単位［dB］（デシベル）

● 対数を回路に応用したデシベル

　また，対数を使うとかけ算が足し算に，割り算が引き算になる性質も回路設計に応用されています．その例が図2，図3のデシベル（decibel：dBと表記）です．

　電圧のデシベルは対数を含んだ式(27)で定義されています．

$$\times = 20 \log \frac{V_1}{V_2} \quad \text{(27)}$$

　式(27)のようにデシベルは，2つの電圧 V_1，V_2 の相対的な比率になっています．同様に電力は式(28)で定義されています．

$$\times = 10 \log \frac{P_1}{P_2} \quad \text{(28)}$$

　電圧と電力の例を挙げましたが，電流でも同様に式(29)のようにデシベルを定義できます．

$$\times = 20 \log \frac{I_1}{I_2} \quad \text{(29)}$$

　式(27)，式(28)，式(29)のようにデシベルは対数で定義してあるので，かけ算が足し算に，割り算が引き算になる対数の性質をそのまま使えます．

● デシベルの具体例，2倍＝6デシベル，10倍＝20デシベル

　デシベルは，2つの電圧 V_1，V_2 の相対的な比率ですが，具体的に計算してみましょう．

(1) V_2 が V_1 の2倍（$V_2 = 2V_1$）

$$20 \log_{10} \frac{V_2}{V_1} = 20 \log_{10} \frac{2V_1}{V_1} = 20 \log_{10} 2$$

$$\simeq 20 \times 0.301 \simeq 6 \, \text{dB} \quad \text{(30)}$$

(2) V_2 が V_1 の10倍（$V_2 = 10V_1$）

$$20 \log_{10} \frac{V_2}{V_1} = 20 \log_{10} \frac{10V_1}{V_1} = 20 \log_{10} 10$$

$$= 20 \times 1 = 20 \, dB \quad \text{(31)}$$

(3) V_2 が V_1 の100倍（$V_2 = 100V_1$）

$$20 \log_{10} \frac{V_2}{V_1} = 20 \log_{10} \frac{100V_1}{V_1} = 20 \log_{10} 100 = 20 \log_{10} 10^2$$

$$= 20 \times 2 \log_{10} 10 = 20 \times 2 = 40 \, dB \quad \text{(32)}$$

(4) V_2 が V_1 の1000倍（$V_2 = 1000V_1$）

$$20 \log_{10} \frac{V_2}{V_1} = 20 \log_{10} \frac{1000\, V_1}{V_1} = 20 \log_{10} 1000$$

$$= 20 \log_{10} 10^3 = 20 \times 3 \log_{10} 10 = 20 \times 3 = 60 \,dB \quad \cdots\cdots\cdots\cdots (33)$$

(5) V_2 が V_1 の $1/2$ ($V_2 = V_1/2$)

$$20 \log_{10} \frac{V_2}{V_1} = 20 \log_{10} \frac{V_1/2}{V_1} = 20 \log_{10} \frac{1}{2} = 20 \log_{10} 0.5$$

$$\cong 20 \times -0.301 \cong -6\,dB \quad \cdots\cdots\cdots\cdots (34)$$

(6) V_2 が V_1 の $1/10$ ($V_2 = V_1/10$)

$$20 \log_{10} \frac{V_2}{V_1} = 20 \log_{10} \frac{V_1/10}{V_1} = 20 \log_{10} \frac{1}{10} = 20 \log_{10} 10^{-1}$$

$$= 20 \times (-1) \log_{10} 10 = 20 \times -1 = -20\,dB \quad \cdots\cdots\cdots (35)$$

(7) V_2 が V_1 の $1/100$ ($V_2 = V_1/100$)

$$20 \log_{10} \frac{V_2}{V_1} = 20 \log_{10} \frac{V_1/100}{V_1} = 20 \log_{10} \frac{1}{100}$$

$$= 20 \log_{10} 10^{-2} = 20 \times -2 \log_{10} 10$$

$$= 20 \times -2 = -40\,dB \quad \cdots\cdots\cdots\cdots\cdots\cdots (36)$$

となります.

信号電圧だけでなく信号電力も同様に扱うことができます.

$$[dB] = 10 \log_{10} \frac{P_2}{P_1} \quad \cdots\cdots\cdots\cdots\cdots\cdots\cdots\cdots\cdots (37)$$

です. 電力をデシベルで扱うときは, 係数が "10" になることに注意してください.

● **1mW, 1μV, 1Vを基準とした絶対値としてのデシベル**

デシベルは, 2つの信号を比較した量なのですが, 一方の信号を基準にすると, 信号の大きさに換算できます. 基準にする信号は, 一般的に1mW, 1μV, 1Vです. それぞれ名前が付いていて, 基準信号1mWのとき [dBm] (デービーエムと呼びます), 基準信号1μVのとき [dBμ] (デービーマイクロと呼びます), 基準信号1μVのとき [dBV] (デービーブイと呼びます)が一般的です.

ですから「アンプの増幅度が10倍」といっても良いのですが, dBを使って「アンプのゲイン20dB」というと, どこかプロフェッショナルな感じがしませんか.

● 実例その1：減衰した信号の大きさを示す

　ここまで理解したら，もう一度**図2**の縦軸を見ましょう．**図2**の縦軸は0dBから，印字されていませんが−70dBまであります．−70dBについて考えてみましょう．デシベルの定義から，

$$-70 = 20 \log_{10} \frac{V_2}{V_1} dB \qquad (38)$$

となります．なのでV_2/V_1がどの程度か計算してみます．

$$-\frac{70}{20} = \log_{10} \frac{V_2}{V_1} = -3.5 \qquad (39)$$

ですから，ここで常用対数の基本的な関係

$$X = \log_{10} Y \longleftrightarrow Y = 10^X \qquad (40)$$

から

$$Y = 10^{-3.5} \cong 316 \times 10^{-6} \qquad (41)$$

となります．つまり，1kHzのフィルタを通した信号が入力電圧V_1に対して約1/3000の電圧まで減衰したところまで**図2**は表示していることになります．

● 実例その2：電圧の大きさを示す

　さらに**図3**です．**図3**の縦軸の表示は測定器の都合で［dBm］です．電圧を表示しているのに電力を示す［dBm］では，いささかピンときません．そこで換算してみましょう．

　今，入力電圧V_1として0.7VRMSを入力しています．測定器側の入力インピーダンスRは50Ωなので，抵抗Rに消費する電力P_2は

$$P_2 = \frac{V_1^2}{R} = \frac{0.7^2}{50} = 9.8 mW \qquad (42)$$

です．一方dBmでは$P_1 = 1mW$と決められています．ですからP_2/P_1は

$$\frac{P_2}{P_1} = \frac{9.8 mW}{1 mW} = 9.8 \qquad (43)$$

となります．ここまで来ると入力電圧V_1をdBmで求められます．その結果

$$10 \log_{10} \frac{P_2}{P_1} = 10 \log_{10} \frac{\frac{V_1^2}{R}}{1 mW} = 10 \log_{10} \frac{9.8 mW}{1 mW}$$

$$= 10 \log_{10} 9.8 \cong 9.91 \qquad (44)$$

です．測定値は9.256dBmとなり，とても近い値となっています．

　脱線ですが，**図3**では約10dBmの1kHzのサイン波信号に対して約−90dBm付近まで他の周波数成分が見

られません．つまりその差−100dB（＝1/10万）まで調べても他の周波数成分がありません．純粋なサイン波とはこのようなスペクトルを持った信号をいいます．

● 電力のデシベルは10log

ところで電力のデシベルはなぜ$X = 20\log P_1/P_2$ではなく，$X = 10\log P_1/P_2$なのでしょうか，考えてみましょう．

抵抗Rの両端電圧Vの抵抗Rに消費する電力Pは，

$$P = \frac{V^2}{R} \quad\cdots\cdots (45)$$

でした．ですから電圧V_1，電圧V_2は，おのおの

$$P_1 = \frac{V_1^2}{R} \quad\cdots\cdots (46)$$

$$P_2 = \frac{V_2^2}{R} \quad\cdots\cdots (47)$$

と書けます．これで準備ができました．電力のデシベルを計算してみましょう．式(28)に式(46)と式(47)を代入し，対数の性質を使って計算します．

$$X = 10\log\frac{P_1}{P_2} = 10\log\frac{\frac{V_1^2}{R}}{\frac{V_2^2}{R}} = 10\log\left(\frac{V_1}{V_2}\right)^2$$

$$= 2\times 10\log\frac{V_1}{V_2} = 20\log\frac{V_1}{V_2} \quad\cdots\cdots (48)$$

電圧のデシベルの式になりました．つまり式(27)，式(28)と定義すれば，電力で考えるデシベルと，電圧で考えるデシベルが電子回路的には同じ意味をもつのです．

コラム1　対数に変換するログ・アンプ

こうした対数の特徴は，回路設計にも応用されてきました．**写真A**は，そうした対数の性質を利用する回路向けに作られたICです．このICは入力電圧Yの対数に変換して電圧Xを出力します．つまり式(A)の計算をしているICで，ログ・アンプ（logarithmic amplifier）と呼ばれています．

$$X = \log Y$$

ここで入力Yも出力Xも連続的な電圧の信号であることに注目してください．ICの中に関数電卓が入っているわけではありません．

写真A　ログ・アンプは入力電圧を対数に変換した電圧を出力するIC

1. キャパシタの電圧は下記の図のようになる.

● DC の場合

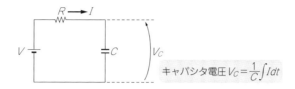

キャパシタ電圧 $V_C = \dfrac{1}{C}\int I dt$

● AC の場合

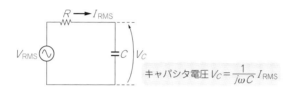

キャパシタ電圧 $V_C = \dfrac{1}{j\omega C} I_{RMS}$

2. 使用条件：キャパシタの両端電圧は定格電圧の8割程度以下で使う.

キャパシタの両端電圧 V < 定格用電圧の8割程度

3. キャパシタの並列接続時のキャパシタンスは下記の図のようになる.

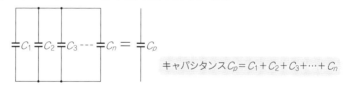

キャパシタンス $C_p = C_1 + C_2 + C_3 + \cdots + C_n$

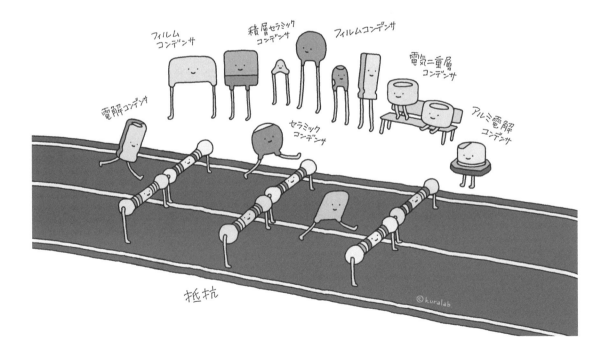

フィルム
コンデンサ

積層セラミック
コンデンサ

フィルムコンデンサ

電気二重層
コンデンサ

電解コンデンサ

アルミ電解
コンデンサ

セラミック
コンデンサ

抵抗

©kuralab

第 4 章

OPアンプの基礎

「OPアンプ」の基礎知識

オ　ペ

　抵抗やキャパシタを応用した回路について考えてみましょう．OPアンプ(operational amplifier，**写真1**)と抵抗やキャパシタと組み合わせた回路です．OPアンプと書いて「オペアンプ」と呼びます．もちろん英語のoperational amplifierを短縮した日本独特の言い方で，スマートフォン(smart phone)を「スマホ」と呼ぶことと同様です．

AD626AR(アナログ・デバイセズ)
NJM4558(新日本無線)
NJM5532DD(新日本無線)
TL072CP(テキサス・インスツルメンツ)
AD828AN(アナログ・デバイセズ)
OPA2277P(テキサス・インスツルメンツ)
NJM4558D(新日本無線)

写真1　OPアンプのいろいろ
8ピンのICパッケージが多い

　このOPアンプですが，アナログ回路(analog circuit)といえばOPアンプといえるほど，とてもよく使われるIC(integrated circuit)です．OPアンプは，必ず抵抗やキャパシタと組み合わせて使います．本項ではOPアンプと抵抗やキャパシタを組み合わせた回路について基本的な解説します．

　さあ抵抗やキャパシタの応用編のスタートです．

● OPアンプの外形は8ピン

　OPアンプの外形には，14ピンや5ピンの製品もありますが，一般的には8ピンが非常に多いので本書では，8ピンのOPアンプを前提に解説いたします．**図1**に8ピンのOPアンプの外形と内部のブロック図を示します．

　図1のように8ピンのOPアンプでも1回路入りのタイプと2回路入りのタイプの2種類あります．1回路入りのタイプは，特徴的な性能をもったICが多く販売されています．OPアンプが2回路入りのタイプは，種類も多く比較的多くの用途に使えるICがあります．また，OPアンプが2回路入りのタイプは**写真2**のように小さな外形のタイプ［**写真2(a)**］と大きな外形のタイプ［**写真2(b)**］の2通りあります．小さな外形のほうはSOP(Small Outline Package)，大きな外形のほうは，DIP(Dual Inline

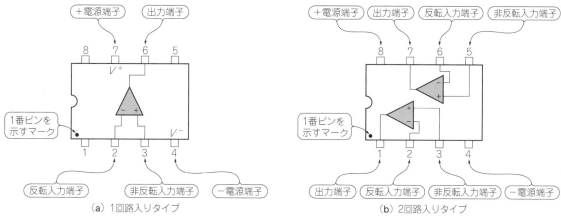

（a）1回路入りタイプ　　　　　　　　　　（b）2回路入りタイプ

図1　OPアンプのピン配置と内部ブロック

Package）と呼びます[注1]．本書はOPアンプが2回路入りのタイプで入手がとても容易なNJM4558D（新日本無線）［写真2（b）］を例に挙げて説明，実験します．

● OPアンプの電源は±15V

OPアンプは一般的に回路図では，**図2（a）のように書きます．OPアンプには，＋電源と－の電源が必要です．**電源電圧として±5Vや±15Vがありますが，一般的には±15Vが多いでしょうか．プラスからマイナスまで振れる信号電圧を扱うと，電源もそれに合わせて＋電源と－の電源が必要となります．また，マイコンなどと接続するため+5V電源だけで動くOPアンプもあります．本書は，電源電圧として±15Vを前提に説明します．

一般に回路図には電源端子は書きません．回路図を書いた後にプリント基板設計する際は回路の接続情報[ネットリスト（netlist）と呼ぶ]が必要なので，その場合は回路図に書き込みます．本書では，はじ

（a）SOP（Small Outline Package）　　（b）DIP（Dual Inline Package）

写真2　2回路入りタイプのOPアンプ NJM4558（新日本無線）
パッケージは異なるが，中の回路は同じ

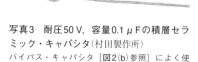

写真3　耐圧50 V，容量0.1 μFの積層セラミック・キャパシタ（村田製作所）
バイパス・キャパシタ［図2（b）参照］によく使われている

注1：ICの外形の呼び方は，各ICメーカで必ずしも統一されているわけでなく，ここではJEITAのED7303Cの規格に合わせた呼び方で書いています．

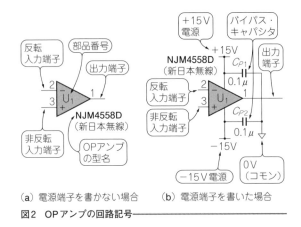

(a) 電源端子を書かない場合　　(b) 電源端子を書いた場合

図2　OPアンプの回路記号

めのほうでは**図2(b)**のように電源端子も書き，慣れてきたら電源端子は省略して書くことにします．

　電源端子と0V[注2]**の間には，図2(b)のように必ずキャパシタを接続しましょう．** 電源電圧が±15V の時は+電源と0Vの間，−電源と0Vの間にキャパシタを接続します．キャパシタは，50V0.1 μF（**写真 3**）をおすすめします．0.1 μFのキャパシタは，本体に"104"と印刷されています．これは10×10の-4 乗を示しています．ですから104の場合，そのキャパシタンスは，

$$10 \times 10^{-4} = 0.1 \times 10^{-6} = 0.1 \mu F$$

となり0.1 μFなのです．

　このようにICの電源端子と0Vの間に接続するキャパシタを特にデカップリング・キャパシタ (decoupling capacitor)またはバイパス・キャパシタ(bypass capacitor)と呼びます．

注2：0V，コモンについて

　他にアース（earth）やグラウンド（ground）と呼ばれることがある信号の共通線．アースやグラウンドは狭義の意味では地面，つまり地球の大地と接続するとの意味，実際に地面には接続しないので適切ではないと判断した．そこで本書は，一般的に使われている 0V とかコモン（common）と書くことにした．

　0V とは電源電圧＋5V や±15V の基準となる電位のこと．

　コモンとは，入力信号と出力信号の共通の配線，電位を示している．回路図も▽の回路記号で書き，はじめは 0V（コモン）と表記するが，途中から注釈は省く．

4-2

OPアンプは2本の抵抗でゲインが決まる 反転アンプ

反転アンプの原理

● OPアンプ回路は，2本の抵抗でゲインが決まる 反転アンプの例

OPアンプがアナログ回路のメインの部品として広く使われる最大の理由は，**増幅度［以下ゲイン（gain）と書きます］の設定が抵抗2本でできる**たやすさからと思います．どの程度容易か10倍のアンプの事例として**図1**を用意しました．**図1**の回路を**反転アンプ**（inverting amplifier）と呼びます．**図1**で信号の名前を，入力電圧（input voltage）ではV_{in}，出力電圧（output voltage）はV_{out}としました．**図1**では，2本の抵抗に注目してください，抵抗$R_1 = 18\mathrm{k}\Omega$，抵抗$R_2 = 180\mathrm{k}\Omega$となっています．結論から書くと反転アンプでゲインは

$$反転アンプのゲイン = -\frac{R_2}{R_1} \quad\text{·······················} (1)$$

と抵抗R_1，R_2の2本の抵抗によって決まります．式(1)のマイナスの符号 "−" は，入力電圧V_{in}がプラスならば，出力電圧V_{out}はマイナスになり，入力電圧V_{in}がマイナスならば，出力電圧V_{out}はプラスになることを意味しています．つまり**入力電圧V_{in}のプラス・マイナスの極性（polarity）に対して出力電圧の極性が反転する**，それゆえ**図1**の回路は反転アンプと呼ばれるわけです．

図1の回路で反転アンプのゲインは，抵抗$R_1 = 18\mathrm{k}\Omega$，抵抗$R_2 = 180\mathrm{k}\Omega$という値なので計算すると

$$反転アンプのゲイン = -\frac{R_2}{R_1} = -\frac{180\mathrm{k}\Omega}{18\mathrm{k}\Omega} = -10倍 \quad\text{·····························} (2)$$

となり−10倍のゲインとわかります．本書では反転アンプであることを示すマイナスの符号 "−" は気にせず，ゲイン10倍の反転アンプとか，さらに略して10倍の反転アンプ書くことにします．

少し回路の動作に深入りしましょう．反転アンプ**図2(a)**において，入力電圧V_{in}と出力電圧V_{out}の関係は，抵抗R_1，R_2だけで決まり

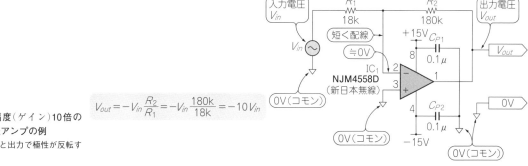

図1
増幅度（ゲイン）10倍の
反転アンプの例
入力と出力で極性が反転する

$$V_{out} = -V_{in}\frac{R_2}{R_1} = -V_{in}\frac{180\mathrm{k}}{18\mathrm{k}} = -10V_{in}$$

$$V_{out} = -\frac{R_2}{R_1} V_{in} \cdots\cdots\cdots\cdots\cdots\cdots\cdots\cdots\cdots\cdots\cdots\cdots\cdots\cdots (3)$$

と非常にシンプルです．式(3)から反転アンプのゲインは

$$反転アンプのゲイン = \frac{V_{out}}{V_{in}} = -\frac{R_2}{R_1} \cdots\cdots\cdots\cdots\cdots\cdots\cdots\cdots\cdots (4)$$

となり式(1)の関係が得られます．

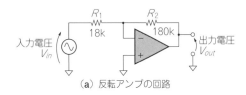

（a）反転アンプの回路

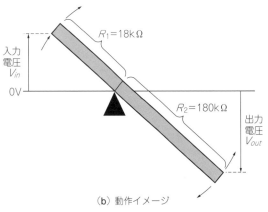

（b）動作イメージ

図2　反転アンプの回路の動作はシーソーに似ている

写真1　公園にあるシーソー

● 反転アンプは，シーソーの動作

　この反転アンプが動作するイメージを図2(b)に示します．棒の長さ$R_1 + R_2$のシーソーがあります．反転アンプ回路の図2(a)では$R_1 = 18\mathrm{k}\Omega$，$R_2 = 180\mathrm{k}\Omega$ですから$R_1 + R_2 = 198\mathrm{k}\Omega$のシーソーの棒と考えます．現実には198k$\Omega$の棒などありませんから，"棒のようなもの"と想像してください．あるいは抵抗値の単位kΩを長さの単位cmに置き換えて考えてみましょう．

　テコの棒の長さR_1の一方の位置に支点があり，その支点が0Vとして固定されています．ちょうど公園にある遊具シーソー（写真1）のようになっています．入力電圧V_{in}分だけテコの一方を持ち上げると，出力電圧V_{out}には，極性が反転し抵抗R_2の長さに比例した電圧，数式で書くと式(1)に従う電圧が出てきます．頭の中でシーソーに乗った気分になり，出力電圧V_{out}が変わる様子を想像してください．ポイントはテコの棒の長さの比率，つまりR_1とR_2の抵抗値の比率です．つまり反転アンプのゲインは，抵抗R_1，R_2の抵抗値ではなく，2本の抵抗の抵抗値の比率で決まるのです．

反転アンプのゲインを実験で確かめる

● 正のDC電圧入力時は極性が負に反転して10倍に増幅される

　回路図だけでなく実際の抵抗とOPアンプNJM4558D（新日本無線）を使って図3の回路を実装した様子を写真2に示します．実装する際は，OPアンプの2番ピンと抵抗R_1，R_2の配線の長さを極力短くする，わかりやすく書くと1mmでも短く配線するのがポイントです．

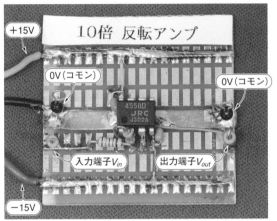

（a）製作した基板

（b）2番ピンへの配線が最短になっている

写真2　ゲイン10倍の反転アンプを製作——
OPアンプの2番ピンと抵抗R_1，R_2の配線はできるだけ短くするのが基本

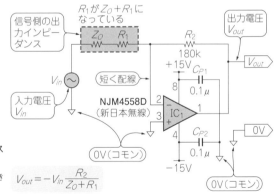

図3
反転アンプで信号源の出力インピーダンス
によってゲインが変わる例
入力側の信号の出力インピーダンスZ_0が大きいとゲインに影響する

$$V_{out} = -V_{in}\frac{R_2}{Z_0 + R_1}$$

　さて本当にそんなにうまくゲイン10倍の反転アンプとなるのでしょうか，実験してみました．図4のように入力電圧V_{in}として高精度電圧源（precision DC voltage source）のGS200（横河電機）を使ってDC＋0.1Vの電圧を入力します．その結果を写真3に示します．写真3では入力電圧V_{in}がDC＋100mV（＝＋0.1V）に対して出力電圧V_{out}は，DCの−0.995Vになっています．プラスの入力電圧V_{in}に対して出力電圧V_{out}はマイナスになり確かに極性は反転して反転アンプとなっています．

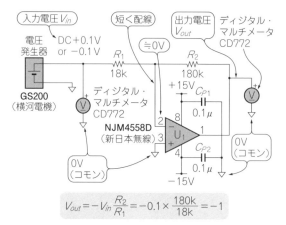

$$V_{out} = -V_{in} \frac{R_2}{R_1} = -0.1 \times \frac{180k}{18k} = -1$$

図4　ゲイン10倍の反転アンプにDC電圧を入力した実験回路
入力電圧には高精度電圧源を用いる

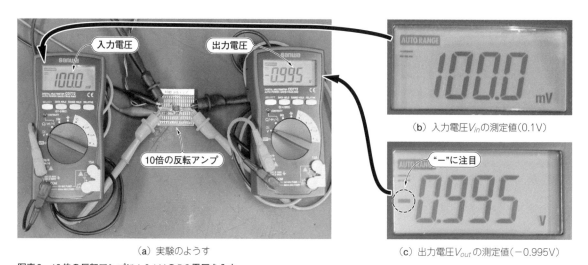

（a）実験のようす

（b）入力電圧V_{in}の測定値（0.1V）

（c）出力電圧V_{out}の測定値（−0.995V）

写真3　10倍の反転アンプに＋0.1VのDC電圧を入力
プラスの入力電圧に対して出力電圧がマイナスになり，極性が反転している

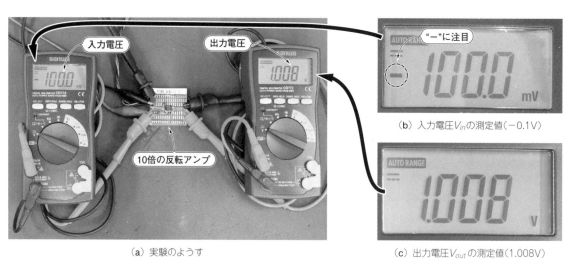

（a）実験のようす

（b）入力電圧V_{in}の測定値（−0.1V）

（c）出力電圧V_{out}の測定値（1.008V）

写真4　10倍の反転アンプに−0.1VのDC電圧を入力
マイナスの入力電圧に対して出力電圧がプラスになり，極性が反転している

ゲインを計算してみましょう.

$$\text{アンプのゲイン } G = \frac{\text{出力電圧}}{\text{入力電圧}} = \frac{V_{out}}{V_{in}} = \frac{0.995V}{100mV} = 9.95 \fallingdotseq 10 \quad\cdots\cdots\cdots\cdots (5)$$

のように約10倍になってます.

　今度は**図4**のように入力電圧 V_{in} としてマイナスの電圧DCの－ 0.1Vを入力しました．その結果を**写真4**に示します．**写真4**では入力電圧 $V_{in} = -100mV (= -0.1V)$ に対して出力電圧 V_{out} は，DC + 1.008Vになっています．こちらも入力電圧 V_{in} と出力電圧 V_{out} の極性が反転していて確かに反転アンプです．

　ゲインを計算すると

$$\text{アンプのゲイン } G = \frac{\text{出力電圧}}{\text{入力電圧}} = \frac{V_{out}}{V_{in}} = \frac{1.008V}{100mV} = 10.08 \fallingdotseq 10 \quad\cdots\cdots\cdots\cdots (6)$$

のようになり約10倍になってます.

　以上からDC電圧では，ゲインが2本の抵抗 R_1, R_2 でゲインが決まることがわかります．ゲインに少し誤差がありますが，この点は後述します.

　入力電圧がDCではなくACではどうなるでしょうか．そこで**図5**のようにファンクション・ジェネレータ(function generator)WF1947(エヌエフ回路設計ブロック)から入力電圧 $V_{in} = 0.2V_{P\text{-}P}$ [注1] の1kHzのサイン波を加えました．その結果を**写真4**に示します．**写真4**で出力電圧 V_{out} は，反転アンプらしく入力電圧 V_{in} に対してプラス・マイナスの極性が反転しましたが，電圧の大きさは $2V_{P\text{-}P}$ あります．ですから反転アンプのゲインは

$$\text{反転アンプのゲイン} = \frac{\text{出力電圧}}{\text{入力電圧}} = \frac{V_{out}}{V_{in}} = \frac{2V_{P\text{-}P}}{0.2V_{P\text{-}P}} = 10 \text{ 倍} \quad\cdots\cdots\cdots\cdots (7)$$

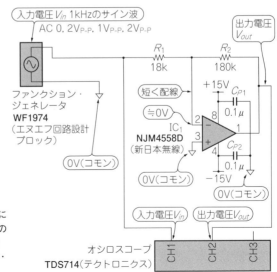

図5
ゲイン10倍の反転アンプに
$0.2V_{P\text{-}P}$, $1V_{P\text{-}P}$, $2V_{P\text{-}P}$ の
AC電圧を入力した実験回路
入力電圧にはファンクション・
ジェネレータを用いる

注1：$V_{P\text{-}P}$は，ボルト・ピー・ピーと呼びます．電圧のピーク・ツウ・ピーク(peak to peak)，つまり一番高い電圧と一番低い電圧の差を指します．例えば図6(b)の入力電圧(上側の波形)ならば，一番高い電圧は0.5 Vで一番低い電圧は－ 0.5 V，その差は1 V．そのため $1V_{P\text{-}P}$ と書きます.

と10倍(厳密にはアンプのゲインには誤差を含んでいます)になっています.

さらに入力電圧 V_{in} を1kHzのサイン波で電圧だけ1V$_{P-P}$［**図6(b)**］，2V$_{P-P}$［**図6(c)**］と変えてみました．入力電圧 V_{in} を変えた**図6(b)**，**図6(c)**でも反転アンプのゲインは

$$反転アンプのゲイン = \frac{出力電圧}{入力電圧} = \frac{10V_{P-P}}{1V_{P-P}} = 10倍 \quad\cdots\cdots\cdots(8)$$

$$反転アンプのゲイン = \frac{出力電圧}{入力電圧} = \frac{20V_{P-P}}{2V_{P-P}} = 10倍 \quad\cdots\cdots\cdots(9)$$

と10倍になっています.

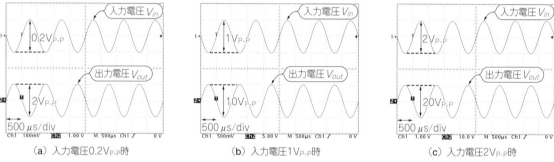

(a) 入力電圧0.2V$_{P-P}$時　　　(b) 入力電圧1V$_{P-P}$時　　　(c) 入力電圧2V$_{P-P}$時

図6　10倍の反転アンプの入出力波形をオシロスコープで観察し，極性が反転して10倍に増幅されることが確認できた────
入力電圧の振幅が異なる信号を入力した(入力周波数は1kHzで同じ)．入力電圧が10倍に増幅され，プラスとマイナスの極性が反転した

以上から，OPアンプに接続した2本の抵抗$R_1 = 18$kΩと$R_2 = 180$kΩで，ゲインが決まることが実験で確かめられました.

こうした2本の抵抗R_1，R_2で自由にアンプのゲインを変えることができる便利さがOPアンプをアナログ回路の主役に押し上げたと思います．とはいえ1個のOPアンプでゲインが何百倍ものアンプを作るのは，その特性を考えると現実的ではありません．1個のOPアンプで作るゲインの上限は100倍以下にすると，大きな問題なく動作するでしょう.

反転アンプの設計のポイント

● 反転アンプで使える抵抗は100Ωから1MΩ

抵抗R_1，R_2の抵抗値の比率でゲインが決まるのですから，抵抗の組み合わせはとてもたくさんあります．**図2(a)**の例ばかりでなくゲインが10倍の回路の例でいくつか例を挙げて検討してみましょう.

表1のように抵抗の組み合わせはたくさんあるのですが，抵抗R_1の下限は100Ω程度，抵抗R_2の上限は，抵抗の入手性を考慮すると1MΩ以下に制約されます．OPアンプで扱う周波数が100kHz以下の場合(本書のNJM4558Dなどが相当)を前提にすると設計例③から設計例⑥の範囲で抵抗値を選ぶと良いでしょう．OPアンプがより高速なタイプ，例えばAD828AN(アナログ・デバイセズ，**写真5**)を使って1MHzを超える周波数までを扱う場合は，抵抗自身のキャパシタ成分などの影響を受けにくい小さめの抵抗値の設計例②をお勧めします.

表1　ゲイン10倍の反転アンプで使える抵抗値の組み合わせ

設計例	抵抗 $R_1[\Omega]$	抵抗 $R_2[\Omega]$	備　考
①	100	1 k	信号側の出力インピーダンスが1 Ω以下に限る
②	1 k	10 k	信号側の出力インピーダンスが10 Ω以下に限る
③	5.1 k	51 k	問題なし
④	10 k	100 k	
⑤	20 k	200 k	
⑥	30 k	300 k	
⑦	43 k	430 k	
⑧	100 k	1 M	抵抗の入手を考慮するとこの程度が上限の抵抗値

写真5　高速OPアンプ（OPアンプが1つのパッケージに2個入りタイプ）AD828AN（アナログ・デバイセズ）

● 反転アンプの特徴その1：入力インピーダンスがR_1で決まる

　反転アンプの場合，入力インピーダンスはR_1で決まります．このことによる問題点は，入力側の信号の出力インピーダンスZ_oが大きい場合は，図3のようにゲインに影響を受けることです．

　つまり，ゲインを式(3)の

$$V_{out} = -\frac{R_2}{R_1} V_{in} \quad\text{(3)再掲}$$

で設計したとします．しかし，入力側の信号に出力インピーダンスZ_oがあると図7のようにR_1が実際には$R_1 + Z_o$になり，結果として反転アンプのゲインは

$$V_{out} = -\frac{R_2}{R_1 + Z_o} V_{in} \quad\text{(10)}$$

となってしまいます．このことは単に数式だけでなく実際に抵抗値を入れて計算するとさらにハッキリします．仮にゲイン10倍の反転アンプで考えてみましょう．図3にて$R_1 = 100\,\Omega$，$R_2 = 1\,\mathrm{k}\Omega$の設計にすると式(3)から計算すると

$$V_{out} \fallingdotseq -\frac{R_2}{R_1} V_{in} = -\frac{1\mathrm{k}}{100} V_{in} = -10 V_{in} \quad\text{(11)}$$

となります．出力電圧V_{out}は，入力電圧V_{in}の10倍となる計算になるので，確かに10倍の反転アンプです．そこで入力側の信号の出力インピーダンス$Z_o = 50\,\Omega$も考慮して式(10)で計算とすると

$$V_{out} = -\frac{R_2}{R_1 + Z_o} V_{in} = -\frac{1\mathrm{k}}{100 + 50} V_{in} \fallingdotseq -6.67 V_{in} \quad\text{(12)}$$

となります．今度，出力電圧V_{out}は，入力電圧V_{in}の約6.67倍にしかならず，これではとても10倍の反転アンプとはいえません．

　ですから入力側の信号の出力インピーダンスZ_oが無視できない場合は，

$$R_1 \gg Z_o \quad\text{(13)}$$

となるように抵抗R_1を選びましょう．式(13)で≫の意味は，抵抗R_1の抵抗値が信号の出力インピーダンスZ_oの100倍以上，つまり$R_1 > 100 Z_o$です．あるいは，これから説明する非反転アンプの採用をお勧めします．

● 反転アンプの特徴2：電流入力，電圧出力のアンプが構成できる

　また，反転アンプを使うと電流入力，電圧出力のアンプが構成できます．これは具体的な回路例の**図7**をご覧いただきましょう．光の強さを電流に変換するフォト・ダイオード(photo diode)など電流を出力とする信号源の場合，アンプの構成に苦慮します．しかし，**図7**のように反転アンプを使うと容易に実現できます．

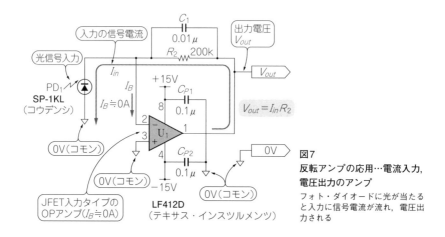

図7
反転アンプの応用…電流入力，電圧出力のアンプ
フォト・ダイオードに光が当たると入力に信号電流が流れ，電圧出力される

4-3

OPアンプは2本の抵抗でゲインが決まる 非反転アンプ

非反転アンプの原理

● OPアンプ回路は，2本の抵抗でゲインが決まる　非反転アンプの例

　OPアンプの基本的な使い方はもう1つあり，それが**非反転アンプ**（non-inverting amplifier）です．非反転とは，反転のさらに否定なので日本語としては正転と呼ぶべきかなとは思います．しかし英語訳で非反転アンプと呼ばれているので本書ではそのまま使います．

　今度は非反転アンプを説明しましょう．非反転アンプによる10倍の例を**図1**に示します．非反転アンプというぐらいですから，入力電圧V_{in}と出力電圧V_{out}の極性は反転せずに，**出力電圧V_{out}は入力電圧V_{in}と同じ極性の電圧が出力されます**．

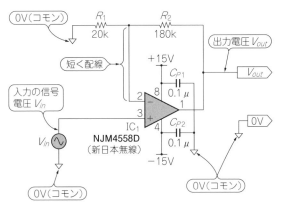

図1　ゲイン10倍の非反転アンプの例
入力電圧V_{in}と出力電圧V_{out}の極性は反転せずに，同じ極性の電圧が出力される

　入力電圧V_{in}と出力電圧V_{out}の関係は，やはり2本の抵抗R_1，R_2だけで決まり

$$V_{out} = \frac{R_1 + R_2}{R_1} V_{in} \quad\text{···}(1)$$

で表すことができます．こちらもとても簡明ですね．

　図1の回路では$R_1 = 20\mathrm{k}\Omega$，$R_2 = 180\mathrm{k}\Omega$なので，ゲインを計算してみましょう．

$$V_{out} = \frac{R_1 + R_2}{R_1} V_{in} = \frac{20\mathrm{k} + 180\mathrm{k}}{20\mathrm{k}} V_{in} = 10\,V_{in} \quad\text{··}(2)$$

以上から出力電圧V_{out}は，入力電圧V_{in}の10倍となります．つまり**図1**の非反転アンプのゲインは10倍です．

● 非反転アンプは，テコ

　非反転アンプ回路は**図2**(**a**)が動作するようすもテコで説明しましょう．**図2**(**b**)です．やはり棒の長さ$R_1 + R_2$のテコを用意します．非反転アンプ回路の**図1**では$R_1 = 20\text{k}\Omega$，$R_2 = 180\text{k}\Omega$ですから，$R_1 + R_2 = 20\text{k} + 180\text{k} = 200\text{k}\Omega$の長さの棒を想像します．反転アンプと同様に現実には$200\text{k}\Omega$の棒などありませんから，「棒のようなもの」と想像してください．あるいは抵抗値の単位$\text{k}\Omega$を長さの単位cmに置き換えて考えてみましょう．

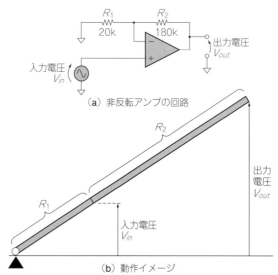

（a）非反転アンプの回路

（b）動作イメージ

図2　非反転アンプ回路の動作イメージ
テコの棒の長さの比率でゲインが決まる

　今度はテコの棒の先端を支点として0Vに固定してあります．今，入力電圧V_{in}分だけテコを持ち上げてみましょう．出力電圧V_{out}は，入力電圧V_{in}に対してテコ棒の長さの比率分$(R_1 + R_2)/R_1$だけ大きな電圧になります．人が**図2**(**b**)のテコを動かすとなると，とても大きな力が必要な感じですが，幸いエレクトロニクスでは腕力は不要です．出力電圧V_{out}には入力電圧V_{in}と同じ極性で大きさが式(1)に従う電圧が出てくるのです．頭の中でテコを動かして出力電圧V_{out}が変わるようすを想像しましょう．

　ポイントは，非反転アンプでも，テコの棒の長さの比率でゲインが決まります．つまり抵抗R_1，R_2の抵抗値ではなく抵抗値の比率で，ゲインが決まるのです．

非反転アンプのゲインを実験で確かめる

● 正のDC電圧入力時は同じ極性で10倍に増幅される

　非反転アンプでも式(1)のようにゲインが設定できて**図1**の回路では10倍のアンプとなるのでしょうか，こちらも実験してみました．実験のため**図1**を組み立てたようすを**写真1**に示します．組み立て配線時には，OPアンプの反転入力端子（NJM4558Dでは2番ピン）と接続する線をできる限り短く，わかりやすく書くと1mmでも短く配線するのがポイントです．

　図3のように入力電圧V_{in}として電圧発生器GS200（横河電機）でDC 1Vの電圧を入力しました．その結果を**写真2**に示します．**写真2**では入力電圧$V_{in} = 1.0\text{V}$に対して出力電圧V_{out}は，DC9.98Vになって

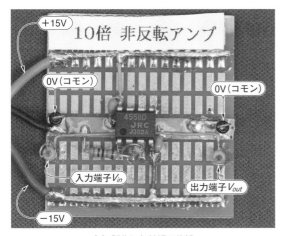

（a）製作した基板の外観

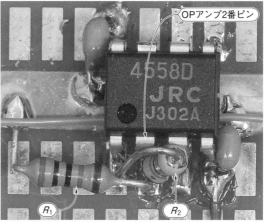

（b）2番ピンの配線が最短となっている

写真1　図3の回路を基板に組み付けたところ
反転入力端子（NJM4558Dでは2番ピン）と接続する線を1mmでも短く配線することがポイント

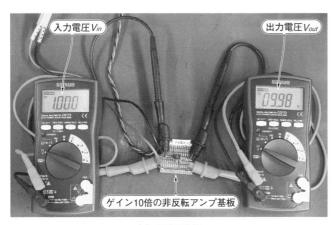

（a）実験の外観

（b）入力電圧V_{in}の測定値（1.000V）

（c）出力電圧V_{out}の測定値（9.98V）

写真2　非反転アンプに正のDC電圧を入力して同じ極性で10倍に増幅されることを確認する実験
入力電圧V_{in}＝1.0Vに対して出力電圧V_{out}＝9.98V．ゲインは約10倍になっている

います．ゲインを計算すると

$$非反転アンプのゲイン = \frac{出力電圧}{入力電圧} = \frac{V_{out}}{V_{in}} = \frac{9.98V}{1V} = 9.98 ≒ 10倍 \quad \cdots\cdots (3)$$

のようになり約10倍になっています．

　同様に図3のように入力電圧V_{in}としてDCで−1Vの電圧を入力しました．その結果を写真3に示します．写真3では入力電圧V_{in}＝−1.0Vに対して出力電圧V_{out}は，DC−9.97Vになっています．ゲインを計算すると

$$非反転アンプのゲイン = \frac{出力電圧}{入力電圧} = \frac{V_{out}}{V_{in}} = \frac{9.97V}{1V} = 9.97 ≒ 10倍 \quad \cdots\cdots (4)$$

のようになり約10倍になってます．ここでも誤差が気になりますが，後述します．

　DCばかりでなくACでも実験してみましょう．図4の回路のように入力電圧としてファンクション・ジェネレータWF1947（エヌエフ回路設計ブロック）からV_{in}＝0.2V$_{P-P}$の1kHzのサイン波を加えました

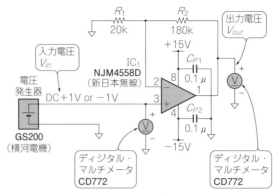

図3　ゲイン10倍の非反転アンプの増幅作用を調べる実験回路
入力電圧 V_{in} には高精度電圧源を使って DC 電圧を入力する

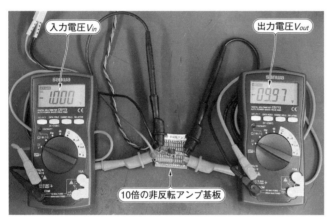

（a）実験の外観

（b）入力電圧 V_{in} の測定値（1.000V）

（c）出力電圧 V_{out} の測定値（9.97V）

写真3　図3の実験結果
入力電圧 V_{in} ＝ －1.00 V に対して出力電圧 V_{out} ＝ －9.97 V．ゲインは約10倍

[図5(a)]．出力電圧 V_{out} は，極性が入力と同じでその大きさは $2V_{P-P}$ あります．ですから非反転アンプのゲインは

$$非反転アンプのゲイン G = \frac{出力電圧}{入力電圧} = \frac{2V_{P-P}}{0.2V_{P-P}} = 10 倍 \quad\text{……………………………}(5)$$

と10倍になっています．

　また入力電圧 V_{in} を1kHzサイン波で $1V_{P-P}$ [図5(b)]，$2V_{P-P}$ [図5(c)] と変えてみました．図5(b)，図5(c)でも非反転アンプのゲインは

$$非反転アンプのゲイン = \frac{出力電圧}{入力電圧} = \frac{10V_{P-P}}{1V_{P-P}} = 10 倍 \quad\text{……………………}(6)$$

$$非反転アンプのゲイン = \frac{出力電圧}{入力電圧} = \frac{20V_{P-P}}{2V_{P-P}} = 10 倍 \quad\text{………………………………}(7)$$

と10倍になっています．

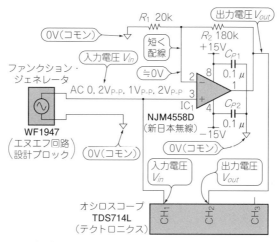

図4　交流信号を入力したときもゲイン10倍で増幅するかどうか確かめる

ファンクション・ジェネレータを使って1kHzのサイン波を入力する

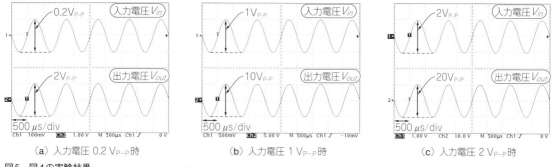

（a）入力電圧 0.2 V_{P-P} 時　　　　　（b）入力電圧 1 V_{P-P} 時　　　　　（c）入力電圧 2 V_{P-P} 時

図5　図4の実験結果

入力電圧の異なる周波数1kHzのサイン波を入力する

　ここでは非反転アンプにおいてもOPアンプに接続した2本の抵抗$R_1 = 20\mathrm{k}\Omega$と$R_2 = 180\mathrm{k}\Omega$で，電圧をアンプするときのゲインが決まることに注目してください．反転アンプ同様に非反転アンプも外部の2本の抵抗R_1，R_2を変えると，自由にアンプのゲインを変えることができます．

非反転アンプの設計のポイント

● 入力インピーダンスが高いと信号源インピーダンスの影響を受けない

　非反転アンプの特徴は，何といっても入力インピーダンスZ_Iが非常に高いことです（図6）．ですから信号源のインピーダンスZ_oが少々高い場合も，信号源のインピーダンスZ_oの影響をゲインに受けることなく信号をアンプできます．この特徴は，例えば微少な電流出力のセンサ（sensor）の信号をアンプする用途には，コレしかないほど優れた特性を示します．

　反面，入力インピーダンスZ_Iが非常に高いので，図7のようにAC100Vなどの商用周波数からノイズが混入するなどの想定してない信号を拾うことがあります．この対策としては信号の入力を常に接続した状態にしましょう．入力を必要があるときだけ接続するなどの用途では，図8の抵抗R_3のように100kΩから1MΩ程度の抵抗を接続しておくと安心です．抵抗R_3は精度を気にすることは不要で100k

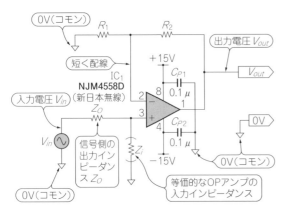

図6 非反転アンプは入力インピーダンスが高いので，信号側の
出力インピーダンスの影響を受けにくい
非反転アンプの特徴は入力インピーダンスZ_iが非常に高いこと

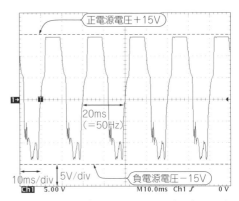

図7 非反転アンプの入力端子はインピーダンスが高
いので，未接続にするとノイズを拾ってしまう
非反転アンプは入力インピーダンスが高いので，AC100V
などの商用周波数（50Hz）から想定しないノイズを拾うこ
とがある

Ωから1MΩの範囲にあればその目的を達成できます．そこまでするならついでに過大な入力電圧で
OPアンプが破損しないような回路も紹介しておきましょう．**図8**で抵抗R_4，ダイオードD_1，D_2 型番
1N4148（オン・セミコンダクター）をOPアンプの保護の目的で付けました．

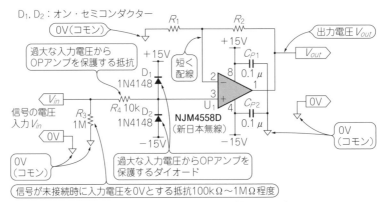

図8 入力が未接続になってもノイズを拾わないように対策した回路
入力端子に100kΩから1MΩの抵抗R_3を付けるとノイズの影響を受けにくい

実験！非反転アンプの入力インピーダンスを測定してみる

● 非反転アンプの入力インピーダンスを測定する

　非反転アンプは入力インピーダンスが非常に高い，と書きましたが，実際にどの程度の抵抗値なのか
NJM4558（新日本無線）を例に測定して求めてみましょう．

　入力インピーダンス測定の原理から書きましょう．OPアンプの原理を説明するとき，反転入力端子
や非反転入力端子に流れる電流は微少なので無視して説明してきました．しかし現実にOPアンプの入
力端子には微少ですが確かに電流が流れます．この入力端子に流れる電流をOPアンプのバイアス電流
（bias current）と呼びます．バイアス電流の流れ方は**図9(a)**，**図9(b)**，**図9(c)**のようにOPアンプから
見て

1)流れ出るタイプ（NJM4558D など）

2)流れ込むタイプ（NJM5532D など）

3)流れ出たり流れ込んだりするタイプ（OPA2277PA など）

の3通りあります.

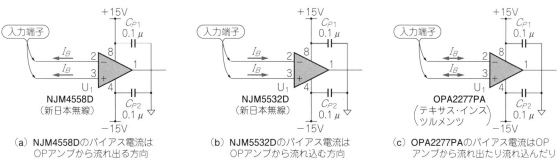

(a) NJM4558Dのバイアス電流は
OPアンプから流れ出る方向

(b) NJM5532Dのバイアス電流は
OPアンプから流れ込む方向

(c) OPA2277PAのバイアス電流はOP
アンプから流れ出たり流れ込んだり

図9　OPアンプの入力端子に流れるバイアス電流の流れるルート

非反転アンプの入力インピーダンス測定は，図9のバイアス電流の変化に注目するのです．図10の例では入力電圧V_{in}をDC 0V［図10(a)］からDC 10V［図10(b)］に変化させています．バイアス電流に注目すると入力電圧V_{in}がDC 0V時のバイアス電流I_{B0}とすると，入力電圧V_{in}をDC 10Vとしたときにバイアス電流I_{b10}へと変化します．この入力電圧V_{in}の変化量10Vに対して，バイアス電流の変化量$I_{B0} - I_{B10}$を割るとオームの法則なら電圧/電流ですから入力インピーダンスZ_Iが得られます．数式で書くと入力インピーダンスZ_Iは

$$入力インピーダンスZ_I = \frac{入力電圧の変化量}{バイアス電流の変化量} = \frac{10V}{I_{B0} - I_{B10}} \quad\cdots\cdots\cdots\cdots\cdots (8)$$

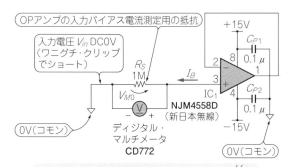

入力電圧を0Vにしたときのバイアス電流 $I_{B0} = \dfrac{V_{M0}}{1M\Omega}$

(a) STEP1…入力電圧DC0V時のバイアス電流I_{B0}を測定

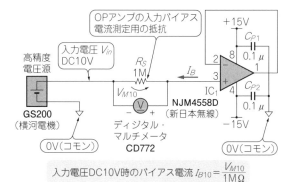

入力電圧DC10V時のバイアス電流 $I_{B10} = \dfrac{V_{M10}}{1M\Omega}$

(b) STEP2…入力電圧を10Vにしたときのバイアス電流I_{B10}を測定

図10　非反転アンプの入力インピーダンスを測定する回路
入力電圧V_{in}の変化量10 Vをバイアス電流の変化量（$I_{B0} - I_{B10}$）で割ると，入力インピーダンスZ_Iが求められる

入力インピーダンス測定のため実験した回路を**図10(a)**，**図10(b)**，製作した基板を**写真4**に示します．**図10(a)**，**図10(b)**で1MΩの抵抗R_Sは，バイアス電流を測定のためです．抵抗R_Sの両端に発生する電圧V_Mを測定して，その値を抵抗R_Sの抵抗値1MΩで割ってバイアス電流を求めます．数式で書くと式(9)です.

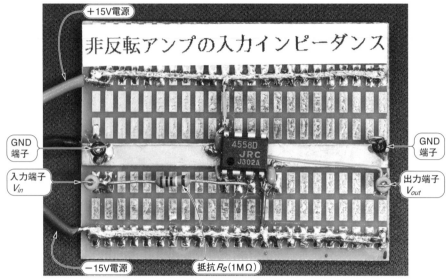

写真4　基板に図10の回路を組み付けたところ
抵抗R_Sの両端に発生する電圧V_mをR_S（1MΩ）で割るとバイアス電流が求められる

$$バイアス電流 I_B = \frac{抵抗R_Sに発生する電圧}{抵抗R_Sの抵抗値} = \frac{V_M}{1MΩ} \cdots\cdots (9)$$

　実験のようすを**写真5（a）**（入力電圧V_{in} = 0V時），**写真5（b）**（入力電圧V_{in} = DC10V時）に示します．
　図10（a），**写真5（a）**ではワニグチ・クリップでショートさせて，入力電圧V_{in} = 0Vを得ています．
入力電圧V_{in} = 0V時［**図10（a）**］の実験結果を示す**写真5（a）**では抵抗R_S = 1MΩの両端に18.0mVの電圧が発生しています．この結果をバイアス電流I_{B0}に換算すると

$$入力電圧DC0V時のバイアス電流 I_B = \frac{抵抗R_Sに発生する電圧}{抵抗R_Sの抵抗値} = \frac{18.0mV}{1MΩ} = 18.0nA \cdots\cdots (10)$$

です．同様に入力電圧DC10V時［**図10（b）**］の実験結果を示す**写真5（b）**からバイアス電流I_{B10}は

$$入力電圧DC10V時のバイアス電流 I_{B10} = \frac{抵抗R_Sに発生する電圧}{抵抗R_Sの抵抗値} = \frac{15.1mV}{1MΩ} = 15.1nA \cdots\cdots (11)$$

となります．
　この結果を式(8)に代入してみましょう．

$$入力インピーダンスZ_I = \frac{入力電圧の変化量}{バイアス電流の変化量} = \frac{10V}{I_{B0} - I_{B10}} = \frac{10V}{18.0nA - 15.1nA}$$
$$= 3,448,275,862 ≒ 3.45GΩ \cdots\cdots (12)$$

以上から，OPアンプの非反転アンプ回路の入力インピーダンスZ_Iは約3.45GΩ（ギガΩ = 10^9Ω）と非常に大きな値であることが確かめられました．

　ここでバイアス電流ですが，温度によって少し変化しますし，IC1個1個によっても微妙に異なります．実験では入力インピーダンスZ_Iが約3.45GΩであったのが，条件によっては3GΩ程度になったりします．

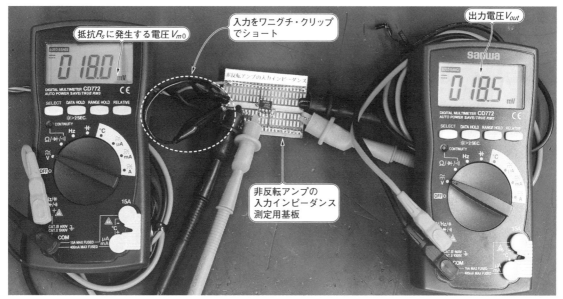

（a）入力電圧 0 V_{DC} 時

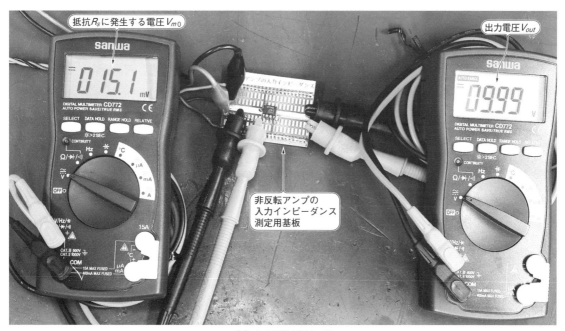

（b）入力電圧 10 V_{DC} 時

写真5　OPアンプに入力する直流電圧を変えたときのバイアス電流の変化から入力インピーダンスが求まる
抵抗 R_s の両端に発生する電圧 V_M を測定し，測定電圧を R_s（1 MΩ）で割ってバイアス電流を計算で求める

　つまり，入力インピーダンス Z_I は，非常に大きな値ですが温度などでわずかに変動するので，一定の値ではありません．

　少し脱線します．**写真5（b）**では1MΩの抵抗をOPアンプの非反転端子に直列に接続した状態で入力電圧をDC10Vを加えています．反転アンプでこのように1MΩもの大きな抵抗値の抵抗を直列に接続するとゲインに大きな影響がありました．対して非反転アンプ回路の場合は入力インピーダンス Z_I が計算したように3.45GΩと非常に大きいので，1MΩの抵抗を直列に接続しても影響はほとんどありません．

4-4

OPアンプ回路に使う抵抗は, 高精度の金属被膜抵抗を

● **抵抗値は, 誤差を許容しよう**

　OPアンプは, 2本の抵抗R_1, R_2の比率でゲインが決まります. では, どんな種類の抵抗を選ぶと良いのか, 考えてみましょう.

　今, 反転アンプ回路の**図1**(**a**)の抵抗値でピッタリ10倍のアンプを作ろうとすると, 抵抗$R_1 = 18\mathrm{k}\Omega$, $R_2 = 180\mathrm{k}\Omega$とそれぞれピッタリの値でなくてはいけません. 同様に非反転アンプ回路の**図1**(**b**)でピッタリ10倍のアンプを作ろうとすれば, 抵抗$R_1 = 20\mathrm{k}\Omega$, $R_2 = 180\mathrm{k}\Omega$とそれぞれピッタリの抵抗値が必要です. 現実には18kΩ, 180kΩ, 200kΩピッタリの抵抗値は存在せず, 必ず誤差があります. さらに困ったことに, 抵抗には温度によって抵抗値が変わる性質もあります.

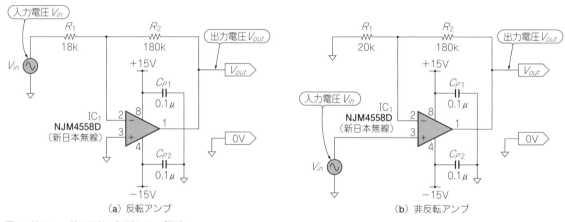

図1　ゲイン10倍の反転/非反転アンプ回路
R_1, R_2の2本の抵抗でゲインが決まるため, 目的や用途によって高精度の抵抗が要求される

　そこで困ったと頭を抱えていては, 前に進みません. 実用上ゲインは完全にピッタリ10倍である必要はなく, 「約」10倍であれば問題ない場合がほとんどです. 学校のテストの点数が100点でなくても80点以上ならばとても良い成績なので, その科目は「優」とされることと同様な考え方です. ゲイン約10倍の「約」の部分が, 誤差5%なのか1%なのか, あるいは0.1%なのかは, アンプの用途や目的によります. おおよそ10倍程度アンプしていれば良い用途では5%でも使えるでしょう. 対して計測などで高精度が要求されると0.1%でも厳しいかもしれません. 誤差はどの程度完全に近いかを示した数値で, 用途や目的などに応じてどの程度完全さが必要か決めましょう. 本書では入手が容易な誤差1%の金属皮膜抵抗を使うことを前提に話を進めます.

● **抵抗は金属被膜で1%以下の高精度のタイプを選ぼう**

　実用上十分な精度として許容できる抵抗の誤差を仮に1%以下としましょう. 誤差が0.5%以下の抵抗は入手が急に難しくなります. 誤差が1%以下の抵抗は入手が容易な抵抗の中では, 高精度タイプに

分類できます．誤差が1％以下ならば金属被膜抵抗(metal film resistors)を選ぶと容易に入手可能です．金属被膜抵抗は温度による抵抗値の変化(抵抗温度係数T.C.R. = Temperature Coefficient of Resistance と呼びます)も50ppm/℃と少ないタイプがあるので最適です．

　ここでppmはparts per millionの略で，百万分の1を示しています．50ppm/℃なら，温度が1℃変化すると抵抗値が百万分の50変化することを意味しています．具体的に考えてみましょう．抵抗値を1MΩ(= 1,000,000Ω：百万Ω)とすると，50ppm/℃なら温度が1℃変化すると抵抗値が百万分の50変化するのですから，1MΩの百万分の50は50Ω変化するのです．温度が1℃変化しても1MΩの変化が50Ω以下とは，非常に少ない変化ですね．

　こうした金属被膜抵抗のリード型の抵抗では，KOA製MFシリーズ(写真1)などが良いでしょう．消費電力も1/4Wで十分です．抵抗値がピッタリでない部分を可変抵抗で調整する方法もありますが，年単位の長い時間経過の中で機械的な変化を伴うのでお勧めしません．

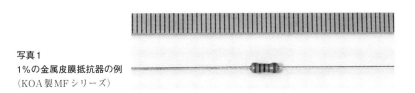

写真1
1%の金属皮膜抵抗器の例
(KOA製MFシリーズ)

● オフセット電圧は，入力電圧0Vでも出力電圧を0Vにしない

　抵抗の精度が1％以下ですと2本の抵抗R_1，R_2の比率で決まるOPアンプのゲインは，かなりピッタリ，少なくても1％程度以下に設定できるでしょう．あと気になるのは，オフセット電圧(offset voltage)です．

　オフセット電圧V_{offset}とは何か考えてみましょう，図2です．図2でオフセット電圧V_{offset}が0Vの理想的なOPアンプならば，入力電圧V_{in}が0Vのとき出力電圧V_{out}も0Vです．抵抗やキャパシタにわずかに誤差があるように，OPアンプも完全に理想とは言えません．実際に入力電圧V_{in}が0Vでも，OPアンプの内部回路の微妙なバラツキなどでDC電圧が発生して出力電圧V_{out}にはわずかなDC電圧を生じてしまいます．オフセット電圧V_{offset}は，この出力に生じたDC電圧V_{out}が等価的に入力にDC電圧があると考えられると想定して，入力側に換算した電圧なのです．

　図2の10倍の非反転アンプならば，出力電圧V_{out}を入力に換算したオフセット電圧V_{offset}は式(1)で表すことができます．

$$V_{offset} = \frac{V_{out}}{\frac{R_1 + R_2}{R_1}} = \frac{V_{out}}{\frac{20k + 180k}{20k}} = \frac{V_{out}}{10} \quad\cdots\cdots\cdots (1)$$

　実際にオフセット電圧V_{offset}を測定してみましょう．図3に実験した回路(4-3節の写真1)，写真2に実験のようすを示します．写真2で入力電圧V_{in}は，入力をワニグチ・クリップでショートして0Vとしました．そのとき出力電圧V_{out}は4.2mVでした．入力電圧$V_{in} = 0$Vにもかかわらずオフセット電圧の影響で出力電圧V_{out}に電圧が発生したのです．OPアンプが理想的でない部分が1つ見つかりましたね．

　オフセット電圧V_{offset}を得るために出力電圧V_{out}を入力電圧に換算してみましょう．図3は10倍のアンプだったので$V_{out} = 4.2$mVを10で割れば良いわけです．

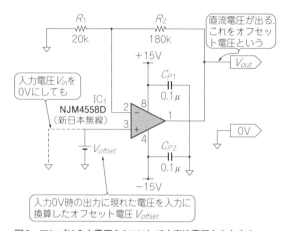

図2 アンプは入力電圧を0Vにしても直流電圧を出力する
OPアンプ内部の回路の微妙なバラツキなどで出力にわずかな電圧を生じる. この電圧を等価的に入力に換算した電圧をオフセット電圧(offset voltage)と呼ぶ

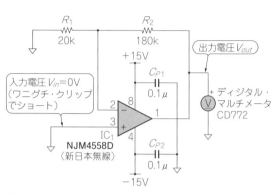

図3 ゲイン10倍の非反転アンプでオフセット電圧を測定する実験回路
ワニグチ・クリップで入力をショートして, 入力電圧を$V_{in}=0$Vとしている

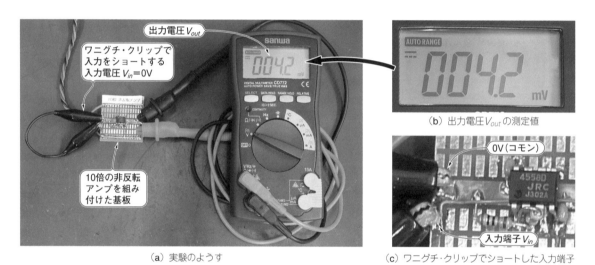

(a) 実験のようす

(b) 出力電圧V_{out}の測定値

(c) ワニグチ・クリップでショートした入力端子

写真2 非反転アンプのオフセット電圧を測っているところ
入力電圧$V_{in}=0$Vにもかかわらず, オフセット電圧の影響で出力電圧($V_{out}=4.2$mV)が発生している

$$V_{offset} = \frac{V_{out}}{\frac{R_1 + R_2}{R_1}} = \frac{4.2\text{mV}}{10} = 0.42\,\text{mV} \quad\cdots\cdots\cdots (2)$$

となり, オフセット電圧V_{offset}は0.42mVと得られました. この結果をまとめると**図4**です. 現実に入力側にはオフセット電圧V_{offset}に相当するDC電圧は存在しません. そこで概念的に出力電圧V_{out}に影響を与えるオフセット電圧V_{offset}が, 等価的に**図4**のように入力側に換算して存在していると考えるのです.

● **出力電圧にはオフセット電圧も影響**

このオフセット電圧V_{offset}が出力電圧V_{out}に表れるようすを**図5**に示します.

図5(a)の反転アンプの場合はオフセット電圧V_{offset}が与える出力電圧V_{out}への影響は, 式(3)で表すことができます.

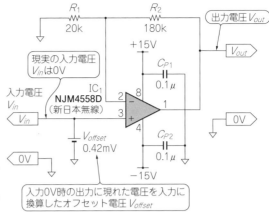

図4
図3の非反転アンプのオフセット電圧を
加味して描き直すとこうなる
式(2)より求めたオフセット電圧(V_{offset}＝
0.42 mV)を入力に加えた実際に近い回路

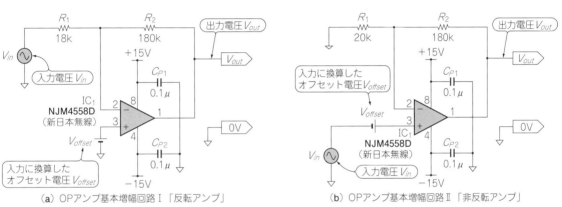

（a）OPアンプ基本増幅回路Ⅰ「反転アンプ」　　　　（b）OPアンプ基本増幅回路Ⅱ「非反転アンプ」

図5　オフセット電圧を加味した現実的なOPアンプ基本増幅回路
オフセット電圧が非反転入力端子側にあると考える

$$V_{out} = V_{offset} \frac{R_1 + R_2}{R_1} \quad\cdots\cdots (3)$$

ですから，入力電圧 V_{in} が入力されたときオフセット電圧 V_{offset} も含む出力電圧 V_{out} は

$$V_{out} = V_{offset} \frac{R_1 + R_2}{R_1} - \frac{R_2}{R_1} V_{in} \quad\cdots\cdots (4)$$

となります．式(3)，式(4)において，この $V_{offset}(R_1 + R_2)/R_1$ 部分が出力電圧 V_{out} に影響を与えます．
さらにオフセット電圧 V_{offset} は，マイナスの電圧が生じることがあります．そのことを考慮すると入力
電圧 V_{in} が入力があるときオフセット電圧 V_{offset} を含んだ出力電圧 V_{out} を示す式は，式(4)から発展して

$$V_{out} = \pm V_{offset} \frac{R_1 + R_2}{R_1} - \frac{R_2}{R_1} V_{in} \quad\cdots\cdots (5)$$

と書けます．±の記号が，オフセット電圧 V_{offset} がプラスやマイナスになったりするとの意味です．
　同様に図5(b)の非反転アンプでは入力電圧 V_{in} が入力があるときオフセット電圧 V_{offset} を含んだ出力
電圧 V_{out} を示す式は，式(6)のように書くことができます．

$$V_{out} = \left(V_{offset} + V_{in} \right) \frac{R_1 + R_2}{R_1} = V_{offset} \frac{R_1 + R_2}{R_1} + \frac{R_1 + R_2}{R_1} V_{in} \cdots\cdots (6)$$

ここでもオフセット電圧 V_{offset} のプラス・マイナスの向きは，**写真2**の方向だけでなくマイナス方向にも生じることがあります．つまり，非反転アンプで入力電圧 V_{in} が入力があるときオフセット電圧 V_{offset} を含んだ出力電圧 V_{out} を示す式は，式(7)で表されるのです．式(7)では"±"に注目してください．

$$V_{out} = \pm V_{offset} \frac{R_1 + R_2}{R_1} + \frac{R_1 + R_2}{R_1} V_{in} \cdots\cdots\cdots\cdots\cdots\cdots (7)$$

式(5)，式(7)から反転アンプでも非反転アンプでも出力電圧 V_{out} に生じるオフセット電圧 V_{offset} は

$$V_{out} = \pm V_{offset} \frac{R_1 + R_2}{R_1} \cdots\cdots\cdots\cdots\cdots\cdots\cdots\cdots\cdots (8)$$

で表すことができます．

● ゲインが大きいほど出力電圧へのオフセット電圧の影響は大きい

式(8)に注目してみましょう．オフセット電圧 V_{offset} は，アンプのゲインが大きいほど，具体的には $(R_1 + R_2)/R_1$ の値が大きいほど出力電圧 V_{out} に与える影響が大きいのです．

先の実験結果からこのことを検証してみましょう．オフセット電圧 V_{offset} は0.42mV，入力電圧 $V_{in} = 0$V として出力電圧 V_{out} をいくつか計算してみます．

▶ ゲイン10倍の時

$$V_{out} = 0.42mV \times 10 = 4.2mV \cdots\cdots\cdots\cdots\cdots\cdots\cdots\cdots\cdots (9)$$

▶ ゲイン20倍の時

$$V_{out} = 0.42mV \times 20 = 8.4mV \cdots\cdots\cdots\cdots\cdots\cdots\cdots\cdots (10)$$

▶ ゲイン50倍の時

$$V_{out} = 0.42mV \times 50 = 21mV \cdots\cdots\cdots\cdots\cdots\cdots\cdots\cdots (11)$$

▶ ゲイン100倍の時

$$V_{out} = 0.42mV \times 100 = 42mV \cdots\cdots\cdots\cdots\cdots\cdots\cdots\cdots (12)$$

となり，ゲインが大きいほど出力電圧 V_{out} にはオフセット電圧 V_{offset} の影響が大きいことがわかります．さらに困ったことにオフセット電圧 V_{offset} は，温度によって変動します．このオフセット電圧 V_{offset} の解決方法は後述します．

● 抵抗の誤差とオフセットの誤差を分けて考える

オフセット電圧 V_{offset} がある場合のゲインの誤差の見え方についても触れておきます．オフセット電圧 V_{offset} があると出力電圧 V_{out} にDC電圧が加算されるので，ゲインはピッタリ設計値通りにならず誤差があるように見えます．実は先ほどの10倍の反転アンプや非反転アンプの実験のようすを写した4-2項の写真3と写真4，4-3項の写真5(a)と写真5(b)で，ピッタリと10倍とはならなかった原因は，抵抗の誤差だけではなくオフセット電圧 V_{offset} の影響もあるのです．例えば**写真3**ではゲイン10倍の設計の

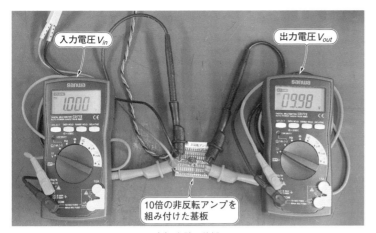

入力電圧 V_{in}

出力電圧 V_{out}

10倍の非反転アンプを
組み付けた基板

（a）実験の外観

（b）入力電圧 V_{in} の測定値（1.000V）

（c）出力電圧 V_{out} の測定値（9.98V）

写真3　抵抗とOPアンプの誤差によって生じるアンプのゲイン誤差を実験で見てみた
図1（b）の非反転アンプで，実験入力電圧 V_{in} ＝ 1.000 Vに対して出力電圧 V_{out} ＝ 9.98 Vとなった．ゲイン10倍なら本来10.0 Vになるはずが，抵抗の誤差とオフセット電圧の影響を受けている

非反転アンプ［**図1（b）**］で入力電圧 V_{in} が1.000Vの入力に対して出力電圧 V_{out} は抵抗 R_1，R_2 の設計通りならピッタリ10.00Vであるべきものが9.98Vでした．ですから出力電圧 V_{out} の誤差は

$$出力電圧の誤差 = 10.0 - 9.98 = 0.02 \ V \cdots\cdots (13)$$

です．この出力の電圧誤差0.02Vの原因は，**図1（b）**の抵抗 R_1，R_2 の誤差とOPアンプのオフセット電圧 V_{offset} によるものなのです．そのことを検討してみましょう．

　まず抵抗 R_1，R_2 に誤差がない場合です．**図1（b）**でオフセット電圧 V_{offset} による出力電圧 V_{out} は**写真2**のように4.2mVでした．抵抗 R_1，R_2 に誤差がないとすればゲインは設計値どおりのピッタリ10倍となり，出力電圧 V_{out} にはオフセット電圧 V_{offset} による分だけが加算されて表れるはずです．つまり

$$出力電圧 \ V_{out} = 10.0V（設計値）+ 4.2mV（オフセット電圧 V_{offset}）= 10.0042V \cdots\cdots (14)$$

です．

　同様に抵抗 R_1，R_2 に誤差がある場合で考えてみましょう．**写真3**で出力電圧 V_{out} のうち抵抗 R_1，R_2 の誤差によって生じた出力電圧は，出力電圧 V_{out} からオフセット電圧 V_{offset} による分を引いて

　抵抗に誤差がある場合の出力電圧 ＝ 9.98V － 4.2mV（オフセット電圧 V_{offset}）＝ 9.9758V

となります．結局，オフセット電圧 V_{offset} 分を除いて，抵抗の誤差によって生じた出力電圧の誤差は

　出力電圧の誤差 ＝ 10.0（設計値）－ 9.9758（抵抗の誤差があるときの出力電圧）＝ 0.0242V

となります．**写真3**では抵抗の誤差によって出力電圧は，0.0242Vの誤差が生じているのです．この抵抗の誤差によるゲイン誤差をパーセント（％）に換算すると

$$アンプのゲイン誤差（％）= \frac{0.0242V}{10V} \times 100 = 0.242 \ \% \cdots\cdots (15)$$

です．使用した金属被膜抵抗の誤差が±1％なので，抵抗 R_1，R_2 の誤差に起因するアンプのゲイン誤差が0.242％あるのは，仕方ないでしょう．

　この±1％の金属被膜抵抗の誤差を気にする用途には，これから紹介する高精度のネットワーク抵抗を使いましょう．オフセット電圧 V_{offset} を気にされる用途は，少し後に紹介する高精度OPアンプを推薦します．

● ピッタリのゲインには，誤差が非常に少ない高精度ネットワーク抵抗

さらにOPアンプのゲインを設計通りにするために2本の抵抗R_1，R_2の比率をピッタリと合わせる必要があります．そのような高精度な抵抗を望むなら，抵抗R_1，R_2がペアとなっている抵抗が発売されているので，使用をお勧めします．アルファ・エレクトロニクス製のMUシリーズ［チップ型，**写真4 (a)**］，SMシリーズ［**写真4(b)**］，SLDシリーズ［**写真4(c)**］です．外形は1つの部品ですが内部に複数，この場合は2個の抵抗が内蔵されたネットワーク抵抗(resistor networks)です．等価回路を図6に示します．実際の部品では図6のように抵抗R_1，R_2との参照記号はありませんが説明の都合で付けました．

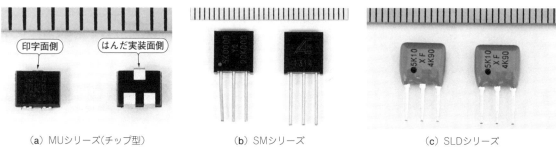

(a) MUシリーズ(チップ型)　　　(b) SMシリーズ　　　(c) SLDシリーズ

写真4 高精度ネットワーク抵抗の例
外形は1つの部品だが，内部に複数(この場合は2個)の抵抗が内蔵されている(アルファ・エレクトロニクス製)

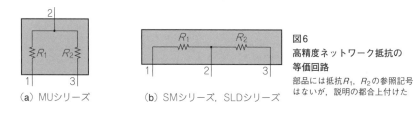

(a) MUシリーズ　　　(b) SMシリーズ，SLDシリーズ

図6
高精度ネットワーク抵抗の
等価回路
部品には抵抗R_1，R_2の参照記号
はないが，説明の都合上付けた

このネットワーク抵抗は，2個の抵抗R_1，R_2の値をおのおの指定ができる受注生産品です．そのため抵抗値をE24系列から選ぶ必要はなく，E24系列にはない抵抗値も指定して製作してもらうことができます．ただし指定できる抵抗値の範囲があります．SMシリーズ，SLDシリーズは50Ωから30kΩまで，MUシリーズは10Ωから20kΩまでです．問題は入手までの納期がかかることでしょうか．SMシリーズ，SLDシリーズの抵抗の精度は，最低でも0.1％以下で最高は0.02％と非常に素晴らしいものです．このような製品は，現在のところ市場から入手できる最高の精度でしょう．さらに書くとこのネットワーク抵抗は，温度係数T.C.R.も素晴らしくて5ppm/℃以下の高性能です．2本の抵抗が同じ抵抗値の組み合わせなら何と0.5ppm/℃と驚異の性能です．

● オフセット電圧を減少させるには高精度OPアンプ

こうした非常に高精度で温度による抵抗値の変化が少ないネットワーク抵抗を使うと，抵抗によるゲインの誤差はほとんど気にならないでしょう．ここまで来ると気になるのはあとはオフセット電圧V_{offset}です．その場合は，高精度OPアンプ(high precision operational amplifier)と呼ばれるタイプが，オフセット電圧V_{offset}がとても少なく，高精度ネットワーク抵抗と組み合わせるのにふさわしい性能を示します．高精度OPアンプの高精度とは，オフセット電圧が少ないという意味で考えると良いでしょう．

高精度OPアンプの例としてOPA2277PA(テキサス・インスツルメンツ製，**写真5**)は，オフセット電圧V_{offset}が最大で50μV，オフセット電圧V_{offset}の温度変化は最大で0.25μV/℃という優れた特性を

写真5
高精度OPアンプOPA2277PA
（テキサス・インスツルメンツ）
オフセット電圧は最大で50 μV，オフセット電圧の温度変化は最大で0.25 μV/℃という優れた特性を示す

示しています．

● 高精度OPアンプはオフセット電圧が非常に少ない

　本当に高精度OPアンプならば，オフセット電圧 V_{offset} が少ないのでしょうか，例に挙げた高精度OPアンプOPA2277PAで実験してみました．

　実験した回路は高精度OPアンプOPA2277PAによる10倍の非反転アンプ（**図7**）で，**図1**とは抵抗 R_1，R_2 は同じ値でOPアンプだけ高精度OPアンプにして製作しました（**写真6**）．実験した**図7**では，入力電圧をワニグチ・クリップでショートして0Vとしています．実験結果は**写真7**でわかるように出力電圧 V_{out} は0.1mVです．出力電圧 V_{out} へのオフセット電圧 V_{offset} の影響が，測定に使ったディジタル・マル

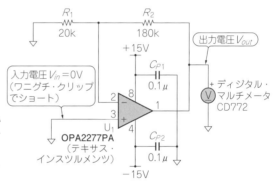

図7
高精度OPアンプ（OPA2277PA）を用いたゲイン10倍の非反転アンプ回路でオフセットを測定した実験回路
ワニグチ・クリップで入力をショートして，入力電圧を $V_{in}=0$ Vとしている

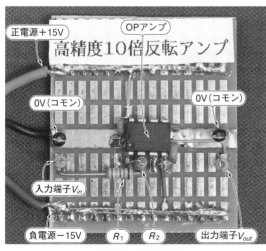

（a）製作した基板の外観

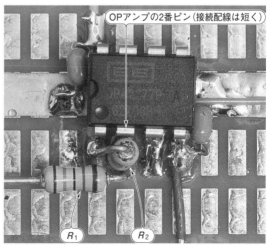

（b）OPアンプ付近を拡大

写真6　高精度OPアンプOPA2277PAによる10倍の非反転アンプ実験基板
抵抗 R_1，R_2 は写真2と同じ抵抗値にして，OPアンプだけ高精度OPアンプにして製作した

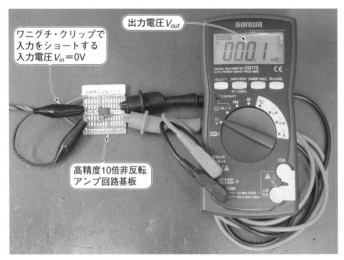

（b）出力電圧V_{out}の測定値

（a）実験の外観

（c）ワニグチ・クリップでショートした入力端子

写真7　高精度OPアンプのオフセット電圧の測定のようす

オフセット電圧の影響で出力電圧が発生しているが，ディジタル・マルチメータCD772（三和電気計器）では，もはや測定できないほど小さな電圧（V_{out} = 0.1 mV）である

チメータCD772（三和電気計器）では，もはや測定できないほど小さな電圧になっています．

　出力電圧V_{out}を入力に換算してオフセット電圧V_{offset}を求めてみましょう．図1の10倍の非反転アンプで入力に換算したオフセット電圧V_{offset}は，入力電圧V_{in} = 0Vの時の出力電圧V_{out}より式（1）から

$$V_{offset} = \frac{V_{out}}{\frac{R_1 + R_2}{R_1}} = \frac{V_{out}}{\frac{20k+180k}{20k}} = \frac{V_{out}}{10} \quad\cdots\cdots\cdots\cdots (1)再掲$$

でした．入力電圧V_{in} = 0Vの時の出力電圧V_{out} = 0.1mVであったのでOPアンプOPA2277PAのオフセット電圧V_{offset}は

$$V_{offset} = \frac{V_{out}}{10} = \frac{0.1mV}{10} = 0.01\,mV = 10\,\mu V \quad\cdots\cdots\cdots\cdots (16)$$

です．OPアンプOPA2277PAのオフセット電圧V_{offset}は，10 μVという何と素晴らしい値なのでしょうか．高精度OPアンプの「高精度」の面目躍如，その実力を示した値です．

● 高精度ネットワーク抵抗と高精度OPアンプによるアンプ

　オフセット電圧V_{offset}が少ないと，出力電圧V_{out}への影響も少ないはずです．これも確認してみましょう．さらに図8のように入力電圧V_{in} = 1.000Vを入力してみました，写真8です．写真8ではオフセット電圧V_{offset}がディジタル・マルチメータの測定の範囲外に消えて出力電圧V_{out}は，10.00Vとピッタリ10倍のゲインとなり，非常に誤差のない優れた特性の非反転アンプになっています．種明かしをすると図8では抵抗R_1，R_2を誤差1％の金属被膜抵抗から選別して，ゲインがピッタリとなる抵抗値にしました．この事例のように抵抗R_1，R_2の誤差をできる限り少なくし，さらにオフセット電圧V_{offset}の少ない高精度OPアンプを使うと，写真8のように素晴らしい特性のアンプが実現できます．

　ここまで来たら，高精度ネットワーク抵抗SMシリーズと高精度OPアンプを使った10倍のアンプの例を，図9で紹介しましょう．

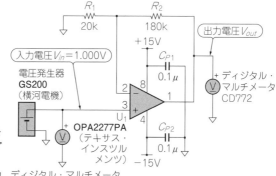

図8
高精度OPアンプ（OPA2277PA）を
用いたゲイン10倍の非反転アンプ
の実験回路

入力電圧（V_{in} = 1.000 V）に対する出力
電圧を測定する回路

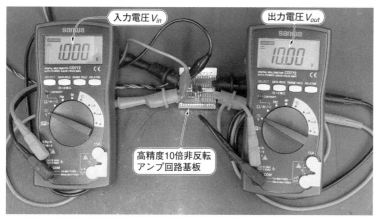

（a）実験の外観

（b）入力電圧 V_{in} の測定値

（c）出力電圧 V_{out} の測定値

写真8　高精度OPアンプ（OPA2277PA）と高精ネットワーク抵抗を組み合わせるとゲイン精度の高いアンプを作ることができる———
入力電圧 V_{in} = 1.000 V に対して出力電圧 V_{out} = 10.00 V となり，ピッタリ10倍のゲインを示した

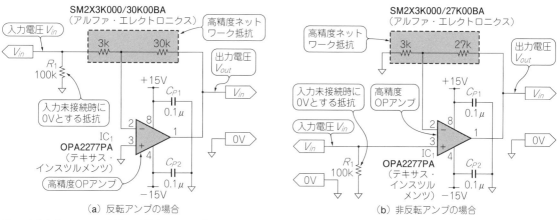

（a）反転アンプの場合　　　　　　　　　　　　　（b）非反転アンプの場合

図9　高精度ネットワーク抵抗と高精度OPアンプを使ったゲイン10.000倍の反転／非反転アンプ回路———————————
抵抗 R_1，R_2 の誤差をできる限り少なくし，さらにオフセット電圧 V_{offset} の少ない高精度OPアンプを使う

なぜOPアンプは2本の抵抗でゲインが決まるのか

● OPアンプは非反転入力端子の電圧－反転入力端子の電圧のA倍の動作

　なぜ，このように2本の抵抗R_1，R_2の比率で簡単にゲインが決まるのか，少し深入りして考えてみましょう．図1をご覧ください．実はOPアンプ自身の動作は，抵抗R_1，R_2の比率にはまったく無関係です．ただ，非反転入力端子の電圧V_{in+}と反転入力端子の電圧V_{in-}との差の電圧$(V_{in+}-V_{in-})$をOPアンプ自身のゲインAでアンプしているにすぎません．つまりOPアンプの出力電圧V_oは，反転アンプ，非反転アンプに無関係に

$$V_{out} = (V_{in+} - V_{in-})A \quad\cdots\cdots (1)$$

なのです．このことを非反転アンプに応用してみます．非反転アンプを説明しやすくするため書き換えた図2に式(1)を適用してみましょう．

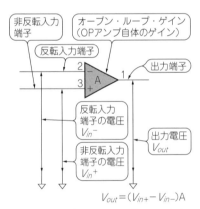

図1　OPアンプは，ひたすら非反転入力端子と反転入力端子の電圧差をA倍して出力する
OPアンプ自体の動作は，抵抗R_1，R_2の比率には無関係である

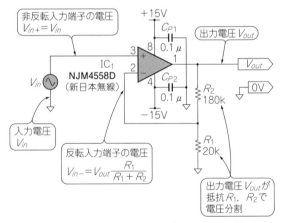

図2　式(1)を使って，この非反転アンプの決まり方を調べてみる
反転入力端子には出力電圧V_{out}を抵抗R_1，R_2で分割した電圧が加えられる

　まず，非反転入力端子の電圧V_{in+}は，図2から入力電圧V_{in}です．式で書くと式(2)です．

$$V_{in+} = V_{in} \quad\cdots\cdots (2)$$

　一方，非反転入力端子の電圧V_{in-}は，出力電圧V_{out}を抵抗R_1，R_2で分割しているので式(3)となります．

$$V_{in-} = \frac{R_1}{R_1+R_2}V_{out} \quad\cdots\cdots (3)$$

　式(2)，式(3)を式(1)に代入して整理します．

$$V_{out} = \left(V_{in} - \frac{R_1}{R_1+R_2}V_{out}\right)A \quad\cdots\cdots (4)$$

です．順に式(4)を整理します．括弧を開きます．

$$V_{out} = V_{in} \times A - \frac{R_1}{R_1+R_2} V_{out} \times A \quad \cdots\cdots\cdots (5)$$

そして出力電圧 V_{out} を左辺に移動.

$$V_{out} + \frac{R_1}{R_1+R_2} V_{out} \times A = V_{in} \times A \quad \cdots\cdots\cdots (6)$$

左辺を出力電圧 V_{out} でまとめます.

$$\left(1 + \frac{R_1}{R_1+R_2} A\right) V_{out} \times A \quad \cdots\cdots\cdots (7)$$

出力電圧 V_{out}（＝左辺）と入力電圧 V_{in} の関係が得られます.

$$V_{out} = \frac{A}{1 + \frac{R_1}{R_1+R_2} A} V_{in} \quad \cdots\cdots\cdots (8)$$

となります.

　ここからが面白いところです. 式(8)の右辺の分子, 分母をOPアンプ自身のゲイン A で割ってみましょう. すると

$$V_{out} = \frac{1}{\frac{1}{A} + \frac{R_1}{R_1+R_2}} V_{in} \quad \cdots\cdots\cdots (9)$$

となります. ここで

　条件：OPアンプ自身のゲイン A が, 非常に大きく $1/A = 0$ と見なせる

としましょう. この条件がどの程度正しいかは後ほど検証します. この条件が成立すると, 式(9)は簡単になって

$$V_{out} = \frac{1}{0 + \frac{R_1}{R_1+R_2}} V_{in} = \frac{R_1+R_2}{R_1} V_{in} \quad \cdots\cdots\cdots (10)$$

となり, 非反転アンプのゲインを表す式が導かれました.

　つまり, OPアンプの動作は反転アンプ, 非反転アンプに無関係に（非反転入力端子電圧 − 反転入力端子電圧）× A 倍の動作をします. この時, 先の条件のようにOPアンプ自身のゲイン A が非常に大きく, $1/A = 0$ と見なせるので, 2本の抵抗 R_1, R_2 の比率によってのみゲインが決まる, という素晴らしい特徴が実現できているのです.

● OPアンプの特性を示すオープン・ループ・ゲイン

　では, 本当に条件「OPアンプ自身のゲイン A が, 非常に大きく $1/A = 0$ と見なせる」のでしょうか, 調べてみましょう.

　本書で例に挙げたOPアンプ NJM4558D（新日本無線）自身のゲイン特性を**図3**に示します. この情報を調べるには, OPアンプのメーカ各社のホームページからPDF（portable document format）形式のファイルになっているデータシート（data sheet）をダウンロードして, OPアンプ自身のゲイン A を調べると良いでしょう. 蛇足ながら付け加えると, PDFファイルの名前が型番になっているとは限らない

ので，保存するときファイル名をメーカ名，OPアンプ（後でどんなICかわかりやすくするため），型番の順で付けておくと，整理しやすいでしょう．

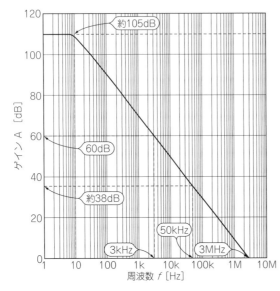

図3
OPアンプのオープン・ループ・ゲインは周波数とともに減少する
新日本無線のデータシート（https://www.njr.co.jp/products/semicon/PDF/NJM4558_NJM4559_J.pdf）を引用

さて「OPアンプ自身のゲイン」と書きましたが，半導体メーカ各社で電圧利得などなどと用語名が異なります．このへんは慣れるしかないでしょう．以後，筆者の好みでOPアンプ自身のゲインAとは書かずに，OPアンプのオープン・ループ・ゲイン（open loop gain）Aと書くことにします．

このOPアンプのオープン・ループ・ゲインAの特性で注目してほしいことは，**図3**のように周波数によって変化する，つまり周波数特性を持っていることです．より具体的に**図3**の周波数特性を見るとオープン・ループ・ゲインAは

(1)10Hz以下で正確な値は読み取れませんが一定の値で105dB程度

(2)10Hz以上の周波数で周波数が高くなるにつれて徐々に減衰

(3)3MHz以上の周波数では，マイナスのゲイン

です．以下詳細に見ていきましょう．

● **10Hz以下ではオープン・ループ・ゲインAが大きいため2本の抵抗でゲインが決まる**

図3からわかるように，10Hz以下のオープン・ループ・ゲインは約105dBです．単位がデシベルではピンとこないので，倍数に換算して考えてみましょう．デシベルの定義から次式の計算結果になります．

$$A_{dB} = 20 \log_{10} A = 20 \log_{10} \frac{V_{out}}{V_{in+} - V_{in-}} = 105 \quad \cdots\cdots (11)$$

これよりデシベルから，何倍といった倍数に戻します．まず，式全体を20で割って，log ＝の式にしましょう．

$$\log_{10} \frac{V_{out}}{V_{in+} - V_{in-}} = \frac{105}{20} = 5.25 \quad \cdots\cdots (12)$$

です．ここで常用対数の定義は

$$\log_{10} Y = X \quad \longleftrightarrow \quad Y = 10^X \cdots\cdots (13)$$

でした．ですから式(13)から，オープン・ループ・ゲインAを倍数で書くと

$$A = \frac{V_{out}}{V_{in+} - V_{in-}} = 10^{5.25} \fallingdotseq 177828\ 倍 \cdots\cdots (14)$$

となります．つまりNJM4558Dのオープン・ループ・ゲインAは177,828倍，簡単に書くと約18万倍もあります．

そこで$1/A$を計算してみましょう．オープン・ループ・ゲインAが177,828ですから，$1/A$を計算すると

$$\frac{1}{A} = \frac{1}{177828} \fallingdotseq 0.0000056234 \cdots\cdots (15)$$

です．

以上からOPアンプNJM4558Dにおいて10Hz以下の周波数では，オープン・ループ・ゲインAの$1/A$は0の数を数えるほど小さな値で，もはや0と見なして良いことがわかります．つまり先に挙げた条件(OPアンプのオープン・ループ・ゲインAが，非常に大きく$1/A = 0$と見なせる)がとても妥当なのです．ですからNJM4558Dでは10Hz以下では2本の抵抗R_1, R_2の比率でゲインが決まると言い切れます．

● ゲイン10倍を2本の抵抗でゲインが決められるのは，オープン・ループ・ゲインAが100倍以上の低い周波数範囲

図3で10Hz以上の周波数ではオープン・ループ・ゲインAは，周波数の増加とともに減少しています．オープン・ループ・ゲインAの値が小さくなると$1/A = 0$と見なせなくなります．$1/A = 0$と見なせなくなると，どうなるのか．このあたりの特性は実験してみます．

実験した回路は図4の10倍の非反転アンプです．図4の入力電圧V_{in}を0.1V_{P-P}のサイン波として周波数だけを変えて実験しました．図5(a)(入力周波数50kHz)，図5(b)(入力周波数100kHz)，図5(c)(入力周波数200kHz)，図5(d)(入力周波数500kHz)です．これらを出力電圧V_{out}に注目して順に見ていきましょう．

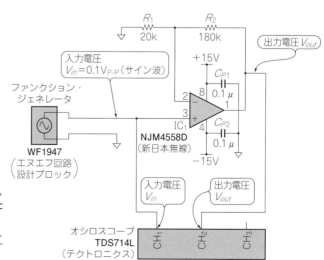

図4

オープン・ループ・ゲインの周波数特性が，仕上がりゲインの周波数特性に影響することを調べる実験回路

OPアンプにNJM4558D(新日本無線)を用いて，50kHz，100kHz，200kHz，500kHzの4パターンの周波数で実験した

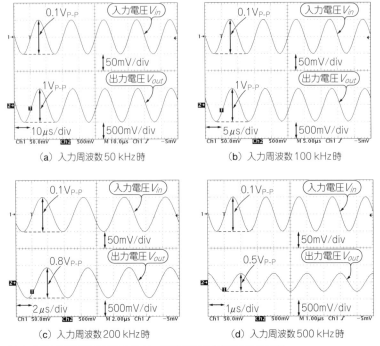

（a）入力周波数 50 kHz 時　　　　　　　（b）入力周波数 100 kHz 時

（c）入力周波数 200 kHz 時　　　　　　　（d）入力周波数 500 kHz 時

図5　実験回路（図4）の入出力ゲインの周波数特性（時間軸での評価）
OPアンプにNJM4558D（新日本無線）を使用し，波形観測にはオシロスコープTDS714L（テクトロニクス）を用いた

　入力周波数が50kHz時の**図5**（**a**）では，オシロスコープで見る限りは出力電圧V_{out}は1V$_{P-P}$で10倍のゲインのアンプとなっています．これは厳密さを求めない限り問題が少ないでしょう．入力周波数が100kHz時の**図5**（**b**）では出力電圧V_{out}は1V$_{P-P}$で10倍のゲインのアンプなのですが，入力電圧V_{in}［**図5**（**b**）の上の波形］と比較すると出力電圧V_{out}の位相が少し遅れだしました．その点が気になります．入力周波数が200kHz時の**図5**（**c**）では出力電圧V_{out}は0.8V$_{P-P}$と小さくなり，ゲインは10倍以下，位相もかなり遅れています．こうなると10倍の非反転アンプとは言えません．さらに入力周波数が500kHz時の**図5**（**d**）ではその傾向がさらに強くなり，かろうじて信号をアンプしている状態でしょうか．

　こうして**図5**（**a**）から**図5**（**d**）を見ると入力周波数が50kHzまでは，2本の抵抗R_1，R_2の比率で決まる10倍のゲインとなっています．しかし，入力周波数が100kHzを超え出すと，ゲイン10倍の非反転アンプと動作しているとは言いにくい状態です．この現象は2本の抵抗R_1，R_2の誤差が原因で発生したのではありません．この原因はオープン・ループ・ゲインAの値が小さくなり，$1/A = 0$と見なせなくなったからです．

　ここでNJM4558のオープン・ループ・ゲインAを示す**図3**をもう一度見ると，50kHzでオープン・ループ・ゲインAはグラフからの読み取りなので厳密ではないのですが38dB程度です．38dBを倍率に換算すると

$$A_{dB} = 20 \log_{10} A = 38 \quad\cdots\cdots\cdots\cdots\cdots\cdots\cdots\cdots\cdots\cdots\cdots\cdots\cdots\cdots\cdots\cdots\cdots\cdots (16)$$

$$\log_{10} A = \frac{38}{20} = 1.9 \quad\cdots\cdots\cdots\cdots\cdots\cdots\cdots\cdots\cdots\cdots\cdots\cdots\cdots\cdots\cdots\cdots (17)$$

$$\log_{10} Y = X \ \longleftrightarrow\ Y = 10^X \quad\cdots\cdots\cdots\cdots\cdots\cdots\cdots\cdots\cdots\cdots\cdots\cdots (18)$$

より

$$A = 10^{1.9} \fallingdotseq 79.433 \quad\text{...(19)}$$

です. つまり

$$\frac{1}{A} = \frac{1}{79.433} \fallingdotseq 0.0126 \quad\text{.......................................(20)}$$

となります.

　以上からオープン・ループ・ゲインA分の1である$1/A$が0と見なせるのはせいぜい 0.0126 $\fallingdotseq$ 0 程度ということです. つまりゲイン 10 倍の非反転アンプが 2 本の抵抗R_1, R_2でゲインが決められる目安は, オープン・ループ・ゲインAが 100 以上, デシベルで書くと 40dB 以上となる低い周波数範囲と考えると現実的でしょう.

● 設定するゲインの最低でも10倍以上のオープン・ループ・ゲインが必要

　今「2 本の抵抗R_1, R_2でゲインが 10 倍に設定できるのは, オープン・ループ・ゲインAが 100 以上となる低い周波数範囲」と書きました. ではゲインが 10 倍より大きいとき, 例えば 100 倍ならばどうなるのでしょうか, 非反転アンプを例に検討してみましょう. 抵抗R_1, R_2でゲインが 100 倍に設定したとき必要なオープン・ループ・ゲインAを求めよう, との話です.

　今ゲインが 100 倍としてみましょう. 非反転アンプで入力電圧V_{in}と出力電圧V_{out}の関係は式(5)でした. 抵抗R_1, R_2は,

$$V_{out} = \frac{R_1 + R_2}{R_1} V_{in} \quad\text{...................................4-3節の(1)再掲}$$

　式(10)からゲインが 100 倍のとき, 抵抗R_1, R_2の比率は,

$$\frac{R_1 + R_2}{R_1} = 100 \quad\text{...(21)}$$

となります. なので

$$\frac{R_1}{R_1 + R_2} = \frac{1}{100} = 0.01 \quad\text{...............................(22)}$$

ここで再び式(9)の登場です.

$$V_{out} = \frac{1}{\dfrac{1}{A} + \dfrac{R_1}{R_1 + R_2}} V_{in} \quad\text{............................(9)再掲}$$

式(9)で分母に注目しましょう. オープン・ループ・ゲインAは非常に大きく, そのため分母の$1/A$は 0 と見なせるので無視する, と考えました.

　ここからが大切です. もう一度式(9)に注目してゲインが 100 倍のときの抵抗R_1, R_2の比率は

$$\frac{R_1}{R_1 + R_2} = 0.01 \quad\text{...(23)}$$

でした. その値に対してさらに小さく無視できる値の$1/A$は, 大甘に見てもせいぜいその 1/10 の

$$\frac{1}{A} = 0.001 \quad\text{...(24)}$$

程度でしょう. $1/A = 0.001$ からオープン・ループ・ゲイン A は1,000倍($=60\text{dB}$)以上必要です.

図3から60dB以上を満たすのは3kHz以下の周波数範囲となってしまいます. それ以上の周波数では抵抗R_1, R_2で設定したゲインから外れる, つまりゲインに誤差を持つことになります. これは抵抗R_1, R_2が原因ではなく, 抵抗値をいくら高精度にしても解決できません. これだけでも1つのOPアンプで100倍ものゲインを得ることはあまり得策ではないのです.

● 高ゲインの回路は, 高精度の抵抗を使おう

少し脱線します. 100倍の非反転アンプの設計の一例として, 抵抗R_1とR_2は, $R_1 = 1\text{k}\Omega$ として, R_2を2本の直列抵抗で構成しましょう, $R_2 = 43\text{k}\Omega + 56\text{k}\Omega (= 99\text{k}\Omega)$ とすれば

$$\frac{R_1 + R_2}{R_1} = \frac{1\text{k} + (43\text{k} + 56\text{k})}{1\text{k}} = 100 \quad\cdots\cdots (25)$$

なので100倍の非反転アンプとなります. このとき抵抗R_1, R_2の誤差は, $\pm 1\%$ もあってはいけません.

このことを計算して確認してみましょう. 抵抗R_1の誤差が$\pm 1\%$とすれば, 抵抗値は$990\,\Omega$から$1.01\text{k}\Omega$の範囲でばらつきます. 同様に抵抗R_2を2本の抵抗で$99\text{k}\Omega$としたのですが, 誤差が$\pm 1\%$もあると$99\text{k}\Omega \pm 1\%$は$98.01\text{k}\Omega$から$99.99\text{k}\Omega$までの範囲でばらつきます. 抵抗R_1が最高値で抵抗R_2が最低値の場合と, 抵抗R_1が最低値で抵抗R_2が最高値の場合の最悪のケースで計算してみましょう. 式(25)に代入してゲインの幅を計算すると

$$\frac{R_1 + R_2}{R_1} = \frac{1.01\text{k} + 98.01\text{k}}{1.01\text{k}} \fallingdotseq 98.04 \quad\cdots\cdots (26)$$

$$\frac{R_1 + R_2}{R_1} = \frac{990 + 99.99\text{k}}{990} = 102 \quad\cdots\cdots (27)$$

とかなり大きな幅で広がります. ですから, ゲインを高く設定しようとすると誤差は非常に少ない高精度の抵抗が必要となってきます. そんな理由からも1つのOPアンプで100倍ものゲインを得る設計を推薦しません.

● 2本の抵抗R_1, R_2でゲインが決まる要素は,
ゲインの逆数≫オープン・ループ・ゲインA分の1　$1/A$

さらに言及します. 先にオープン・ループ・ゲインAが十分大きく$1/A \fallingdotseq 0$と見なせるので, 2本の抵抗R_1, R_2だけでゲインが決まると書きました.

より正確に書くと, 式(9)において, 非反転アンプのゲインの逆数$R_1/(R_1 + R_2)$に対してオープン・ループ・ゲインA分の1である$1/A$が十分に小さいことが, 2本の抵抗R_1, R_2でゲインが決まる要素なのです. 数式で書くと

$$\frac{R_1}{R_1 + R_2} \gg \frac{1}{A} \quad\cdots\cdots (28)$$

です.

式(25)で「≫」の条件が満たされないとき, 2本の抵抗R_1, R_2にどんなに誤差の少ない高精度の抵抗を使ってもゲインに誤差が発生します. それは抵抗が原因ではありません. ここで「≫」の条件とはいささか主観的です. それで目安として「≫」とは, 最悪でも10倍以上, できれは100倍以上デシベルで書くと40dB以上は欲しいところです.

● GBWは，OPアンプのゲインがある周波数の限界

　オープン・ループ・ゲインAが周波数の増加とともに減少して0dB（＝1倍）となる周波数に注目してみましょう．オープン・ループ・ゲインAが0dBとなる周波数をGBW（gain band width）と呼んでいます．**図3**から読み取ると，NJM4558DのGBWは3MHz程度です．GBWは，OPアンプのゲインがプラスである周波数の限界を示しています．言い換えるとGBW以上の周波数ではOPアンプのオープン・ループ・ゲインはマイナスとなり，決してアンプとして動作しません．

　ここまで議論してきたので，NJM4558Dを使った10倍の反転アンプ[**図6(a)**]，非反転アンプ[**図6(b)**]の周波数特性を測定して見てみましょう．**図7(a)**に反転アンプ，**図7(b)**が非反転アンプの測定した周波数特性です．**図7**では，10倍（＝20dB）のゲインが50kHz付近から減衰しているのがわかります．何度も書きますが，ゲインが50kHz付近から減衰するのは2本の抵抗R_1，R_2が原因ではなく，周波数の増加とともにオープン・ループ・ゲインAが減少し

$$\frac{R_1}{R_1+R_2} \gg \frac{1}{A} \qquad\qquad\qquad\qquad\qquad\qquad\qquad\qquad (28)再掲$$

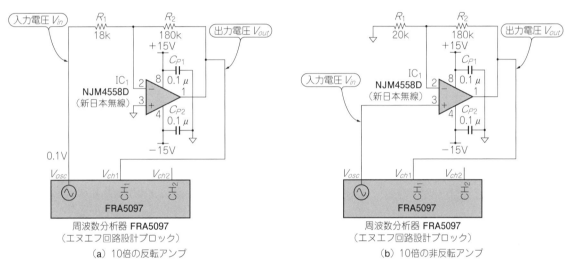

図6　汎用OPアンプNJM4558D（$GBW＝3\,MHz$）を使った基本増幅回路の，仕上がりゲインの周波数特性を測る ————
周波数分析器 FRA5097（エヌエフ回路設計ブロック）を用いて，周波数特性＝$20\log_{10}(V_{ch1}/V_{osc})$で求まる

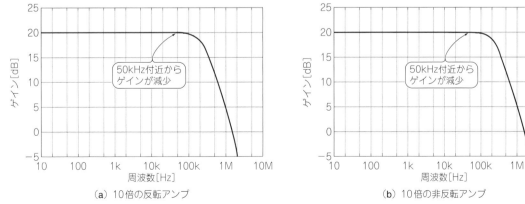

図7　**図6**の実験結果（周波数軸での評価）————
50 kHz付近からゲインが減衰している

の関係が保てなくなったためです.

● OPアンプで10MHz以上の信号をアンプすることは至難

実験したOPアンプがNJM4558Dだったので10倍の反転アンプ，非反転アンプで50kHz付近からゲインが減少しています．今度はより高速な，つまりGBWがより大きなOPアンプで実験してみましょう．OPアンプはAD828AN（アナログ・デバイセズ）です．実験した回路は**図8**のAD828AN による10倍の非反転アンプです（**写真1**）．**図8**では抵抗R_1，R_2に寄生的に生じるキャパシタ成分の影響を少なくするために**図6(b)**より抵抗R_1，R_2の抵抗値を小さく設計しました．**図8**の回路のように入力電圧V_{in}として$0.1V_{P-P}$のサイン波にて入力周波数を100kHz［**図9(a)**］，200kHz［**図9(b)**］，1MHz［**図9(c)**］，2MHz［**図9(d)**］，5MHz［**図9(e)**］，10MHz［**図9(f)**］と変えて出力電圧V_{out}に注目して実験してみました（**写真2**）．

入力周波数が2MHz［**図9(d)**］付近まではしっかりと10倍のゲインですが，2MHzを超え出すと高速OPアンプAD828ANといえどもゲインが減少しています．

この原因は，もちろん

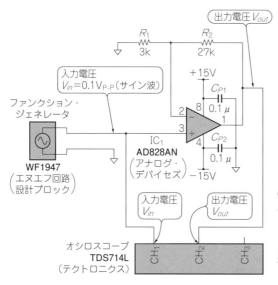

図8
*GBW*の大きい（200MHz）高速OPアンプ
AD828AN（アナログ・デバイセズ）で作っ
たゲイン10倍のアンプの周波数特性を調
べる
入 力 周 波 数 は，100 kHz，200 kHz，1 MHz，
2 MHz，5 MHz，10 MHzの6パターンで実験
した

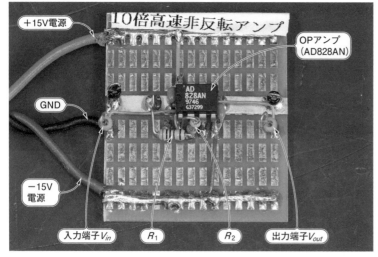

写真1
1 MHzの周波数まで増幅できる高速OPア
ンプAD828AN（アナログ・デバイセズ）を
使用した10倍の非反転アンプ基板

$$\frac{R_1}{R_1 + R_2} \gg \frac{1}{A} \quad \cdots\cdots\cdots\cdots\cdots\cdots\cdots\cdots\cdots\cdots\cdots\cdots\cdots\cdots\cdots\cdots\cdots\cdots\cdots\cdots\cdots\cdots\cdots\cdots\cdots \text{(28)再掲}$$

の関係が保てなくなったためです．AD828ANのオープン・ループ・ゲインAを**図10**に示します．実験は電源電圧±15Vで行ったので，GBWは**図10**から100MHzを超える素晴らしい特性です．

図8に示す10倍の非反転アンプの周波数特性を測定した結果を**図11**に示します．やはり2MHz以上の周波数ではゲインが減少しています．

高速OPアンプAD828ANといえども，10MHz以上の信号をアンプするのは大変なのです．このように周波数が数MHzを超え出すと2本の抵抗R_1，R_2でゲインを決めるOPアンプの動作も，現状ではそろそろ限度なのです．

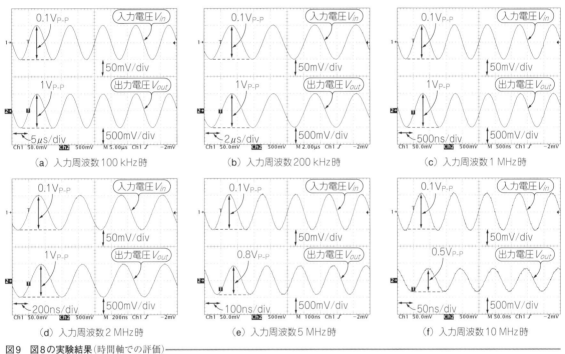

（a）入力周波数100kHz時　　（b）入力周波数200kHz時　　（c）入力周波数1MHz時

（d）入力周波数2MHz時　　（e）入力周波数5MHz時　　（f）入力周波数10MHz時

図9　図8の実験結果（時間軸での評価）
波形観測にはオシロスコープTDS714L（テクトロニクス）を用いた

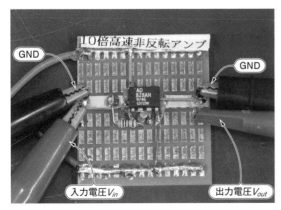

写真2　*GBW*の大きい高速OPアンプの，仕上がりゲインの周波数特性を測る

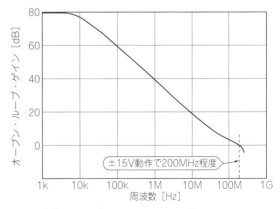

図10　高速OPアンプAD828ANの*GBW*は約200MHz
アナログ・デバイセズのデータシート（http://www.analog.com/media/en/technical-documentation/data-sheets/AD828.pdf）を引用

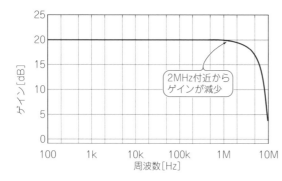

図11
$GBW = 200\,MHz$ の高速 OP アンプ AD828AN
(アナログ・デバイセズ) で作ったゲイン 10 倍
のアンプの周波数特性
2 MHz 付近までゲインが伸びる

図中: 2MHz付近からゲインが減少

● オープン・ループ・ゲインAを測定する

以上，オープン・ループ・ゲインAで図3にばかり注目した話が続きましたが，メーカのデータシート図3は本当に正しいのでしょうか，測定してみました．

$$V_{out} = (V_{in+} - V_{in-})A \quad\cdots\cdots\cdots\cdots\cdots\cdots\cdots\cdots\cdots\cdots (1) 再掲$$

式(1)からオープン・ループ・ゲインA

$$A = \frac{V_{out}}{V_{in+} - V_{in-}} \quad\cdots\cdots\cdots\cdots\cdots\cdots\cdots\cdots\cdots\cdots (29)$$

で得られるはずです．測定には出力電圧V_{out}と非反転入力端子電圧V_{in+}と反転入力端子電圧V_{in-}と都合3カ所あり，適応できる測定器がありません．そこで図12のように非反転入力端子電圧V_{in+}をコモンに接続して1倍の反転アンプの構成にします．こうしてオープン・ループ・ゲインAの測定のため製作した基板を写真3に示します．

$$A = \frac{V_{out}}{V_{in+} - V_{in-}} = \frac{V_{out}}{0 - V_{in-}} = -\frac{V_{out}}{V_{in-}} \quad\cdots\cdots\cdots\cdots\cdots\cdots\cdots\cdots\cdots\cdots (30)$$

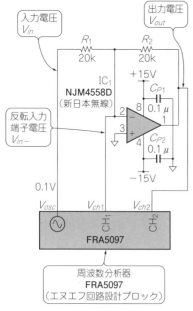

図12 アンプのオープン・ループ・ゲインを
測る回路

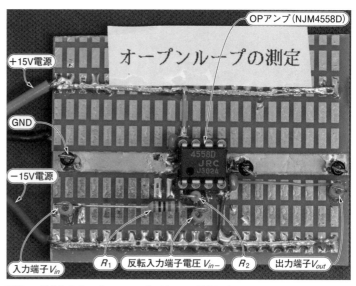

写真3 製作したオープン・ループ・ゲインの測定回路

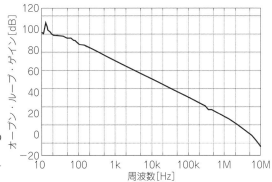

図13
測定したOPアンプNJM4558D（新日本無線）**の**
オープン・ループ・ゲインの周波数特性（実測）
メーカのデータシートに記載されたオープン・ルー
プ・ゲインの周波数特性（図3）と非常に近い

すると，式(30)のように反転入力端子電圧V_{in-}と出力電圧V_{out}を測定すれば，測定できそうです．さっ
そくやってみました．**図13**です．

　図13は非常に近く現実を投影して正しいと確認できます．

4-6

「バーチャル・ショート」とは何か

● バーチャル・ショートは，反転入力端子と非反転入力端子の端子間の電圧が0V

ところで反転アンプ**図1**は10倍のアンプなので，入力電圧 V_{in} をDC0.10Vにすると出力電圧 V_{out} はDC − 1Vになります．このとき反転入力端子（2番ピン）V_{in}^- と非反転入力端子（3番ピン）V_{in}^+ の端子間の電圧 $V_{in}^+ - V_{in}^-$ を測定してみましょう（**写真1**）．**写真1**では，0.8mVでほとんど0Vを示しています．このように反転入力端子 V_{in}^- と非反転入力端子 V_{in}^+ の端子間の電圧が0Vに近い現象をバーチャル・ショート（virtual short）と呼びます．バーチャルを日本語では「仮想」と訳されることが多いのですが，"仮想" では今一歩ピンとこないので，バーチャル・ショートは「あたかもショートしているように見える現象」との理解すれば良いでしょう．

バーチャル・ショートを考えるメリットは，OPアンプの動作，特に反転アンプの動作が考えやすい

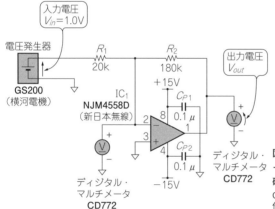

図1　どんなOPアンプも，動作中は＋端子と－端子の電圧差がほぼ0Vであることを実験で確認する

OPアンプにNJM4558D（新日本無線）を用いた10倍の反転アンプ

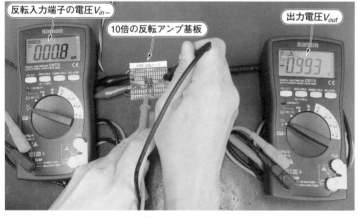

（a）実験のようす

（b）反転入力端子 V_{in-} の測定値

（c）出力電圧 V_{out} の測定値

写真1　動作中のOPアンプの＋端子と－端子はほぼ0Vになっている
OPアンプの出力電圧は−1Vなのに，反転入力端子の電圧 V_{in-} は0.8mVと非常に小さい

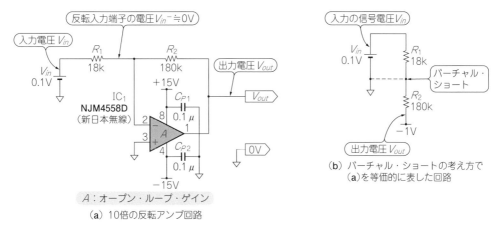

図2　OPアンプの＋端子と－端子が同電位であると考えると，回路がシンプル化されて動作を読み解きやすくなる
OPアンプの2つの入力端子間が（バーチャルに）ショートしていると考えると，入力の抵抗はR_1だけに見える

ことです．OPアンプが正常な動作をしているかどうかを判断するには，反転入力端子$V_{in}{}^-$と非反転入力端子$V_{in}{}^+$の端子間の電圧を測定して，バーチャル・ショートが発生していれば，その回路部分は正常と判断して良いでしょう．

　また，反転アンプの入力インピーダンスは，抵抗R_1と断定しました．この理由は，**図2(a)**のように反転入力端子$V_{in}{}^-$と非反転入力端子$V_{in}{}^+$の端子間が（バーチャルに）ショートしているのですが**図2(b)**と考えてみましょう．すると入力の信号電圧V_{in}から見ると接続しているのは抵抗R_1だけにように見えます．ですから反転アンプの入力インピーダンスは抵抗R_1だけと考えられます．

● 反転アンプでは，マイナス電圧出力時は，反転入力端子の電圧はプラス

　今度は反転入力端子［**図3(a)**なら2番端子］の電圧$V_{in}{}^-$と非反転入力端子［**図3(a)**なら3番端子］の電圧$V_{in}{}^+$に注目してみましょう．OPアンプの動作は式(11)でした．

$$V_{out} = (V_{in+} - V_{in-})A \quad\cdots\cdots (1)$$

　今，反転アンプ**図3(a)**では，非反転入力端子$V_{in}{}^+$がコモンに接続されているので

$$V_{in+} = 0 \quad\cdots\cdots (2)$$

です．式(2)を式(1)に代入して整理して反転入力端子$V_{in}{}^-$の電圧を求めてみましょう．

$$V_{out} = (0 - V_{in-})A = -(V_{in-})A \quad\cdots\cdots (3)$$

ですから整理して，反転入力端子$V_{in}{}^-$の電圧は

$$V_{in-} = -\frac{V_{out}}{A} \quad\cdots\cdots (4)$$

となります．式(4)では，まず－（マイナス）の符号に注目しましょう．マイナスの符号の意味は，反転入力端子$V_{in}{}^-$が非反転入力端子（反転アンプでは0V）に対してプラスのとき，出力電圧はマイナスになり，反転入力端子$V_{in}{}^-$が非反転入力端子（反転アンプでは0V）に対してマイナスのとき，出力電圧はプラスになることです．

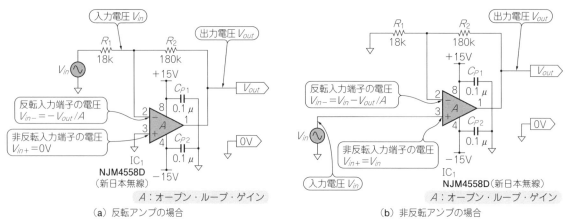

図3 反転入力端子の電圧V_{in-}，非反転入力端子の電圧V_{in+}，出力電圧V_{out}の関係からバーチャル・ショートが0Vになることを確認する
オープン・ループ・ゲインAを用いて反転入力端子の電圧V_{in-}を求めた

● 非反転アンプでもマイナス電圧出力時は，反転入力端子の電圧は非反転入力端子電圧よりプラス

　今度は，非反転アンプで考えてみましょう．**図3(b)**です．

非反転アンプでは入力電圧V_{in}が非反転入力端子V_{in}^+の入力になります．式で書くと式(5)です．

$$V_{in+} = V_{in} \tag{5}$$

ですから式(1)に式(5)を代入してみましょう．

$$V_{out} = (V_{in} - V_{in-})A \tag{6}$$

なのでV_{in}^-の形に整理して反転入力端子V_{in}^-の電圧を求めてみましょう．カッコを開いて，V_{out}を右辺にV_{in}^-Aを左辺に移動します．

$$V_{out} = V_{in} \times A - V_{in-} \times A \tag{7}$$

$$V_{in-} \times A = V_{in} \times A - V_{out} \tag{8}$$

となりました．ゆえに

$$V_{in-} = V_{in} - \frac{V_{out}}{A} \tag{9}$$

と反転入力端子V_{in}^-の電圧が得られました．

　式(9)から出力電圧V_{out}がプラスのとき，$V_{in} - V_{in}^- > 0$ですから，反転入力端子V_{in}^-の電圧は，入力電圧V_{in}より必ず小さくなります．一方出力電圧V_{out}がマイナスのときは，$V_{in} - V_{in}^- > 0$となるので，反転入力端子V_{in}^-の電圧は，入力電圧V_{in}より大きくなるのです．

● 反転入力端子の電圧 ＜ 非反転入力端子の電圧のとき，出力電圧V_{out}はプラス

　以上からOPアンプの動作をまとめてみましょう．OPアンプの動作は必ず

1)反転入力端子の電圧V_{in}^- ＜ 非反転入力端子の電圧V_{in}^+ のとき　出力電圧V_{out}はプラス

2)反転入力端子の電圧V_{in}^- ＞ 非反転入力端子の電圧V_{in}^+ のとき　出力電圧V_{out}はマイナス

となります．予備知識はこの程度にしておきます．

● バーチャル・ショートしているから，配線でショートはダメ

ここで質問です．OPアンプの反転端子の電圧V_{in}^-と非反転端子の電圧V_{in}^+はバーチャル・ショートなので，配線で反転端子と非反転端子の間をショートして問題ないでしょうか？

答えはダメです．何度も繰り返しますが，OPアンプの動作は式(1)で表すことができます．もし，配線で反転端子と非反転端子をショートしたら，反転端子の電圧V_{in}^-と非反転端子の電圧V_{in}^+は等しくなります．数式で書くと

$$V_{in+} = V_{in-} \quad\text{······························}(10)$$

です．式(10)の条件を式(1)に代入すると

$$V_{out} = (V_{in+} - V_{in-})A = 0 \times A = 0 \quad\text{·····························}(11)$$

となり，出力電圧V_{out}には，電圧が出てこなくなります．

● バーチャル・ショートが起こるのは大きなオープン・ループ・ゲイン

それで，どうしてバーチャル・ショートが発生するのでしょうか．反転アンプ図3(a)の場合で考えてみましょう．反転アンプで反転入力端子の電圧V_{in}^-は式(4)でした．

式(4)を具体的に計算してみましょう．10Hz以下の周波数で考えると，OPアンプNJM4558Dのオープン・ループ・ゲインAは177,828倍（＝105dB）ありました．なので出力電圧$V_{out}=-10$Vのとき反転入力端子の電圧V_{in}^-は

$$V_{in-} = -\frac{V_{out}}{A} = -\frac{-10}{177828} \fallingdotseq 56.2\,\mu V \quad\text{·····························}(12)$$

と，とても小さな電圧になります．つまり，オープン・ループ・ゲインAは177,828倍ととても大きな値なので，反転入力端子の電圧V_{in}^-はとても小さな値で0Vと短絡しているように見える，これがバーチャル・ショートの正体です．**写真1**は，OPアンプ内部の反転入力と非反転入力の回路がピッタリとそろっていないので，反転入力端子の電圧V_{in}^-は0.8mVの電圧が生じています．

● 高い周波数では厳密にバーチャル・ショートは苦しい

バーチャル・ショートはオープン・ループ・ゲインAがとても大きな値であるために発生すると書きました．ではオープン・ループ・ゲインAがそれほど大きくない場合は，どうなるのでしょうか．先にオープン・ループ・ゲインAは周波数特性を持っていて，高い周波数ではゲインが減少していました．ですから入力の周波数を高くすればオープン・ループ・ゲインAがそれほど大きくない場合を実験できるはずです．

これも図4で1V$_{P-P}$のサイン波を入力してその周波数を変えて実験しました．波形(CH1)は入力電圧V_{in}，中の波形(CH2)は反転入力端子の電圧V_{in}^-，下の波形(CH3)は，出力電圧V_{out}です．各波形は，オシロスコープの縦軸電圧のレンジを変えずに測定しているので変化のようすがわかると思います．**図5(a)**は入力周波数100Hz，**図5(b)**は入力周波数500Hz，**図5(c)**は入力周波数1kHz，**図5(d)**は入力周波数5kHz，**図5(e)**は入力周波数10kHz，**図5(f)**入力周波数20kHzです．

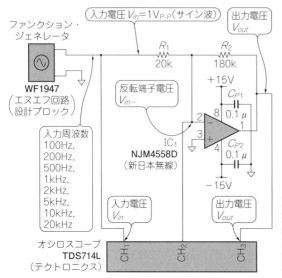

図4
**高い周波数ではバーチャル・ショートが成立しなく
なることを観測するための実験回路**
オシロスコープTDS714L(テクトロニクス)を用いて，入
力電圧V_{in}, 反転入力端子電圧V_{in-}，出力電圧V_{out}の各波
形を観測する

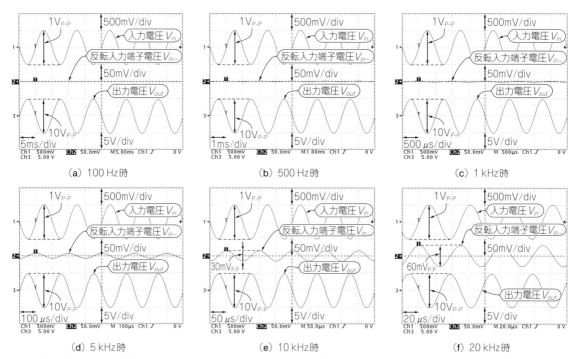

(a) 100 Hz時　　　　　　(b) 500 Hz時　　　　　　(c) 1 kHz時

(d) 5 kHz時　　　　　　(e) 10 kHz時　　　　　　(f) 20 kHz時

図5　高い周波数になるほどバーチャル・ショートが成立しなくなることを確認するため，周波数を変えて観測した入力電圧V_{in}(上段)，
反転入力端子電圧V_{in-}(中段)，出力電圧V_{out}(下段)の各波形
入力周波数500 Hzまでは反転入力端子の電圧V_{in-}がほぼ0 Vでバーチャル・ショートが成立するが，周波数が高くなるにつれて成立しなくなる

　このオシロスコープの電圧レンジで見る限り**図5(a)**の入力周波数100Hz，**図5(b)**の入力周波数
500Hzまでは，バーチャル・ショートが成立しています．**図5(c)**の入力周波数1kHzとなると，反転入
力端子の電圧V_{in-}に，何かモヤモヤと出ています．**図5(d)**の入力周波数5kHzとなると反転入力端子の
電圧V_{in-}に，ハッキリとサイン波が確認できます．さらに**図5(e)**の入力周波数10kHz，**図5(f)**の入力周
波数20kHzとなると，反転入力端子の電圧V_{in-}が50mV(入力周波数10kHz)，100mV(入力周波数
20kHz)もあり，バーチャル・ショートが成立しているとは言いにくい状態です．

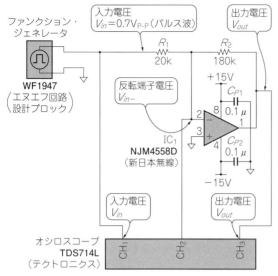

図6　パルスの過渡時はバーチャル・ショートが成立しなくなることを観測するための実験回路

パルス発生器にファンクション・ジェネレータWF1947(エヌエフ回路設計ブロック)を使用

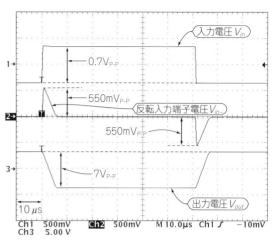

図7　過渡時でバーチャル・ショートが成立しないようすを確認するため，10倍の反転アンプにパルスを入力した入力電圧V_{in}(上段)，反転入力端子電圧V_{in-}(中段)，出力電圧V_{out}(下段)の各波形

パルス電圧の立ち上がり，立ち下がりで反転入力端子の電圧Vin−が大きく変化しており，バーチャル・ショートが成立していない

以上のようにバーチャル・ショートは，オープン・ループ・ゲインAがとても大きな値なので発生しているのです．一方，オープン・ループ・ゲインAが減少すると厳密な意味でバーチャル・ショートはだんだん怪しくなることが確認できました．

● 過渡時間はバーチャル・ショートは不成立

バーチャル・ショートが発生しないケースは，まだあります．入力にパルスなど電圧変化が大きな信号が入力されると，その瞬間だけバーチャル・ショートは崩れます．

その事例を図6に示します．図6では，10倍の反転アンプに0.7V_{P-P}のパルス電圧を入力しています．そのときの波形は図7で，上の波形(CH1)は入力電圧V_{in}，中の波形(CH2)は反転入力端子の電圧V_{in}，下の波形(CH3)は，出力電圧V_{out}です．

すると，パルス電圧の立ち上がり，立ち下がりで反転入力端子の電圧V_{in-}が500mVを超えて大きく変化しているのがわかります．

● 高精度OPアンプの素晴らしいバーチャル・ショート

バーチャル・ショートに対して否定的なことばかり書きました．罪ほろぼしに今度は素晴らしいバーチャル・ショートが発生する事例をお目にかけましょう．図8です．

図8では高精度OPアンプOPA2277PAで実験をしています．OPA2277PAはオフセット電圧Voffsetが小さい(OPアンプ内部の反転入力，非反転入力のバラツキが少ない)高精度タイプであること，オープン・ループ・ゲインAが図9のようにDC付近では130dBを大きく超えて140dB近いことなどから，理想に近いバーチャル・ショートが実現しそうです．

ちなみにOPA2277PAのオープン・ループ・ゲインAを図9から134dBとして，反転入力端子の電圧V_{in}の値を求めてみましょう．反転入力端子の電圧V_{in}は，式(4)で与えられました．オープン・ループ・ゲイン$A=136$dBを倍数に換算し，出力電圧V_{out}を式(4)代入すれば求められます．計算の手順だけ書き

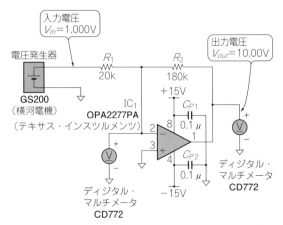

図8 オープン・ループ・ゲインが136 dBとものすごく大きい高精度OPアンプの＋端子と−端子の電圧差を実験で見てみる
OPアンプにOPA2277PA(テキサス・インスツルメンツ)を用いた10倍の反転アンプ

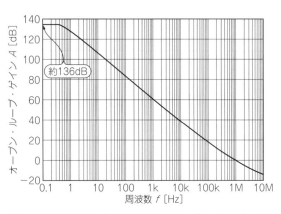

図9 高精度OPアンプOPA2277PAのオープン・ループ・ゲイン特性はDC付近で130 dBを大きく超えている．これなら理想に近いバーチャル・ショートが実現できる
テキサス・インスツルメンツのデータシート(http://www.ti.com/lit/ds/sbos079b/sbos079b.pdf)を引用

ましょう．

$$A_{dB} = 20 \log_{10} A = 136 \quad \text{(13)}$$

$$\log_{10} A = \frac{136}{20} = 6.8 \quad \text{(14)}$$

$$\log_{10} Y = X \iff Y = 10^X \quad \text{(15)}$$

より，式(16)となります．

$$A = 10^{6.8} \fallingdotseq 6310 \times 10^3 \quad \text{(16)}$$

です．これでオープン・ループ・ゲインAが倍数の形で求められました．数字だけ見ているとピンときませんの言い換えましょう．オープン・ループ・ゲインAは約631万倍あるのです．非常に大きな値です．

次に出力電圧V_{out}です．図8のようにゲイン10倍の反転アンプで入力電圧V_{in}がDC1.0Vに出力電圧V_{out}は‐10.0Vとなるので

$$V_{out} = -10.0\,\text{V} \quad \text{(17)}$$

です．準備は整いました．あとは式(4)にオープン・ループ・ゲインAと出力電圧V_{out}の値を代入して計算しましょう．

$$V_{in-} = -\frac{V_{out}}{A} = -\frac{-10.0}{6310 \times 10^3} \fallingdotseq 1.585 \times 10^{-6} = 1.585\,\mu\text{V} \quad \text{(18)}$$

結果は何と1.585 μVとなり，これなら計算上は素晴らしいバーチャル・ショートになりそうです．

今度は実験してみました．図8の実験結果は写真2です．反転入力端子電圧V_{in-}は，使用したディジタル・マルチ・メータでは測定できないほど小さな電圧になっていることがわかります．この状態なら堂々とバーチャル・ショートと胸を張れるのではと思います．

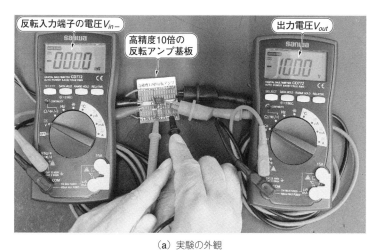

（a）実験の外観

（b）反転入力端子 V_{in-} の測定値

（c）出力電圧 V_{out} の測定値

写真2　オープン・ループ・ゲインが136 dB（631万倍）もある高精度OPアンプのバーチャル・ショートはすごい！ ＋端子と－端子の電圧差は限りなく0Vに近い
OPアンプの反転入力端子の電圧 V_{in-} は，使用したディジタル・マルチ・メータでは測定できないほど小さな電圧になっている

第4章のまとめ

OPアンプのゲインは下記の回路図で決める.

● 反転アンプ

電圧ゲイン $= V_{out}/V_{in} = -R_2/R_1$

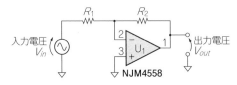

● 非反転アンプ

電圧ゲイン $= V_{out}/V_{in} = (R_1 + R_2)/R_1$

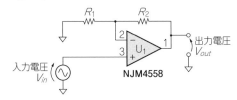

第5章
フィルタ回路の作り方

5-1

抵抗とキャパシタによる*RC*フィルタ

いままで抵抗とキャパシタについて説明しましたが，解説だけでは飽きたでしょうから，実際に設計もしてみましょう．フィルタの設計とは，気取った書き方をすれば「周波数特性の設計」に他なりません．では演習を用意しましたので実際にやってみましょう．

抵抗とキャパシタによるカットオフ周波数 5kHz の LPF(DC ～ 5kHz まで通過するフィルタ)を設計する

[設計演習]

抵抗とキャパシタによる**図1**の回路のLPFにおいて，カットオフ周波数$f_C = 5$kHzとなるように設計せよ．

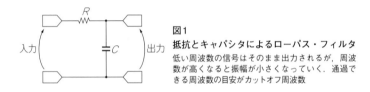

図1
抵抗とキャパシタによるローパス・フィルタ
低い周波数の信号はそのまま出力されるが，周波数が高くなると振幅が小さくなっていく．通過できる周波数の目安がカットオフ周波数

[解答]

CRによるLPFにおいて，カットオフ周波数f_Cは

$$f_C = \frac{1}{2\pi CR} \quad\text{..}(1)$$

で得られます．

設計条件はカットオフ周波数$f_C = 5$kHzで，抵抗Rの抵抗値，キャパシタCのキャパシタンスを求める必要があります．つまり求めるパラメータは抵抗値，のキャパシタンスの2個，対して設計式は1つ，ですから代数的には求められません．そこで抵抗R，キャパシタCの一方の値を仮に主観的に決めておき，もう一方の値は式(1)を満たすよう決めます．ですから，答えは1つだけではありません．

この場合，抵抗RとキャパシタCでは，どちらを先に決めておくのでしょうか．ケース・バイ・ケースですが一般的には定数の種類が少ない，具体的にはJISの系列の数が少ないほうから計算すると良いでしょう．抵抗RはJIS E24配列が一般的で，キャパシタCは種類が多くてもJIS E12系列ですから，キャパシタンスを先に決めると計算する回数が少なくて済みます．ですからキャパシタCのキャパシタンスを先に決めておいて，抵抗Rの抵抗値を後から決める順で設計してみましょう．この場合抵抗Rは，式(1)を変形した

$$R = \frac{1}{2\pi f_C C} \quad\text{..}(2)$$

で得られます．

● 抵抗とキャパシタの組み合わせを考える

　では，仮にキャパシタ C を1nF（＝1000pF）から順に JIS E12系列に従って大きな値にした時の抵抗 R を計算で求めてみましょう．フィルタ設計が初めての読者向けに，丁寧に設計計算してみます．

（1）$C = 1.0$ nF のとき，

$$R = \frac{1}{2\pi f_c C} = \frac{1}{2\pi \times 5k \times 1n} \fallingdotseq 31.8\,k\Omega \quad\cdots\cdots\cdots (3)$$

（2）$C = 1.2$ nF とすれば，

$$R = \frac{1}{2\pi f_c C} = \frac{1}{2\pi \times 5k \times 1.2n} \fallingdotseq 26.5\,k\Omega \quad\cdots\cdots\cdots (4)$$

（3）$C = 1.5$ nF とすれば，

$$R = \frac{1}{2\pi f_c C} = \frac{1}{2\pi \times 5k \times 1.5n} \fallingdotseq 21.2\,k\Omega \quad\cdots\cdots\cdots (5)$$

（4）$C = 1.8$ nF とすれば，

$$R = \frac{1}{2\pi f_c C} = \frac{1}{2\pi \times 5k \times 1.8n} \fallingdotseq 17.7\,k\Omega \quad\cdots\cdots\cdots (6)$$

（5）$C = 2.2$ nF とすれば，

$$R = \frac{1}{2\pi f_c C} = \frac{1}{2\pi \times 5k \times 2.2n} \fallingdotseq 14.5\,k\Omega \quad\cdots\cdots\cdots (7)$$

（6）$C = 2.7$ nF とすれば，

$$R = \frac{1}{2\pi f_c C} = \frac{1}{2\pi \times 5k \times 2.7n} \fallingdotseq 11.8\,k\Omega \quad\cdots\cdots\cdots (8)$$

（7）$C = 3.3$ nF とすれば，

$$R = \frac{1}{2\pi f_c C} = \frac{1}{2\pi \times 5k \times 3.3n} \fallingdotseq 9.65\,k\Omega \quad\cdots\cdots\cdots (9)$$

（8）$C = 3.9$ nF とすれば，

$$R = \frac{1}{2\pi f_c C} = \frac{1}{2\pi \times 5k \times 3.9n} \fallingdotseq 8.17\,k\Omega \quad\cdots\cdots\cdots (10)$$

（9）$C = 4.7$ nF とすれば，

$$R = \frac{1}{2\pi f_c C} = \frac{1}{2\pi \times 5k \times 4.7n} \fallingdotseq 6.78\,k\Omega \quad\cdots\cdots\cdots (11)$$

（10）$C = 5.6$ nF とすれば，

$$R = \frac{1}{2\pi f_c C} = \frac{1}{2\pi \times 5k \times 5.6n} \fallingdotseq 5.69\,\mathrm{k}\Omega \quad\dotfill\quad (12)$$

(11) $C = 6.8\,\mathrm{nF}$ とすれば,

$$R = \frac{1}{2\pi f_c C} = \frac{1}{2\pi \times 5k \times 6.8n} \fallingdotseq 4.68\,\mathrm{k}\Omega \quad\dotfill\quad (13)$$

(12) $C = 8.2\,\mathrm{nF}$ とすれば,

$$R = \frac{1}{2\pi f_c C} = \frac{1}{2\pi \times 5k \times 8.2n} \fallingdotseq 3.88\,\mathrm{k}\Omega \quad\dotfill\quad (14)$$

と得られました. キャパシタCはJIS E12系列が多いので, 12通り計算しました. あとは抵抗RがJIS E24系列の定数値にできる限り近い組み合わせを選びます. その意味で上記事例では

(2) $C = 1.2\,\mathrm{nF}$時に $R = 26.5\,\mathrm{k}\Omega \rightarrow R = 27\,\mathrm{k}\Omega$
(4) $C = 1.8\,\mathrm{nF}$時に $R = 17.7\,\mathrm{k}\Omega \rightarrow R = 18\,\mathrm{k}\Omega$
(6) $C = 2.7\,\mathrm{nF}$時に $R = 11.8\,\mathrm{k}\Omega \rightarrow R = 12\,\mathrm{k}\Omega$
(9) $C = 4.7\,\mathrm{nF}$時に $R = 6.78\,\mathrm{k}\Omega \rightarrow R = 6.8\,\mathrm{k}\Omega$
(11)$C = 6.8\,\mathrm{nF}$時に $R = 4.68\,\mathrm{k}\Omega \rightarrow R = 4.7\,\mathrm{k}\Omega$
(12)$C = 8.2\,\mathrm{nF}$時に $R = 3.88\,\mathrm{k}\Omega \rightarrow R = 3.9\,\mathrm{k}\Omega$

が設計の候補として挙げられるでしょう. つまり仮にキャパシタCを1.0nFから10nF間で選ぶと, 抵抗Rは5種類選ぶことができます. つまり設計の解は, 5通りありますよ, ということです. 普通は, この事例のうちどれかを選んでここで設計終了です.

フィルタに接続される前後の回路を考慮する

● LPF が接続される前後の回路を考慮する

　現実には, このフィルタ回路が接続される側のインピーダンス[注1]を考慮する必要があります. 実はこのCRのLPF回路は, **図2**のように入力となる信号源側のインピーダンスZ_Oが非常に低く, 具体的には0Ω付近で, かつ出力側のインピーダンスZ_Iは高インピーダンスで現実的には無限大(∞と書きます)で接続されている事を前提にしています. その前提で, カットオフ周波数示す式(1)も求められているのです.

　しかし, 現実の回路がそんなに都合良い条件になっていることなどまれです. 信号源側のインピーダンスZ_Oを考えてみると, 市販されているファンクション・ジェネレータ, 発振器などは**写真1**のように50Ωがほとんどです. 受け側の回路の入力インピーダンスZ_Iも市販されているオシロスコープの**写真2**のようにせいぜい1MΩ程度です. と一般的な測定器では先ほどの前提とは, かなりかけ離れています[注2]. 前提が異なれば結果も変

注1：厳密に書くと本書の範囲ではインピーダンスではなく, 抵抗です. ですから, 信号源インピーダンスは, 信号源抵抗, 入力インピーダンスは, 入力抵抗と書くべきです. でも一般的には, 信号源インピーダンス, 入力インピーダンスと呼ぶことがほとんどなので, そうした慣例に従って記述しています.
注2：LPF 回路がプリント基板上にあるなどの場合, コラム1のように信号源インピーダンス$Z_O \fallingdotseq 0$, 入力インピーダンス$Z_I \fallingdotseq \infty$の理想に近づける設計は可能です.

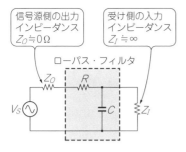

図2　LPFを設計するときは前後につなぐ回路（信号源と負荷）の影響を考える
入力側に接続される信号源のインピーダンスがほぼ0Ωで，出力側に接続される回路のインピーダンスがほぼ無限大

写真1　さまざまな信号を出力する測定器「ファンクション・ジェネレータ」の出力インピーダンスは50Ω

写真2　LPF回路の出力を接続するオシロスコープの入力インピーダンスは1MΩ

わってきます．このように一般に文献に書かれていることが実際に使われている回路と必ずしも一致するわけではありません．これは現実の回路が必ずしも理想的ではなく，実際の設計は理想的でない前提で安定に動作するよう考慮する必要があります．

　このことを実例で考えてみましょう，**図3**です．**図3**では，LPFに入力される信号の信号源の出力インピーダンスZ_O，LPF後の信号を受ける回路の入力インピーダンスZ_Iが存在する事を前提にしています．ここで信号の信号源のインピーダンスZ_Iは，信号を出力する信号源のインピーダンスですからZ_Oを出力インピーダンス，信号を受ける回路のZ_Iは入力インピーダンスと呼ばれています．現実の回路を前提にしているので入力インピーダンスZ_Oは0Ω程度ではなく，出力インピーダンスZ_Iは∞ではありません．そこで以後の話は**図3**のように現実的に入力インピーダンスZ_O＝50Ω，出力インピーダンスZ_I＝1MΩを前提としましょう．

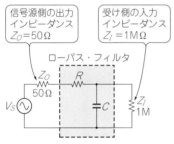

図3　現実的なローパス・フィルタの等価回路

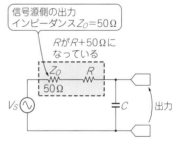

図4　信号源の出力インピーダンスが50Ωあるときの等価回路
抵抗Rにより影響の大小はあるが，カットオフ周波数が下がってしまう

● 信号源の大きな出力インピーダンスは，カットオフ周波数を低くする

　そこで具体的に信号源の出力インピーダンスZ_O＝50Ω，入力インピーダンスZ_I≒∞としてCRのLPFがどんな問題を生じるのか考えてみましょう．**図4**の等価回路で考えてみると，出力インピーダンスZ_OとLPFの抵抗Rが直列になっています．直列接続された出力インピーダンスZ_Oと抵抗Rの合成抵抗は，Z_O+Rです．すると，カットオフ周波数を示す式(1)は，**図4**では式(15)のように変わるのです．

$$f_C = \frac{1}{2\pi C (Z_O+R)} \cdots (15)$$

　つまり，カットオフ周波数f_Cが出力インピーダンスZ_Oの影響を受けて低くなってしまうのです．具体的に考えてみると仮にR＝51Ωならば，それがZ_O+R＝50Ω＋51Ωとなり，カットオフ周波数f_Cは式(2)から想像す

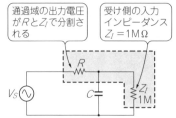

通過域の出力電圧がRとZ₁で分割される

受け側の入力インピーダンス $Z_I = 1MΩ$

図5
後ろに接続される回路の入力インピーダンスが1MΩのときの等価回路
通過するときの出力電圧が小さくなる（結果としてカットオフ周波数も変わる）

ると約2倍も低くなってしまいます.

この出力インピーダンスZ_Oの影響を減らすには

$$R \gg Z_O \dotfill (16)$$

となるように抵抗Rの抵抗値を選ぶことです. このことはさらに具体的に後述します.

● 小さな入力インピーダンスは，通過域の電圧を小さくする

今度は受け側の回路入力インピーダンスZ_Iの影響を$Z_I = 1MΩ$で考えてみましょう. このとき出力インピーダンスZ_Oは，0Ωとします. 回路は図5です.

この場合LPFの出力電圧V_{out}が，抵抗Rと入力インピーダンスで電圧が分割された回路になってしまいます. つまりLPFといってもDCからカットオフ周波数f_Cまでの電圧が，1倍ではなくて

$$V_{out} = \frac{Z_I}{R+Z_I} V_S = \frac{1MΩ}{R+1MΩ} V_S \dotfill (17)$$

になってしまうのです. 仮にRを計算しやすいように$R = 1MΩ$とすれば，

$$V_{out} = \frac{1MΩ}{1MΩ+1MΩ} V_S = \frac{1}{2} V_S \dotfill (18)$$

となり，通過域の電圧V_{out}は，本来の信号電圧V_Sの1/2になってしまいます. つまり，入力インピーダンスZ_Iが小さな値ですと，通過域の電圧V_{out}が当初の目的よりV_Sより小さな電圧になるのです. 入力インピーダンスZ_Iが1MΩよりさらに小さいと，この現象はさらに顕著に出ます.

入力インピーダンスZ_Iは変えられないことが多いので，この入力インピーダンスZ_Iの影響を減らすには，

$$R \ll Z_I \dotfill (19)$$

となるように抵抗Rの抵抗値を選ぶことです.

● 出力インピーダンスや入力インピーダンスを想定して設計する

さて式(15), と式(19)をまとめてみましょう. 抵抗Rの抵抗値は

$$Z_O \ll R \ll Z_I \dotfill (20)$$

となる必要があるのです. 言い換えると式(20)を満足できない場合は，この図1の回路を採用することは適していません.

では具体的に出力インピーダンス$Z_I = 50Ω$，入力インピーダンス$Z_O = 1MΩ$の条件で考えてみます. 出力インピーダンスを$Z_O = 50Ω$，入力インピーダンス$Z_I = 1MΩ$ですから，

$$50\,\Omega \,\lll\, R \,\lll\, 1\,M\Omega \cdots\cdots\cdots\cdots\cdots\cdots\cdots\cdots\cdots\cdots\cdots\cdots\cdots\cdots\cdots\cdots (21)$$

の条件を満足する抵抗値Rを求めれば良いのです．数式の不等号の << や >> を現実にどの程度にするのかは各自の主観的な判断ですが，<< を100倍以上，>> を1/100以下程度に考えると現実的です．このように，理論的な数式を現実的な回路で解釈し応用していくのが設計のポイントです．

　いま，<< を100倍以上，<< を1/100と見なすと，入力インピーダンスZ_Oと抵抗Rの関係　$50\,\Omega \lll R$から

$$50\,\Omega \,\lll\, 100 \times 50\,\Omega = 5000\,\Omega = 5\,k\Omega = R \cdots\cdots\cdots\cdots\cdots\cdots\cdots\cdots\cdots (22)$$

となり，抵抗値Rは5kΩ以上が望ましいことがわかります．

　一方，入力インピーダンスZ_Iと抵抗値Rの条件，$R \lll 1\,M\Omega$から

$$1\,M\Omega \,\ggg\, 1\,M\Omega \div 100 = 10\,k\Omega = R \cdots\cdots\cdots\cdots\cdots\cdots\cdots\cdots\cdots\cdots (23)$$

となり，抵抗値Rは10kΩ以下が望ましいことがわかります．

　以上，出力インピーダンスZ_Oと抵抗値R，入力インピーダンスZ_Iと抵抗値Rの2つの条件から，抵抗値Rは

$$5\,k\Omega \,\ll\, R \,\ll\, 10\,k\Omega \cdots\cdots\cdots\cdots\cdots\cdots\cdots\cdots\cdots\cdots\cdots\cdots\cdots\cdots\cdots (24)$$

の範囲で選ぶとよいでしょう．この条件から，先ほど計算した設計の候補6種類をあらためて見直してみましょう．

- (2) $C = 1.2\,nF$時　$R = 26.5\,k\Omega \rightarrow R = 27\,k\Omega$
  判定：10 kΩ以上なので**適さない**
- (4) $C = 1.8\,nF$時　$R = 17.7\,k\Omega \rightarrow R = 18\,k\Omega$
  判定：10 kΩ以上なので**適さない**
- (6) $C = 2.7\,nF$時　$R = 11.8\,k\Omega \rightarrow R = 12\,k\Omega$
  判定：10 kΩ以上なので**適さない**
- (9) $C = 4.7\,nF$時　$R = 6.78\,k\Omega \rightarrow R = 6.8\,k\Omega$
  判定：5 kΩ<R<10 kΩなので良い
- (11) $C = 6.8\,nF$時　$R = 4.68\,k\Omega \rightarrow R = 4.7\,k\Omega$
  判定：5 kΩ以下なので**適さない**
- (12) $C = 8.2\,nF$時　$R = 3.88\,k\Omega \rightarrow R = 3.9\,k\Omega$
  判定：5 kΩ以下なので**適さない**

と設計例(9)の$C = 4.7nF$，$R = 6.8k\Omega$が，出力インピーダンス50Ω，入力インピーダンス1MΩの条件では最適と判断しました．

　この事例のように，最適な解が1つならば良いのですが，場合，条件によって2通りの解が得られるときもあります．その場合，2通りの解はどちらでも性能の差はなく，このときは主観的(直感とも言います)に，キャパシタCと抵抗Rの組み合わせを選びましょう．以上から**図6**は，筆者の主観でこの中から設計例(9)の$C = 4.7nF$，$R = 6.8k\Omega$を最善として結果なのです．

● 接続される回路でRの使える範囲が広がる

　以上は，初めの条件$Z_O \lll R \lll Z_I$で，$Z_O = 50\,\Omega$，$Z_I = 1M\Omega$とした場合，$50\,\Omega(=Z_I)$<<を100倍の5kΩ，

コラム1　ありがとう！ LPF前後の影響を考えなくてもよくしてくれるOPアンプ

　RCで作るLPFがプリント基板上にある場合，図Aのように前後にOPアンプ回路を加えることで，信号源インピーダンス$Z_O \fallingdotseq 0\,\Omega$，入力インピーダンス$Z_I \fallingdotseq \infty$の理想に近づける設計が可能です．OPアンプ回路に挟まれたローパス・フィルタ回路は入出力回路の影響を受けにくく，カットオフ周波数がずれたり，通過域の電圧が低下したりしない理想的な状態で動作します．

　OPアンプの入力インピーダンスは$1\,\mathrm{G}\Omega$以上，出力インピーダンスは$1\,\Omega$以下であることから，ローパス・フィルタ回路のRの使える範囲は$100\,\Omega < R < 1\,\mathrm{M}\Omega$程度までで，設計の自由度が高くなります．

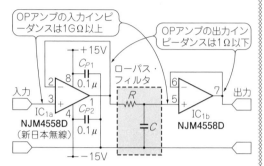

図A　信号源インピーダンスや後ろに接続される回路のインピーダンスの影響を受けにくい回路
OPアンプ回路に挟まれたローパス・フィルタ回路は理想に近い状態で動作する

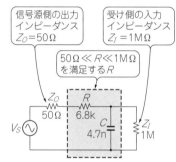

図6
完成したカットオフ周波数5 kHzのRCローパス・フィルタ
信号源や接続される回路の影響が一番小さいRの値6.8 kΩと4.7 nFのペアを採用した

$\ll 1\,\mathrm{M}\Omega (= Z_I)$なので1/100の10 kΩととらえて$5\,\mathrm{k}\Omega < R < 10\,\mathrm{k}\Omega$の条件で，定数を選んだ結果です．

　設計条件が変わると定数も変わります．例えば，出力インピーダンスZ_Oが$1\,\Omega$以下になると抵抗Rにはその100倍の$100\,\Omega$程度まで低い値や，入力インピーダンスZ_Iが$10\,\mathrm{M}\Omega$以上となると抵抗Rにはその1/100の$100\,\mathrm{k}\Omega$までの値が使えるでしょう．以上のように出力インピーダンスZ_Oが低く入力インピーダンスZ_Iが高いほど抵抗Rの使える範囲が広がり，設計の自由度が増すのです．

　接続する回路の条件でどうしても以上の設計条件が満足できないときは，**コラム1の図A**のようなOPアンプを付けた回路や後述するアクティブ・フィルタ(active filter)を用いて大きな信号源インピーダンスZ_O，小さな入力インピーダンスZ_Iに対処しましょう．

5-2

設計したフィルタの特性を詳細に見てみる

5-1節でカットオフ周波数 f_C＝5kHzのLPFの設計が終わったので，実際に製作して実験してみましょう．製作した基板は**写真1**です．左側が信号の入力で右側が出力です．

設計したカットオフ周波数 5kHz の
LPF(DC ～ 5kHz まで通過するフィルタ)を実験する

● 低い周波数域は通過，高い周波数域は減衰，これがLPF

図1のカットオフ周波数 f_C＝5kHzのフィルタに $2V_{RMS}$ のサイン波を入力してフィルタの特性を探りましょう．実験サイン波の周波数もカットオフ周波数 f_C より低い周波数の500Hz，1kHz，2kHz，カットオフ周波数 f_C ぴったりの5kHz，カットオフ周波数 f_C より高い10kHz，20kHz，50kHzで実験しました．

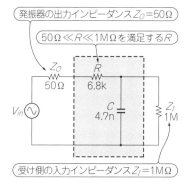

図1
カットオフ周波数
5 kHzのローパス・
フィルタのゲインと
位相の周波数特性を
考察する
信号源のインピーダンスや後ろにつながる回路のインピーダンスのことを考えて，なるべく誤差が小さくなる値を選んだ

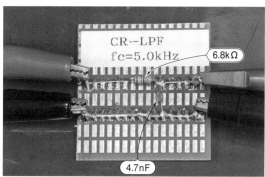

写真1　図1の回路を組み付けて実験した基板
GNDは入出力共通．抵抗とキャパシタをつないだところから出力を取り出す

カットオフ周波数 f_C より低い周波数500Hz ［**図2(a)**］，1kHz ［**図2(b)**］，2kHz ［**図2(c)**］ 時には，入力電圧 V_{in} と出力電圧 V_{out} は同じに見えます．この付近の周波数では，入力電圧 V_{in} はそのまま通過して出力に現れま

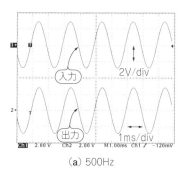

(a) 500Hz

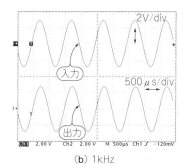

(b) 1kHz

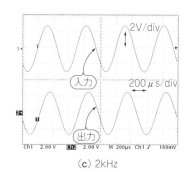

(c) 2kHz

図2　LPFにカットオフ周波数5kHzより低い周波数の正弦波を入力した場合，入力電圧はそのまま通過して出力に現れる————
出力振幅はほとんど変わらない．入力振幅2 V_{RMS}，CH-1(上)：入力電圧，CH-2(下)

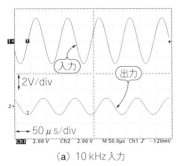 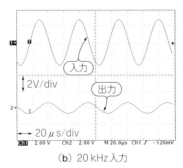 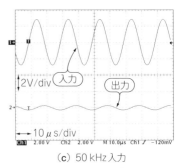

(a) 10kHz入力 　　　　　　　(b) 20kHz入力 　　　　　　　(c) 50kHz入力

図3　LPFにカットオフ周波数5kHzより高い周波数の正弦波を入力した場合，周波数が増加するに従って出力電圧は小さくなる――――
周波数が高くなるほど振幅が小さい．入力振幅2 V$_{RMS}$，CH-1(上)：入力電圧，CH-2(下)

す．対してカットオフ周波数f_Cより高い10kHz [**図3(a)**]，20kHz [**図3(b)**]，50kHz [**図3(c)**] では，出力電圧V_{out}は周波数の増加とともに減少しています．

　現象をまとめましょう．入力電圧V_{in}の周波数がカットオフ周波数f_C＝5kHzより低いならば，そのまま出力電圧V_{out}に表れます．一方，入力電圧V_{in}の周波数がカットオフ周波数f_C＝5kHzより高い周波数ならば，周波数の増加に反比例して出力電圧V_{out}は小さくなっています．周波数の低い信号はそのまま通過するので，ローパス・フィルタ(Low Pass Filter，略してLPF)と呼ばれます．

　図2(a)から**図3(c)**までは周波数を断続的に換えて測定しました．今度は，周波数を連続的に換えて測定してみました(**図4**)．**図4**でゲインは，各周波数で出力電圧V_{out}/入力電圧V_{in}と割り算して，信号の変化の比率を示しています．数式で書くと次式です．

$$dB = 20\,log_{10}\,\frac{出力電圧\ Vout}{入力電圧\ Vin}\ \cdots\cdots\cdots\cdots\cdots\cdots\cdots\cdots\cdots\cdots\cdots\cdots\ (1)$$

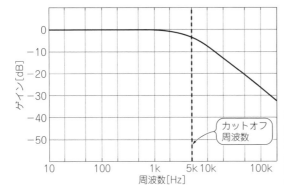

図4
カットオフ周波数5kHzのLPFの周波数特性
5kHzより十分低いところは振幅が変わらない．5kHz以上は振幅がどんどん小さくなる

　図4ではカットオフ周波数f_C＝5kHzを境に，信号が通過する低い周波数域と信号が減衰していく高い周波数域があることがわかります．**図4**の周波数特性は，低い周波数の信号は通過し高い周波数の信号を遮断するLFPの特性が端的に表れています．そのため一般にフィルタの特性は，その周波数特性で表しています．

● **カットオフ周波数では，出力電圧が$1/\sqrt{2}$**

　では，通過数する周波数と減衰する周波数の境界，つまりカットオフ周波数f_Cではどんな状態になるでしょうか．先の設計のようにカットオフ周波数f_C＝5kHzで設計したLPFに入力周波数5kHzのときの波形が**図5**です．**図5**で出力電圧V_{out}の最大値は1.96Vと約2Vとなっていて，500Hzや1kHzと比べると少し減少してい

ます．実は，LPFのカットオフ周波数f_Cでは，出力電圧V_{out}は入力電圧V_Sに対して$1/\sqrt{2}$に減少します．入力電圧が$2V_{RMS}$ですので，ピーク電圧は$V_P = \sqrt{2} \times V_{RMS} = \sqrt{2} \times 2 = 2\sqrt{2}$ですね．ピーク電圧$V_P$の$1/\sqrt{2}$を計算すると$2\sqrt{2}/\sqrt{2} = 2V$となるのです．

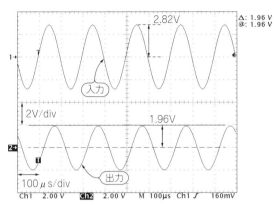

図5　LPFに振幅$2\,V_{RMS}$，周波数5kHzの正弦波を入力したとき出力電圧は入力電圧の$1/\sqrt{2}$になる

CH-1（上）：入力電圧，CH-2（下）：出力電圧．出力電圧の振幅は入力より少し減少している

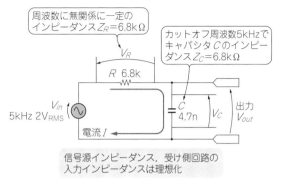

図6　カットオフ周波数5kHzでのRCローパス・フィルタの動作

抵抗とキャパシタのインピーダンスが同じ大きさなので両端電圧の振幅は同じ

　このことを図6で回路計算して検証してみましょう．入力電圧V_S，出力電圧V_{out}にオームの法則を適用します．

$$V_S = \left(R + \frac{1}{j\omega C} \right) I \quad\cdots\cdots (2)$$

$$V_{out} = \frac{1}{j\omega C} I \quad\cdots\cdots (3)$$

これで準備OKです．式(3)を式(2)で割りましょう，これで電流Iの項が消えるはずです．

$$\frac{V_{out}}{V_S} = \frac{\frac{1}{j\omega C} I}{\left(R + \frac{1}{j\omega C} \right) I} = \frac{\frac{1}{j\omega C}}{R + \frac{1}{j\omega C}} = \frac{1}{1 + j\omega C R} \quad\cdots\cdots (4)$$

これで入力電圧V_S，出力電圧V_{out}の一般的な関係式が得られました．でも式(4)では両辺複素数なので値を求めるために両辺の絶対値をとります．

$$\left| \frac{V_{out}}{V_S} \right| = \frac{1}{\sqrt{1 + (\omega C R)^2}} \quad\cdots\cdots (5)$$

ここまでは，周波数を限定しない一般的な議論でした．

　いま，周波数をカットオフ周波数f_Cに限定して考えてみましょう．カットオフ周波数f_Cの角速度をω_Cとすれば

$$\omega_C = 2\pi f_C \quad\cdots\cdots (6)$$

です．ところでカットオフ周波数f_CはCとRで表すと式(7)でした．

$$f_C = \frac{1}{2\pi C R} \quad\cdots\cdots (7)$$

結果，式(12)を式(11)に代入すると，角速度ω_Cは式(8)となります．

$$W_C = 2\pi f_C = 2\pi \frac{1}{2\pi CR} = \frac{1}{CR} \quad\text{………………(8)}$$

角速度ω_Cが求められたので，そこで式(8)を式(5)に代入してみましょう．

$$\left|\frac{V_{out}}{V_{in}}\right| = \frac{1}{\sqrt{1+(\omega_C CR)^2}} = \frac{1}{\sqrt{1+\left(\frac{1}{CR}\times CR\right)^2}} = \frac{1}{\sqrt{1+1}} = \frac{1}{\sqrt{2}}$$

$$\therefore \left|V_{out}\right| = \frac{1}{\sqrt{2}}\left|V_{in}\right| \quad\text{…………………(9)}$$

以上のようにLPFのカットオフ周波数f_Cでは，出力電圧V_{out}は入力電圧V_Sに対して$1/\sqrt{2}$に減少するのです．

● カットオフ周波数では，出力電圧の位相は45度遅れる

今度は図5で時間軸を少し拡大した図7です．入力電圧V_Sに対して出力電圧V_{out}が25μsほど遅れていることに注目してください．こうした時間的な振幅の遅れを位相(phase)と呼びます．位相の単位は一般的にラジアン［rad］，または度［deg］です．ではさっそく先の25μsの遅れを度に変化してみましょう．位相θは，入力電圧の入力周期T，遅れ時間をT_d(測定値)とすれば，式(11)で表すことができます．ここで入力電圧の周波数$f=5$kHzなので，周期Tは，

$$T = \frac{1}{f} = \frac{1}{5k} = 200\mu s \quad\text{………………………(10)}$$

です．ゆえに，位相θは

$$\theta = \frac{T_{delay}}{T}\times 360 = \frac{25\mu}{200\mu}\times 360 = 45° \quad\text{………………(11)}$$

と45度の遅れになります．

この理由も考察してみましょう．まず実験から．図7からさらに時間軸を拡大した図8で入力電圧V_S，抵抗Rの両端電圧V_R，キャパシタ電圧(出力電圧)V_Cを測定しています．抵抗Rの両端電圧V_Rの波形とキャパシタ電圧V_Cでは，キャパシタ電圧V_Cのほうが90度も位相が遅れていますね．

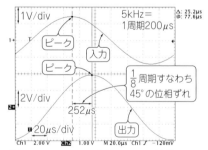

図7　5kHzのLPFに振幅2V_{RMS}周波数5kHzの正弦波を入力したときの波形(時間軸方向拡大)
出力電圧の位相が45°ほど遅れている．
CH-1(上)：入力電圧，CH-2(下)：出力電圧

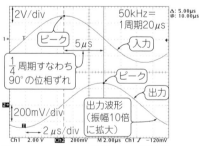

図8　5kHzのLPFに振幅2V_{RMS}周波数50kHzの正弦波を入力したときの波形(時間軸と出力電圧の振幅を拡大)
出力電圧の位相が90°ほど遅れている．
CH-1(上)：入力電圧，CH-2(下)：出力電圧

図1の回路で抵抗RとキャパシタCのカットオフ周波数$f_C = 5\text{kHz}$でのインピーダンスを計算してみましょう.抵抗Rは,周波数によってインピーダンス(抵抗なの抵抗値です)が変わりません.ですからカットオフ周波数$f_C = 5\text{kHz}$でもそのインピーダンスに対して$6.8\text{k}\Omega$です.対して**図1**のキャパシタCのカットオフ周波数$f_C = 5\text{kHz}$のインピーダンスZ_Cは

$$Z_C = \left|\frac{1}{j\omega C}\right| = \frac{1}{2\pi f_C C} = \frac{1}{2\pi \times 5k \times 4.7n} \fallingdotseq 6.78\text{k}\Omega \fallingdotseq 6.8\text{k}\Omega \cdots\cdots (12)$$

です.

カットオフ周波数$f_C = 5\text{kHz}$では,抵抗Rのインピーダンス(この場合は抵抗値です)と,キャパシタCのインピーダンスZ_Cは等しくなっている点に留意ください.等しいインピーダンスのRとCに電流Iが流れれば,抵抗Rの両端にもキャパシタCの両端にも同じ電圧が生じます.つまり抵抗Rの両端電圧$V_R =$キャパシタ電圧V_Cです.一方,**図7**では,抵抗Rの両端電圧V_Rに対してキャパシタ電圧V_Cは,90度位相が遅れています.キャパシタCのインピーダンスを示す$1/j\omega C$で複素数の虚数単位を示す"j"は,そうした位相の情報を与えているのですね.

このことは少し難しいのですがベクトル図を書くとハッキリします.さっそくやってみましょう,**図9**です.**図9**で抵抗Rの両端電圧$V_R =$キャパシタ電圧V_Cならば,入力電圧V_{in}とV_R,V_Cは二等辺直角三角形となっています.なので抵抗Rの両端電圧V_Rと入力電圧V_{in},キャパシタ電圧V_C入力電圧V_{in}は,45度の角度を形成していることになります.このとき45度の角度が位相となっていることが,ベクトル図の便利なところです.本当にそうでしょうか,あらためて**図9**をご覧ください.

図9を実験して確認しました,**図10**です.**図10**ではカットオフ周波数と同じ周波数の5kHzで電圧$V_{in} = 2V_{\text{RMS}}$の電圧を入力しました.一番上が入力電圧V_{in},2番目が抵抗の両端電圧V_R,一番下がキャパシタ電圧V_Cです.入力電圧V_{in}に対して,抵抗の両端電圧V_Rは45度進んだように見え,キャパシタ電圧V_Cは45度遅れているように見えることに注目してください.

図1の回路で抵抗Rの両端電圧V_Rと入力電圧V_{in},キャパシタ電圧V_C入力電圧V_{in}は,45度の角度(=位相)を形成するは,**図9**のようにカットオフ周波数f_Cだけです.ほかの周波数では二等辺直角三角形にはならないことに注目です.

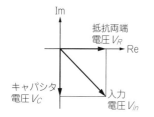

図9　入力周波数がカットオフ周波数と同じときのRCローパス・フィルタのベクトル図
振幅が同じ0°と90°の信号を加算するので入力電圧の位相は45°になる.出力電圧=キャパシタ両端電圧と入力電圧の位相差は45°

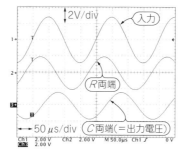

図10　カットオフ周波数5 kHzのRCローパス・フィルタに5 kHzを入力したときのRとCの両端電圧
抵抗両端電圧とキャパシタ両端電圧は位相が90°ずれている.CH-1(上):入力電圧,CH-2(中):抵抗両端電圧,CH-3(下):キャパシタ両端電圧(出力電圧)

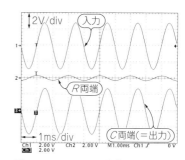

図11　カットオフ周波数$f_C = 5$ kHzのRCローパス・フィルタに周波数の低い信号(500 Hz)を入力したときのRとCの両端電圧
抵抗とキャパシタの位相ずれは図8と変わらないが抵抗両端の振幅がとても小さい.CH-1(上):入力電圧,CH-2(中):抵抗両端電圧,CH-3(下):キャパシタ両端電圧(出力電圧)

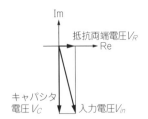

図12 入力周波数がカットオフ周波数 f_C より低いときの RC ローパス・フィルタのベクトル図
キャパシタ両端電圧（出力電圧）と入力電圧の位相はほぼ等しい．入出力間の位相ずれはほとんどない

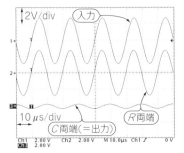

図13 カットオフ周波数 5 kHz の RC ローパス・フィルタに周波数の高い信号（50 kHz）を入力したときの R と C の両端電圧
今度はキャパシタ両端の振幅がとても小さい．
CH-1（上）：入力電圧，CH-2（中）：抵抗両端電圧，
CH-3h（下）：キャパシタ両端電圧（出力電圧）

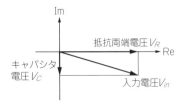

図14 入力周波数がカットオフ周波数 f_C より高いときの RC ローパス・フィルタのベクトル図
抵抗両端電圧と入力電圧の位相はほぼ等しい．出力電圧＝キャパシタ両端電圧の位相は約 90° 遅れている

● カットオフ周波数の 10 倍以上の周波数で出力電圧の位相は 90 度遅れる

位相に注目した話をもう少し続けましょう．

図1の回路で入力電圧 V_{in} の周波数 f が，カットオフ周波数 f_C より低い条件では，キャパシタ C のインピーダンス $|1/j\omega C| = 1/\omega_C = 1/2\pi fC$ が大きく，そのため電流 I が少なくなります．その結果，電流 I が少なくなるので抵抗 R の両端電圧 V_R も小さな値となり，入力電圧 V_{in} はほとんどキャパシタ電圧 V_C＝出力電圧 V_{out} に現れます（**図11**）．入力電圧 V_{in} がほとんどキャパシタ電圧 V_C に表れるので，位相の遅れもとても少ない状態になります．このようすをベクトル図で描くと**図12**です．

一方，図1の回路で入力電圧 V_{in} の周波数 f が，カットオフ周波数 f_C より高い条件では，キャパシタ C のインピーダンス $|1/j\omega C| = 1/\omega_C = 1/2\pi fC$ が小さく，そのため電流 I が多く流れます．結果，電流 I が多いのですから抵抗 R の両端電圧 V_R も大きな値となり，キャパシタ C のインピーダンス Z_C も低いので，キャパシタ電圧 V_C＝出力電圧 V_{out} に入力電圧 V_{in} がだんだん表れなくなります（**図13**）．位相に注目してみましょう．入力電圧 V_{in} のほとんどが，抵抗 R の両端電圧 V_R が加わるので，キャパシタ電圧 V_C＝出力電圧 V_{out} の位相は入力電圧に対して 90 度近く遅れた状態になります．このようすをベクトル図で描くと**図14**です．

しかし，位相は急に遅れ出すわけではありません．そのへんがモヤッとしているかと思います．そこで目安を示しました．位相はカットオフ周波数 f_C の 1/10 の周波数 $f_C/10$ から遅れはじめ，カットオフ周波数 f_C では 45 度の遅れ，そしてカットオフ周波数 f_C の 10 倍の周波数 $10f_C$ では 90 度遅れ，$10f_C$ 以上の周波数でも位相遅れは 90 度以上遅れることはありません．もう一度そんな目で**図4**をご覧ください．

5-3

カットオフ周波数を変えてみよう

抵抗とキャパシタによるカットオフ周波数
1kHz, 2kHz, 10kHz のフィルタの設計と特性を測定する

　いままでは抵抗RとキャパシタCを使ったカットオフ周波数5kHzのフィルタを設計して実験しました．今度は，他のカットオフ周波数1kHz, 2kHz, 10kHzでも設計して実験してみましょう．手順は5kHzのときとまったく同じです．設計条件も信号源の出力インピーダンス$Z_O = 50\,\Omega$，フィルタの出力を受ける受け側の入力インピーダンスを1MΩとします．これは先の5kHzのLPFの設計と同様に

$$5\,k\Omega \, < \, R \, < \, 10\,k\Omega$$

で，定数を選びます．ここでは1kHzのLPFと同様に$R = 6.8\,k\Omega$としました．ここまで来るとあとはキャパシタCの値，つまりキャパシタンスを決めるだけ．キャパシタンスは式(1)を変形した

$$f_C = \frac{1}{2\pi CR} \quad\text{..} (1)$$

からキャパシタンスを計算できます．

$$C = \frac{1}{2\pi f_C R} \quad\text{..} (2)$$

　以下カットオフ周波数f_Cを1kHz, 2kHz, 10kHzの場合でキャパシタCのキャパシタンスを求めてみましょう．

● カットオフ周波数$f_C = $ 1kHzの設計と特性
　カットオフ周波数$f_C = $ 1kHz，$R = 6.8\,k\Omega$の条件でキャパシタンスを求めると

$$C = \frac{1}{2\pi f_C R} = \frac{1}{2\pi \times 1 \times 10^3 \times 6.8 \times 10^3} \fallingdotseq 23.4\,nF \quad\text{...............................} (3)$$

になります．23.4nFの値は，JIS E12系列(キャパシタに多い系列)にはないので，E12系列で1番23.4nFに近い22nFとしました．つまり

$$C = 22\,nF \quad\text{..} (4)$$

です．この定数で設計したフィルタの回路図を図1，製作したフィルタを写真1に示します．
　この値を選んだことによるカットオフ周波数f_Cは

$$f_C = \frac{1}{2\pi CR} = \frac{1}{2\pi \times 22 \times 10^{-9} \times 6.8 \times 10^3} = 1064\,kHz \quad\text{.................} (5)$$

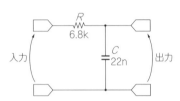

**図1　カットオフ周波数1kHzの*RC*ロ
ーパス・フィルタ**
50Ω≪*R*≪1MΩを満たす抵抗値として
6.8kΩを選び，それに合わせて*C*を決めた

写真1　カットオフ周波数1kHzの*RC*ローパス・フィルタの実験のようす

になり，目標の1kHzに対して64Hzズレてしまいました．パーセントで表現すると

$$\frac{64}{1000} \times 100 = 6.4\,\% \quad\text{...}\quad (6)$$

です．一般に製造販売されているキャパシタの精度が±5％であることを想定すると，6.4％の誤差は許容でき
るのでは，と思います．

　また，出力インピーダンスZ_Oや入力インピーダンスZ_Iが無視できるように

　$5\,\text{k}\Omega < R < 10\,\text{k}\Omega$

の条件で抵抗を選びましたが，カットオフ周波数f_Cの精度を求めると上記の条件では設計が厳しくなります．
といいますか，抵抗RとキャパシタCだけのフィルタは，カットオフ周波数f_Cの精度を求める用途に適してい
ません．カットオフ周波数f_Cの精度を求めるフィルタは，後述するOPアンプを用い，抵抗R，キャパシタCも
その値を1個1個測定して選別した部品を使う必要があります．そうした実際のカットオフ周波数f_Cが設計値
ピッタリのフィルタは，本書の範囲外としましょう．

　以下同様に設計を進めます．

　製作したカットオフ周波数1kHzのフィルタを使った実験のようすを**写真1**に示します．カットオフ周波数
5kHzのLPFと同様に，$2\,\text{V}_{\text{RMS}}$のサイン波を入力してフィルタの特性を探ります．サイン波の周波数もカットオ
フ周波数f_Cより低い周波数の100Hz［**図2(a)**］，200Hz［**図2(b)**］，500Hz［**図2(c)**］，カットオフ周波数f_Cぴ
ったりの1kHz(**図3**)，**図3**を時間拡大してカットオフ周波数f_C=1kHzでの位相を確認した**図4**，カットオフ周

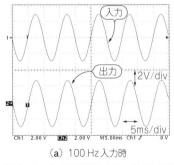

（a）100Hz入力時

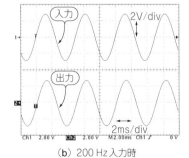

（b）200Hz入力時

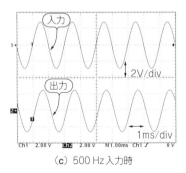

（c）500Hz入力時

図2　カットオフ周波数1kHzのLPFの周波数特性①（100Hz，200Hz，500Hzを入力）─────
入力がほぼそのまま出力に表れる．入力電圧$2\,\text{V}_{\text{RMS}}$，CH-1(上)：入力電圧　CH-2(下)：出力電圧

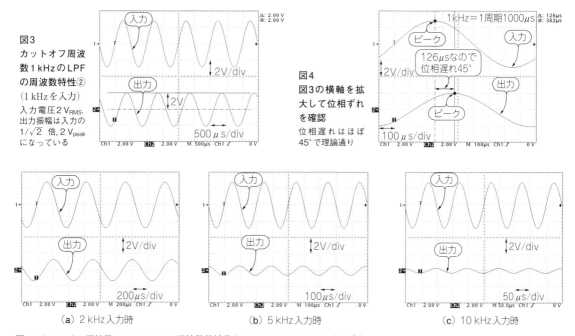

図3
カットオフ周波数1kHzのLPFの周波数特性②
（1kHzを入力）
入力電圧2 V$_{RMS}$.
出力振幅は入力の1/√2 倍, 2 V$_{peak}$になっている

図4
図3の横軸を拡大して位相ずれを確認
位相遅れはほぼ45°で理論通り

（a）2kHz入力時　　　（b）5kHz入力時　　　（c）10kHz入力時

図5　カットオフ周波数1kHzのLPFの周波数特性③（2kHz, 5kHz, 10kHzを入力）
周波数が高くなるほど振幅が小さくなる. 入力電圧2 V$_{RMS}$, CH-1（上）: 入力電圧 CH-2（下）: 出力電圧

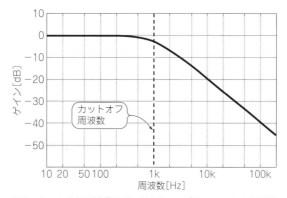

図6　カットオフ周波数1kHzのRCローパス・フィルタの周波数特性
カットオフ周波数より高い周波数ではどんどん振幅が小さくなっていく

波数f_Cより高い2kHz［図5（a）］, 5kHz［図5（b）］, 10kHz［図5（c）］で実験しました. 周波数特性を図6に示します. 図6では設計通り約1kHzのLPFの特性を示し, カットオフ周波数5kHzのLPFと同様にカットオフ周波数f_C = 1kHzより高い周波数では減衰する周波数特性になっています.

● カットオフ周波数f_C = 2kHzの設計と特性

カットオフ周波数f_C = 2kHz, R = 6.8kΩの条件でキャパシタンスを求めると

$$C = \frac{1}{2\pi f_C R} = \frac{1}{2\pi \times 2\times 10^3 \times 6.8\times 10^3} \fallingdotseq 11.7nF \quad\cdots\cdots\cdots\cdots (7)$$

になります. 11.7nFの値は, JIS E12系列にはないので, キャパシタで一般的なE12系列で11.74nFに一番近い

12nFとしました. つまり

$$C = 12\,\text{nF} \quad \text{(8)}$$

です. この定数で設計したフィルタの回路図を**図7**に示します. その定数で製作したフィルタを**写真2**に示します. カットオフ周波数2kHzのフィルタも先の例と同様に, $2V_{RMS}$のサイン波を入力してフィルタの特性を探ります.

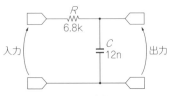

図7 カットオフ周波数2kHzのRCローパス・フィルタ
6.8 kΩを先に選び, それに合わせてCを決めている

▶**写真2 カットオフ周波数2kHzのRCローパス・フィルタの実験のようす**

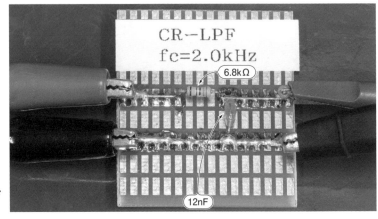

サイン波の周波数もカットオフ周波数f_Cより低い周波数の200Hz [**図8(a)**], 500Hz [**図8(b)**], 1kHz [**図8(c)**], カットオフ周波数f_Cぴったりの2kHz(**図9**), **図9**を時間拡大してカットオフ周波数f_C = 2kHzでの位相を確認した**図10**, カットオフ周波数f_Cより高い5kHz [**図11(a)**], 10kHz [**図11(b)**], 20kHz [**図11(c)**]で実験しました. 周波数特性を**図12**に示します. **図12**では設計通り約2kHzのLPFの特性を示していて, これまで実験したLPFと同様のカットオフ周波数f_Cより高い周波数では減衰する特性になっています.

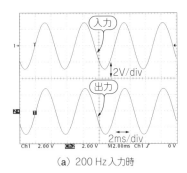

(a) 200 Hz入力時

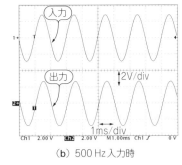

(b) 500 Hz入力時

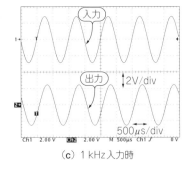

(c) 1 kHz入力時

図8 カットオフ周波数2kHzのLPFの周波数特性①(200 Hz, 500 Hz, 1 kHzを入力)
入力がほぼそのまま出力に表れる. 入力電圧2 V_{RMS}, CH-1(上):入力電圧 CH-2(下):出力電圧

● **カットオフ周波数f_C = 10kHzの設計と特性**
カットオフ周波数f_C = 10kHz, R = 6.8kΩの条件でキャパシタンスCを求めると

$$C = \frac{1}{2\pi f_C R} = \frac{1}{2\pi \times 10 \times 10^3 \times 6.8 \times 10^3} \fallingdotseq 2.34\,\text{nF} \quad \text{(9)}$$

になります. これは先に設計したカットオフ周波数f_C = 1kHzの場合の1/10の値です. 他の周波数の場合と同

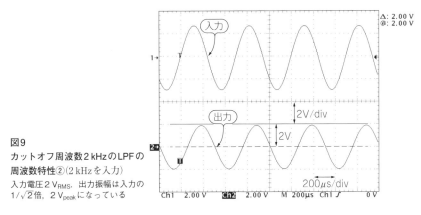

図9
カットオフ周波数2kHzのLPFの
周波数特性②（2kHzを入力）
入力電圧2 V_{RMS}. 出力振幅は入力の
$1/\sqrt{2}$倍，$2 V_{peak}$になっている

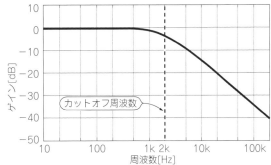

図10　図9の横軸を拡大して位相ずれを確認
位相遅れはほぼ45°

図12　カットオフ周波数2 kHzの RC ローパス・フィルタの周波
数特性
カットオフ周波数が変わっただけで，特性としては1 kHzのときの図6
と同じ形になっている

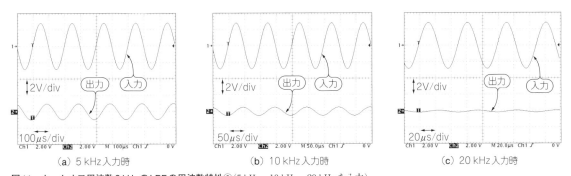

(a) 5 kHz入力時　　　　　　　　(b) 10 kHz入力時　　　　　　　(c) 20 kHz入力時

図11　カットオフ周波数2 kHzのLPFの周波数特性③（5 kHz，10 kHz，20 kHzを入力）
周波数が高くなるほど振幅が小さくなる．入力電圧2 V_{RMS}，CH-1（上）：入力電圧 CH-2（下）：出力電圧

様に2.34nFの値は，JIS E12系列にはないので，E12系列で2.34nFに一番近い22nFとしました．つまり

$$C = 2.2\,nF \quad \dotfill (10)$$

です．この定数で設計したフィルタの回路図を**図13**に示します．その定数で製作したフィルタを**写真3**に示します．カットオフ周波数$f_C = 10$kHzのLPFにおいても$2V_{RMS}$のサイン波を入力してフィルタの特性を調べます．

　サイン波の周波数はカットオフ周波数f_Cより低い周波数の1kHz ［**図14(a)**］，2kHz ［**図14(b)**］，5kHz ［**図14(c)**］，カットオフ周波数f_Cぴったりの10kHz（**図15**），**図15**を時間拡大してカットオフ周波数$f_C = 10$kHzでの位相を確認した**図16**，カットオフ周波数f_Cより高い20kHz ［**図17(a)**］，50kHz ［**図17(b)**］，100kHz ［**図17(c)**］

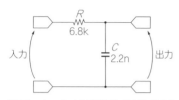

図13 カットオフ周波数10 kHzのRC ローパス・フィルタ
1 kHzの図1, 2 kHzの図7と同様に, 6.8 k Ωを先に選び, それに合わせてCを決めた

▶**写真3 カットオフ周波数10 kHzの RCローパス・フィルタの実験のようす**

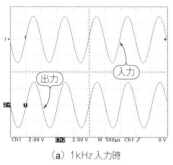

（**a**）1kHz入力時

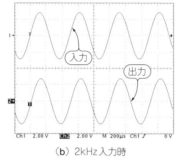

（**b**）2kHz入力時

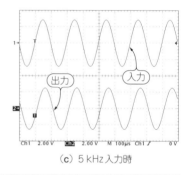

（**c**）5 kHz入力時

図14 カットオフ周波数10 kHzのLPFの周波数特性①（1kHz, 2kHz, 5 kHzを入力）
入力がほぼそのまま出力に表れる. 入力電圧2 V$_{RMS}$, CH-1（上）：入力電圧 CH-2（下）：出力電圧

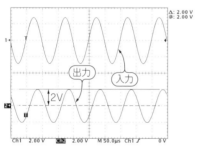

図15 カットオフ周波数10 kHzのLPFの周波数特性②（10 kHzを入力）
入力電圧2 V$_{RMS}$. 出力振幅は入力の1/√2倍, 2 V$_{peak}$になっている

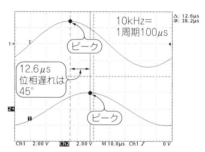

図16 図15の横軸を拡大して位相ずれを確認
位相遅れはほぼ45°

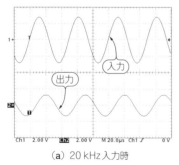

（**a**）20 kHz入力時

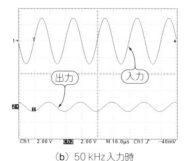

（**b**）50 kHz入力時

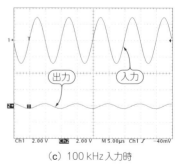

（**c**）100 kHz入力時

図17 カットオフ周波数10 kHzのLPFの周波数特性③（20 kHz, 50 kHz, 100 kHzを入力）
周波数が高くなるほど振幅が小さくなる. 入力電圧2 V$_{RMS}$, CH-1（上）：入力電圧 CH-2（下）：出力電圧

で実験しました．周波数特性を**図18**に示します．**図18**では設計通り約10kHzのLPFの特性を示していて，これまで実験したLPFと同様のカットオフ周波数f_Cより高い周波数では減衰するLPFの特性になっています．

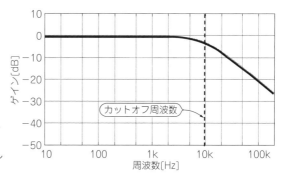

図18
カットオフ周波数10 kHzのRCローパス・フィルタの周波数特性
カットオフ周波数が変わっただけで，特性としては1 kHzのときの図6と同じ形になっている

● **カットオフ周波数f_C＝1kHzでR＝16kΩとした場合の設計と特性**

いままで，抵抗とキャパシタのフィルタに接続される前後の回路を考慮すると，フィルタの入力側となる信号源の出力インピーダンスZ_O，フィルタの出力側に接続される回路の入力インピーダンスZ_Iとすると

$$Z_O \ll R \ll Z_I \quad\text{··} (11)$$

なる条件が必要です，と説明してきました．具体的には，$Z_O = 50\,\Omega$，$Z_I = 1\text{M}\Omega$とした場合，$50\,\Omega\,(=Z_I) \ll$ を100倍の5kΩ，$\ll 1\text{M}\Omega\,(=Z_I)$なので1/100の10kΩととらえて

$$5\,\text{k}\Omega < R < 10\,\text{k}\Omega \quad\text{··} (12)$$

の条件で，フィルタを設計しました．

この条件がどの程度正しいのか，いままでの説明から外れた設計もしてみました．しかし，カットオフ周波数f_Cを示す式(1)は健在です．

$$f_C = \frac{1}{2\pi CR} \quad\text{··} (1)\text{再掲}$$

そこでキャパシタCのキャパシタンスを意図的，主観的(要は適当)に$C = 10\text{nF}$としてみました．抵抗Rは式(1)を変形した式(13)から計算できます．

$$R = \frac{1}{2\pi f_C C} \quad\text{··} (13)$$

では計算してみましょう．

$$R = \frac{1}{2\pi f_C C} = \frac{1}{2\pi \times 1 \times 10^3 \times 10 \times 10^{-9}} \fallingdotseq 15.9\,k\Omega \quad\text{······················} (14)$$

と15.9kΩと計算できるので，E24系列から一番近い値を選んで16kΩとしました．

この定数で設計したフィルタの回路図を**図19**に示します．**図19**の回路を製作して実験したようすを**写真4**，周波数特性を**図20**に示します．同じカットオフ周波数$f_C = 1\text{kHz}$で$R = 6.8\text{k}\Omega$とした**図6**に対して大きな変化は目立ちません．フィルタの特性に影響を与えない範囲は，この程度が限界でしょう．

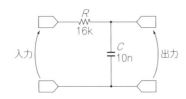

図19 C に10 nFを選んだカットオフ周波数1 kHzのRCローパス・フィルタ
Rの値は15.9 kΩと求まるので，近い値の16 kΩを選んだ

▶写真4 16 kΩと10 nFを使ったカットオフ周波数1 kHzのRCローパス・フィルタ

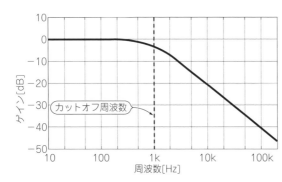

図20 16 kΩと10 nFを使ったカットオフ周波数1 kHzのRCローパス・フィルタの周波数特性
Rが6.8 kΩだった図6と比べ大きな差はない

● カットオフ周波数f_C＝2kHzでR＝820kΩとした場合の設計と特性

さらに，

$$5\mathrm{k\Omega} < R < 10\mathrm{k\Omega} \quad \cdots\cdots (15)$$

の条件から大きく外れる設計をしてみました．

$$R = 820 \mathrm{k\Omega}$$

としました．カットオフ周波数f_C＝2kHz，R＝820kΩの条件でキャパシタンスCを求めてみましょう．

$$C = \frac{1}{2\pi f_C R} = \frac{1}{2\pi \times 2 \times 10^3 \times 820 \times 10^3} \fallingdotseq 97.1\mathrm{pF} \quad \cdots\cdots (16)$$

以上の計算ではC＝97.1pFです．キャパシタで一般的なE12系列から97.1pFに一番近い値100pFを選びました．

この定数で設計したフィルタの回路図を**図21**に示します．この定数で製作したLPFを**写真5**に示します．**図21**の回路の周波数特性を**図22**に示します．

図22はLPFの特性はありますが，信号が通過する周波数域で明らかに0dB（＝1倍）ではないので，マズイ特性と判断します．このように抵抗Rの選び方で不適切な特性になることがわかります．

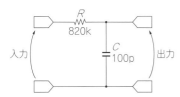

図21　820kΩと10nFで作ったカット
オフ周波数2kHzのRCローパス・フィ
ルタ
わざとRが大きすぎる値にしてみた

▶写真5　820kΩと10nFで作ったカット
オフ周波数2kHzのRCローパス・フィルタ

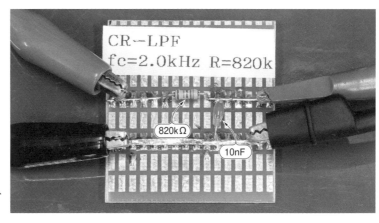

図22
820kΩと10nFで作ったカット
オフ周波数2kHzのRCローパ
ス・フィルタの周波数特性
Rが大きいので, 通過帯域でもゲイ
ンが0dBより大幅に下がっている

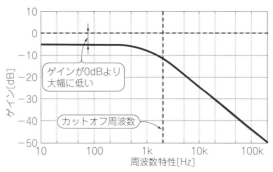

設計の自由度が大きいアクティブ・フィルタ

抵抗, キャパシタと OP アンプによる
フィルタの設計と特性を測定する

● フィルタに OP アンプを使って設計の自由度を大きく

OP アンプなど半導体(semiconductor)の部品と組み合わせたフィルタを, **アクティブ・フィルタ**(active filter)と呼びます. 対していままで説明してきた抵抗とキャパシタ(キャパシタとインダクタの場合もあります)による半導体の部品を含まない構成のフィルタを**パッシブ・フィルタ**(passive filter)と呼びます. 英語でアクティブとは活動的, パッシブとは受動的なという意味ですが, ここでは半導体を使っている, 使っていない回路という意味でしょう.

OP アンプを使ったフィルタは, 信号源側の出力インピーダンスやフィルタの出力の受け側の入力インピーダンスの影響をほとんど受けません. ですから抵抗とキャパシタのフィルタで存在した条件

$$5\,k\Omega < R < 10\,k\Omega$$

をほとんど気にしなくてよいのです. つまり, **OP アンプを使った代償として, 設計の自由度が大きくなったの**です. ここで「ほとんど」と書いたのは抵抗 R に $100\,\Omega$ から $1\,M\Omega$ 程度の範囲で常識的な値が使えますとの意味です. 抵抗 R として $0.1\,\Omega$, $100\,M\Omega$ などの極端な値は, お勧めではありません.

とはいえ OP アンプを使ってもフィルタを構成するのに抵抗とキャパシタを使うことには変わりはありません. ではいくつか実例を見ていきましょう.

● OP アンプ 1 個で 実現できるサレンキー回路

まず, OP アンプを使った LPF として一般的な回路は**図1**に示すサレンキー(Sallen-Key)回路による LPF でしょう. **図1**の回路を設計するための設計式と手順を説明しましょう. フィルタのカットオフ周波数 f_C は, 5-1 節の式(1)と似た形の

$$f_C = \frac{1}{2\pi\,C_F R_F} \quad\text{(1)}$$

で表すことができます. 式(1)の抵抗 R_F と**図1**の抵抗 R_1, R_2 の関係は式(2)です.

$$R_1 = R_2 = R_F \quad\text{(2)}$$

一方, 式(1)のキャパシタ C_F と**図1**のキャパシタ C_1, C_2 の関係は式(3)です.

$$C_1 = 2QC_F = 2 \times \frac{1}{\sqrt{2}}C_F = \sqrt{2}\,C_F \quad\text{(3)}$$

$$C_2 = \frac{1}{2Q}C_F = \frac{1}{2\frac{1}{\sqrt{2}}}C_F = \frac{1}{\sqrt{2}}C_F \quad\text{(4)}$$

$$\therefore \ Q = \frac{1}{\sqrt{2}} \ (\fallingdotseq 0.707) \ \cdots\cdots\cdots\cdots\cdots (5)$$

式(5)でQ(キューと呼びます)などと難しい用語が登場しました．ここではQは信号が通過する周波数の幅の平坦さを決める値とお考えください．信号が通過する周波数の部分は，周波数ごとにデコボコがない平坦な特性が好ましいので，Qの値は1番平坦な特性となる$Q = 1/\sqrt{2}$(理由は難しいので，この値と考えてください)としましょう．さっそくカットオフ周波数$f_C = 1\mathrm{kHz}$として設計してみましょう．式(2)から抵抗R_1, R_2は，主観的に$10\mathrm{k\Omega}$としました．

$$R_F = R_1 = R_2 = 10\,\mathrm{k\Omega} \ \cdots\cdots\cdots\cdots\cdots (6)$$

です．抵抗$R_F = 10\mathrm{k\Omega}$なので，キャパシタC_Fは，5-3節の式(2)より

$$C_F = \frac{1}{2\pi f_C R_F} = \frac{1}{2\pi \times 1 \times 10^3 \times 10 \times 10^3} \fallingdotseq 16\,\mathrm{nF} \ \cdots\cdots\cdots\cdots\cdots (7)$$

とできました．あとはキャパシタC_1, C_2を計算して求めましょう．式(3)，式(4)から

$$C_1 = \sqrt{2}\,C_F \fallingdotseq 1.414 \times 16 \fallingdotseq 22.6\,\mathrm{nF} \ \cdots\cdots\cdots\cdots\cdots (8)$$

$$C_2 = \frac{1}{\sqrt{2}}\,C_F \fallingdotseq 0.707 \times 16 \fallingdotseq 11.3\,\mathrm{nF} \ \cdots\cdots\cdots\cdots\cdots (9)$$

と得られました．ここで大きな問題が生じました．キャパシタC_1, C_2は同じキャパシタンスではありません．別々にキャパシタを用意する必要があります．$C_1 = 22.6\mathrm{nF}$, $C_2 = 11.3\mathrm{nF}$のキャパシタンスは，E12系列から一番近い値を探すとキャパシタC_2にそれほど近い値がなく，$C_2 = 10\mathrm{nF}$になってしまいます．図1はそうした設計の結果です．

サレンキー回路はOPアンプ1個で構成できるのですが，**キャパシタC_1, C_2に異なった値が必要で，E12系列から選びにくい**という短所があります．サレンキー回路はそうした高精度の抵抗，任意のキャパシタを入手できる人向けに推薦します．対して，一般的な市場から抵抗やキャパシタを入手している人にはサレンキー回路をお勧めいたしません．

でもせっかく設計したのですから，製作して実験してみました(**写真1**)．**図2**にその周波数特性を示します．使うキャパシタのキャパシタンスや特性に厳密な話をしなければ，**図1**の回路でも十分ローパス・フィルタとしての役割を果たすでしょう．

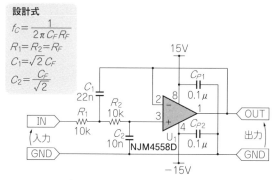

図1　OPアンプを使ったローパス・フィルタの定番サレンキー回路
カットオフ周波数1kHzに合わせて設計してみた

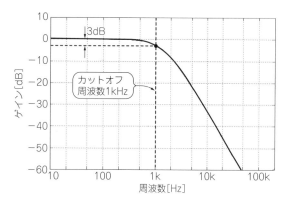

図2　サレンキー回路によるカットオフ周波数1kHzローパス・フィルタの周波数特性
定番だが，C_1とC_2のキャパシタンスが異なるので，思いどおりの特性を得るのが難しい

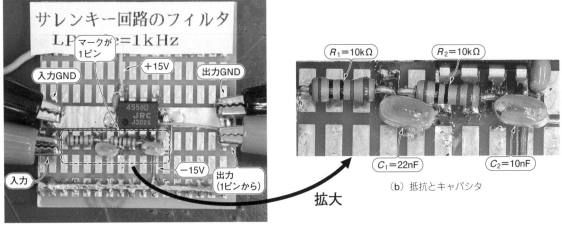

（a）サレンキー回路基板

（b）抵抗とキャパシタ

写真1　OPアンプを使ったローパス・フィルタの定番サレンキー回路を製作して実験————
入出力のほか，OPアンプが動作するための±電源も接続する

● **抵抗，キャパシタが選びやすいステート・バリアブル・フィルタ**

　では，抵抗やキャパシタを選びやすいフィルタ回路を紹介しましょう．ステート・バリアブル・フィルタ(state variable filter)です（**図3**）．**図3**の回路を設計するための設計式と手順を説明しましょう．

　まず抵抗R_1，R_2，R_3ですが，同じ値にしてください．

$$R_1 = R_2 = R_3 \qquad\qquad\qquad (10)$$

　この抵抗R_1，R_2，R_3は，カットオフ周波数f_Cに影響を与えませんので，自由に選ぶことができます．信号源の出力インピーダンスZ_Oが気になる場合は抵抗R_1，R_2，R_3は，大きめにすると良いでしょう．そうしたことを踏まえて**図3**では

$$R_1 = R_2 = R_3 = 10\,\mathrm{k\Omega} \qquad\qquad (11)$$

としました．

　フィルタのカットオフ周波数f_Cは，式(1)と似た形の

$$f_C = \frac{1}{2\pi\,C_F R_F} \qquad\qquad\qquad (1)再掲$$

で表すことができます．式(1)の抵抗R_Fと**図3**の抵抗R_6，R_7の関係は式(12)です．

$$R_6 = R_7 = R_F \qquad\qquad\qquad (12)$$

　一方，式(1)のキャパシタC_Fと**図3**のキャパシタC_1，C_2の関係は式(13)です．

$$C_1 = C_2 = C_F \qquad\qquad\qquad (13)$$

　式(12)，式(13)を見ると，抵抗RとキャパシタCによるLPFとなんら変わらないことに注目してください．要は回路は複雑ですが設計は簡単，との意識を持っていただきたいのです．しかし抵抗RとキャパシタCによるLPFとは異なり，抵抗R_Fに信号源出力インピーダンスZ_Oや，フィルタ出力側の入力インピーダンスZ_Iによる制限はありません．つまり設計の自由度が高いのです．

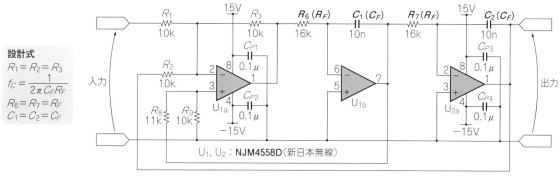

図3 R_FとC_Fでカットオフ周波数を設定できる「ステート・バリアブル・フィルタ」
周波数特性はR_6, R_7, C_1, C_2の4素子だけで決まり, $R_6=R_7$, $C_1=C_2$とわかりやすい

　抵抗R_8, R_9は, **図3**の値, $R_8=10\mathrm{k}\Omega$, $R_9=11\mathrm{k}\Omega$を推薦します. もう少し詳しく説明します. **図3**で抵抗R_8, R_9の関係は, 式(14)となるように設計します.

$$Q = \frac{1}{3}\left(\frac{R_8+R_9}{R_8}\right) \quad\cdots\cdots(14)$$

　式(14)においてQは, 周波数特性の平坦さを示す指標で, 一番平坦な特性になるのは,

$$Q = \frac{1}{\sqrt{2}}(\fallingdotseq 0.707) \quad\cdots\cdots(15)$$

です. では式(14)から抵抗R_8, R_9を求めてみましょう. 式(14)に$Q=1/\sqrt{2}$の値を代入すると

$$Q = \frac{1}{\sqrt{2}} = \frac{1}{3}\left(\frac{R_8+R_9}{R_8}\right) \quad\cdots\cdots(16)$$

となるので式を整理すると

$$\frac{3}{\sqrt{2}} \fallingdotseq 2.12 = \frac{R_8+R_9}{R_8} \quad\cdots\cdots(17)$$

です. ここでも求める抵抗値は2つ, でも設計式は1つ, という問題に直面しました. このような場合は, どちらか一方の抵抗値を主観的に決めて, 他方の抵抗値を求めます. 今, 主観的に$R_8=10\mathrm{k}\Omega$とすると式(17)は

$$2.12 = \frac{R_8+R_9}{R_8} = \frac{10\mathrm{k}+R_9}{10\mathrm{k}} \quad\cdots\cdots(18)$$

となります. ここまでくるとあとは単純. 計算を続けましょう.

$$2.12 \times 10\mathrm{k} = R_9 + 10\mathrm{k}$$
$$\therefore R_9 = 2.12 \times 10\mathrm{k} - 10\mathrm{k} = 21.2\mathrm{k} - 10\mathrm{k} = 11.2\mathrm{k}\Omega \quad\cdots\cdots(19)$$

　以上の計算から抵抗R_9の値として11.2kΩが得られました. E24系列の値から1番近い11kΩを抵抗R_8の抵抗値として選びました. ゆえに, **図3**で抵抗R_8, R_9の値, $R_8=11\mathrm{k}\Omega$, $R_9=10\mathrm{k}\Omega$なのです. 実のところ, ここでは抵抗値よりR_8, R_9の比率が重要です.

$$2.12 = \frac{R_8+R_9}{R_8} \quad\cdots\cdots(20)$$

の比率に近い値ならば他の抵抗値でも使えます. 例えば$R_8=20\mathrm{k}\Omega$, $R_9=22\mathrm{k}\Omega$など, 他にも適切な抵抗の組み合わせはあると思われます. このような適切な抵抗値の組み合わせを見つけることも設計の楽しみの1つです.

　この抵抗R_8, R_9の値は, カットオフ周波数f_Cに影響を与えません. カットオフ周波数f_Cを変えても, 同じ抵

抗R_8, R_9の値が使えます.

● ステート・バリアブル・フィルタ設計のまとめ

図3で, 抵抗R_1, R_2, R_3は, すべて同じ値にします.

$$R_1 = R_2 = R_3 = R_A \quad\text{……………………………………………(21)}$$

ここでその抵抗値R_Aですが, $10\text{k}\Omega$から$100\text{k}\Omega$の値を推薦します. 抵抗値R_Aは, その間で自由に選んで良いでしょう. この抵抗R_1, R_2, R_3は, カットオフ周波数に関係がありません.

抵抗R_8, R_9は$R_8 = 11\text{k}\Omega$, $R_9 = 10\text{k}\Omega$でした. この抵抗R_8, R_9もカットオフ周波数に関係がありません.

カットオフ周波数f_Cは, 抵抗R_6, R_7, キャパシタC_1, C_2で決まります. 抵抗R_6, R_7は, 同じ抵抗値, キャパシタC_1, C_2は同じキャパシタンスです. 式で書くと次式になります.

$$R_6 = R_7 = R_F , \quad C_1 = C_2 = C_F \quad\text{………………………………(22)}$$

抵抗R_F, キャパシタC_Fは次式で決まります.

$$f_C = \frac{1}{2\pi C_F R_F} \quad\text{………………………………………………(23)}$$

求めるものは抵抗値とキャパシタンスの2つ, でも設計式は1つ, といつもの課題です. このような場合には, どちらか一方を主観的に決めて, 他方を計算する. 解は1つとは限りません.

こうしてみるとこのステート・バリアブル・フィルタは, **周波数によってR_F, C_Fだけを変えれば良い**のです. 設計のたやすさと, 抵抗とキャパシタの選択の自由度が大きい, お勧めしたい理由がここにあります.

● カットオフ周波数を1kHzとしたステート・バリアブル・フィルタの設計例

さっそくカットオフ周波数$f_C = 1\text{kHz}$として設計してみましょう. カットオフ周波数f_Cに無関係な抵抗R_1, R_2, R_3, R_8, R_9はすでに求めてあります.

$$\left.\begin{aligned} R_1 = R_2 = R_3 = 10\,\text{k}\Omega \\ R_8 = 11\,\text{k}\Omega , \quad R_9 = 10\,\text{k}\Omega \end{aligned}\right\} \quad\text{……………………………(24)}$$

です. あとはカットオフ周波数f_Cを決める抵抗とキャパシタの値を決めるだけです. カットオフ周波数f_Cは, **図3**の回路で抵抗R_6, R_7とキャパシタC_1, C_2で決まります. ここで抵抗R_6とR_7とは同じ値で$R_F = R_6 = R_7$, キャパシタのC_1とC_2も同じ値$C_F = C_1 = C_2$でした. ですから, 式(1)において抵抗R_FとキャパシタC_Fの値を決めれば設計は終了します.

$$f_C = \frac{1}{2\pi C_F R_F} \quad\text{………………………………………(1)再掲}$$

求める値は, 抵抗R_FとキャパシタC_Fの2つ, 設計式は式(1)の1つ. 何度も登場する場合ですが, 一方の抵抗値R_Fを主観的に決めて, 他方のキャパシタC_Fを求めることをします. この時キャパシタC_Fを主観的に先に決めて抵抗R_Fを求めてもOKです.

抵抗R_6, R_7は, 主観的に$16\text{k}\Omega$としました. この意味は, キャパシタC_Fのキャパシタンスを計算するとはっきりします.

$$R_F = R_6 = R_7 = 16\,\text{k}\Omega \quad\text{……………………………………(25)}$$

です．抵抗$R_F = 16\mathrm{k}\Omega$なので，キャパシタC_Fのキャパシタンスは式(1)より

$$C_F = \frac{1}{2\pi f_C R_F} = \frac{1}{2\pi \times 1 \times 10^3 \times 16 \times 10^3} \fallingdotseq 10\,\mathrm{nF} \qquad\qquad\qquad\qquad (26)$$

とわかりやすい値になりました．これが$R_F = R_6 = R_7 = 16\mathrm{k}\Omega$とした結果です．こうした主観は何度も計算すると勘が働くようになると思います．

● 1カ所で信号を演算するステート・バリアブル・フィルタ

　このようにステート・バリアブル・フィルタは，回路がサレンキー回路に対して複雑になりますが，設計の自由度があり部品も選択しやすい長所があります．現代では回路の複雑さよりも，そうした長所のほうが良いことが多いとの判断を筆者は持っていて，それゆえ，自信を持って推薦しています．

　さらにテート・バリアブル・フィルタでもさらに推薦するのが図4の回路です．さらにOPアンプを1個追加しています．注目してほしいのは図4のOPアンプU_1の2番端子です．実はここで

入力電圧 − IC_{2a}の出力 − IC_{2b}の出力

の動作をしています．実は図3でも同様な動作なのですが，OPアンプIC_{1a}の2番端子と3番端子の2カ所で行っています．実はOPアンプの反転端子（IC_1の2番端子）と非反転端子（IC_1の3番端子）の両方に入力がある場合，歪み率が少し悪化します．同じ動作なら**非反転端子をコモンと接続したほうが，ひずみ率が劣化しにくい**ので気にいっています．つまり図3と図4の差はほとんどないのですが，厳密に調べていくと歪み率に差がでます．そうした差を気にするかどうかは，各個人の主観によるところが大きいようです．図4はそうした筆者の主観が出た回路といえます．

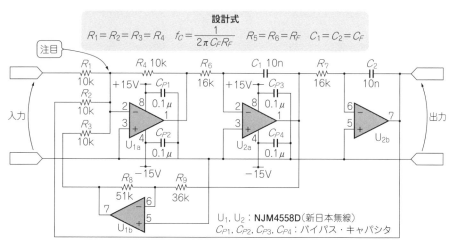

図4　カットオフ1kHzの低ひずみステート・バリアブル・フィルタ
OPアンプの非反転入力がすべてコモン（GND）につながっているので図3より低ひずみになる

● カットオフ周波数を1kHzとしたステート・バリアブル・フィルタの設計例

　図4でカットオフ周波数$f_C = 1\mathrm{kHz}$で設計してみましょう．抵抗R_1, R_2, R_3, R_8, R_9はすでに求めてあります．

$$R_1 = R_2 = R_3 = 10\,\mathrm{k\Omega} \atop R_8 = 11\,\mathrm{k\Omega},\ R_9 = 10\,\mathrm{k\Omega} \Bigg\} \quad \cdots\cdots\cdots\cdots\cdots\cdots\cdots\cdots\cdots\cdots\cdots\cdots (24)\text{再掲}$$

です．あとはカットオフ周波数f_Cを決める抵抗とキャパシタの値を決めるだけです．カットオフ周波数f_Cは，図4の回路で抵抗R_6，R_7とキャパシタC_1，C_2で決まります．ここで抵抗R_6，とR_7とは同じ値で$R_F = R_6 = R_7$，キャパシタのC_1とC_2も同じ値$C_F = C_1 = C_2$でした．ですから，式(1)において抵抗R_FとキャパシタC_Fの値を決めれば設計は終了します．

$$f_C = \frac{1}{2\pi C_F R_F} \quad \cdots\cdots\cdots\cdots\cdots\cdots\cdots\cdots\cdots\cdots\cdots\cdots\cdots\cdots\cdots (1)\text{再掲}$$

求める値は，抵抗R_FとキャパシタC_Fの2つ，設計式は式(1)の1つ．何度も登場する場合ですが，一方の抵抗値R_Fを主観的に決めて，他方のキャパシタC_Fを求めます．この時キャパシタC_Fを主観的に先に決めて抵抗R_Fを求めてもOKです．

抵抗R_6，R_7は，主観的に16kΩとしました．この意味は，キャパシタC_Fのキャパシタンスを計算するとはっきりします．

$$R_F = R_6 = R_7 = 16\,\mathrm{k\Omega} \quad \cdots\cdots\cdots\cdots\cdots\cdots\cdots\cdots\cdots\cdots\cdots\cdots\cdots (25)\text{再掲}$$

です．抵抗$R_F = 16$kΩなので，キャパシタC_Fのキャパシタンスは式(1)より

$$C_F = \frac{1}{2\pi f_C R_F} = \frac{1}{2\pi \times 1 \times 10^3 \times 16 \times 10^3} \fallingdotseq 10\,\mathrm{nF} \quad \cdots\cdots\cdots\cdots\cdots\cdots\cdots (26)\text{再掲}$$

● **カットオフ周波数を5kHzとしたステート・バリアブル・フィルタの設計例**

今度はカットオフ周波数$f_C = 5$kHzで設計してみましょう．図5です．抵抗R_1，R_2，R_3，R_8，R_9は既知，$R_1 = R_2 = R_3 = 10$kΩ，$R_8 = 11$kΩ，$R_9 = 10$kΩです．やはりあとはカットオフ周波数f_Cを決める抵抗とキャパシタの値を決めるだけです．カットオフ周波数f_Cは，図5の回路で抵抗R_6，R_7とキャパシタC_1，C_2で決まります．式(1)において抵抗$R_F (= R_6 = R_7)$とキャパシタンス$C_F (= C_1 = C_2)$の値を決めれば設計は終了します．

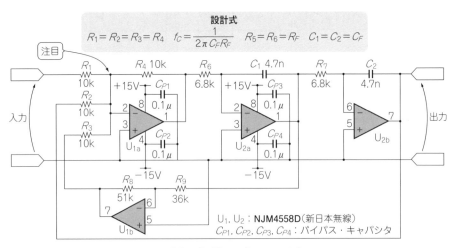

図5　カットオフ5kHzのステート・バリアブル型ローパス・フィルタ
図4との違いはR_6，R_7，C_1，C_2の値だけ

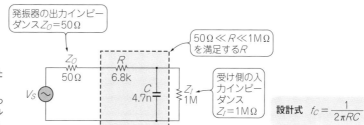

図6
5-1項で設計して5-2項で実験した
*RC*ローパス・フィルタ
*RC*を決める式が図4，図5と同じ．つまり図4，図5の回路は，このシンプルな回路と同じくらい簡単に設計できる

発振器の出力インピーダンスZ_O=50Ω

$50Ω \ll R \ll 1MΩ$ を満足するR

受け側の入力インピーダンスZ_I=1MΩ

設計式　$f_C = \dfrac{1}{2\pi RC}$

$$f_C = \frac{1}{2\pi C_F R_F} \cdots\cdots\cdots (1)再掲$$

やはり，一方の抵抗値R_Fを主観的に決めて，他方のキャパシタンスC_Fを求めましょう．このときキャパシタンスC_Fを主観的に先に決めて抵抗R_Fを求めてもOKです．

抵抗R_6，R_7は，先の図6をまねて6.8kΩとしました．

$$R_F = R_6 = R_7 = 6.8\mathrm{k}\Omega \cdots\cdots\cdots (27)$$

です．抵抗R_F=6.8kΩなので，キャパシタC_Fのキャパシタンスは式(1)より

$$C_F = \frac{1}{2\pi f_C R_F} = \frac{1}{2\pi \times 1 \times 10^3 \times 6.8 \times 10^3} \fallingdotseq 4.7\mathrm{nF} \cdots\cdots\cdots (28)$$

と図6と同じ結果になりました．

● 設計したステート・バリアブル・フィルタを実験する

　今，図4と図5でカットオフ周波数f_C＝1kHzとf_C＝5kHzのステート・バリアブル・フィルタを設計しました．図4と図5の差は，抵抗R_6，R_7とキャパシタC_1，C_2だけです．本当にその違いだけでカットオフ周波数f_C＝1kHzとf_C＝5kHzのフィルタが実現できるのでしょうか．実際に製作して実験してみました．

　製作したカットオフ周波数f_C＝1kHzのステート・バリアブル・フィルタの実験のようすを写真2に，そしてその周波数特性を図7に示します．同様に製作したカットオフ周波数f_C＝1kHzのステート・バリアブル・フィルタの実験のようすを写真3，またその周波数特性を図8に示します．

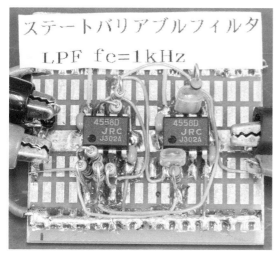

写真2　基板に組み付けたカットオフ周波数1kHzのステート・バリアブル・フィルタ（図4）

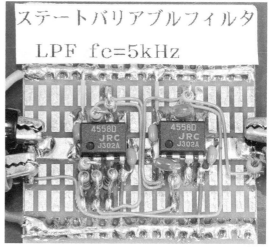

写真3　基板に組み付けたカットオフ周波数5kHzのステート・バリアブル・フィルタ（図5）

図7は確かにカットオフ周波数f_C＝1kHzのLPFですし，図8も確かにカットオフ周波数f_C＝5kHzのLPFとなっています．

以上から図7，図8から，抵抗R_6，R_7，キャパシタC_1，C_2の違いだけで異なるカットオフ周波数のLPFが実現できたことがわかります．ここにステート・バリアブル・フィルタの特長がよく出ています．

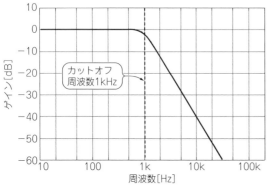
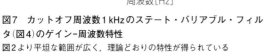

図7 カットオフ周波数1kHzのステート・バリアブル・フィルタ(図4)のゲイン−周波数特性
図2より平坦な範囲が広く，理論どおりの特性が得られている

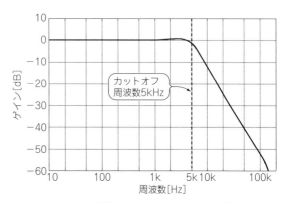

図8 カットオフ周波数5kHzのステート・バリアブル・フィルタ(図5)のゲイン−周波数特性
図4との違いは4素子だけだが，カットオフ周波数は変わっている

「なまり」を考察してみる

● パルスを入力するとLPFの出力の波形は「なまる」

いままでは入力電圧V_{in}はサイン波に限定して，フィルタの周波数特性に注目してきました．今度は図1の5kHzのLPFに入力電圧V_{in}として0-5Vのパルスを入力して時間軸の特性に注目してみましょう，図2です．

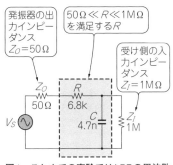

図1　これまでの実験ではLPFの周波数特性に注目してきたが，本章では時間応答に目を向ける

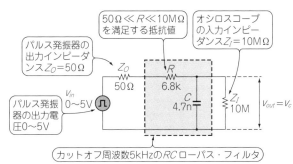

図2　LPFにさまざまな周波数成分を含むパルス波形を入力して時間応答を見てみる
カットオフ周波数5kHzのローパス・フィルタに0Vと5Vの間を行き来するパルス信号を入力する．繰り返し周波数によって波形が変わる

パルスの繰り返し周波数を，サイン波と同様にカットオフ周波数f_Cより低い周波数の500Hz［図3(a)］，1kHz［図3(b)］，2kHz［図3(c)］，カットオフ周波数f_Cの5kHz(図4)で実験しました．図3と図4のどちらも出力電圧は，入力パルスの鋭い立ち上がりや立ち下がりが緩和してなまった状態になっています．このなまる特性が，抵抗R，キャパシタCによるLPFの応答の特徴です．

一定のカットオフ周波数f_Cに対してパルスの繰り返し周波数を変えたときに，なまった感じが変化して見えるところも面白いですね．後述しますがこのなまり具合は，カットオフ周波数f_Cに依存します．

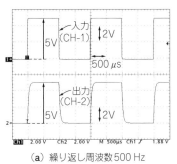

（a）繰り返し周波数500 Hz

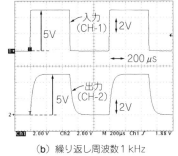

（b）繰り返し周波数1 kHz

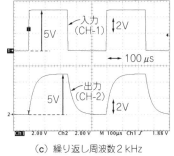

（c）繰り返し周波数2 kHz

図3　RCローパス・フィルタにカットオフ周波数より繰り返し周波数の低いパルスを入力すると，立ち上がりと立ち下がりの波形がなまる
カットオフ周波数5kHzのRCローパス・フィルタに0Vと5Vの間を行き来するパルス信号を入力する．CH-1(上)：入力電圧，CH-2(下)：出力電圧

● 抵抗とキャパシタのフィルタは積分回路

図4に注目すると，パルス回路の教科書などで「積分回路」として登場することが多い波形です．積分の名

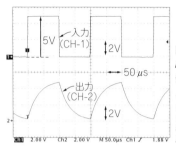

図4
RCローパス・フィルタにカットオフ周波数と繰り返し周波数が等しいパルス信号を入力すると三角波に近い波形になる
カットオフ周波数5kHzのRCローパス・フィルタに0Vと5Vの間を行き来する繰り返し周波数5kHzのパルス信号を入力. CH-1(上):入力電圧, CH-2(下):出力電圧

前が登場したので, その由来について解説しましょう.

図1で出力電圧$v_{out}(t)$ [注1]はキャパシタCの電圧$v_C(t)$と同じです. キャパシタCの電圧$v_C(t)$は

$$v_C = \frac{1}{C}\int i\, dt \quad\cdots\cdots (1)$$

でした. 今, 入力電圧v_{in}の立ち上がり時($v_{in}=0\mathrm{V}$)にキャパシタCは全く充電されていない状態で$v_C=0\mathrm{V}$ですから短絡と考えて良く, キャパシタ電流iは, 入力電圧v_{in}とすれば抵抗Rで制限を受けるので

$$i = \frac{v_{in}}{R} \quad\cdots\cdots (2)$$

式(2)を式(1)に代入すると,

$$v_C = \frac{1}{C}\int i\, dt = \frac{1}{C}\int \frac{v_{in}}{R}\, dt = \frac{1}{CR}\int v_{in}\, dt \quad\cdots\cdots (3)$$

と得られました. 式(3)は, 入力電圧v_{in}を積分した形になっていますね. それゆえ積分回路なのです.

先ほどまでLPFの話は, 周波数軸の特性に注目して書いていました. 対してこの積分回路の名は, 時間軸の特性に注目した表現なのですね. つまり図1のCR回路は, 周波数軸の特性に注目してLPFと呼び, 時間軸の特性に注目すると積分回路と呼ばれているのです. まとめて

LPF　　　:周波数軸の特性に注目した表現

積分回路:時間軸の特性に注目した表現

です.

● CR回路の積分回路は平均回路

さらに入力パルスの繰り返し周波数を高くしてみましょう. カットオフ周波数$f_C=5\mathrm{kHz}$より高い10kHz[**図5(a)**], 20kHz[**図5(b)**], 50kHz[**図5(c)**], 200kHz(**図6**)で実験しました. すると周波数が高くなるにつれてキャパシタ電圧$v_C(t)$=出力電圧$v_C(t)$は, だんだん凹凸がなくなりDCに近づいています. こうなると積分回路と言うより平均回路と呼ぶべきでしょう.

事実, パルスの繰り返し周波数を図6のように200kHzまで高くすると出力電圧$v_C(t)$は, ほぼDCで2.5V(図6のカーソル参照)になっています. これは0～5VでON時間とOFF時間が等しいパルス電圧を時間で平均した値と同じ値になっています.

注1:この項では時間軸の議論となります. 先の周波数軸の議論の回路記号が大文字であったので, 時間軸の議論を小文字としました.

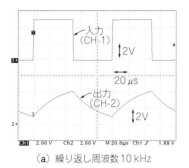
（a）繰り返し周波数10kHz

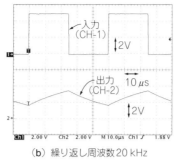
（b）繰り返し周波数20kHz

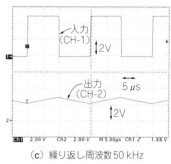
（c）繰り返し周波数50kHz

図5　RCローパス・フィルタにカットオフ周波数より繰り返し周波数の高いパルス信号を入力すると，オフセットのある三角波になる
積分回路として働いていて，周波数が高いほど振幅が小さくなっていく．カットオフ周波数5kHzのRCローパス・フィルタに0Vと5Vの間を行き来するパルス信号を入力．CH-1（上）：入力電圧，CH-2（下）：出力電圧

図6
RCローパス・フィルタに繰り返し周波数の高いパルスを入力すると，平均化されて直流に近い波形が得られる
カットオフ周波数5kHzのRCローパス・フィルタに0Vと5Vの間を行き来する繰り返し周波数200kHzのパルス信号を入力．CH-1（上）：入力電圧，CH-2（下）：出力電圧

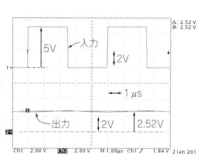

● 波形のなまりは指数関数的な電圧の増減

　フィルタの話は，一般的には周波数領域の話に限定されています．でも「積分回路」を話してしまいましたから，もう少し時間軸の領域の話に深入りしてみましょう．入力電圧がパルスの場合，フィルタの出力電圧に表れる「波形のなまり」の話です．波形としては**図3（b）**を見ながら読み進んでください．

　入力電圧v_{in}のパルスの立ち上がりに注目してみましょう．入力電圧v_{in}はパルスらしく鋭く立ち上がっていますが，フィルタの出力電圧$v_{out}(t)$の波形は，あきらかに「なまって」います．今度は入力電圧のパルスの立ち上がりに注目してみましょう．入力電圧v_{in}の立ち上がり時と同様に立ち下がり時にも，フィルタの出力電圧$v_{out}(t)$の波形は，あきらかに「なまって」います．この波形の「なまり」を議論するのがいわゆる過渡現象の話です．

（1）パルスの立ち上がり時の出力の「なまり具合」を示す数式

　過渡現象により電圧Vのパルスの立ち上がり時の出力電圧の「なまり具合」を示す数式は式（4）です．

$$v_C(t) = V\left(1 - e^{-\frac{1}{CR}t}\right) \cdots\cdots (4)$$

　数式だけでは具体的にわからないので，式（4）の時間tの値を変えて出力電圧$v_C(t)$の変化を見てみましょう．まず，式（4）において時間$t = 0$のとき

$$e^{-\frac{1}{CR}t} = e^{-\frac{1}{CR}0} = 1 \cdots\cdots (5)$$

なので，出力電圧v_Cは，

$$v_C(t) = V\left(1 - e^{-\frac{1}{CR}t}\right) = V\left(1 - e^{-\frac{1}{CR}0}\right) = V(1-1) = 0\text{V} \cdots\cdots (6)$$

となり0Vです．

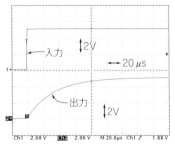

図7
ローパス・フィルタに
立ち上がりのパルスを
入力すると，じわじわ
電圧が上昇し入力と同
じ値に近づいていく
図2(b)の立ち上がり部
分を時間軸方向に拡大し
た

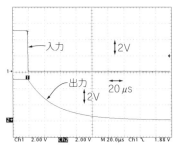

図8
ローパス・フィルタに
立ち下がりパルスを入
力すると，徐々に0Vに
近づく波形が得られる
図2(b)の立ち下がり部
分を時間軸方向に拡大し
た

式(4)において時間が$t = 0$から徐々に増加すると，指数関数部分の$e^{-(1/CR)t}$は1の値から徐々に減少します．ですから$1 - e^{-(1/CR)t}$は時間tの経過とともに増加します．その結果，出力電圧$v_C(t)$も時間tの経過とともに増加します．十分時間が経過し時間tが大きくなると，$e^{-(1/CR)t}$はほとんど0となるので，出力電圧$v_{out}(t)$は入力電圧v_{in}と同じ電圧に落ち着きます．これが「なまった」波形の正体です．

実験もしました．図2(b)の時間軸で立ち上がり部分を拡大した図7です．確かに出力電圧$V_C(t)$は時間tの経過とともに増加しています．

(2)パルスの立ち下がり時の出力の「なまり具合」を示す数式

過渡現象によりパルスの立ち下がり時の出力電圧の「なまり具合」を示す数式は式(7)です．

$$v_C(t) = V e^{-\frac{1}{CR}t} \quad\cdots\cdots\cdots\cdots\cdots\cdots (7)$$

式(5)においてパルスが立ち下がった時間$t = 0$のときの値は，

$$e^{-\frac{1}{CR}t} = e^{-\frac{1}{CR}0} = 1 \quad\cdots\cdots\cdots\cdots\cdots\cdots (8)$$

なので，式(7)から出力電圧$v_C(t)$は

$$v_C(t) = V e^{-\frac{1}{CR}t} = V \times 1 = V \quad V \quad\cdots\cdots\cdots\cdots\cdots\cdots (9)$$

となりパルスが立ち下がる以前の入力電圧$v_{in}(t) =$パルス電圧V時の電圧がそのまま出力されています．

そのあと時間が$t = 0$から徐々に増加すると，式(9)の指数関数部分の$e^{-(1/CR)t}$は1の値から徐々に減少します．ですから出力電圧$v_C(t)$は時間tの経過とともに減少します．十分時間が経過して時間tが大きくなると$e^{-(1/CR)t}$はほとんど0となるので，出力電圧$v_{out}(t)$は0Vになります．

こちらも実験しました．図2(b)の時間軸で立ち下がり部分を拡大した図8です．出力電圧$v_C(t)$は時間tの経過とともに減少していることがわかります．

以上のようにフィルタにパルス電圧$v_{in}(t)$を加えると出力電圧$v_C(t)$が図2のように立ち上がりや立ち下がりが「なまった」波形となりましたが，その正体は電圧の指数関数的な増減だったのです．

● CRは「なまり」の度合いを決める時定数

もう少し深入りしましょう．フィルタにパルス電圧$v_{in}(t)$を加えたとき出力電圧$v_C(t)$に生じる波形の「なまり」具合が指数関数$e^{-(1/CR)t}$で表されることまでわかりました．ではフィルタ回路を構成する抵抗R，キャパシタCを変えると出力電圧の波形に変化がないのでしょうか．こちらはカットオフ周波数5kHzと1kHzのフィルタを並列に接続して実験してみました(写真1, 図9)．

図9を見れば一見でカットオフ1kHzのフィルタのほうが，波形の「なまり」が大きいことがわかります．カットオフ周波数5kHzと1kHzのフィルタの違いは，抵抗RとキャパシタCの値が異なるだけです．そこで時定

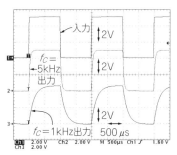

（a）波形全体のようす

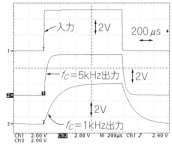

（b）時間軸方向に拡大

図9　カットオフ周波数が低い*RC*フィルタのほうが波形のなまりが大きく，立ち上がりが遅い
カットオフ周波数5kHzと1kHz，2つのフィルタに同じパルスを入れて比較

写真1　カットオフ周波数の違う（5kHzと1kHz），2つのLPFに同じパルスを入力して出力波形を比較してみる
結果は図9になる

数（time constant）の概念が生まれました．時定数τは数式で書くと式(10)です．

$$\tau = CR \tag{10}$$

式(10)でギリシャ文字（Greek alphabet）のτ（タウ：tau）は，時間（time）を表わしているのでアルファベット（alphabet）のtに似ている文字を充てています．時定数の単位は秒です．この時定数は「なまり」の度合いを決めているのです．

ではさっそく時定数の実例を挙げてみましょう．

(1)カットオフ周波数5kHzのLPF

カットオフ周波数5kHzのフィルタならば$R = 6.8\text{k}\Omega$，$C = 4.7\text{nF}$なので式(10)より

$$\tau = CR = 6.8\text{k} \times 4.7\text{n} = 6.8 \times 10^3 \times 4.7 \times 10^{-9} = 31.96 \times 10^{-6} \fallingdotseq 32.0\mu\text{s} \tag{11}$$

(2) カットオフ周波数1kHzのLPF

カットオフ周波数1kHzのフィルタならば$R = 6.8\text{k}\Omega$，$C = 22\text{nF}$なので式(10)より

$$\tau = CR = 6.8\text{k} \times 22\text{n} = 6.8 \times 10^3 \times 22 \times 10^{-9} = 149.6 \times 10^{-6} \fallingdotseq 150.0\mu\text{s} \tag{12}$$

(3) カットオフ周波数2kHzのLPF

カットオフ周波数1kHzのフィルタならば$R = 6.8\text{k}\Omega$，$C = 12\text{nF}$なので式(10)より

$$\tau = CR = 6.8\text{k} \times 12\text{n} = 6.8 \times 10^3 \times 12 \times 10^{-9} = 81.6 \times 10^{-6} \fallingdotseq 82.0\mu\text{s} \tag{13}$$

となります．

● 時定数は，63.2％の増加，減少する時間

時定数は何を示しているのでしょうか．式(4)で開始から時間 $\tau = CR$ 経過したとき出力電圧 $v_C(t)$ を考えてみましょう．式(4)の時間 t に $t = \tau = CR$ を代入します．

$$v_C(t) = V\left(1 - e^{-\frac{1}{CR}t}\right) = V\left(1 - e^{-\frac{1}{CR}\tau}\right) = V\left(1 - e^{-\frac{1}{CR}CR}\right) = V\left(1 - e^{-1}\right) \quad \cdots\cdots \text{(14)}$$

となりました．ここで，

$$e^{-1} = 0.367879441\cdots \fallingdotseq 0.368 \quad \cdots\cdots \text{(15)}$$

なので式(14)は，

$$v_C(t) = V\left(1 - e^{-1}\right) = V(1 - 0.368)$$
$$\because \quad e^{-1} \fallingdotseq 0.368 \quad \cdots\cdots \text{(16)}$$

と得られました．

立ち上がりだけを調べるのは不公平な印象もあるので，立ち下がりも調べてみましょう．式(7)に $t = \tau = CR$ を代入してみます．

$$v_C(t) = Ve^{-\frac{1}{CR}t} = Ve^{-\frac{1}{CR}\tau} = Ve^{-\frac{1}{CR}CR} = Ve^{-1} \fallingdotseq 0.368V$$
$$\because \quad e^{-1} \fallingdotseq 0.368 \quad \cdots\cdots \text{(17)}$$

となります．

式(16)，式(17)によると，時定数 τ は，パルス状の入力電圧の立ち上がりに対して出力電圧が63.2％まで増加した時間，入力電圧の立ち下がりに対して出力電圧が36.8％まで減衰（＝減衰する前と比較すると63.2％の減少）した時間を示しているのです．

● 時定数 τ は，回路の応答の速さを示す指標

本当に時定数 τ は63.2％の立ち上がり，立ち下がりを示しているのでしょうか．これを実験で確認しましょう．図1のカットオフ周波数5kHzのフィルタに0〜5Vのパルス電圧をもう一度入力して，微に入り細をうがって測定してみました．図10（立ち上がり），図11（立ち下がり）です．

カットオフ周波数5kHzのフィルタの時定数 τ は先に計算したように［μs］でした．そこで入力電圧の立ち上がりから時間32 μs（＝時定数 τ）経過した部分にオシロスコープのカーソルを当ててみました［図10(a)］．そのときの電圧は図10(b)です．同様に入力電圧の立ち下がりから $\tau = 32$ μs経過した部分にオシロスコープのカーソルを当ててみました［図11(a)］．そのときの電圧は図11(b)です．

入力電圧が立ち上がったときの出力電圧は，式(16)から時定数 $\tau = 32$ μsだけ経過したときに5Vの63.2％に増加するはずです．計算すると

$$5 \times 0.632 = CR = 3.16V \quad \cdots\cdots \text{(18)}$$

です．そのことを踏まえて図10を見ましょう．確かに入力電圧の立ち上がりから時定数 $\tau = 32$ μs経過したとき出力電圧は3.16Vになっています．パルス入力の立ち上がりから時定数 τ 経過の出力電圧は，63.2％まで増加することを確認できました．

今度は入力電圧の立ち下がりに注目してみましょう．入力電圧が立ち下がったときの出力電圧は，式(17)か

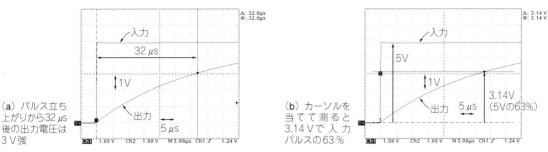

図10　入力パルスの立ち上がりから時定数時間経過すると，電圧は入力の63％まで上がる
カットオフ周波数5kHzの*RC*ローパス・フィルタの立ち上がりを拡大してカーソルで値を読んでみた

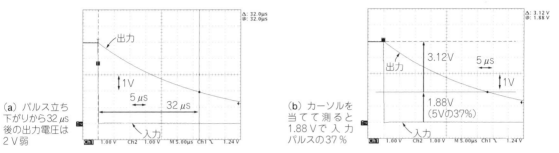

図11　入力パルスの立ち下がりから時定数時間経過すると，電圧は入力の37％まで下がる
カットオフ周波数5kHzの*RC*ローパス・フィルタの立ち下がりを拡大してカーソルで値を読んでみた

ら入力電圧が立ち下がりから時定数$\tau = 32\,\mu$s経過した時の出力電圧は，5Vの63.2％減少して36.8％になるはずです．これも計算すると

$$5 \times 0.368 = 1.84\ V \quad\text{…………………………………………………… (19)}$$

となります．そのことを踏まえて**図11**を見ましょう．こちらは入力電圧の立ち上がりから時定数$\tau = 32\,\mu$s経過したとき出力電圧は1.84Vになっています．パルス入力の立ち下がりから時定数$\tau = 32\,\mu$s経過後の出力電圧は，63.2％まで減少することを確認できました．

　このように時定数τは，回路の応答の早さを示す指標として使われています．

● 時定数とカットオフ周波数の関係

　これまで周波数特性の話をするときには，カットオフ周波数f_Cを持ち出し，過渡応答の話をするときには時定数τを話題に挙げました．カットオフ周波数f_Cと時定数τの関係はどうなっているのでしょうか．

　思い出しましょう，カットオフ周波数f_Cは，

$$f_C = \frac{1}{2\pi CR} \quad\text{…………………………………………………… (20)}$$

で表すことができました．一方時定数τは

$$\tau = CR \quad\text{………………………………………………………… (10)再掲}$$

です．式(20)のCRと式(10)のCRは同じフィルタ回路の定数です．なので式(10)を式(20)に代入して計算してみましょう．

$$f_C = \frac{1}{2\pi CR} = \frac{1}{2\pi \tau} = \frac{1}{2\pi \times \tau} \fallingdotseq \frac{0.159}{\tau} \quad\text{...(21)}$$

式(21)は，CRのLPFのカットオフ周波数f_Cと過渡応答の関係，格好良く言うと周波数特性と過渡応答の関係を示しています．

● 立ち上がり時間，立ち下がり時間は10％と90％変化時間

少し脱線します．過渡応答ならば，より多く使われるパラメータを紹介しましょう．立ち上がり時間(rise time)，立ち下がり時間(fall time)です(図12)．この立ち上がり時間と立ち下がり時間は，サイン波以外の信号，具体的にはほとんどパルス信号を前提で考えています．

図1の回路で，この立ち上がり時間，立ち下がり時間をもう一度測定してみました．**図13**と**図14**です．

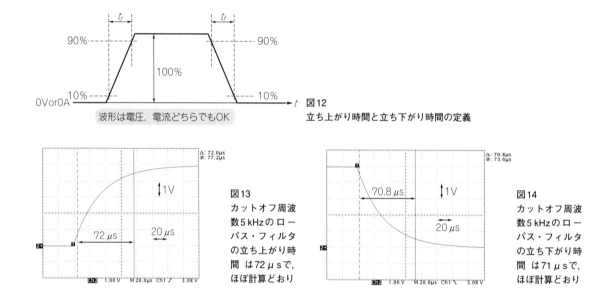

図12 立ち上がり時間と立ち下がり時間の定義

波形は電圧，電流どちらでもOK

図13 カットオフ周波数5kHzのローパス・フィルタの立ち上がり時間は72μsで，ほぼ計算どおり

図14 カットオフ周波数5kHzのローパス・フィルタの立ち下がり時間は71μsで，ほぼ計算どおり

● 立ち上がり時間と周波数の関係

最後に立ち上がり時間t_rとLPFのカットオフ周波数f_Cの関係も調べておきましょう．CRのLPF回路または積分回路にパルスが入力されたとき，出力電圧$V_C(t)$の立ち上がりは式(4)でした．

$$v_C(t) = V\left(1 - e^{-\frac{1}{CR}t}\right) \quad\text{..(4)再掲}$$

今，出力電圧$V_C(t)$が入力電圧Vの10％($=0.1\mathrm{V}$)に達したときの時間をt_1として，その時間t_1を求めてみましょう．出力電圧$V_C(t)$は式(4)から

$$0.1V = V\left(1 - e^{-\frac{1}{CR}t_1}\right) \quad\text{..(22)}$$

と書けます．式(22)で両辺にある入力電圧Vを消去します．

$$e^{-\frac{1}{CR}t_1} = 1 - 0.1 = 0.9 \quad\text{..(23)}$$

式(13)の数値0.1，1をまとめます．

$$-\frac{1}{CR}t_1 = \log_e 0.9 \quad \text{……………………………………} (24)$$

式(14)の両辺の自然対数logをとります.

$$-\frac{1}{CR}t_1 = \log_e 0.9 \quad \text{……………………………………} (25)$$

式(15)を整理して$t_1 = \cdots$の形にします.

$$t_1 = -CR\log_e 0.9 \quad \text{……………………………………} (26)$$

同様に出力電圧$V_C(t)$が入力電圧Vの90%（=0.9V）に達したときの時間をt_2として時間t_2を求めると

$$t_2 = -CR\log_e 0.1 \quad \text{……………………………………} (27)$$

となります. 式(27)は式(26)に対して自然対数$\log_e$の中の数値が変わっただけの形をしています.

　入力電圧$V_C(t)$が入力電圧の10%に達したときの時間をt_1, 入力電圧の90%に達したときの時間をt_2が求められたので立ち上がり時間t_rはt_2-t_1で求められます.

$$\begin{aligned} t_r &= t_2 - t_1 \\ &= -CR\log_e 0.1 - (-CR\log_e 0.9) = CR(\log_e 0.9 - \log_e 0.1) = CR\log_e\frac{0.9}{0.1} \\ \therefore \quad t_r &\fallingdotseq 2.2CR \quad \text{……………………………………} (28) \end{aligned}$$

です. ここでCRのLPFのカットオフ周波数f_Cは式(20)でした.

$$f_C = \frac{1}{2\pi CR} \quad \text{…………………………………} (20)再掲$$

式(20)を変形して$CR = \cdots$の形にしてみましょう.

$$CR = \frac{1}{2\pi f_C} \quad \text{……………………………………} (29)$$

式(29)を式(28)に代入します.

$$t_r \fallingdotseq 2.20CR = 2.2\frac{1}{2\pi f_C} \fallingdotseq 0.35\frac{1}{f_C} \quad \text{………………} (30)$$

式(30)で立ち上がり時間t_rとLPFのカットオフ周波数f_Cの関係が得られました.

● 実験で検証　立ち上がり時間と周波数の関係

　式(30)を実験で検証してみましょう. 式(30)にカットオフ周波数f_C=5kHzを代入して,

$$t_r = 0.35\frac{1}{f_C} = 0.35\times\frac{1}{5\times 10^3} = 70\mu s \quad \text{………………} (31)$$

です. 一方, 先の**図13**で5kHzのCRのLPF回路の立ち上がり時間を測定しています. その測定値t_rは**図13**からt_r=72μsでした. ぴったりではないものの非常に近い値になっています.

　つまり式(30)は, LPFのカットオフ周波数f_Cがわかれば, 立ち上がり時間（立ち下がり時間も）もわかることを意味しています.

コラム1　オシロスコープの帯域幅のカタログ値から 描画できる波形の立ち上がり限界がわかる

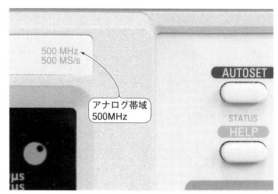

写真A　オシロスコープの帯域表示から，立ち上がり時間の限界がわかる

オシロスコープの帯域幅は広いのですが無限ではありません．本書の実験に使ったオシロスコープの帯域幅は**写真A**のように500 μsです．つまり500 μsのLPFを通過した後の波形を見ています．すると立ち上がり時間t_rも0sではなくある程度の値となっているでしょう．そこで先の式(30)を使って計算してみます．500 μsのオシロスコープの立ち上がり時間t_rは

$$t_r \fallingdotseq 0.35 \frac{1}{f_C} = 0.35 \times \frac{1}{500 \times 10^6} = 700\,\mathrm{ps} \quad \cdots\cdots (A)$$

と700psかかります．

このことは500 μsのオシロスコープにどんなに理想的な立ち上がり時間0sのパルスを入力しても立ち上がり時間$t_r = 700$ps以下にはならないのです．言い換えると$t_r = 700$psの誤差が生じるのです．

他の帯域幅と立ち上がり時間t_rも参考までに計算しておきます．

(1)　f_C = 10 MHz

$$t_r \fallingdotseq 0.35 \frac{1}{f_C} = 0.35 \times \frac{1}{10 \times 10^6} = 35\,\mathrm{ns} \quad \cdots\cdots (B)$$

(2)　f_C = 20 MHz

$$t_r \fallingdotseq 0.35 \frac{1}{f_C} = 0.35 \times \frac{1}{20 \times 10^6} = 17.5\,\mathrm{ns} \quad \cdots\cdots (C)$$

(3)　f_C = 50 MHz

$$t_r \fallingdotseq 0.35 \frac{1}{f_C} = 0.35 \times \frac{1}{50 \times 10^6} = 7\,\mathrm{ns} \quad \cdots\cdots (D)$$

(4)　f_C = 100 MHz

$$t_r \fallingdotseq 0.35 \frac{1}{f_C} = 0.35 \times \frac{1}{100 \times 10^6} = 3.5\,\mathrm{ns} \quad \cdots\cdots (E)$$

(5)　f_C = 200 MHz

$$t_r \fallingdotseq 0.35 \frac{1}{f_C} = 0.35 \times \frac{1}{200 \times 10^6} = 1.75\,\mathrm{ns} \quad \cdots\cdots (F)$$

▶GHz帯域のオシロスコープには当てはまらない

オシロスコープで$t_r = 0.35/f_C$の関係が成り立つのは，せいぜい500 MHz程度までです．帯域幅が1 GHz以上あるオシロスコープは，内部で帯域幅を広げる処理をしているので，この関係が当てはまりません．

5-6

OPアンプの出力応答速度「スルー・レート」

● 立ち上がり時間，立ち下がり時間は，応答速度の指標

図1の回路でOPアンプの立ち上がり時間(出力電圧が10%から90%まで変化する時間)を測定してみました．実験のようすを写真1，実験の結果を図2～図6に示します．図2～図6でカーソルの値に注目してください．各OPアンプの立ち上がり時間は，図2～図6の結果から

TL072	（テキサス・インスツルメンツ）：1.14 μs
OP284	（アナログ・デバイセズ）	:1.27 μs
AD822	（アナログ・デバイセズ）	:3.01 μs
μPC814	（ルネサス エレクトロニクス）	:0.5 μs
NJM4558	（新日本無線製）	:5.96 μs

でした．OPアンプによって立ち上がり時間が違うだけでなく，波形も異なることがハッキリわかりますね．立

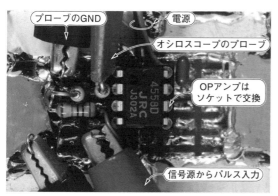

写真1 OPアンプの重要な指標になる立ち上がり時間を測定する実験のようす

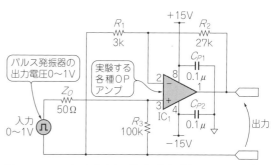

図1 OPアンプの応答速度の重要な指標「立ち上がり時間」を測定する回路

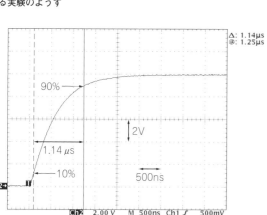

図2 OPアンプTL072(テキサス・インスツルメンツ)の立ち上がり時間(1.14 μ s)
JFET入力，2回路入り

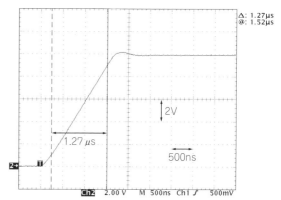

図3 OPアンプOP284(アナログ・デバイセズ)の立ち上がり時間(1.27 μ s)
バイポーラ入力，高精度，レール・ツー・レール入出力，2回路入り

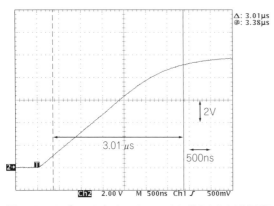

図4 OPアンプAD822(アナログ・デバイセズ)の立ち上がり時間
(3.01 μs)

JFET入力，負電源より低い入力電圧に対応，レール・ツー・レール出力，2回路入り

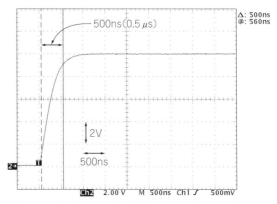

図5 OPアンプμPC814(ルネサス エレクトロニクス)の立ち上がり時間(500 ns)

JFET入力，2回路入り

コラム1　DC-DCコンバータのスルー・レート

　DC-DCコンバータ(DC-DC convertor)を試験する(test)とき，DC-DCコンバータの出力電流を所定の条件に変化させるとき，現在は定格電力が大きな負荷抵抗ではなく電子負荷(electronic load)を使います．この電子負荷もDC-DCコンバータの出力電流の時間的に断続して変化を与える，いわゆるスイッチング・モードと呼ばれる試験が存在します．DC-DCコンバータの負荷となる抵抗の値を電子回路を使って急激に変化させるのです．そしてこのときDC-DCコンバータの出力電圧が，出力電流の急激な変化に対してどの程度の変動を起こすか測定するのです．出力電圧の変動が少ないほど良いDC-DCコンバータといえます．ここで急激な電流変化ですが，"急激"がどの程度がはっきりしていないと再現性がある測定とはいえません．そこで電子負荷のスイッチング・モードでは，電流の変化率がスルー・レートとして設定できるようになっています．こうした電子負荷によりDC-DCコンバータの性能がテストされてるのです．

　これも実験してみましょう，そのようすを写真Aに示します．写真AでDC電源の電流を，図Aのように

写真A　電源の出力応答の専用測定器「電子負荷装置」

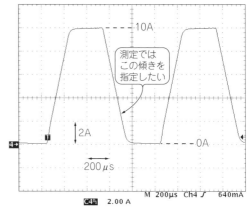

図A　電子負荷装置でDC-DCコンバータの出力電流を変化させて，出力の応答速度を調べる

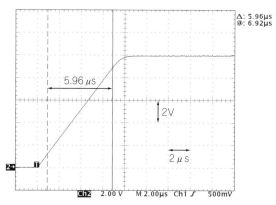

図6　OPアンプNJM4558（新日本無線）の立ち上がり時間（5.96 μs）
2回路入り

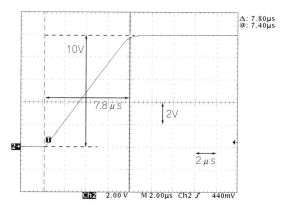

図7　OPアンプNJM4558のスルーレート

1kHz周期で断続的に変え，そのときの電流の時間的な変化率を3通りに変えてみました．時間的電流変化のようすを，50mA/μs［**図B(a)**]，100mA/μs［**図B(b)**],200mA/μs［**図B(c)**］です．このようなDC電源の出力電流(＝電子負荷の入力電流)の時間的な変化もスルー・レートであることがわかります．電子負荷でも電流の時間的な変化率をスルー・レートとして応答速度の指標としているのです．

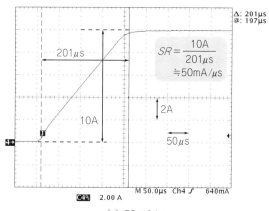

$$SR = \frac{10A}{201\mu s} \fallingdotseq 50mA/\mu s$$

（a）50 mA/μs

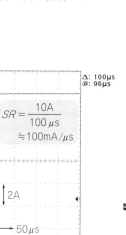

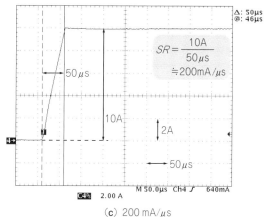

$$SR = \frac{10A}{100\mu s} \fallingdotseq 100mA/\mu s$$

$$SR = \frac{10A}{50\mu s} \fallingdotseq 200mA/\mu s$$

（b）100 mA/μs　　　　　　　　（c）200 mA/μs

図B　電子負荷装置の電流変化率とDC-DCコンバータの応答
図8の波形のときが(a)の50 mA/μs

ち上がり時間だけで言うと，短いほうがより高速のOPアンプです．話をOPアンプに限定すると応答速度の指標として立ち上がり時間，立ち下がり時間よりも後述するスルー・レートが多く使われています．

● 応答速度の指標の発展，スルー・レート

立ち上がり時間，立ち下がり時間についてさらに発展させてみましょう．OPアンプの応答速度の指標として0V（あるいはマイナスの電源電圧近く）から電源電圧近くまで出力電圧を急速に変化させて，そのときの応答の早さの指標としています．具体的にはスルー・レート(slew rate)と呼ばれ，1 μsに換算した時間でどれだけ出力電圧が変化するか，を示しています．単位はV/ μsです．このスルー・レートの事例としてと図1の回路と同じOPアンプNJM4558で実験をした図7を例に挙げます．図7ではOPアンプの出力電圧が0Vから10Vになるのに7.8 μsかかっています．10V変化するのに7.8 μsかかったのでスルー・レートSRは，

$$SR = \frac{10}{7.8} = 1.28 \ \text{V/}\mu\text{s} \dotfill (1)$$

ところで図6と図7は同じOPアンプなので同じ波形をしています．つまり立ち上がり時間とスルー・レートは，評価の仕方が異なるだけなのです．

パワー・デバイスも立ち上がり/立ち下がり時間

● スイッチング電源のキー・デバイス「パワーMOSFET」

パワーMOSFET(power MOSFET：MOSFETはMetal Oxide Semiconductor Field Effect Transistor)のスイッチング特性を示す指標でも立ち上がり時間，立ち下がり時間が使われているので紹介しましょう.

パワーMOSFET(**写真1**)，スマートフォン，PC，クーラーなど身の回りの電気製品にくまなく使われている部品です．その動作は，スイッチのようにONとOFFを交互に繰り返して使われています．スイッチのような動作なのでスイッチング(switching)と呼ばれています.

● ONとOFFの時間比率を調節すれば出力電圧を連続的に変えられる

スイッチングさせる目的は，電力(electric power)の制御です．このようすを**図1**のフィルタ回路を使って実験してみましょう．LPFのフィルタでは入力電圧を平均した電圧が出てくることを思い出してください．**図1**で

写真1　電力を扱う回路に使われるスイッチング用半導体「パワー MOSFET」
高速にON/OFFできることが特徴

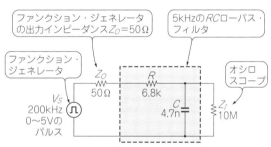

図1　高速でON/OFFする信号のデューティを変えるとローパス・フィルタ後の出力電圧が変えられることを実験
実際のパワー回路では電力を消費しないLCフィルタを使う．ここではRCフィルタで実験

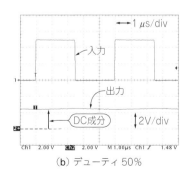

（a）デューティ 20%　　　（b）デューティ 50%　　　（b）デューティ 80%

図2　パワーMOSFETを駆動するスイッチング・パルスのデューティを変えると出力電圧を調節できる ─────
この原理を利用し，パワーMOWSFETの高速ON/OFFでいろいろな電力制御を行う

ファンクション・ジェネレータの出力電圧(フィルタの入力電圧V_{in})を0～5V,周期Tは$T = 1/200\text{kHz} = 5\,\mu\text{s}$のパルスとして,デューティ・サイクル(duty cycle)[注1]を意図的に変えて実験してみました.図2(a)にデューティ・サイクル20%($= t_{on} / T = 1\,\mu\text{s} / 5\,\mu\text{s}$),図2(b)にデューティ・サイクル50%($= t_{on} / T = 2.5\,\mu\text{s} / 5\,\mu\text{s}$)($t_{on} = 1\,\mu\text{s}$),図2(c)にデューティ・サイクル80%($= t_{on} / T = 4\,\mu\text{s} / 5\,\mu\text{s}$)を示します.デューティ・サイクルの増加に対してDCの出力電圧が比例して増加しています.つまり入力電圧V_{in}を平均化した電圧が出力に出ていることがわかります.

さてここからが本題.パワーMOSFETは,スイッチングによってこのパルスを作る働きになっているのです.パルス幅を適切に変えて,目的の出力電圧が出るように動作しています.スイッチングだからといって人がスイッチをON/OFFしていては200kHzでスイッチングなど全く不可能ですし,だいいち人がスイッチをON/OFFさせるとすぐに疲れが出てしまいます.代わりに高速で動作しても疲れを知らないパワーMOSFETに頑張ってもらっているのが現在の電気製品です.

パワーMOSFETは電力を制御するので,大きな電流を入り切りしてスイッチングしています.そのパワーMOSFETの性能の1つに立ち上がり時間,立ち下がり時間があるのです.立ち上がり時間t_r,立ち下がり時間t_fが短いとより高速のパワーMOSFETと評価されています.ちなみに大きな電流が流れると図1の抵抗とキャパシタによるフィルタでは,抵抗での消費電力が大きくなり実用に適しません.そこで現実には抵抗の代わりにインダクタを使っています.

● パワーMOSFETの立ち上がりと立ち下がりのスピードを測ってみる

図3の回路で実験しました.図3は難しいので理解できなくてもかまいません.こんな実験回路で実験した,との参考程度で十分です.実験のようすを写真2に示します.図4は,スイッチングのようすを示すために,パワーMOSFETの電流と両端電圧を測定しました.パワーMOSFETがON時には両端電圧が0Vですが約1Aの電流が流れ,OFF時には電流は流れていませんが,パワーMOSFETの両端には24Vの電圧がかかっています.さらに立ち上がり時間,立ち下がり時間を調べてみましょう.

図5(a)は,電流が0Aから1Aに増加する部分を時間的に拡大して,0.1A(1Aの10%の値)から0.9A(1Aの90%の値)まで変化する立ち上がり時間を測定しています.オシロスコープのカーソルを0.1Aと0.9Aに合わせ

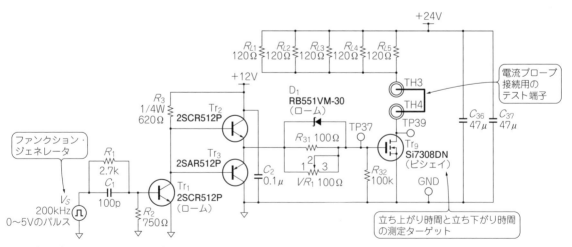

図3 パワーMOSFETのスイッチング速度のテスト回路

注1:1周期Tに対するON時間をt_{on}とすれば,デューティ・サイクルDは$D = t_{on}/T$,または$D = t_{on}/T \times 100$で表します.

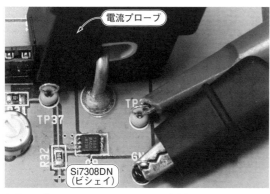

写真2 パワーMOSFETのスイッチング速度テストのようす

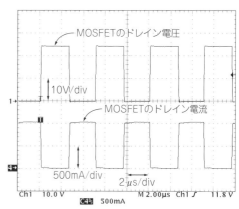

図4 パワー MOSFET Si7308を図3の回路でスイッチ
ングしているときの波形

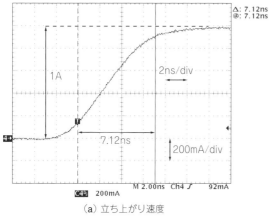

（a）立ち上がり速度

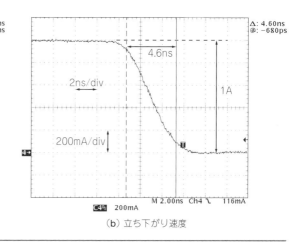

（b）立ち下がり速度

図5 パワーMOSFETのドレイン電流の変化スピード

て測定すると立ち上がり時間は7.12nsです．

　図5（b）は，電流が1Aから0Aに減少する部分を時間的に拡大して，0.9A（1Aの90％の値）から0.1A（1Aの10％の値）まで変化する立ち下がり時間を測定しています．立ち上がり時間と同様にオシロスコープのカーソルを0.1Aと0.9Aに合わせてその値を読むと立ち下がり時間は4.6nsです．

　パワーMOSFETの例のように，立ち上がり時間と立ち下がり時間は応答速度の指標として使われています．

第5章のまとめ

● 抵抗とキャパシタによるLPF

設計式
$f_C = 1/(2nCR)$

● サレンキー回路によるLPF

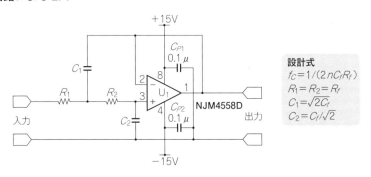

設計式
$f_C = 1/(2nC_fR_f)$
$R_1 = R_2 = R_f$
$C_1 = \sqrt{2}C_f$
$C_2 = C_f/\sqrt{2}$

● ステート・バリアブル・フィルタによるLPF

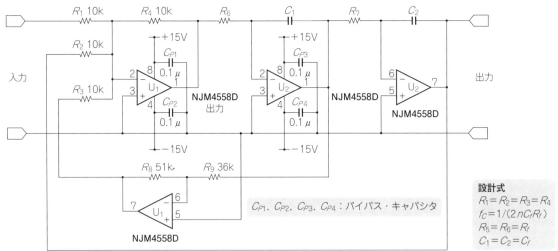

$C_{P1}, C_{P2}, C_{P3}, C_{P4}$：バイパス・キャパシタ

設計式
$R_1 = R_2 = R_3 = R_4$
$f_C = 1/(2nC_fR_f)$
$R_5 = R_6 = R_f$
$C_1 = C_2 = C_f$

Appendix L

微分，積分について

その昔，微分積分は難しいことの代名詞のように使われていました．確かに数学的に理論を発展させると難解になってきます．ここでは，そうした数学の難しさ，厳密さには踏み込まず，『回路の動作を記述する道具』として微分積分を考えてみましょう．

微分＝時間的な変化率

● 微分＝時間的な変化率

微分とは何かと聞かれると，筆者は時間的な変化率[注1]と答えます．時間的な変化率では曖昧ですね，具体例を挙げましょう．

(1)身長の伸び率

若い世代，特に10代の頃は身長が毎年のように伸びます．伸びた身長の長さを毎年求めてみたとしましょう．身長が1年に3cm伸びたとすれば3cm/年です．この伸び率は，10代の頃は大きく，20代も前半を過ぎるとやがてゼロとなるでしょう．筆者(年齢60歳オーバー)などは身長は縮みだしているかもしれません．

このような身長の伸び率を見ると身体の成長の度合いがとてもよくわかると思います．ここでは，1年という時間で身長の変化を見ている点に注目してください．

(2)消費者物価指数

同様に1年単位で変化の統計をとり，指数として総務省から公式に発表している消費者物価を例に挙げましょう．天候の影響を受ける野菜などの生鮮食品と他の商品とは分けて毎月統計をとっています．そして1年前と比べた数値を発表してニュースにもなります．この消費者物価指数がプラスのときの物価は上昇，マイナスのときの物価は下がる方向です．

(3)加速度

もう少し時間の間隔が短い例も挙げましょう．バス，電車，飛行機，車，バイク，自転車，あるいは走るときや歩くときでもいいのですが，人が移動するときのことを考えてみます．通勤や通学でバスに乗ったとしましょう．バスが発車するとその速度が増し，その増加の速度が大きいと，立って乗車していると自然に後ろのほうに倒されそうになります．この速度の1秒当たりの増加の割合を考えてみましょう．1秒間に速度が5km増加すると速度の変化率は5km/sです．物理学では1秒当たりの速度の変化率とは呼ばずに加速度と呼んでいます．

● 時間的な変化率は，変化量÷時間

話をもう少し数学の側に近づけてみましょう．時間的な変化率を数式で書くと

注1：数学的には時間的な変化率と限定しているわけではなく，もっと抽象的な概念となっています．本書は，電気回路の範囲で抵抗やキャパシタについて説明しているので，微分を時間的な変化率と限定しています．

$$\text{変化率} = \frac{\text{時間間隔の間の変化量}}{\text{時間間隔}} \quad\text{...............................} (1)$$

と書けるでしょう．この一定の時間間隔 Δt は，1 秒でも 1 年でもかまいません．変化が早い対象ほど短い時間間隔が選ばれます．電気の世界では，1 秒や 1 μs（1 秒の百万分の 1 の時間）という時間の間隔をとるのが一般的です．

先に身長の変化率の例を挙げました．身長の変化は，成長期でも 1 秒や 1 時間では変化がはっきりわかりませんが，1 年もたつと物差しで測れるほどの変化がわかるでしょう．

● 電圧，電流の変化率

話を電気回路に限定すると，変化率を気にするのは，ほとんど電圧と電流です．電圧や電流の変化率を，式 (2)，式 (3) のように考えます．

$$\text{電圧の変化率} = \frac{\text{時間間隔の間の電圧の変化量}}{\text{時間間隔}} = \frac{\Delta v}{\Delta t} \quad\text{........................} (2)$$

$$\text{電流の変化率} = \frac{\text{時間間隔の間の電流の変化量}}{\text{時間間隔}} = \frac{\Delta i}{\Delta t} \quad\text{........................} (3)$$

● 電圧，電流の変化率の事例　スルー・レート

少し脱線します．電圧，電流の変化率を示すのによく使われる指標が**スルー・レート**（slew rate, SR）です．指標の単位は，電圧が V/μs，電流は A/μs です．これは OP アンプや装置が**時間間隔 Δt = 1 μs の間に電圧，電流がどれだけ変化できるのか**，との意味です．この数値が大きいと，その OP アンプや装置がより変化率の大きい信号に対応できることを示しています．つまり高速，高性能ということですね．その性能を先に挙げた式 (2)，式 (3) において時間間隔を Δt = 1 μs とし，その時間で電圧や電流の変化した大きさで評価しているのです．

OP アンプのスルー・レートで具体例を示しましょう．実験した回路は**図 1** です．

図 2 では，**図 1** の実験回路（増幅度を 10 倍に設計した OP アンプ回路）へ振幅 1V のパルスを入力しました．OP アンプの出力は約 7.8 μs で 10V に達しています．スルー・レートは 1 μs の間の電圧の変化量なので，その値 SR を計算すると

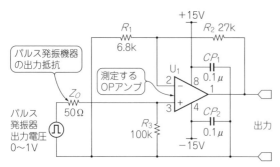

図1　OP アンプのスルー・レートを測定するための回路
ゲインを 10 倍に設定した非反転アンプ

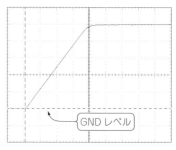

図2　電圧に関するスルー・レートの例
図 1 の回路で測定した NJM4558（新日本無線）のスルー・レート
縦軸：2V/Div，横軸：2 μs/Div

$$SR = \frac{\Delta v}{\Delta t} = \frac{10V}{7.8\mu s} \fallingdotseq 1.28 \ [\text{V}/\mu\text{s}] \cdots\cdots\cdots\cdots\cdots (4)$$

です.

　もう1つ例を挙げましょう. **図3**は電子負荷[注2]でスルー・レートを意図的に100mA/μsの設定をしてDC電源を接続して動作させました(**写真1**). 電流は100μs後には10Aに達しているので, スルー・レートSRを計算すると

$$SR = \frac{\Delta i}{\Delta t} = \frac{10A}{100\mu s} = 0.1 \ [\text{A}/\mu\text{s}] \cdots\cdots\cdots\cdots\cdots (5)$$

です.

　このように, 1μsの時間間隔Δtの間に電圧や電流の変化率がどの程度か示す指標がスルー・レートです. 将来, さらに技術が進歩すると, 時間間隔Δt = 1ns(1億分の1秒)で考える必要が出てくるでしょう.

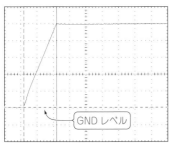

図3　電流に関するスルー・レートの例
電子負荷(菊水電子工業 PLZ334WL)の電流出力スルー・レート
縦軸:2A/Div, 横軸:2μs/Div

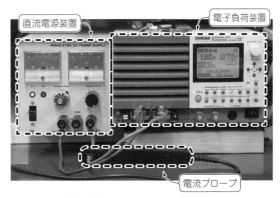

写真1　DC電源を接続して動作させたようす

● 時間間隔を短くすると数学的な微分に近くなる

　図1の時間軸をさらに拡大してみましょう. そして2つのカーソルの間隔を100nsにしてみました(**図3**). 時間間隔Δt = 100nsですね. わずかですが短い時間間隔Δtの間にも電圧は変化しています. さらに**図1**の時間軸を拡大して(**図4**), カーソルの間隔を10ns(＝時間間隔Δt)にしてみました. こちらでも10nsという短い時間間隔Δtの間にほんのわずかですが電圧が変化していることがわかります.

　このOPアンプのスルー・レートは, **図2**の実験では

$$SR = \frac{\Delta v}{\Delta t} = \frac{10V}{7.8\mu s} \fallingdotseq 1.28 \ [\text{V}/\mu\text{s}] \cdots\cdots\cdots\cdots\cdots (4)再掲$$

でした. これは時間間隔Δt = 1μsの時の電圧の変化がΔV = 1.28Vであることを示しています.

　ここで, 時間間隔Δtを1μsの1/10の100nsで考えると, 電圧の変化ΔVは, 時間間隔Δt = 1μs

注2:直流電源の試験の際, 昔は負荷抵抗として大電力に使える大きな抵抗を使っていました. 現在は, そうした抵抗の代わりにトランジスタなどで抵抗の代用をする電子負荷が一般的です.

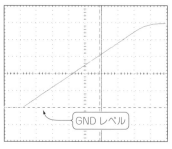

図4 図2の時間軸を拡大した図(1)
縦軸：2V/Div，横軸：1μs/Div

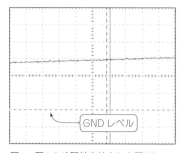

図5 図2の時間軸を拡大した図(2)
縦軸：2V/Div，横軸：50ns/Div

の時の 1/10 になるでしょう．つまり図4の電圧の変化 ΔV は，1.28/10 = 0.128V と推定[注3]されます．さらに図5のように時間間隔 Δt を 1μs の 1/100 の 10ns で考えると，電圧変化 ΔV は時間間隔 Δt = 1μs の時の 1/100 になり，1.28/100 = 12.8mV となっていると推定[注3]されます．

● **数学的に時間間隔＝0としたのが微分**

さてここからが重要です．図3では時間間隔 Δt を 1μs で考え，そのとき電圧変化 ΔV がスルー・レートでした．図4で時間間隔 Δt は 100ns，図5で時間間隔 Δt は 10ns で考えました．数学において，この時間間隔 Δt を限りなく 0 にしたのが微分なのです．

微分は式(6)で定義されます．

$$\frac{dv}{dt} = v'(t) \equiv \lim_{\Delta t \to 0} \frac{v(t+\Delta t) - v(t)}{\Delta t} \quad \cdots\cdots\cdots (6)$$

です．式(6)で $\lim_{\Delta t \to 0}$ は，Δt を限りなく 0 に近づける意味の数学記号です．また式(6)は $\frac{dv}{dt}$ = となっていますが，これは数学の表現方法で，頭の中で

$$\frac{dv}{dt} = \frac{\Delta v}{\Delta t} = \frac{微少な時間の間の電圧の変化量}{微少な時間}$$

と置き換えて考えてもかまいません．

また，電圧 v を微分しましたという意味の記号ですが，数学の表現方法として $\frac{dv}{dt}$ と書いたり，$v(t)$ にダッシュを付けて $v'(t)$ と書いたりします．これは単なる数学の表現方法ですので，敬遠しないでほしいと思います．

電圧 $v(t)$ を例に挙げましたが，電流でも同様に $\frac{di}{dt}$，$i'(t)$ と書きます．

ここで電圧 v や電流 i に対して時間 t をカッコの中に入れた $v(t)$，$i(t)$ などの書き方をしています．これは電圧 v や電流 i が時間とともに変化します，との意味です．同じ意味のことを数学の世界では，『電圧 v，電流 i は，時間 t の関数(function)である』といいます．かなり堅苦しい表現ですが，これが数学を少々難しくしている一因でしょうか．

結論として，微分とは時間間隔 Δt が 0 に近い条件での電圧や電流の変化率と考えれば良いでしょう．電気と数学の違いは，その変化率が何 V/μs とか何 A/μs といった具体的な数値ではなく，一般的な数式である点です．

注3：図からだけではピッタリと特定できないので，推定と書きました．

● 微分公式を覚えよう

　ここ電気の世界でよく使う微分公式は**表1**です．電圧 v は時間 t の関数として表現しています．

　数学の世界では，電圧や電流といった物理量ではなく，一般的な関数 $f(x)$ の微分，との表現をしています．より数学的に一般化した公式にするには電圧 $v(t)$ も関数 $f(x)$ に，時間 t を変数 x に置き換えましょう

表1　電気の世界でよく使う微分公式

元の関数 $v(t)$	導関数 $v'(t)$
$v(t) = nt^n$	$v'(t) = \dfrac{dv}{dt} = nt^{n-1}$
$v(t) = e^t$	$v'(t) = \dfrac{dv}{dt} = e^t$
$v(t) = e^{j\omega t}$	$v'(t) = \dfrac{dv}{dt} = j\omega e^{j\omega t}$
$v(t) = \log_e t$	$v'(t) = \dfrac{dv}{dt} = \dfrac{1}{t}$
$v(t) = \log_a t$	$v'(t) = \dfrac{dv}{dt} = \dfrac{\log_a e}{t}$
$v(t) = \sin(t)$	$v'(t) = \dfrac{dv}{dt} = \cos(t)$
$v(t) = \cos(t)$	$v'(t) = \dfrac{dv}{dt} = -\sin(t)$
$v(t) = \sin(\omega t)$	$v'(t) = \dfrac{dv}{dt} = \omega\cos(\omega t)$
$v(t) = \cos(\omega t)$	$v'(t) = \dfrac{dv}{dt} = -\omega\sin(\omega t)$
関数の積の部分公式 $\lvert v(t)\, i(t)\rvert' = v(t)'i(t) + v(t)\, i(t)'$	

積分 = 時間的な平均化

● 積分＝時間的な平均化

　今度は積分の話です．筆者は積分とは何かと聞かれると，時間的に平均化したものと答えます．

(1) 移動距離は時間の平均

　徒歩や車で移動したとしましょう．時速4kmで歩くと30分で2km，1時間後には4km移動できます．車なら時速40kmで走ると15分後には10km，2時間後には80km移動できます．実際の移動では，途中で赤信号で止まったり，上り坂で速度が落ちたり，渋滞に巻き込まれるかもしれません．現実は，そのように単純に計算できません．

　そこで，そうした事情を考慮してみましょう．徒歩で信号や坂道を超えたりして歩行速度に変化があるとき，1時間に歩く移動距離に注目して3.5km歩いたら『平均した時速』は3.5kmです．車で渋滞や信号にあって結局30分に10km移動したとすると，『平均した時速』は移動距離から計算して20kmです．移動の途中で速度に変化があっても30分，1時間といった時間で見ると，その時間の移動距離が判明します．すると時間で平均した時速が分かるのです．

(2) 一辺が曲がった川に面した土地の面積は積分で

　今度は時間的な平均ではありませんが，『平均する』感じを想像してみましょう．**図6**を用意しました．一辺が川に面する土地の面積を求めようという問題です．**図6(a)**のように土地の一辺が川に面してい

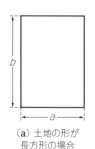
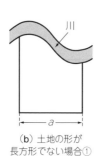
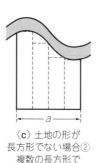
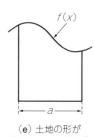

（a）土地の形が
長方形の場合

（b）土地の形が
長方形でない場合①

（c）土地の形が
長方形でない場合②
複数の長方形で
土地の形を近似して
面積を求める

（d）土地の形が
長方形でない場合③
近似に用いる長方形の
数を増やして
誤差を減らす

（e）土地の形が
長方形でない場合④
積分を用いて
面積を求める

図6　土地の面積を計算する

ても，長方形ならば面積 S を求めるのは簡単で

　　$S = a \times b$

で求められます．しかし図6（b）のように一辺が曲がった川に面している場合は，その土地の面積 S を求めるのが急に難しくなります．

　そこで土地の面積 S を求めるために図6（c）のように長方形で近似してみます．これならば長方形の集まりなので面積 S を計算できるでしょう．でも誤差が多いですね．では長方形をさらに細かくしてみましょう［図6（d）］．やはり長方形なので，面積 S は計算が面倒になりますが求められるでしょう．それでも誤差は残ります．

　少し話は難しくなります．土地の面積 S をたくさんの長方形で近似することを極めてみましょう．長方形の数を非常に多く，数え切れないほどにすれば誤差は0となるはずです．そこで土地に面している川の曲面が関数 $f(x)$ と仮定しましょう．すると土地の面積 S は，積分を使うと図6（e）のように簡単に

$$S = \int_0^a f(x)dx \quad \cdots\cdots (7)$$

と書くことができます．

　ここからが大切です．$f(x)$ の x が区間0から a までの平均値で b とすれば，土地の面積 S はやはり

　　$S = a \times b$

となります．積分 $\int_0^a f(x)dx$ に注目すると，積分は『$f(x)$ の x が区間0から a までの平均値を求めて a をかけている』にすぎません．つまり，川の曲がり具合を示す $f(x)$ を積分と，$f(x)$ に増減やデコボコがあっても平均すると面積 $S = a \times b$ がわかるのです．

● LPFは時間的に積分

　こうした能書きばかりでなく実験もしてみましょう．キャパシタの電圧は式（2）で表されることはすでに書きました．

$$v_C(t) = \frac{1}{C} \int i(t)dt \quad \cdots\cdots (8)$$

　本当に積分なのか図7で実験してみました．図7の回路の出力には4.7nFのキャパシタがあり，キャパシタの両端電圧は式（8）に従うはずです．

　ファンクション・ジェネレータで200kHz，$2V_{P-P}$ のサイン波 + 4V のDCを出力しています．キャパ

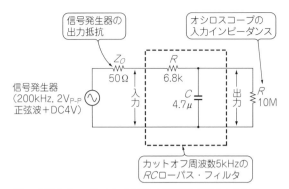

図7　抵抗とキャパシタによるLPFで正弦波を積分する回路

シタが本当に積分しているのなら，抵抗 R を通して流れる電流 $i(t)$ の変化を平均化して，つまり電圧のデコボコがない DC 電圧がオシロスコープに表れるはずです．

図8 でも平均化しているようすはわかるのですが，入力電圧と出力電圧の 0V 位置を合わせた**図9** では，サイン波の電圧の凹凸が平均化されて，DC のようになっています．

ここで，平均化という言葉を積分と置き換えても意味は変わりません．つまり平均化とは言わずに $\int i(t)dt$ と書いていると考えましょう．言い換えると積分の記号 $\int v(t)dt$ などが登場したら，『平均化しているね』と，今の段階では考えましょう．

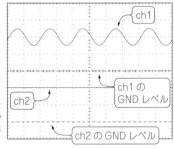

図8
図7の入出力波形
縦軸：2V/Div，横軸：
1 μs
入力波形のグラウンド位置と出力波形のグラウンド位置は異なっている

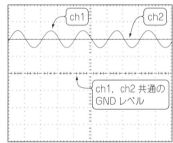

図9
図7の入出力波形
縦軸：2V/Div，横軸：
1 μs
比較しやすいように，入力波形のグラウンド位置と出力波形のグラウンド位置を同じにした

● 不定積分と定積分

数学の積分の教科書では，不定積分と定積分とに分けて説明されています．定積分は積分する時間 t の区間が明確，不定積分は積分する時間区間が不明です．数式で書くと

$$\text{定積分} \quad v(t) = \int_{t_0}^{t_1} f(t)dt \quad \text{時間 } t \text{ の区間（積分区間）が } t_0 \text{ から } t_1 \text{ まで} \quad \cdots\cdots (9)$$

$$\text{不定積分} \quad v(t) = \int f(t)dt \quad \text{時間 } t \text{ の区間がわからない} \quad \cdots\cdots\cdots\cdots\cdots (10)$$

です．言い換えると，定積分は時間の区間を明確にしたもの，不定積分は話を一般的にしたもの，と考えましょう．

● 積分公式の公式を覚えよう

この電気の世界でよく使う積分公式は**表2**です．電圧 v は時間 t の関数として表現されています．

数学の世界では，電圧や電流といった物理量ではなく，一般的な関数 $f(x)$ の微分との表現をしています．より数学的に一般化した公式にするには，電圧 $v(t)$ を関数 $f(x)$ に，時間 t を変数 x に置き換えましょう．

表2　電気の世界でよく使う積分公式

元の関数 $v(t)$	積分後の関数 $\int v(t)\,dt$
$v(t) = t^n$	$\int v(t)\,dt = \int t^n\,dt = \dfrac{t^{n+1}}{n+1}$
$v(t) = \dfrac{1}{t}$	$\int v(t)\,dt = \int \dfrac{1}{t}\,dt = \log_e|t|$
$v(t) = e^t$	$\int v(t)\,dt = \int e^t\,dt = e^t$
$v(t) = e^{j\omega t}$	$\int v(t)\,dt = \int e^{j\omega t}\,dt = \dfrac{e^{j\omega t}}{j\omega}$
$v(t) = \sin(t)$	$\int v(t)\,dt = \int \sin(t)\,dt = -\cos(t)$
$v(t) = \cos(t)$	$\int v(t)\,dt = \int \cos(t)\,dt = \sin(t)$
$v(t) = \sin(\omega t)$	$\int v(t)\,dt = \int \sin(\omega t)\,dt = -\dfrac{\cos(\omega t)}{\omega}$
$v(t) = \cos(\omega t)$	$\int v(t)\,dt = \int \cos(\omega t)\,dt = \dfrac{\sin(\omega t)}{\omega}$
変数置換法 $t = g(x)$ と置くと $\int v(t)\,dt = \int v(t)\dfrac{dt}{dx} = \int v(g(z))g'(z)\,dz$	
部分積分法 $\int v(t)g(t)\,dt = v(t)g(t) - \int v(t)g(t)\,dt$	

● 実効値を求める式中の積分は，2乗の平均

　積分が使われている実例を示します．電圧 $v(t)$ の実効値は式(10)のように求められます．

$$v_{rms} \equiv \sqrt{\frac{1}{T}\int_0^T v(t)^2\,dt} \quad \dots\dots\dots\dots\dots\dots\dots\dots\dots\dots (11)$$

　この式(11)では積分が含まれています．まず $v(t)^2$ から考えてみましょう．
　例えば $v(t) = \sin(\omega t)$ を2乗すると三角関数の2倍角の公式から

$$\{\sin A\}^2 = \frac{1 - \cos 2A}{2} \quad \dots\dots\dots\dots\dots\dots\dots\dots\dots\dots (12)$$

でした．式(12)の $|\sin(\omega t)|^2$ は，$\omega t = 0, \pi, 2\pi\cdots$ のときゼロとなりますが，いかなる時間 t でもマイナスの値とならないことに注目してください．ゆえに $v(t)^2$ を積分した値は必ずプラスの値になります．
　実効値を求める式(5)において，$v(t)^2$ はマイナスの値を持たないように工夫された結果なのです．
　次にルートの中身の部分 $\frac{1}{T}\int_0^T v(t)^2\,dt$ ですが，積分，しかも時間 $t = 0$ から時間 T までの定積分です．ここで，$\int_0^T v(t)^2\,dt$ の部分は，時間 $t = 0$ から時間 T までの間で $v(t)^2$ と時間 T が作る『平均の面積』を求めています．その値に対して時間 T で割って $v(t)^2$ の『平均した大きさ』が求められました．先に $v(t)$ を2乗しました．実効値を求めるには，どこかで元に戻す必要があります．それが式(11)の $\sqrt{\ }$ の部分です．結果，式(5)は実効値を示す式となったのです．

● 実効値の積分を実験で確かめてみる

$$v_{rms} \equiv \sqrt{\frac{1}{T} \int_0^T v(t)^2 dt}$$

を簡単な実験で確認してみましょう．電圧 $v(t)$ を

$$v(t) = \sqrt{2} \sin(\omega t)$$

としてみます．電圧 $v(t)$ の実効値は，$\sqrt{2} / \sqrt{2} = 1\text{V}$ となるはずです．これを検証してみましょう．2乗すると

$$\{\sqrt{2} \sin \omega t\}^2 = 2\left(\frac{1 - \cos 2\omega t}{2}\right) = 1 - \cos 2\omega t$$

なので，1V の DC 電圧 + 2V_{P-P} のサイン波（周波数 200kHz）の信号をファンクション・ジェネレータで作って**図1**の LPF に入力してみました（**図10**）．出力には，多少電圧のデコボコがありますが，積分（平均化）されて 1V の電圧になっています．**図11** のようにすると，より平均化されている感じがわかりやすいでしょうか．

1V の平方根，つまり $\sqrt{\ }$ をとるとやはり 1V となり，実効値は 1V_{RMS} となることがわかります．

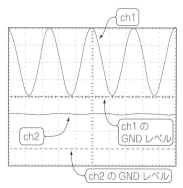

図10　振幅 $\sqrt{2}\text{V}_{\text{Peak}}$ の正弦波の実効値が 1V_{RMS} となるか測定
{sin ωt}² ＝ 1 − cos2 ωt なので，ファンクション・ジェネレータで 1V の DC 電圧＋2V_{P-P} の正弦波 (周波数 200kHz) の信号を出力し，図7の回路で波形を観測した．平均後の値は，確かに 1V となった．

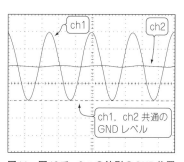

図11　図10で，2つの波形のGND位置を合わせた波形
平均化のようすをわかりやすくした

Appendix M

CとRの回路の過渡現象を微分方程式で解く

● はじめに

　単純な抵抗RとキャパシタCを組み合わせた回路（図1）に，$5V_{0-P}$のパルスを加えてみました．すると出力電圧は，図2のようにパルスが0Vから5Vに変化する時間（立ち上がり時間），5Vから0Vに変化する時間（立ち下がり時間）が，パルスらしい急峻さが消え，なめらかに変化します．出力電圧は，時間の経過とともに，やがて一定の電圧になっています．

　このような電気回路の時間的な変化，具体的には電圧や電流が時間的に変化して一定の状態になるまでの時間の現象を議論する分野を，過渡現象と呼んでいます．本項は，この過渡現象について考えてみます．

　過渡現象は，例外なく電気回路の動作を数学的な微分方程式で表現し，その微分方程式を解いて議論することになります．ですから，微分方程式を解くことが必要です．とはいえ，本書では「微分方程式について数学的な厳密性は追わずに，回路解析の道具，過渡現象詳しく調べるための道具」として微分方程式を解くことを主題にしています．早い話，電圧電流の変化を数式で求めるための方法として，微分方程式を使うのです．ではさっそく，図1の回路で微分方程式を使って過渡現象を考えてみましょう．

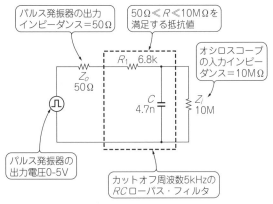

図1　抵抗RとキャパシタCによるLPFにパルスを印可し，過渡応答を測定する回路
カットオフ周波数f_c＝5kHzの抵抗RとキャパシタCによるLPFに，波高値5Vのパルスを印可し，出力の波形を観測する

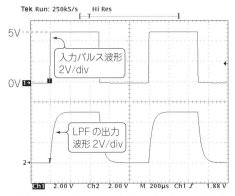

図2　抵抗RとキャパシタCによるLPFにパルスを印可したときの過渡応答例
上：入力パルス波形（2V/div），下：LPFの出力波形（2V/div），横軸：200μs/div

出力のキャパシタ電圧の増加時の変化を求める

　図1でパルス発振器の電圧が$5V_{0-P}$のパルスを加えると，出力電圧は図2のようにそのパルスが0Vから5Vに変化する時間（立ち上がり時間），5Vから0Vに変化する時間（立ち下がり時間）に過渡的な現象が発生します．

　図2の立ち上がりを拡大して図3に示します．けっこうゆっくりした変化ですね．

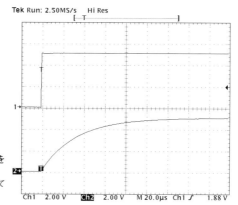

図3
図2のパルス立ち上がり付近を
時間方向に拡大した波形
図2を時間方向に10倍拡大して
いる（横軸：20μs/div）

　この変化する時間の電圧，電流をしっかりと定量的に数式で示せるまで求めようとするのが，一般的に過渡現象と呼ばれる世界です．さっそく，図3のキャパシタ電圧 V_C の変化を数式で求めてみましょう．

　図1において，電圧の時間の変化に注目してキルヒホッフの電圧の法則を適用すると，式(1)が得られます．ここがスタートです．

$$V = Ri(t) + \frac{1}{C}\int i(t)dt \cdots\cdots (1)$$

　式(1)は積分の項を含み，微分方程式とはいえません．そこで式(1)を変形して微分方程式の形にしましょう．

　そこで，キャパシタ C にたまる電荷量(electric charge) q を想定します．電荷量 q（または電荷）と難しい用語を書きましたが，キャパシタではたまっている電気の量を示します．式で書くと式(2)です．

$$q(t) = \int i(t)dt \cdots\cdots (2)$$

キャパシタに流れ込んだ電流 i を時間で積分しています．

　式(2)を時間 t で両辺を微分してみましょう．

$$\frac{dq(t)}{dt} = i(t) \cdots\cdots (3)$$

となります．式(3)の電流 $i(t)$ を式(1)に代入してみましょう．

$$V = R\frac{dq(t)}{dt} + \frac{1}{C}q(t) \cdots\cdots (4)$$

となり，微分方程式になりました．過渡現象で微分方程式を解く場合，電流 $i(t)$ のままでは，それ以上数式が展開していかずに困る場合が多いのですが，式(3)のように電流 $i(t)$ を電荷 $q(t)$ と置き換えるとうまくいく場合が多いです．

　ポイント：電流 $i(t)$ をキャパシタ C の電荷 $q(t)$ に置き換える

　そうして，式(4)の微分方程式を解いて電荷量の変化 $q(t)$ を求めます．つまり電荷量 $q(t)$ が，どのような数式で表されるのか求めるのです．具体的に，省略せずに書きますので，読者の皆さんは紙と鉛筆で実際に数式を展開して，電荷量 $q(t)$ を計算してみてください．その後，式(5)の関係から出力に表れるキャパシタ電圧 $V_C(t)$ を求めよう，というのが本節の目的です．

$$v_O(t) = \frac{1}{C}\int i(t)dt = \frac{1}{C}q(t) \cdots\cdots (5)$$

微分方程式の解き方は 4 通り

図1の出力電圧となるキャパシタ電圧 V_C の時間的変化を得る微分方程式を式(4)で得られました．そこで式(4)の微分方程式を解きましょう．ここで微分方程式の解き方は，大きく分けると下記のように 4 通りの方法があります．

A 微分方程式を変数分離形に変形して，両辺を積分して解く
B ラプラス変換を使って解く
C 微分方程式に微分演算子 $\triangle = \frac{d}{dt}$ を与えて，代数方程式のように解く
D コンピュータを使って数値計算で解く

本書では過渡現象を考察する目的で微分方程式を解くので，A，B，C の方法を紹介します．試してみると理解が深まるでしょう．

変数分離形で微分方程式を解いて
キャパシタ電圧 $V_C(t)$ の変化を求める

では，式(4)の微分方程式を，変数分離形にして解いてみましょう．具体的には，電荷 q と時間 t が分離するように式(4)を変形します．そして，電荷 $q(t)$ がどのような数式で表されるのか求めるのです．具体的には省略せずに書きますので，以下の手順をご覧ください．読者の皆さんは，紙と鉛筆で実際に数式を展開されると理解が深まるでしょう．

式(4)を変形して，変数分離形にします．そのために $dq(t) =$ の形の数式を目指します．

まず式(4)の両辺に C をかけます．

$$CV = CR\frac{dq(t)}{dt} + q(t) \cdots\cdots (6)$$

次に，$CR\frac{dq(t)}{dt}$ を左辺に移動します．

$$CV - CR\frac{dq(t)}{dt} = q(t)$$

CV を右辺に移動します．

$$-CR\frac{dq(t)}{dt} = q(t) - CV$$

両辺を $q(t) - CV$ で割ります．

$$-\frac{CR}{q(t)-CV}\frac{dq(t)}{dt} = 1$$

さらに CR で両辺を割ります．

$$-\frac{1}{q(t)-CV}\frac{dq(t)}{dt} = \frac{1}{CR}$$

両辺に -1 をかけます．

$$\frac{1}{q(t)-CV}\frac{dq(t)}{dt}=-\frac{1}{CR}$$

dt を右辺に移動します.

$$\therefore \quad \frac{1}{q(t)-CV}dq(t)=-\frac{1}{CR}dt \quad\cdots\cdots\cdots\cdots\cdots\cdots\cdots\cdots\cdots\cdots\cdots (7)$$

以上で, 式(7)のように, 電荷量 $q(t)$ と時間 t が分離しました. このように, 2つの変数(この場合は電荷量 $q(t)$ と時間 t)が左辺と右辺に分かれた形を, 数学の世界では変数分離形と呼びます.

では, 式(7)の両辺を積分しましょう. 2つの変数を左辺と右辺にわざわざ分けたのは, 両辺を積分したかったからです. ここに変数分離形にした目的があるのです.

式(7)の両辺を積分すると式(8)が得られます.

$$\int \frac{1}{q(t)-CV}dq(t)=-\frac{1}{CR}\int dt \quad\cdots\cdots\cdots\cdots\cdots\cdots\cdots\cdots\cdots\cdots (8)$$

ここで積分の公式の登場です. 公式は必要な部分だけ書き出します.

積分(不定積分)公式の抜粋

$$\int \frac{1}{x}dx=log|x|+K_1 \quad K1は積分定数^{(注1)}\cdots\cdots\cdots\cdots\cdots\cdots\cdots 公式(a)$$

$$\int dx=x+K_2 \quad K2は積分定数^{(注1)}\cdots\cdots\cdots\cdots\cdots\cdots\cdots\cdots 公式(b)$$

公式(a), 公式(b)を, 式(8)に適用してみましょう. 式(8)の左辺は公式(a)を適用して,

$$\int \frac{1}{q(t)-CV}dq(t)=log|q(t)-CV|+K_1 \quad\cdots\cdots\cdots\cdots\cdots\cdots\cdots (9)$$

となり, 式(8)の右辺は公式(b)を適用して

$$-\frac{1}{CR}\int dt=-\frac{1}{CR}t+K_2 \quad\cdots\cdots\cdots\cdots\cdots\cdots\cdots\cdots\cdots (10)$$

となります.

式(9)では, log の中に絶対値記号が付いて

$$|q(t)-CV| \quad\cdots\cdots\cdots\cdots\cdots\cdots\cdots\cdots\cdots\cdots\cdots\cdots\cdots\cdots\cdots (11)$$

となっています.

この式(11)を, 数学から離れて図1の回路のキャパシタ C と電圧 V, 電荷量 q で考えてみましょう. 式(11)で CV は, キャパシタ C が入力電圧 V になったときの電荷量を示しています. そのため, キャパシタ C の電圧が入力電圧 V 以外の状態, 具体的には徐々に増加している過渡の状態, 徐々に減少している過渡の状態では, キャパシタ C 電圧 $V_C(t)$ は必ず入力電圧 V より低いのです. 電荷量 $q(t)$ で考えると, 過渡状態で電荷量 $q(t)$ は, 入力電圧 V で電荷量が満たされた状態 CV より小さいのです. 式で書くと

注1: 一般的に数学の世界では, 積分定数は C と記します. ですが, それではキャパシタ C と区別が付かないので, ここでは K_1, K_2 と書きました.

$$q(t) < CV$$

です. なので絶対値で書かれた式 (11) は, 回路の動作から考えると

$$|q(t) - CV| = CV - q(t)$$

と書くことができます.

　よって, 式 (8) の左辺を示す式 (9) は

$$\int \frac{1}{q(t) - CV} dq(t) = log|CV - q(t)| + K_2$$
$$= log(CV - q(t)) + K_1 \quad\text{(12)}$$

となるのです. 式 (8) の左辺を示す式 (12) と右辺を示す式 (10) は, 左辺 [式 (12)] = 右辺 [式 (10)] なので, まとめましょう, 式 (13) です.

$$log(CV - q(t)) + K_1 = -\frac{1}{CR}t + K_2 \quad\text{(13)}$$

　式 (13) で積分定数 K_1, K_2 をまとめて K とするため, K_1 を左辺に移動します.

$$log(CV - q(t)) = -\frac{1}{CR}t + K_2 - K_1$$

なので

$$log(CV - q(t)) = -\frac{1}{CR}t + K \quad\text{(14)}$$

となりました.

　次に log を外します. また数学の指数関数, 対数関数の公式ですが, ポイントだけ書くと下記でした.

指数関数, 対数関数の公式 (抜粋)

　$x = log_e y$ は書き換えると $e^x = y$, $e^x = y$ は書き換えると $x = log_e y$ $\quad\text{公式(c)}$

　公式 (c) を式 (13) に当てはめて, 式 (14) の log を外してみましょう. 少し面倒なので落ち着いて考えて, 公式 (c) を適用しましょう. その結果, 式 (15) が得られます.

$$log(CV - q(t)) = -\frac{1}{CR}t + K \quad\text{(14)再掲}$$

$$\Downarrow$$

$$e^{-\frac{1}{CR}t + K} = CV - q(t) \quad\text{(15)}$$

　求めるのは電荷量 $q(t)$ なので, 式 (15) を変形して $q(t) =$ の形にします.

$$q(t) = CV - e^{-\frac{1}{CR}t + K} \quad\text{(16)}$$

　式 (15) で積分定数 K が不明です. これは, 式 (16) を

$$q(t) = CV - e^{-\frac{1}{CR}t + K} = CV - e^{-\frac{1}{CR}t} e^K \quad\text{(17)}$$

と変形して考えましょう.

　ここで再び回路的な条件を考慮します.

回路の初期条件

　　　時間 $t = 0$ のとき，キャパシタ C の電荷 $q(t) = 0$ ……………………………………… 公式(d)

として求めます．式(17)に，$t =$ のとき $q(0) = CV$ を代入して

$$q(0) = CV - e^{-\frac{1}{CR}0} e^k = CV - e^k = 0$$

ですから，

$$e^k = CV \quad\text{……………………………………………………………………………………}(18)$$

が得られました．式(17)に式(18)の結果を代入すると

$$q(t) = CV - e^{-\frac{1}{CR}t} e^k = CV - CV e^{-\frac{1}{CR}t} = CV(1 - e^{-\frac{1}{CR}t})$$

なので最終的に電荷 q の変化を表す式は，微分方程式の式(4)を解くことで

$$q(t) = CV(1 - e^{-\frac{1}{CR}t}) \quad\text{…………………………………………………………}(19)$$

と得られました．

　また数学の話で恐縮です．式(15)ですが，積分定数 K を含んだ解なので，微分方程式の一般解，略して一般解と呼んでいます．対して，公式(c)によって式(15)の積分定数 K まで求めた式(18)は，特殊解，または特解と呼ばれています．この公式(c)も，数学の世界では初期条件と呼んでいます．

　まとめると，単純に微分方程式を解いて積分定数を含む式が一般解，初期条件を入れて積分定数まで求めた式が特殊解なのです．

　キャパシタ C の電荷 q の変化が数式で求められたので，キャパシタ電圧 $V_C(t)$ を求めましょう．キャパシタ電圧 $V_C(t)$ は

$$V_C(t) = \frac{1}{C} \int i(t) dt \quad\text{……………………………………………………………}(20)$$

で与えられ，一方，電荷量 $q(t)$ は

$$q(t) = \int i(t) dt \quad\text{………………………………………………………………………}(2)再掲$$

でした．式(19)と式(2)から

$$V_C(t) = \frac{1}{C} \int i(t) dt = \frac{1}{C} q(t) \quad\text{…………………………………………}(21)$$

となるので，式(21)の電荷 $q(t)$ に式(19)を代入します．

$$V_C(t) = \frac{1}{C} q(t) = \frac{1}{C} CV(1 - e^{-\frac{1}{CR}t}) = V(1 - e^{-\frac{1}{CR}t})$$

となります．

　結論です．一般的に，**図1**のキャパシタ C の電圧 $V_C(t)$ の過渡的な変化の例である**図3**は，式(22)と表すことができるのです．

$$V_C(t) = V(1 - e^{-\frac{1}{CR}t}) \quad\text{………………………………………………………………}(22)$$

　式(22)は，以上のように微分方程式を解いて得られた式ですが，多くの文献はそうした過程を省いています．そして結論だけが登場していますが，そんな苦労して微分方程式を解いた結果なのです．

式 (22) の指数関数部分 $e^{-\frac{1}{CR}t}$ は時間 t の経過とともに小さな値になり，やがて 0 になります．その結果キャパシタ電圧 $V_C(t)$ は，0V からだんだん増加して，**図3**のようにやがては，入力電圧 V に近づくことを示しています．

● 電流 $i(t)$ の過渡的な変化を求めてみる

電荷量 $q(t)$ は，電流で書くと

$$q(t) = \int i(t)\,dt \quad\text{(2)再掲}$$

でした．ですから電流 $i(t)$ は，式 (2) の両辺を微分すれば得られます．

$$i(t) = \frac{dq(t)}{dt} \quad\text{(参考a)}$$

ここで電荷量 $q(t)$ は

$$q(t) = CV\left(1 - e^{-\frac{1}{CR}t}\right) \quad\text{(19)再掲}$$

でしたので，式 (19) を微分して電流 $i(t)$ を求めてみましょう．

$$i(t) = \frac{dq(t)}{dt} = \frac{d}{dt}\left\{CV\left(1 - e^{-\frac{1}{CR}t}\right)\right\}$$

$$= 0 - CV\left(-\frac{1}{CR}\,e^{-\frac{1}{CR}t}\right) = CV\frac{1}{CR}\,e^{-\frac{1}{CR}t}$$

$$\therefore\quad i(t) = \frac{V}{R}\,e^{-\frac{1}{CR}t} \quad\text{(参考b)}$$

以上で，電流 $i(t)$ が得られました．電流 $i(t)$ を示す式 (参考 b) の指数関数部分 $e^{-\frac{1}{CR}t}$ は，時間 t の経過とともに小さな値になります．ですから，電流 $i(t)$ は，時間の経過に従い減少することがわかります．多くの過渡現象の文献には，式 (参考 b) が掲載されていますので，本項でも取り上げました．

ラプラス変換を使って微分方程式を解いてキャパシタ電圧 $V_C(t)$ の変化を求める

今度は，ラプラス変換を使って微分方程式を解き，キャパシタ電圧 $V_C(t)$ の変化を求めてみましょう．

ラプラス変換と書くと難しそうですね，そこでたとえてみました．アメリカでしか買えない商品を買い，日本で販売することになりました．日本のお金「円」を「ドル」に替えないとアメリカでは使えないので，両替します．アメリカでドルを使って買い物をします．日本ではドルで販売できないので，円に換金して商品の価格にします．この円をドルに替えるときがラプラス変換で，ドルを円に替えるときがラプラス逆変換のようなイメージです．

数学的にラプラス変換を探求しても面白いのですが，それは他書に譲り，ここでは微分方程式を解く道具としてそうした方法を使う，との立場で話を進めましょう．

図1の回路から得られた式 (1)，

$$V = Ri(t) + \frac{1}{C}\int i(t)\,dt \quad\text{(1)再掲}$$

やはり式(1)の電流$i(t)$を電荷量$q(t)$に置き換えた式(4)がスタートです.

$$V = R\frac{dq(t)}{dt} + \frac{1}{C}q(t) \quad\cdots\cdots\cdots\cdots (4)再掲$$

公式に従って，ラプラス変換してみましょう．ラプラス変換の公式を抜粋してみました(**表1**).

式(4)を公式に従ってラプラス変換してみましょう．式(4)に対して公式(g)を適用します.

$$\frac{V}{s} = R\{sQ(s)+q(0)\} + \frac{1}{C}Q(s)$$
$$= (sR+\frac{1}{C})Q(s) + Rq(0) \quad\cdots\cdots\cdots\cdots (23)$$

式(23)で電荷量$q(t)$をラプラス変換したものが$Q(s)$です．このことを$Q(s)=L\{q(t)\}$と書きます.

見慣れない記号 "s" が登場していますが，ここでは時間軸tの関数をラプラス変換した後はsを用いる約束ということにしましょう．数式の記号が単に時間tをラプラス変換するとsになる，とお考えください.

数学的にはsは複素数で$s = \sigma + j\beta$（j：虚数単位, $j^2 = -1$）で，難しいことを書けば，時間軸から複素平面への写像をした，と考えるのです.

話を進めましょう．時間$t = 0$のとき電荷$q = 0$とすれば，$q(0) = 0$なので式(23)は,

$$\frac{V}{s} = (sR+\frac{1}{C})Q(s) \quad\cdots\cdots\cdots\cdots (24)$$

となります．電荷量$Q(s)$を求めるのが目的なので，$Q(s) =$の形に変形します.

$$Q(s) = \frac{\frac{V}{s}}{sR+\frac{1}{C}} = \frac{V}{s(sR+\frac{1}{C})}$$

$$\therefore\ Q(s) = \frac{\frac{V}{R}}{s(s+\frac{1}{CR})} \quad\cdots\cdots\cdots\cdots (25)$$

ここまでたどり着きました．式(25)をラプラス逆変換して，電荷量$q(t)$を求めます．ですが困ったことに，式(25)をラプラス逆変換できる公式は**表1**にはありません．そこで，式(25)を部分分数に分解[注2]

表1
ラプラス変換の公式

	逆ラプラス変換 $f(t) = \mathcal{L}^{-1}\{F(s)\}$	ラプラス変換 $f(s) = \mathcal{L}\{f(t)\}$
公式 (e)	1	$\frac{1}{s}$
公式 (f)	e^{at}	$\frac{1}{s-a}$
公式 (g)	e^{-at}	$\frac{1}{s+a}$
公式 (h)	$\frac{df(t)}{dt}$	$sF(s)-f(0)$
公式 (i)	$\int_0^t f(\tau)d\tau$	$\frac{F(s)}{s}$

注2：1つの分数式を，それより簡単ないくつかの分数式の和の形に書き直すことです.

します.

今，式 (25) において

$$\frac{1}{CR} = a \ , \qquad \frac{V}{R} = \qquad\qquad\qquad\qquad (26)$$

とすれば，式 (25) は式 (27) のように書けます.

$$Q(s) = \frac{\dfrac{V}{R}}{s\left(s + \dfrac{1}{CR}\right)} = \frac{b}{s(s+a)} \qquad\qquad (27)$$

式 (27) の分母にある s は 2 個あるので，分母を 2 つに分けた部分分数に分けられると仮定しましょう，式 (28) です.

$$Q(s) = \frac{b}{s(s+a)} = \frac{A}{s} + \frac{B}{s+a} \qquad\qquad (28)$$

式 (28) において $\dfrac{A}{s}$ の形は**表 1** の公式 (e)，$\dfrac{B}{s+a}$ の形は公式 (f) を使ってラプラス逆変換できるので，$Q(s)$ もラプラス逆変換できます．しかし，A，B の値はわかりません．そこで求めておきます．式 (28) をまとめると，式 (29) になります.

$$Q(s) = \frac{A}{s} + \frac{B}{s+a} = \frac{A(s+a) + Bs}{s(s+a)} \qquad\qquad (29)$$

式 (27) と式 (29) は等しいので

$$Q(s) = \frac{b}{s(s+a)} = \frac{A(s+a) + Bs}{s(s+a)} \qquad\qquad (30)$$

です．よって，

$$b = A(s+a) + Bs = s(A+B) + Aa$$

が成り立ちます．これより以下の 2 つの式が得られます.

$$A + B = 0 \qquad \because b \text{ の項には } s \text{ がない}$$
$$b = Aa$$

この 2 つの式を解くと

$$A = \frac{b}{a} \ , \qquad B = -A = \frac{b}{a} \qquad\qquad (31)$$

が得られ，部分分数に分解した式 (24) が成立します．さっそく，式 (25) を式 (24) に代入すると，

$$\therefore \quad Q(s) = \frac{A}{s} + \frac{B}{s+a} = \frac{\dfrac{b}{a}}{s} + \frac{-\dfrac{b}{a}}{s+a}$$

$$Q(s) = \frac{b}{a}\left(\frac{1}{s} - \frac{1}{s+a}\right) \qquad\qquad (32)$$

となりました.

ここで式 (32) を**表 1** の公式 (e)，公式 (g) を使ってラプラス逆変換してみましょう．式 (33) です.

$$q(t) = L^{-1}\{Q(s)\} = \frac{\beta}{\alpha}\left(L^{-1}\{\frac{1}{s}\} - L^{-1}\{\frac{1}{s+\alpha}\}\right)$$

$$= \frac{\beta}{\alpha}(1 - e^{-\alpha t}) \quad\cdots\cdots\cdots\cdots\cdots(33)$$

式 (33) で，α，β に図1の回路素子の値，式 (26) を代入しましょう．

$$\frac{1}{CR} = \alpha \qquad\qquad \frac{V}{R} = \beta$$

すると式 (33) は，結局，式 (34) となります．

$$q(t) = \frac{\beta}{\alpha}(1 - e^{-\alpha t}) = \frac{\frac{V}{R}}{\frac{1}{CR}}(1 - e^{-\frac{1}{CR}t})$$

$$q(t) = CV(1 - e^{-\frac{1}{CR}t}) \quad\cdots\cdots\cdots\cdots\cdots(34)$$

やっと電荷量 $q(t)$ の変化を示す式が，式 (34) で得られました．ほっとしてください．あとは電荷量 $q(t)$ から，出力電圧となるキャパシタ $V_C(t)$ を求めるだけです．

$$v_C(t) = \frac{1}{C}q(t) = \frac{1}{C}\{CV(1 - e^{-\frac{1}{CR}t})\}$$

$$\therefore \quad v_C(t) = V(1 - e^{-\frac{1}{CR}t}) \quad\cdots\cdots\cdots\cdots\cdots(35)$$

式 (35) が得られました．式 (30) は，変数分離形で微分方程式を解いた式 (22) と，まったく同じであることに注目してください．つまり，微分方程式の解き方によらず，結果は同じなのです．

微分演算子を使って微分方程式を解いて キャパシタ電圧 $V_C(t)$ の変化を求める

微分演算子 D を $D = \frac{d}{dt}$ と置いて，微分方程式を，あたかも代数方程式のように解く方法です．本書では微分演算子は D としましたが，p としている文献もあります．ではさっそく微分方程式を解いてみましょう．スタートは，やはり式 (4) です．

$$V = R\frac{dq(t)}{dt} + \frac{1}{C}q(t) \quad\cdots\cdots\cdots\cdots\cdots(4)再掲$$

式 (4) を微分演算子 D を使って書き換えてみましょう．$D = \frac{d}{dt}$ ですから，式 (4) は

$$V = RDq(t) + \frac{1}{C}q(t) = Rq(t)(D + \frac{1}{C}) \quad\cdots\cdots\cdots\cdots\cdots(36)$$

となり，結局，

$$\frac{V}{R} = q(t)(D + \frac{1}{CR}) \quad\cdots\cdots\cdots\cdots\cdots(37)$$

と書けます．ここで得られた式 (37) に，次の定理の A を適用します．

定理

A　1階微分方程式 $(D+a)y(x)=p(x)$ の一般解は $y(x)=e^{-ax}\left(\int p(x)e^{ax}dx+K\right)$

　　K：積分定数 .... 公式 (k)

B　2階微分方程式 $(D+a)(D+b)y(x)=p(x)$ の一般解は $y(x)=K_1 e^{-ax}+K_2 e^{-bx}$

　　K_1, K_2：積分定数 .... 公式 (l)

式 (31) を，定理の A に適用すると

$$a=\frac{1}{CR} \qquad\qquad p(x)=\frac{V}{R}$$

に相当するので，一般解の公式 (i) に代入してみましょう．

$$q(t)=e^{-\frac{1}{CR}t}\left(\int \frac{V}{R}e^{\frac{1}{CR}t}dt+K\right) \quad\cdots\cdots\cdots (38)$$

式 (38) では

$$\int \frac{V}{R}e^{\frac{1}{CR}t}dt \quad\cdots\cdots\cdots\cdots\cdots\cdots\cdots\cdots\cdots\cdots\cdots (39)$$

の計算が難しそうですね．そこで丁寧に計算してみましょう．まず積分の中の $\frac{V}{R}$ は，時間で変化しないので積分の外に出せます．

$$\frac{V}{R}\int e^{\frac{1}{CR}t}dt \quad\cdots\cdots\cdots\cdots\cdots\cdots\cdots\cdots\cdots\cdots (40)$$

次に，指数関数の積分は，積分の公式があります．

指数関数の積分公式

$$\int e^x dx = e^x$$

あとは，式 (40) の指数部分が

$$\frac{1}{CR}t=x \quad\cdots\cdots\cdots\cdots\cdots\cdots\cdots\cdots\cdots\cdots\cdots\cdots (41)$$

であることです．これは，

$$t=CRx$$

と変形して，両辺を微分すると

$$dt=CRdx \quad\cdots\cdots\cdots\cdots\cdots\cdots\cdots\cdots\cdots\cdots\cdots\cdots (42)$$

となるので，式 (40) に式 (41)，式 (42) を代入してみましょう．

$$\frac{V}{R}\int e^{\frac{1}{CR}t}dt=\frac{V}{R}\int CRe^x dx$$
$$=\frac{V}{R}CR\int e^x dx=VCe^x \quad\cdots\cdots\cdots (43)$$

となるので，

$$\frac{V}{R}\int e^{\frac{1}{CR}t}dt=VCe^{\frac{1}{CR}t} \quad\cdots\cdots\cdots\cdots\cdots\cdots (44)$$

となりました．ここまで来ると，式 (38) も計算できるでしょう．

$$q(t) = e^{-\frac{1}{CR}t}\left(\int \frac{V}{R}e^{\frac{1}{CR}t}dt + K\right)$$

$$= e^{-\frac{1}{CR}t}\left(VCe^{\frac{1}{CR}t} + K\right)$$

$$= VCe^{-\frac{1}{CR}t}e^{\frac{1}{CR}t} + Ke^{-\frac{1}{CR}t}$$

$$\therefore q(t) = VC + Ke^{-\frac{1}{CR}t} \quad \cdots\cdots\cdots\cdots\cdots\cdots (45)$$

と得られました.

　ここで積分定数を求めます. 積分定数は, 回路の条件から求めます.

回路の初期条件

　　時間 $t = 0$ のとき, キャパシタ C の電荷 $q(t) = 0$ ················· 公式 (d) 再掲

具体的には, 条件 (d) を式 (45) に代入すると

$$q(0) = VC + Ke^{-\frac{1}{CR}0} = VC + K = 0$$

$$\therefore K = -VC \quad \cdots\cdots\cdots\cdots\cdots\cdots\cdots\cdots\cdots\cdots (46)$$

となりました. あとは, 式 (46) の結果を式 (45) に代入します.

$$q(t) = VC + Ke^{-\frac{1}{CR}t} = VC - VCe^{-\frac{1}{CR}t}$$

$$q(t) = VC(1 - e^{-\frac{1}{CR}t}) \quad \cdots\cdots\cdots\cdots\cdots\cdots (47)$$

　電荷量 $q(t)$ の変化を示す式 (47) が得られました.

　あとは, 電荷量 $q(t)$ から, 出力電圧となるキャパシタ $V_C(t)$ を求めるだけです.

$$V_C(t) = \frac{1}{C}q(t) = \frac{1}{C}\left\{CV(1 - e^{-\frac{1}{CR}t})\right\} \quad \cdots\cdots\cdots\cdots (48)$$

と式 (48) が得られました.

　式 (48) は, 変数分離形で微分方程式を解いた式 (22), ラプラス変換で微分方程式を解いた式 (35) とまったく同じです.

　以上で過渡現象を解析するために, 3 通りの方法で微分方程式を解きました. 図1 の回路では, どの方法で解いても良いのですが, 回路が複雑になると微分演算子 D を使った方法をお勧めいたします.

入力 0V となった場合のキャパシタ電圧 $V_C(t)$ の変化を求める

　今度は図4 のように, 入力電圧 V から 0V に変化した場合の過渡的な電圧の変化を示す数式を求めてみましょう. このときキャパシタ C は, 入力電圧 V で充電されています. ですから, キャパシタ C の電荷量は CV です.

　スタートは, キルヒホッフの法則から

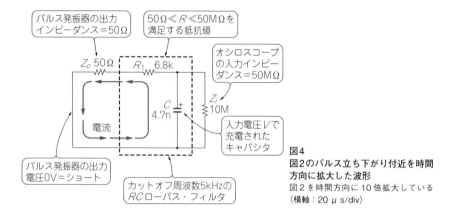

図4
図2のパルス立ち下がり付近を時間
方向に拡大した波形
図2を時間方向に10倍拡大している
（横軸：20 μ s/div）

$$0 = Ri(t) + \frac{1}{C}\int i(t)dt \quad\text{……………………………………}(49)$$

です．他と同様に，式(49)の電流 $i(t)$ を

$$q(t) = \int i(t)\,dt \quad\text{……………………………………}(50)$$

を使って電荷量 $q(t)$ に置き換えます．

$$0 = CR\frac{dq(t)}{dt} + q(t) \quad\text{……………………………………}(51)$$

　これで得られた式(51)の微分方程式を，変数分離形を使って解きましょう．式(51)をどんどん展開していきます．まず，電荷量 $q(t)$ と時間 t を左辺と右辺に分ける形に変化します．

　式(51)から

$$CR\frac{dq(t)}{dt} = -q(t)$$

となります．両辺を $q(t)$ で割って，$q(t)$ を左辺に移動します．

$$\frac{CR}{q(t)}\frac{dq(t)}{dt} = -1$$

さらに両辺を CR で割ります．

$$\frac{1}{q(t)}\frac{dq(t)}{dt} = -\frac{1}{CR}$$

dt を右辺に移動して変数分離形のできあがりです．

$$\frac{1}{q(t)}dq(t) = -\frac{1}{CR}dt \quad\text{……………………………………}(52)$$

あとは，両辺を積分します．

$$\int \frac{1}{q(t)}dq(t) = -\frac{1}{CR}\int dt \quad\text{……………………………………}(53)$$

　ここで，積分の公式(a)を式(53)の左辺，積分の公式(b)を式(53)の右辺に適用します．

$$\text{式(53)の左辺} = \int \frac{1}{q(t)}dq(t) = log\left|q(t)\right| + K_1$$
$$= log\{q(t)\} + K_1$$

式 (53) の右辺 $= -\dfrac{1}{CR}\displaystyle\int dt = -\dfrac{1}{CR}t + K_2$

式 (53) の左辺と右辺は等しいので

$$\log\{q(t)\} + K_1 = -\dfrac{1}{CR}t + K_2$$

となります．積分定数 K_1, K_2 をまとめましょう．

$$\log\{q(t)\} = -\dfrac{1}{CR}t + K_2 - K_1$$

$$\log\{q(t)\} = -\dfrac{1}{CR}t + K \quad \because\ K = k_2 - k_1 \qquad\qquad (54)$$

指数，対数の公式 (c) を使って，式 (54) の対数表示を指数表示にして，$q(t) =$ の形にします．

$$q(t) = e^{-\frac{1}{CR}t + K}$$

ここで，積分定数 K を求めましょう．

$$q(t) = e^{-\frac{1}{CR}t}e^{K} \qquad\qquad\qquad\qquad (55)$$

と変形して，回路の初期条件から積分定数 K を求めます．

回路の初期条件

　　時間 $t = 0$ のとき，キャパシタ C の電荷 $q(t) = 0$ ······························ 公式 (d) 再掲

でしたから，式 (55) に $t = 0$ のとき $q(0) = CV$ を代入して

$$q(0) = e^{-\frac{1}{CR}0}e^{K} = e^{K} = CV$$

ですから，

$$e^{K} = CV \qquad\qquad\qquad\qquad\qquad (56)$$

指数に，積分定数 K を含む指数 e^{K} が得られました．式 (55) に式 (56) の結果を代入すると

$$q(t) = e^{-\frac{1}{CR}t}e^{K} = CVe^{-\frac{1}{CR}t}$$

なので，最終的に電荷量 $q(t)$ の変化を表す式は，微分方程式の式 (51) を解くことで

$$q(t) = CVe^{-\frac{1}{CR}t} \qquad\qquad\qquad\qquad (57)$$

と得られました．

　あとは，キャパシタの電荷量 $q(t)$ の変化を，キャパシタ電圧 $V_C(t)$ の変化に置き換えます．

$$v_C(t) = \dfrac{1}{C}q(t) = \dfrac{1}{C}\left(CVe^{-\frac{1}{CR}t}\right)$$

$$v_C(t) = Ve^{-\frac{1}{CR}t} \qquad\qquad\qquad\qquad (58)$$

　これで，立ち下がり時のキャパシタ電圧 $V_C(t)$ の過渡的な時間変化が，数式として求められました．式 (58) の指数関数部分 $e^{-\frac{1}{CR}t}$ は，時間 t の経過とともに減少します．ですから，キャパシタ電圧 $V_C(t)$ は，図 5 のように時間 t とともに減衰する特性になります．

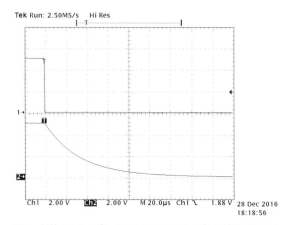

図5　抵抗 R とキャパシタ C による LPF で，パルス立ち下がりの
過渡応答の解析

パルス波高値 V ［V］でキャパシタに充電された電荷が，$Z_o + R$ を通
して放電される

演習問題 A ～ G の解答

■ 演習問題A

［演習問題1］

オームの法則 $V = IR$ より，各値を代入する．

$V = IR = 1.5\mathrm{mA} \times 3.3\mathrm{k}\Omega = 1.5 \times 10^{(-3)} \times 3.3 \times 10^3 = 4.95 \;[\mathrm{V}]$

［演習問題2］

オームの法則 $V = IR$ より，各値を代入する．

$V = IR = 25\mathrm{mA} \times 120\,\Omega = 25 \times 10^{(-3)} \times 120 = 3.0 \;[\mathrm{V}]$

［演習問題3］

オームの法則 $R = V/I$ より，各値を代入する．

$R = V/I = 10.08\mathrm{V} \div 1.8\mathrm{mA} = 10.08 \div 1.8 \times 10^{(-3)} = 5.6 \times 10^3 = 5.6 \;[\mathrm{k}\Omega]$

［演習問題4］

オームの法則 $R = V/I$ より，各値を代入する．

$R = V/I = 2.64\mathrm{V} \div 0.8\mathrm{mA} = 2.64 \div 0.8 \times 10^{(-3)} = 3.3 \times 10^3 = 3.3 \;[\mathrm{k}\Omega]$

［演習問題5］

オームの法則 $I = V/R$ より，各値を代入する．

$I = V/R = 1.8\mathrm{V} \div 750\,\Omega = 1.8 \div 750 = 2.4 \times 10^{(-3)} = 2.4 \;[\mathrm{mA}]$

［演習問題6］

オームの法則 $I = V/R$ より，各値を代入する．

$I = V/R = 4.8\mathrm{V} \div 15\mathrm{k}\Omega = 4.8 \div 15 \times 10^3 = 0.32 \times 10^{(-3)} = 0.32 \;[\mathrm{mA}]$

■ 演習問題B

［演習問題1］

図Aよりサイン波なのでAppendix Bの**コラム1**の**表A**より実効値は式(A)で求められる．

$V_{\mathrm{RMS}} = 1/\sqrt{2}\; V_P$ ·· (A)

図Aよりピーク電圧は $V_P = 141\mathrm{V}$ であるから，式(A)から下記のように得られた．

$V_{\mathrm{RMS}} = 1/\sqrt{2}\; V_P = 1/\sqrt{2}\; 141 = 99.7 \fallingdotseq 100 \;[V_{\mathrm{RMS}}]$

［演習問題2］

図Bは Appendix Bの**コラム1**の**表A**のパルス1に相当するので実効値は式(B)で求められる．

$V_{\mathrm{RMS}} = V_P \sqrt{D}$ ·· (B)

図Bからピーク電圧は $V_P = 5\mathrm{V}$，デューティは0.5なので，式(B)から下記のように得られた．

$V_{\mathrm{RMS}} = V_P \sqrt{D} = 5\sqrt{0.5} = 3.536 \fallingdotseq 3.54 \;[V_{\mathrm{RMS}}]$

［演習問題3］

図Cは Appendix Bの**コラム1**の**表A**のパルス1に相当するので実効値は式(C)で求められる．

$V_{\mathrm{RMS}} = V_P \sqrt{D}$ ·· (C)

図Cからピーク電圧は$V_P = 10$V，デューティは0.2なので，式(C)から下記のように得られた．

$$V_{RMS} = V_P\sqrt{D} = 10\sqrt{0.2} = 4.472 \fallingdotseq 4.47 \ [V_{RMS}]$$

[演習問題4]

図DはAppendix Bの**コラム1**の**表A**のパルス2に相当するので実効値は式(D)で求められる．

$$V_{RMS} = V_P \cdots\cdots\cdots\cdots\cdots\cdots\cdots\cdots\cdots\cdots\cdots\cdots\cdots\cdots\cdots\cdots\cdots\cdots \text{(D)}$$

図Dよりピーク電圧は$V_P = 5$V，式(D)から下記のように得られた．

$$V_{RMS} = V_P = 5.0 \ [V_{RMS}]$$

[演習問題5]

図Eからサイン波なので，Appendix Bの**コラム1**の**表A**より実効値は式(E)で求められる．

$$V_{RMS} = 1/\sqrt{3} \ V_P \cdots\cdots\cdots\cdots\cdots\cdots\cdots\cdots\cdots\cdots\cdots\cdots\cdots\cdots\cdots \text{(E)}$$

図Eよりピーク電圧は$V_P = 5$Vなので，式(D)より下記のように得られた．

$$V_{RMS} = 1/\sqrt{3} \ V_P = 1/\sqrt{3} \ 5 = 2.887 \fallingdotseq 2.89 \ [V_{RMS}]$$

■ 演習問題C

[演習問題1]

(1)周波数$f = 1$kHz時

$\quad Z_C = 1/2 \ \pi f C = 1/2 \ \pi \times 1 \times 10^3 \times 0.1 \times 10^{-6} = 1.59 \ [\text{k}\Omega]$

(2)周波数$f = 10$kHz時

$\quad Z_C = 1/2 \ \pi f C = 1/2 \ \pi \times 10 \times 10^3 \times 0.1 \times 10^{-6} = 159 \ [\Omega]$

(3)周波数$f = 100$kHz時

$\quad Z_C = 1/2 \ \pi f C = 1/2 \ \pi \times 100 \times 10^3 \times 0.1 \times 10^{-6} = 15.9 \ [\Omega]$

(4)周波数$f = 1$MHz時

$\quad Z_C = 1/2 \ \pi f C = 1/2 \ \pi \times 1 \times 10^6 \times 0.1 \times 10^{-6} = 1.59 \ [\Omega]$

(5)周波数$f = 10$MHz時

$\quad Z_C = 1/2 \ \pi f C = 1/2 \ \pi \times 10 \times 10^6 \times 0.1 \times 10^{-6} = 0.159 \ [\Omega]$

[解説]

　積層セラミック・キャパシタの$0.1 \ \mu$Fは，バイパス・キャパシタ(bypass capacitor：日本では通称パスコンと呼ばれることが多い)として多用されているキャパシタです．

　1MHz以上では低いインピーダンスなのですが，10kHz以下では低インピーダンスとはいえないことが，この計算よりわかります．

　バイパス・キャパシタとは，ICの電源ピンとコモン間に実装されるキャパシタです．大本のDC電源からICまでの電源ラインで，配線が長くなってインピーダンスが高くなることによって起こる弊害を低減させるために実装します．

[演習問題2]

(1)周波数$f = 100$Hz時

$\quad Z_C = 1/2 \ \pi f C = 1/2 \ \pi \times 100 \times 100 \times 10^{-6} = 15.9 \ [\Omega]$

(2)周波数$f = 1$kHz時

$\quad Z_C = 1/2 \ \pi f C = 1/2 \ \pi \times 1 \times 10^3 \times 100 \times 10^{-6} = 1.59 \ [\Omega]$

(3)周波数$f = 10$kHz時

$\quad Z_C = 1/2 \ \pi f C = 1/2 \ \pi \times 10 \times 10^3 \times 100 \times 10^{-6} = 0.159 \ [\Omega]$

(4)周波数$f = 100$kHz時

    $Z_C = 1/2 \pi fC = 1/2 \pi \times 100 \times 10^3 \times 100 \times 10^{-6} = 0.0159$［Ω］

［解説］

電解キャパシタの使用事例としては，DC電源のDC出力の＋側と－側に接続されていることがほとんどです．キャパシタンスが大きいので，出力電流の変動に対しても電源電圧を安定させる働きが大きいという特徴があります．この計算のように，100kHz以下の周波数では低インピーダンスです．そのため扱う周波数が100kHz以下の電子機器に使われています．

[**演習問題3**]

(1)周波数$f = 10$kHz時

    $Z_C = 1/2 \pi fC = 1/2 \pi \times 10 \times 10^3 \times 10 \times 10^{-9} = 1.59$［kΩ］

(2)周波数$f = 100$kHz時

    $Z_C = 1/2 \pi fC = 1/2 \pi \times 100 \times 10^3 \times 10 \times 10^{-9} = 159$［Ω］

(3)周波数$f = 1$MHz時

    $Z_C = 1/2 \pi fC = 1/2 \pi \times 1 \times 10^6 \times 10 \times 10^{-9} = 15.9$［Ω］

(4)周波数$f = 10$MHz時

    $Z_C = 1/2 \pi fC = 1/2 \pi \times 10 \times 10^6 \times 10 \times 10^{-9} = 1.59$［Ω］

(5)周波数$f = 100$MHz時

    $Z_C = 1/2 \pi fC = 1/2 \pi \times 100 \times 10^6 \times 10 \times 10^{-9} = 0.159$［Ω］

［解説］

10nFともなると，周波数1kHzや10kHzでは大きなインピーダンスです．しかし10MHz以上の周波数では，とても小さなインピーダンスになります．この特徴から，10nFの積層セラミック・キャパシタは，VHF（30～300MHz）やUHF（300MHz～3GHz）の周波数を扱う電子機器のバイパス・キャパシタとして多く使われています．

また，10nFの前後1けた程度のキャパシタは，主にタイミング回路やアナログ信号処理などの用途に使われています．

[**演習問題4**]

(1)周波数$f = 1$MHz時

    $Z_C = 1/2 \pi fC = 1/2 \pi \times 1 \times 10^6 \times 100 \times 10^{-12} = 1.59$［kΩ］

(2)周波数$f = 10$MHz時

    $Z_C = 1/2 \pi fC = 1/2 \pi \times 10 \times 10^6 \times 100 \times 10^{-12} = 159$［Ω］

(3)周波数$f = 100$MHz時

    $Z_C = 1/2 \pi fC = 1/2 \pi \times 100 \times 10^6 \times 100 \times 10^{-12} = 15.9$［Ω］

［解説］

100pFから3nF（＝1000pF）程度のキャパシタは，ほとんどがタイミング回路などの用途に使われます．

■ 演習問題D

[**演習問題1**]

抵抗値$R = 220$Ω，抵抗Rに加わる電圧が$V = 8.0$Vなので，消費電力を与える1-6節の式(4)から下記のように求められます．

    $P = V^2/R = 8.0^2/220 = 0.291$［W］

[演習問題2]

抵抗値 $R = 100\,\Omega$，抵抗 R に流れる電流が $I = 80\text{mA}$ なので，消費電力を与える1-6節の式(5)から下記のように求められます．

$$P = I^2 R = 0.08^2 \times 100 = 0.64\ [\text{W}]$$

[演習問題3]

ノート型パソコンに加わる電圧 V と流れる電流 I が，それぞれ $V = 19.8\text{V}$，$I = 2.05\text{A}$ なので，消費電力を与える1-6節の式(1)から下記のように求められます．

$$P = V \times I = 19.8 \times 2.05 = 40.6\ [\text{W}]$$

この演習例のように，式(1)は単に消費電力を抵抗だけでなく，電子機器の消費電力を求めることもできます．

■ 演習問題E

[演習問題1]

2-2節の式(1)より，各値を代入する．

$$R_s = R_1 + R_2 = 1\text{k} + 1\text{k} = 2\ [\text{k}\Omega]$$

[演習問題2]

2-2節の式(1)より，各値を代入する．

$$R_s = R_1 + R_2 + R_3 = 1\text{k} + 1\text{k} + 1\text{k} = 3\ [\text{k}\Omega]$$

[演習問題3]

2-2節の式(1)より，各値を代入する．

$$R_s = R_1 + R_2 + R_3 + R_4 + R_5 = 1\text{k} + 1\text{k} + 1\text{k} + 1\text{k} + 1\text{k} = 5\ [\text{k}\Omega]$$

[演習問題4]

2-2節の式(1)より，各値を代入する．

$$R_s = R_1 + R_2 = 2\text{k} + 3\text{k} = 5\ [\text{k}\Omega]$$

[演習問題5]

2-2節の式(1)より，各値を代入する．

$$R_s = R_1 + R_2 = 1\text{k} + 10\text{k} = 11\ [\text{k}\Omega]$$

[演習問題6]

2-2節の式(3)より，各値を代入する．

$$R_{p1} = \frac{R_1 \times R_2}{R_1 + R_2} = \frac{1 \times 10^3 \times 1 \times 10^3}{1 \times 10^3 + 1 \times 10^3} = \frac{1 \times 10^6}{2 \times 10^3} = 500\ [\Omega]$$

[演習問題7]

2-2節の式(4)より，各値を代入する．

$$R_{p2} = \frac{R_1 \times R_2 \times R_3}{R_1 \times R_2 + R_2 \times R_3 + R_1 \times R_3} = \frac{1 \times 10^3 \times 1 \times 10^3 \times 1 \times 10^3}{1 \times 10^3 \times 1 \times 10^3 + 1 \times 10^3 \times 1 \times 10^3 + 1 \times 10^3 \times 1 \times 10^3}$$

[演習問題8]

2-2節の式(3)より，各値を代入する．

$$R_{p1} = \frac{R_1 \times R_2}{R_1 + R_2} = \frac{2 \times 10^3 \times 3 \times 10^3}{2 \times 10^3 + 3 \times 10^3} = \frac{6 \times 10^6}{5 \times 10^3} = 1.2\ [\text{k}\Omega]$$

[演習問題9]

2-2節の式(3)より，各値を代入する．

$$R_{p1} = \frac{R_1 \times R_2}{R_1 + R_2} = \frac{1 \times 10^3 \times 10 \times 10^3}{1 \times 10^3 + 10 \times 10^3} = \frac{10 \times 10^6}{11 \times 10^3} \fallingdotseq 909 \ [\Omega]$$

■ 演習問題F

[演習問題1]

抵抗で電圧を1/2にする条件は，図1で抵抗をR_1，R_2とすれば，

$$V_2 = \frac{R_2}{R_1 + R_2} V_1 = \frac{1}{2} V_1$$

です．式を少し整理しましょう．すると

$$\frac{R_2}{R_1 + R_2} = \frac{1}{2}$$

$$R_2 = \frac{1}{2}(R_1 + R_2)$$

$$2R_2 = R_1 + R_2$$

$$R_2 = R_1$$

となり，抵抗R_1，R_2の抵抗値が等しければ，電圧1/2の回路が実現できます．あとはE24系列の抵抗値から0～100kの範囲でR_1，R_2とも同じ値を選べば設計は終わりです．

ただし，R_1，R_2とも同じ値といっても，図1の電流I_1値が極端に大きくなったり小さな値となる設計は避けましょう．電流I_1は

$$I_1 = \frac{V_1}{R_1 + R_2}$$

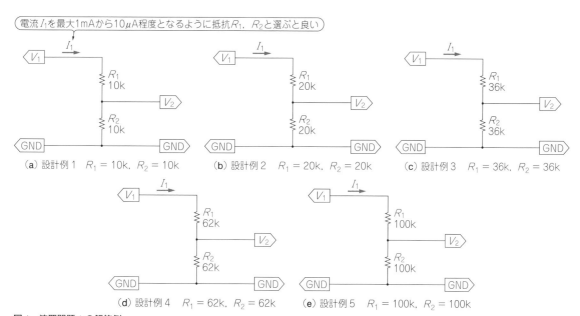

図1 演習問題1の解答例
電圧1/2とするためには抵抗値 $R_1 = R_2$ であれば，ほかの抵抗値の組み合わせも正解

のように電圧V_1によって変わります．ここで筆者の推薦の電流値I_1は，おおよそですが1mA〜10μA程度．この演習問題では，電圧V_1が10Vなので抵抗の範囲を10〜100kで設計する，としました．電流I_1については，演習問題2から演習問題8まで，さらに発展すれば一般的な回路でも同様な考え方で行ってください．

[演習問題2]

抵抗で電圧を1/3にする条件を，演習問題2と同様に求めて結果だけ書くと

$$2R_2 = R_1$$

になります．あとはE24系列で抵抗値10〜100kの範囲で$2R_1 = R_2$となる組み合わせを選べば設計は終わりです（図2）．

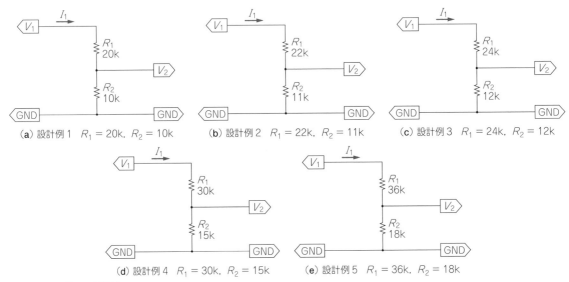

(a) 設計例1　$R_1 = 20k$, $R_2 = 10k$　　(b) 設計例2　$R_1 = 22k$, $R_2 = 11k$　　(c) 設計例3　$R_1 = 24k$, $R_2 = 12k$

(d) 設計例4　$R_1 = 30k$, $R_2 = 15k$　　(e) 設計例5　$R_1 = 36k$, $R_2 = 18k$

図2　演習問題2の解答例
電圧1/3とするためには抵抗値$2 \times R_1 = R_2$が必要．抵抗値10〜100kΩの範囲では上記の組み合わせ

[演習問題3]

抵抗で電圧を1/4にする条件を，演習問題2と同様に求めて結果だけ書くと

$$3R_2 = R_1$$

になります．あとはE24系列で抵抗値10〜100kの範囲で$3R_1 = R_2$となる組み合わせをクイズのように選びましょう（図3）．

[演習問題4]

抵抗で電圧を1/5にする条件を，演習問題2と同様に求めて結果だけ書くと

$$4R_2 = R_1$$

になります．

電圧を1/5にする条件がわかったので，あとはE24系列で抵抗値10〜300kの範囲で$4R_1 = R_2$となる組み合わせを選ぶだけです（図4）．電圧V_1を30Vとしたので選択できる抵抗の範囲も広くなりました．実際にやってみるとわかりますが，組み合わせの数が少ないのでクイズ感覚で選びましょう．

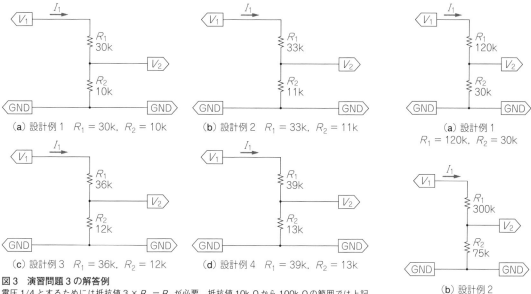

（a）設計例1　$R_1 = 30k$, $R_2 = 10k$

（b）設計例2　$R_1 = 33k$, $R_2 = 11k$

（a）設計例1
$R_1 = 120k$, $R_2 = 30k$

（c）設計例3　$R_1 = 36k$, $R_2 = 12k$

（d）設計例4　$R_1 = 39k$, $R_2 = 13k$

図3　演習問題3の解答例
電圧1/4とするためには抵抗値$3 \times R_1 = R_2$が必要．抵抗値10kΩから100kΩの範囲では上記の組み合わせ

（b）設計例2
$R_1 = 300k$, $R_2 = 75k$

図4　演習問題4の解答例
電圧1/5とするためには抵抗値$4 \times R_1 = R_2$が必要．抵抗値10kΩから300kΩの範囲では上記の組み合わせ

[**演習問題5**]

抵抗で電圧を1/6にする条件を，演習問題2と同様に求めて結果だけ書くと

$$5R_2 = R_1$$

になります．

電圧を1/6にする条件がわかったので，同様にE24系列で抵抗値$10 \sim 300k$の範囲で$5R_1 = R_2$となる組み合わせを選びます（**図5**）．こちらは適当な組み合わせが多いほうです．

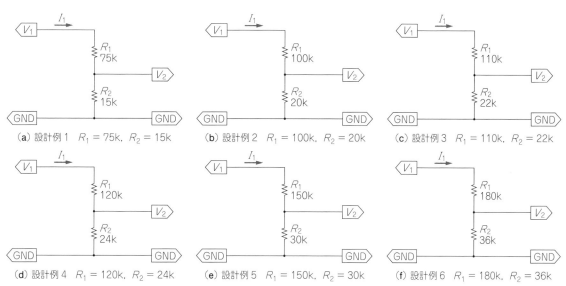

（a）設計例1　$R_1 = 75k$, $R_2 = 15k$

（b）設計例2　$R_1 = 100k$, $R_2 = 20k$

（c）設計例3　$R_1 = 110k$, $R_2 = 22k$

（d）設計例4　$R_1 = 120k$, $R_2 = 24k$

（e）設計例5　$R_1 = 150k$, $R_2 = 30k$

（f）設計例6　$R_1 = 180k$, $R_2 = 36k$

図5　演習問題5の解答例
電圧1/6とするためには抵抗値$5 \times R_1 = R_2$が必要．抵抗値$10 \sim 300k$Ωの範囲では上記の組み合わせ

[**演習問題6**]

抵抗で電圧を1/7にする条件を，演習問題2と同様に求めて結果だけ書くと

$$6R_2 = R_1$$

になります.

電圧を1/7にする条件がわかったので，E24系列で抵抗値10〜300kの範囲で$6R_1 = R_2$となる組み合わせを探します（**図6**）．抵抗の範囲で結果は図の2通りのみ.

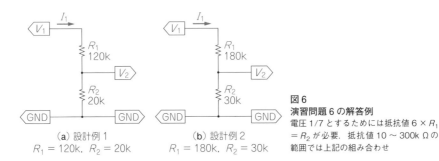

（a）設計例1
$R_1 = 120k$, $R_2 = 20k$

（b）設計例2
$R_1 = 180k$, $R_2 = 30k$

図6
演習問題6の解答例
電圧1/7とするためには抵抗値$6 \times R_1$ $= R_2$が必要. 抵抗値10〜300kΩの範囲では上記の組み合わせ

[**演習問題7**]

抵抗で電圧を1/8にする条件を，演習問題2と同様に求めて結果だけ書くと

$$7R_2 = R_1$$

になります.

電圧を1/8にする条件がわかったので，E24系列で抵抗値10〜300kの範囲で$7R_1 = R_2$となる組み合わせを探します（**図7**）．抵抗の範囲で結果は何と図の1通りのみ（**写真1**）.

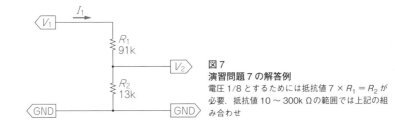

図7
演習問題7の解答例
電圧1/8とするためには抵抗値$7 \times R_1 = R_2$が必要. 抵抗値10〜300kΩの範囲では上記の組み合わせ

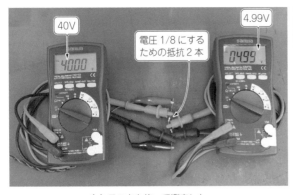

（a）テスタを使って測定した

（b）電圧を1/8に分割する抵抗

写真1　DC40Vの電圧を1/8に分割した

[演習問題8]

抵抗で電圧を1/9にする条件を，演習問題2と同様にして結果だけ書くと

$8R_2 = R_1$

になります．同様に抵抗値はE24系列から10～300kの範囲で組み合わせを選ぶと下記の3通りになります（図8）．

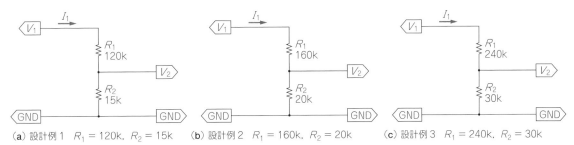

（a）設計例1　$R_1 = 120k, R_2 = 15k$　　（b）設計例2　$R_1 = 160k, R_2 = 20k$　　（c）設計例3　$R_1 = 240k, R_2 = 30k$

図8　演習問題8の解答例
電圧1/9とするためには抵抗値 $8 \times R_1 = R_2$ が必要．抵抗値10～300k Ωの範囲では上記の組み合わせ

● 演習問題Fのまとめ

電圧を分割する抵抗値の条件は単純計算でも求められるので難しくはないでしょう．しかし慣れないとE24系統から組み合わせを選ぶことは面倒です．なので実際に試して慣れてください．

■ 演習問題G

下記の図9のとおり．

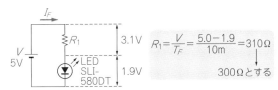

$$R_1 = \frac{V}{T_F} = \frac{5.0 - 1.9}{10m} = 310\Omega$$

$\downarrow$

300Ωとする

図9　問題Gの解答図F

■ 初出一覧

年	月		メインタイトル	連載名
2016	7	連載	初めの一歩「私の法則」	アナログ電子回路の正しい基本と作り方〈1〉
2016	8	連載	電流の量をコントロールする「抵抗」	アナログ電子回路の正しい基本と作り方〈2〉
2016	9	連載	直流と交流(周波数)	アナログ電子回路の正しい基本と作り方〈3〉
2016	10	連載	ACの理解を深める　その① オームの法則実験とサイン波のイメージ	アナログ電子回路の正しい基本と作り方〈4〉
2016	11	連載	電気信号の数学表現「三角関数」	アナログ電子回路の正しい基本と作り方〈5〉
2016	12	連載	交流回路の電流と電圧の比「インピーダンス」	アナログ電子回路の正しい基本と作り方〈6〉
2017	1	連載	1秒間に消費する電気の量「電力」	アナログ電子回路の正しい基本と作り方〈7〉
2017	2	連載	DC100V＝AC100VRMS(実効値)の証明	アナログ電子回路の正しい基本と作り方〈8〉
2017	3	連載	与えた電力と使われた電力の割合「力率」	アナログ電子回路の正しい基本と作り方〈9〉
2017	4	連載	燃やさないために！抵抗器の「定格電力」	アナログ電子回路の正しい基本と作り方〈10〉
2017	5	連載	抵抗の合成ワザ「直列接続」と「並列接続」	アナログ電子回路の正しい基本と作り方〈11〉
2017	6	連載	抵抗器でできること① 電圧を分割する	アナログ電子回路の正しい基本と作り方〈12〉
2017	7	連載	抵抗でできること② 電流の量を調節する	アナログ電子回路の正しい基本と作り方〈13〉
2017	8	連載	抵抗でできること③ 電流を検出する	アナログ電子回路の正しい基本と作り方〈14〉
2017	9	連載	抵抗でできること④ プルアップとプルダウン	アナログ電子回路の正しい基本と作り方〈15〉
2017	10	連載	電気をためる部品「キャパシタ」	アナログ電子回路の正しい基本と作り方〈16〉
2017	11	連載	電流と電圧のふるまい	アナログ電子回路の正しい基本と作り方 [キャパシタ編]〈17〉
2017	12	連載	種類と使用上の注意	アナログ電子回路の正しい基本と作り方 [キャパシタ編]〈18〉
2018	1	連載	「直列接続」と「並列接続」	アナログ電子回路の正しい基本と作り方 [キャパシタ編]〈19〉
2018	2	連載	用途① バイパス・キャパシタ	アナログ電子回路の正しい基本と作り方 [キャパシタ編]〈20〉
2018	3	連載	用途② フィルタ	アナログ電子回路の正しい基本と作り方 [キャパシタ編]〈21〉
2018	4	連載	LPFが低周波数成分だけを取り出すメカニズム	アナログ電子回路の正しい基本と作り方 [キャパシタ編]〈22〉
2018	5	連載	対数とデシベル	アナログ電子回路の正しい基本と作り方〈23〉
2018	6	連載	表情いろいろ！7面相なキャパシタ	アナログ電子回路の正しい基本と作り方〈24〉
2018	6	特集	電子回路製作の素「OPアンプ」の基礎知識	第2部 基本コース 電子回路デビュー！ 初めてのIC「OPアンプ」電気塾⑥
2018	6	特集	初めての回路設計① OPアンプで作る反転アンプ	第2部 基本コース 電子回路デビュー！ 初めてのIC「OPアンプ」電気塾⑦
2018	6	特集	初めての回路設計② OPアンプで作る非反転アンプ	第2部 基本コース 電子回路デビュー！ 初めてのIC「OPアンプ」電気塾⑧
2018	6	特集	ピタリ10.000倍！高精度アンプの設計	第2部 基本コース 電子回路デビュー！ 初めてのIC「OPアンプ」電気塾⑨
2018	6	特集	OPアンプ増幅回路のゲイン設計術	第2部 基本コース 電子回路デビュー！ 初めてのIC「OPアンプ」電気塾⑩
2018	6	特集	OPアンプ回路が読み解ける！ バーチャル・ショート	第2部 基本コース 電子回路デビュー！ 初めてのIC「OPアンプ」電気塾⑪
2018	6	特集	OPアンプの出力応答速度「スルー・レート」	第2部 基本コース 電子回路デビュー！ 初めてのIC「OPアンプ」電気塾⑫
2018	6	特集	電卓でいっしょに計算！ 1番シンプルなRCフィルタ	第2部 基本コース 電子回路デビュー！ 初めてのIC「OPアンプ」電気塾⑬
2018	6	特集	製作＆実験！ フィルタの大切なスペック「周波数特性」	第2部 基本コース 電子回路デビュー！ 初めてのIC「OPアンプ」電気塾⑭
2018	6	特集	製作＆実験！カットオフ周波数の設計	第2部 基本コース 電子回路デビュー！ 初めてのIC「OPアンプ」電気塾⑮
2018	6	特集	OPアンプを使うほうが簡単！ 初めてのアクティブ・フィルタ	第2部 基本コース 電子回路デビュー！ 初めてのIC「OPアンプ」電気塾⑯
2018	6	特集	時間ワールドのフィルタと 周波数ワールドのフィルタ	第2部 基本コース 電子回路デビュー！ 初めてのIC「OPアンプ」電気塾⑰
2018	6	特集	Appendix 高効率電源回路の必需品「フィルタ」	第3部 フィルタ回路の作り方

索　引

■ 著者紹介

瀬川 毅

北海道生まれ．超の付く愛妻家．趣味の音楽は，骨の髄までバッハ好き．もう一つの趣味写真では海外まで行くほど夢中になっている．本書の写真も全て筆者の撮影．

宮崎 仁

（有）宮崎技術研究所で回路設計，コンサルティングに従事．依頼があれば何でも作るユーティリティ・エンジニアを目指すも，道はなかなか険しいと思う今日このごろ．

絵解きと計算と実験 アナログ回路の教科書

編　著	瀬川 毅／宮崎 仁	2020年4月25日　初 版 発 行
発行人	小澤 拓治	2021年7月1日　第2版発行
発行所	CQ出版株式会社	©CQ出版株式会社 2020
	〒112-8619　東京都文京区千石4-29-14	（無断転載を禁じます）

電　話　編集 03-5395-2123
　　　　広告 03-5395-2131
　　　　販売 03-5395-2141

定価は裏表紙に表示してあります
乱丁，落丁本はお取り替えします

編集担当者　加藤 みどり
DTP・デザイン　ケイズ・ラボ株式会社
印刷・製本　三晃印刷株式会社
漫画・イラスト　神崎 真理子
表紙イラスト　倉地 宏幸
表紙デザイン　MATHRAX
Printed in Japan

ISBN 978-4-7898-4525-0